本书由信阳师范学院学术著作出版基金资助出版

《现代应用物理学丛书》编委会

主　编　沈保根

编　委　（按拼音排序）

现代应用物理学丛书

薄膜太阳电池

赵志强　李彦磊　孙柱柱　肖振宇 等　编著

科学出版社

北 京

内 容 简 介

本书以硅基薄膜太阳电池、无机化合物薄膜太阳电池、新型钙钛矿太阳电池和有机太阳电池等体系为重点,详细讨论了新型薄膜太阳电池的结构概念、工作原理、关键材料、基本工艺和前沿进展,并简要地介绍了各种类型薄膜太阳电池的市场应用。

本书适合物理、化学、材料、新能源等相关专业的师生参考阅读,同时可作为薄膜太阳电池领域研究人员的参考用书。

图书在版编目(CIP)数据

薄膜太阳电池/赵志强等编著 . —北京:科学出版社,2018.1
(现代应用物理学丛书)
ISBN 978-7-03-055899-2

Ⅰ.①薄… Ⅱ.①赵… Ⅲ.①薄膜太阳能电池 Ⅳ.①TM914.4

中国版本图书馆 CIP 数据核字(2017)第 306195 号

责任编辑:周 涵 / 责任校对:邹慧卿
责任印制:肖 兴 / 封面设计:陈 敬

科 学 出 版 社 出版
北京东黄城根北街 16 号
邮政编码:100717
http://www.sciencep.com

三河市骏杰印刷有限公司 印刷
科学出版社发行 各地新华书店经销
＊
2018 年 1 月第 一 版 开本:720×1000 1/16
2018 年 1 月第一次印刷 印张:19 3/4 插页:4
字数:396 000
定价:138.00 元
(如有印装质量问题,我社负责调换)

撰写人员名单

（按姓氏笔画排序）

孙书杰　孙柱柱　李彦磊　肖振宇
赵志强　程　念　訾　威

前　言

目前,我国经济快速发展,建筑能耗占国家总能耗的比例逐年增加,建筑节能问题既关系到公众的切身利益,又关系到国家能源战略与可持续发展。太阳能与建筑的结合是绿色建筑的重要组成部分,在中国太阳能与建筑一体化技术已日趋成熟的条件下,太阳能与建筑一体化是中国太阳能利用行业发展的必然趋势。薄膜太阳电池因其轻、薄、可弯曲、颜色多变等优点,适用于屋顶及光伏建筑一体化等分布式光伏的建设。

近年来,国内外研究人员在新型薄膜太阳电池的研究中又取得了很多重要成果。硅基薄膜太阳电池技术发展迅速,钙钛矿薄膜太阳电池效率突破 22%,其他新型薄膜太阳电池涌现出新材料、新技术和新理论,薄膜太阳电池领域正处于快速发展期。信阳师范学院建筑节能材料河南省协同创新中心的一批同事积极参与了这方面的研究开发工作,并取得了一些成果。为展现近年来新型薄膜太阳电池的研究水平和成果,本创新中心在信阳师范学院学术著作出版基金的资助下,组织了几位科研一线的青年学者编写了本书。

本书立足于薄膜太阳电池研究最新进展,突出科学与技术融合,主要涵盖了硅基薄膜太阳电池、无机化合物薄膜太阳电池、新型钙钛矿太阳电池、染料敏化太阳电池、有机太阳电池、薄膜材料制备与电池工作原理等相关研究领域。本书将展现新型薄膜太阳电池关键材料、工艺、新结构设计和器件系统集成等方面取得的最新进展和学术成果。希望本书能为新型太阳电池领域工作者提供一定的帮助,为促进我国新型太阳电池科学和技术研究以及产业发展做出一定的贡献。

本书的出版得到了建筑节能材料河南省协同创新中心和协同单位中山大学太阳能系统研究所、河海大学等科研单位及信阳师范学院"南湖学者奖励计划"青年项目的大力支持,汇集了多位编写者的读书笔记、教学与研究数据,其中中山大学太阳能系统研究所和河海大学为多位编写者的研究工作提供了科研支持,并为本书的编写提供了大量有价值的参考文献和相关资料。感谢本书所有参编人员的贡献。此外,本书的编写还参阅了国内外太阳电池相关的书籍(教材)、论文和资料,吸取了相关学者的研究成果,限于篇幅未能一一列明,仅列出了主要参考文献,在此向出版单位、所有作者一并致谢。由于编者水平有限,书中难免存在不足之处,希望广大读者批评指正。

本书编写组

2017 年 8 月 25 日

目　　录

第1章   薄膜太阳电池简介

1.1   太阳电池物理基础

太阳电池的工作机理一般可以分为载流子的产生和载流子的收集两个方面。理论基础是半导体物理学和相关学科。

1.1.1   半导体

半导体是指导电能力介于导体和绝缘体之间的材料。导体的电阻率（ρ）小于 $10^{-5}\,\Omega \cdot \mathrm{cm}$，绝缘体的电阻率大于 $10^{10}\,\Omega \cdot \mathrm{cm}$，半导体电阻率介于二者之间，例如，纯硅（Si）的电阻率约为 $10^5\,\Omega \cdot \mathrm{cm}$。从能带理论分析，金属中存在大量电子，而且电子易于挣脱原子实的束缚，能带彼此交错并重叠，以至于没有带隙（禁带），形成连续的能级分布。半导体或绝缘体由于外层电子不易电离，电子数较少，能带彼此不交错不重叠，出现禁带和导带。半导体和绝缘体的区别在于禁带宽度的大小，绝缘体的禁带宽度较大，一般大于 5eV，半导体的禁带宽度较小。一般情况下半导体的导带底有少量电子，价带顶有少量空穴，半导体的导电就是依靠导带底的少量电子或价带顶的少量空穴。

化学成分纯净的半导体称为本征半导体，如单晶硅（Si）和锗（Ge），在一定温度下，由于热激发的作用，一部分价电子可以获得超过带隙的附加能量而从价带跃迁至导带，这种过程称为本征激发，此时导带中的电子和价带中的空穴成对出现，价带中的空穴浓度和导带中电子浓度相等。

当纯净的半导体掺入适量的杂质时，杂质也可以提供载流子，其导电性能有很大的改变（增大），导电机理也有所不同，这种半导体为杂质半导体。

如图 1.1 所示，在纯净的硅晶体中掺入五价元素（如磷），使之取代晶格中硅原子的位置，磷元素最外层有五个价电子，其中四个价电子和周围的四个硅原子形成共价键，还剩余一个价电子，这个电子很容易脱离磷原子的束缚，同时磷原子所在处因为失去一个电子而多一个正电荷，成为正电中心。这个多余的价电子就成为传导电子，它不属于任何原子。由于五价原子会放弃一个电子，所以又被称为施主原子。这种掺杂过程所产生的传导电子，并不会在价带上留下空穴，因为这些传导电子都是多出来的电子。自由电子主要由杂质原子提供，空穴由热激发形成。掺入的杂质越多，自由电子的浓度就越高，导电性能就越强。这类半导体称为 n 型半导体。

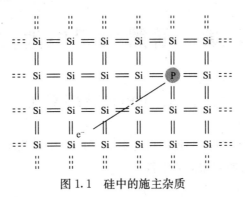

图 1.1　硅中的施主杂质

　　如图 1.2 所示，在纯净的硅晶体中掺入三价元素（如硼），硼原子有三个价电子，当它和周围的四个硅原子形成共价键时，还缺少一个电子，必须从别处的硅原子中夺取一个价电子，于是硅晶体的共价键中产生了一个空穴，而硼原子接受一个电子后，成为带负电的负电中心，这种半导体称为 p 型半导体。在 p 型半导体中，空穴为多子，自由电子为少子，主要靠空穴导电。空穴主要由杂质原子提供。

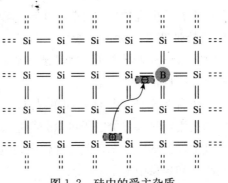

图 1.2　硅中的受主杂质

　　在产生载流子的同时，存在着载流子的复合过程，即导带的电子回落到价带上，使电子与空穴成对消失。只要载流子浓度与其平衡值有偏离，复合过程必然发生，最终趋于新的平衡值。一般用非平衡载流子寿命来表征非平衡载流子的复合情况。非平衡载流子寿命越长，复合率越低，而非平衡载流子越多，其复合率也越大。

　　载流子的复合可以分为以下几种方式。

　　按复合过程可分为两大类。

　　（1）直接复合：导带电子与价带空穴直接跃迁复合。

　　（2）间接复合：导带电子与价带空穴通过禁带中的复合中心辅助发生跃迁

复合。

按照复合位置可以分为两大类。

(1) 体内复合。

(2) 表面复合：复合中心来源于表面缺陷，如表面的悬挂键。从能带理论来看，表面是一个非理想（非周期性）区域，因而表面的性质和体内有很大的不同。

按复合过程中能量变化的方式可分为三大类。

(1) 发射光子（光复合或者辐射复合）。

(2) 发射声子（加强晶格振动）。

(3) 将能量传递给其他载流子（Auger 复合）：载流子从高能级向低能级跃迁，发生电子-空穴复合时，通过碰撞把多余的能量传给另一个载流子，使这个载流子被激发到能量更高的能级上去；当它重新跃迁回低能级时，多余的能量常以声子形式放出。

1.1.2　pn 结

所谓 pn 结就是由 p 型半导体和 n 型半导体直接接触构成的。采用不同的掺杂工艺，通过扩散作用，将 p 型半导体与 n 型半导体制作在同一块半导体（通常是硅或锗）基片上，在它们的交界面就形成了 pn 结。

如图 1.3 所示，p 型半导体和 n 型半导体结合后，由于 n 型区内自由电子为多子，空穴为少子，而 p 型区内空穴为多子，自由电子为少子，在它们的交界处就出现了电子和空穴的浓度差。由于自由电子和空穴的浓度差，有一些电子从 n 型区向 p 型区扩散，也有一些空穴要从 p 型区向 n 型区扩散。它们扩散的结果就使 p 区一边失去空穴，留下了带负电的杂质离子，n 区一边失去电子，留下了带正电的杂质离子。这些不能移动的带电粒子在 p 和 n 区交界面附近形成了一个空间电荷区，空间电荷区的薄厚和掺杂物浓度有关。在空间电荷区形成后，由于正负电荷之间的相互作用，在空间电荷区形成了内电场，其方向是从带正电的 n 区指向带负电的 p 区。显然，这个电场的方向与载流子扩散运动的方向相反，阻止扩散。另一方面，这个电场将使 n 区的少数载流子空穴向 p 区漂移，使 p 区的少数载流子电子向 n 区漂移，漂移运动的方向正好与扩散运动的方向相反。从 n 区漂移到 p 区的空穴补充了原来交界面上 p 区所失去的空穴，从 p 区漂移到 n 区的电子补充了原来交界面上 n 区所失去的电子，这就使空间电荷减少，内电场减弱。最后，多子的扩散和少子的漂移达到动态平衡。在 p 型半导体和 n 型半导体的结合面两侧，留下离子薄层，这个离子薄层形成空间电荷区。pn 结的内电场方向由 n 区指向 p 区。在空间电荷区，由于缺少多子，所以也称耗尽层。

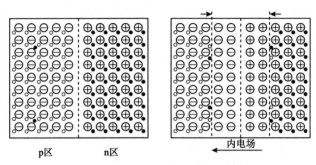

图 1.3　pn 结的形成过程示意图

如图 1.4 所示，从能带理论分析，p 型半导体在杂质激发范围内，空穴数目远大于电子数目，此时 Fermi 能级 E_F 在带隙下部靠近价带的位置；n 型半导体一侧处于导带底部附近的带隙中。由于 pn 结两侧半导体的 Fermi 能级不同，接触后，电子将从 Fermi 能级高的 n 区向 Fermi 能级低的 p 区转移，平衡时达到统一的 Fermi 能级。

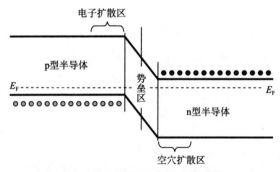

图 1.4　热平衡状态下的 pn 结能带图

1.1.3　金属半导体接触

功函数是指电子能够由材料的 Fermi 能级脱离而达到完全自由所需的能量。金属的功函数就是真空能级和 Fermi 能级的差，如图 1.5 所示。

$$W_m = E_0 - (E_F)_m \tag{1.1}$$

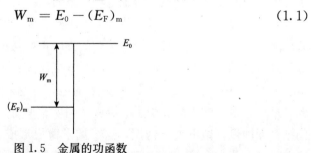

图 1.5　金属的功函数

半导体的功函数与金属有区别，如图 1.6 所示，其功函数 W_s 可以表示为

$$W_s = \chi + E_c - (E_F)_s \qquad (1.2)$$

其中，χ 为电子亲和能。

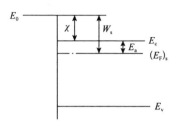

图 1.6　半导体的功函数

以金属与 n 型半导体接触为例，假设金属的功函数大于半导体的功函数，则刚接触时，半导体区将会有电子流入金属区，平衡后在半导体区形成带有正电荷的离子分布，最后形成一反向电场阻止电子流向金属区，在半导体界面会形成额外的势垒，即耗尽层或阻挡层。此区电子浓度小、电阻高，内建电场造成能带弯曲。金属中，积累的负电荷集中在很薄的表面层内（约几个 Å 的距离）。而半导体中，正电荷是电离的施主杂质，其浓度比金属中电子浓度低几个数量级。半导体同金属接触时形成的正电荷层要扩展到几千个 Å，在半导体表面形成空间电荷区。金属同半导体的接触电势差就降在这个区域中。因此，金属和半导体接触，也和 pn 结一样，在接触处的半导体表面层内自然地形成了由半导体中的杂质离子组成的空间电荷层或耗尽层。其中存在的电子或空穴的势垒，叫作肖特基势垒，这种金属半导体接触称为肖特基接触。相反，如果金属的功函数小于 n 型半导体的功函数，则形成欧姆接触。表 1.1 所示为肖特基接触和欧姆接触的形成条件。

表 1.1　肖特基接触和欧姆接触的形成条件[1]

形成条件	n 型半导体	p 型半导体
$W_m < W_s$	欧姆接触	肖特基接触
$W_m > W_s$	肖特基接触	欧姆接触

1.2　薄　　膜

在制作薄膜材料时，薄膜材料首先成为分子或者原子，然后在较大的自由程内运动，在基片表面凝集，形成一层薄膜。

1.2.1　真空

真空的含义是指在给定的空间内低于一个大气压力的气体状态。真空状态下

由于气体稀薄，单位体积内的气体分子数，即气体的分子密度小于大气压力的气体分子密度。因此，分子之间、分子与其他质点（如电子、离子等）之间以及分子与各种表面（如器壁）之间相互碰撞次数相对减少，使气体的分子自由程增大。通常用托（Torr）或者帕斯卡（Pa）来表征真空度的大小，如表 1.2 所示。

表 1.2　真空度的划分[2]

真空区域	压强范围	
	托（Torr）	帕斯卡（Pa）
粗真空	760～10	101325～1333
低真空	10～10^{-3}	1333～1.33×10^{-1}
高真空	10^{-3}～10^{-8}	1.33×10^{-1}～10^{-6}
超高真空	<10^{-8}	<10^{-6}

获得真空的主要工具是真空泵，可以分为机械泵、扩散泵、分子泵。机械泵是利用气体膨胀、压缩、排出的原理，把气体从容器里抽出的。之所以称为机械泵，是因为它是利用机械的方法，周期性地改变泵内吸气腔的容积，使容器中的气体不断地通过泵的进气口膨胀到吸气腔中，然后通过压缩经排气口排出泵外。一般机械真空泵的极限真空度为 0.1Pa。扩散泵在沸腾温度（约为 200℃）后产生大量的油蒸气，油蒸气经导流管从各级喷嘴定向高速喷出。由于扩散泵进气口附近被抽气体的分压强高于蒸气流中该气体的分压强，所以被抽气体的分子不断扩散到高速定向蒸气流中，随着蒸气流流走。气体分子随蒸气流碰到泵壁又反射回来，再受到蒸气流碰撞而重新沿蒸气流方向流向泵壁。经过几次碰撞后，气体分子被压缩到低真空端，再由下几级喷嘴喷出的蒸气进行多级压缩，最后由前级泵抽走，而油蒸气在冷却的泵壁上被冷凝后又返回到下层重新被加热，如此循环工作达到抽气目的。扩散泵不能单独工作，一定要用机械泵作为前级泵，其可以获得 10^{-8}～10^{-9}Pa 的真空度。分子泵利用高速旋转的转子把动量传输给气体分子，使之获得定向速度，从而被压缩、驱向排气口后被前级抽走的一种真空泵。

真空测量仪器主要有热传导真空计、电离真空计等。

1.2.2　薄膜的制备

1.2.2.1　蒸发

真空蒸发镀膜法[3]是在真空室中，加热蒸发容器中待形成薄膜的原材料，使其原子或分子从表面气化逸出，形成蒸气流，入射到衬底表面，凝结形成固态薄膜的方法。由于真空蒸发镀膜法的主要物理过程是加热蒸发材料，所以又称为热蒸发法。热蒸发法需要的设备比较简单；制成的薄膜纯度高、质量好，厚度可较准确控制；成膜速率快、效率高，用掩模可以获得清晰图形；薄膜的生长机理比较单纯。但是缺点是不容易获得结晶结构的薄膜，所形成薄膜在衬底上的附着力较小，工艺重复性不够好等。

真空蒸发系统一般包括真空室（为蒸发过程提供必要的真空环境）、蒸发源或蒸发加热器（放置蒸发材料并对其加热）、基板（用于接收蒸发物质并在其表面形成固态蒸发薄膜）、基板加热器及测温器等。

真空蒸发镀膜的基本过程有：①热蒸发过程。凝聚相转变为气相（固相或液相→气相）的相变过程。每种蒸发物质在不同温度时有不相同的饱和蒸气压；蒸发化合物时，其组分之间发生反应，其中有些组分以气态或蒸气进入蒸发空间。②气化原子或分子在蒸发源与基片之间的输运。这些粒子在飞行过程中与真空室内残余气体分子发生碰撞，碰撞的次数取决于蒸发原子的平均自由程及蒸发源到基片之间的距离。③蒸发原子或分子在基片表面上的淀积过程，蒸气凝聚、成核、核生长、形成连续薄膜。

蒸发源是蒸发装置的关键部件，大多金属材料都要求在 1000～2000℃ 的高温下蒸发。因此，必须将蒸发材料加热到很高的蒸发温度。最常用的加热方式有电阻法、电子束法、高频法等。①电阻蒸发源。采用钽、钼、钨等高熔点金属，做成适当形状的蒸发源，其上装入待蒸发材料，让电流通过，对蒸发材料进行直接加热蒸发，或者把待蒸发材料放入 Al_2O_3、BeO 等坩埚中进行间接加热蒸发。②电子束蒸发源。将蒸发材料放入水冷铜坩埚中，直接利用电子束加热，使蒸发材料气化蒸发后凝结在基板表面成膜，适合制作高熔点薄膜材料和高纯薄膜材料。③高频感应蒸发源。将装有蒸发材料的坩埚放在高频螺旋线圈的中央，使蒸发材料在高频电磁场的感应下产生强大的涡流损失和磁滞损失，致使蒸发材料升温，直至气化蒸发。

1.2.2.2　溅射

气体放电现象是发生物质溅射过程的基础。以适当压力（10^{-1}～10Pa）的惰性气体（一般均为 Ar）作为放电气体，在正负电极间外加电压的作用下，电极间的气体原子将被雪崩式地电离，形成可以独立运动的 Ar^+ 和电子。电子加速飞向阳极，而带正电荷的 Ar^+ 则在电场的作用下加速飞向作为阴极的靶材，并发生靶物质的溅射过程。阴极鞘层电位的建立使到达阴极的 Ar^+ 均要经过相应的加速而获得相应的能量（10^2 eV 数量级），即轰击阴极的离子具有很高的能量，它使阴极物质发生溅射现象[3]。

在溅射过程中，靶材是溅射的原材料，它作为阴极，相对于真空室内其他部分处于负电位。溅射法制备薄膜的物理过程为：①利用带电荷的阳离子在电场中加速后具有一定动能的特点，将离子引向欲被溅射的物质制成的靶电极（阴极）；②入射离子在与靶面原子碰撞的过程中，通过动量的转移，将后者溅射出来；

③这些被溅射出来的原子将沿着一定的方向射向衬底，从而实现物质的沉积。

溅射可以分为直流溅射（即二极溅射）、三极溅射、四极溅射、磁控溅射、射频溅射、偏压溅射、反应溅射、中频孪生靶溅射和脉冲溅射、离子束溅射等。其中磁控溅射已经成为制备薄膜的主要方法。电子在电场 E、磁场 B 中将受到洛伦兹力作用

$$F = -q(E + v \times B) \tag{1.3}$$

其中，F 为电子所受的力；q 为电荷量；E 为电场强度；v 为速度；B 为磁感应强度。

若 E、B 相互垂直，则电子的轨迹将是既沿电场方向加速，又绕磁场方向螺旋前进，即靶表面垂直 E 方向的磁力线可将电子约束在靶表面附近，延长其运动轨迹，提高其参与气体电离过程的几率，降低溅射过程的气体压力，提高溅射效率。

1.2.2.3　化学气相沉积

化学气相沉积技术[4]（CVD）是利用气态物质在固体表面进行化学反应，生成固态沉积物的过程，是把含有构成薄膜元素的一种或几种化合物、单质气体供给基体，借助气相作用或在基体表面上的化学反应在基体上制得金属或化合物薄膜的方法。

化学气相沉积技术分为开管气流法和封管气流法两种基本类型。开管气流法是指反应气体混合物能够连续补充，同时废弃的反应产物不断排出沉积室，主要由双温区开启式电阻炉及控温设备、反应管、载气净化及载带导入系统三大部分构成。封管气流法把一定量的反应物和适当的基体分别放在反应器的两端，管内抽真空后充入一定量的输运气体，然后密封，再将反应器置于双温区内，使反应管内形成一定的温度梯度。

化学气相沉积技术的基本条件是：①需要足够高的温度，气体与机体表面作用、反应沉积时需要一定的激活能量，故化学气相沉积技术要在高温下进行；②反应物必须有足够高的蒸气压；③除了要得到的固态沉积物外，化学反应的生成物都必须是气态；④沉积物本身的饱和蒸气压应足够低。

化学气相沉积技术的过程有：①反应气体向衬底表面扩散；②反应气体被吸附于衬底表面；③在表面进行化学反应、表面移动、成核及膜生长；④生成物从表面解吸；⑤生成物在表面扩散。

化学气相沉积技术可以分为以下几类：热化学气相沉积（TCVD）、低压化学气相沉积（LPCVD）、等离子体化学气相沉积（PCVD）、激光（诱导）化学气相沉积（LCVD）、金属有机化合物化学气相沉积（MOCVD）。

热化学气相沉积是指采用衬底表面热催化方式进行的化学气相沉积。一般在

800～2000℃的高温反应区，利用电阻加热，高频感应加热或辐射加热的化学气相沉积。这样的高温使衬底的选择受到很大限制，但它是化学气相沉积的经典方法。

低压化学气相沉积的压力范围一般在（1～4）×10⁴ Pa。由于低压下分子平均自由程增加，加快了气态分子的运输过程，反应物质在工件表面的扩散系数增大，使薄膜均匀性得到改善。

等离子体化学气相沉积是一种高频辉光放电物理过程与化学反应相结合的技术，是将低压气体放电等离子体应用于化学气相沉积中的技术，它是用辉光放电产生的等离子体激活气体分子，使化学气相的化学反应在低温下进行，因而也称等离子增强化学气相沉积（PECVD），其具有成膜温度低、沉积速率高、膜层结合力高、膜层质量好等优点。

激光（诱导）化学气相沉积是指利用激光束的光子能量激发和促进化学反应，实现薄膜沉积的化学气相沉积技术。

金属有机化合物化学气相沉积是利用金属有机化合物热分解反应进行气相外延生长的方法，即把含有外延材料组分的金属有机化合物和氢化物（或其他反应气体）作为原料气体输运到反应室，在一定的温度下进行外延生长形成薄膜。

1.2.2.4　脉冲激光沉积

脉冲激光沉积[5]（PLD）是一种真空物理沉积方法，当一束强的脉冲激光照射到靶材上时，靶表面材料就会被激光所加热、熔化、气化直至变为等离子体，然后等离子体（通常是在气氛气体中）从靶向衬底传输，最后输运到衬底上的烧蚀物，在衬底上凝聚、成核至形成薄膜。因此，整个脉冲激光沉积过程可分为三个阶段：①激光与靶的作用阶段。激光与靶的作用决定了烧蚀物的组成、产率、速度和空间分布，而这些直接影响和决定着薄膜的组分、结构及性能。当激光辐射在不透明的凝聚态物质上被吸收时，被照射表面的一个薄层被加热，结果使表面温度升高，同时对物质的内层进行热传导，使被加热层的厚度增加。热传导引起的热输运随时间而减慢，因此热传导不能使足够的热量进入物质内部，这将导致表面和表面附近的物质温度持续上升，直到蒸发开始，从这以后，表面的温度仅由蒸发机制控制。在脉冲激光沉积常用的功率密度下，蒸气的温度可以很高，足够使相当多的原子被激发和离化，于是蒸气开始吸收激光辐射，导致在靶表面出现等离子体。这时等离子体效应从根本上确定了整个过程的动力学。②烧蚀物的传输阶段。烧蚀物在空间的传输是指激光脉冲结束后烧蚀物从靶表面到衬底的过程。在脉冲激光沉积制备薄膜时往往有一定压强的气体存在，因此烧蚀物在传输过程中将经历诸如碰撞、散射、激发以及气相化学反应等一系列过程，而这些过程又影响和决定了烧蚀物粒子到达衬底时的状态、数量、动能等，从而最终影响和决定了薄膜的晶体质量、结构及其性能。③到达衬底上的烧蚀物在衬底上的成膜阶段。烧蚀粒子在空间经过一段时间的运动到达衬底表面，然后在衬底上成核、长大形成薄膜。为了提高薄膜的质量，必须对衬底加温，一般要几百摄氏度。

1.2.2.5　分子束外延

分子束外延[2]（MBE）是指在超真空的环境下，使具有一定热能的一种或多种分子（原子）束喷射到晶体衬底，在衬底表面发生反应的过程，分子传输过程中几乎与环境气体无碰撞，以分子束的形式射向衬底，从而在其上形成外延层的技术。

分子束外延的主要原理可以简单地描述如下：①源蒸发形成具有一定束流密度的分子或原子束，并在高真空下射向衬底；②从源射出的分子（原子）束撞击衬底表面被吸附；③被吸附的分子（原子）在表面迁移、分解；④分子（原子）进入晶格位置发生外延生长；⑤未进入晶格的分子（原子）因热脱附而离开表面。

分子束外延设备对超高真空和工艺过程要求严格，使得整个硬件较复杂且运行费用较高，但与其他的外延方式相比存在以下几个优点：①生长速率慢，大约每秒生长一个单原子层，真正实现 2D 模式生长，容易得到光滑均匀的表面和界面，有利于精确控制厚度、结构、成分和形成陡峭的异质结构等。分子束外延实际上是一种原子级加工技术，特别适于生长超晶格材料。②外延生长的温度低，因此降低了衬底杂质向外延层的自掺杂扩散和多层结构中界面互扩散效应。③由于生长是在超高真空中进行的，在分子束外延装置中可附有四极质谱仪、电离计（束流规）高能电子衍射（RHEED）、原位椭偏仪等，可以随时监控外延层的成分和结构的完整性，有利于科学研究及生长顺利进行。④分子束外延是一个动力学过程，即将入射的中性粒子（原子或分子）一个一个地堆积在衬底上进行生长，而不是一个热力学过程，所以它可以生长按照普通热平衡生长方法难以生长的薄膜。⑤分子束外延是一个超高真空的物理沉积过程，生长过程中不同掺杂源原位掺杂很容易实现，利用快门可以对生长和中断进行瞬时控制，实现对掺杂种类和浓度的迅速调整。

1.2.2.6　液相外延

液相外延技术[2]（LPE）是以低熔点的金属（如 Ga、In 等）为溶剂，以待生长材料（如 Ga、As、Al 等）和掺杂剂（如 Zn、Te、Sn 等）为溶质，使溶质在溶剂中呈饱和或过饱和状态，通过降温冷却使石墨舟中的溶质从溶剂中析出，在单晶衬底上定向生长一层晶体结构和晶格常数与单晶衬底足够相似的晶体材料，使晶体结构得以延续，实现晶体的外延生长。薄层材料和衬底材料相同的称为同质外延，反之称为异质外延。

以硅液相外延为例，其生长过程可以分为 7 个步骤：①熔硅原子从熔体内以扩散、对流等方式进行输运；②通过边界层的体扩散；③晶体表面吸附；④从表面扩散到台阶；⑤台阶吸附；⑥沿台阶扩散；⑦在台阶的扭折处结合入晶体。

液相外延可分为倾斜法、垂直法和滑舟法三种。其中倾斜法是在生长开始前，使石英管内的石英容器向某一方向倾斜，并将溶液和衬底分别放在容器内的两端；垂直法是在生长开始前，将溶液放在石墨坩埚中，而将衬底放在位于溶液上方的衬底架上；滑舟法是指外延生长过程在具有多个溶液槽的滑动石墨舟内进行。

液相外延技术具有很多优点，如生长设备比较简单、掺杂剂选择范围广、操作安全、简便等。但是不足在于，当外延层与衬底晶格常数差大于 1% 时，不能进行很好的生长。

1.2.2.7　湿化学

1) 溶胶-凝胶

溶胶（sol）是将一种或几种盐均匀分散在一种溶剂中，使它们成为透明状的胶体，是由孤立的细小粒子或大分子组成，分散在溶液中的胶体体系。凝胶（gel）是将溶胶在一定条件下（温度、酸碱度等）进行老化处理，得到透明状的冻状物，是一种由细小粒子聚集而呈三维网状结构的具有固态特征的胶态体系。

溶胶-凝胶[6]的基本原理是：将金属醇盐或无机盐经水解直接形成溶胶，然后使溶质聚合凝胶化，再将凝胶干燥、焙烧去除有机成分，最后得到无机材料。

溶胶-凝胶的工艺过程是：①溶胶的制备。有两种方法制备溶胶，一种是将部分或全部组分用适当沉淀剂先沉淀出来，经解凝，使原来团聚的沉淀颗粒分散成原始颗粒。因这种原始颗粒的大小一般为溶胶体系中胶核的大小范围，所以可制得溶胶。另一种是通过对沉淀过程的仔细控制，首先形成的颗粒不致团聚为大颗粒而沉淀，从而直接得到胶体溶胶。②溶胶-凝胶转化。溶胶中含大量的水，凝胶化过程中，使体系失去流动性，形成一种开放的骨架结构。③凝胶干燥。在一定条件下（如加热）使溶剂蒸发，得到粉料，干燥过程中凝胶结构变化很大。

溶胶-凝胶的优点有：①该方法的最大优点是制备过程温度低；②溶胶-凝胶法增进了多元组分体系的化学均匀性；③溶胶-凝胶反应过程易于控制，可以实现过程完全而精确的控制，可以调控凝胶的微观结构；④该法制备材料掺杂的范围宽（包括掺杂的量和种类），化学计量准确且易于改性；⑤该制备技术制备的材料组分均匀、产物的纯度很高。

2）喷雾热分解

喷雾热分解[2]（SP）是将各金属盐按制备复合型粉末所需的化学计量比配成前驱体溶液，经雾化器将前驱体雾化为液滴，由载气带入高温反应炉中，在反应炉中完成溶剂蒸发、溶质沉淀形成固体颗粒、颗粒干燥、颗粒热分解、烧结成型等一系列的物理化学过程。

喷雾热分解的生长过程可以分为：①溶液的配置，溶液的溶质一般为氯化物、金属的醋酸盐、乙钛丙酮化物等，溶剂一般为乙醇、丁醇或水等；②雾化，雾化的效果直接影响薄膜的性能，因此要求雾化时要有合适的气液比，合适的液滴粒径尺寸，合适的液滴出口速率；③蒸发干燥，在这个过程中，溶剂从液滴表面蒸发，液滴体积减小，同时溶质由液滴表面向液滴中心扩散；④热分解成膜。

在反应炉中，有4种可能的机理：①小液滴到达基板，溶剂蒸发气化并在基板表面干燥沉积，最后溶质反应形成膜；②小液滴在到达基板表面之前溶剂蒸发完全，固相沉积物撞击在基板表面，并反应形成膜；③小液滴在到达基板之前溶剂蒸发，固相沉积物熔化、气化或升华，然后蒸气扩散到基板，在基板表面反应成膜；④所有的反应发生在蒸气状态，最后在基板沉积成膜。其中过程③类似于化学气相沉积法，大多数的喷雾热分解发生的是①②两类。

喷雾热分解有很多的优点：①原料在溶液状态下混合，可保证组分分布均匀，而且工艺过程简单，组分损失少，可精确控制化学计量比，尤其适合制备多组分复合粉末；②微粉由悬浮在空气中的液滴干燥而来，颗粒一般呈规则的球形，而且少团聚，无须后续的洗涤研磨，保证了产物的高纯度、高活性；③整个过程在短短的几秒钟迅速完成，因此液滴在反应过程中来不及发生组分偏析，进一步保证了组分分布的均一性。

3）液相电沉积

电沉积[2]是通过电解方法，即通过在电解池阴极上金属离子的还原反应和电结晶过程在固体表面生成薄膜的过程。

电沉积的装置是电解池，最基本的构成是电解质溶液、两个电极和电压。

薄膜沉积的阴极历程，一般由以下几个单元步骤串联组成：①液相传质，溶液中的反应粒子向电极表面迁移；②前置转化，迁移到电极表面附近的反应粒子发生化学转化反应；③电荷传递，反应粒子得电子，还原为吸附态原子；④电结晶，新生的吸附态原子沿电极表面扩散到适当位置（生长点）进入晶格生长，或与其他新生原子聚集而形成晶核并长大，从而形成晶体。上述各个单元步骤中反应阻力最大、速度最慢的步骤则成为电沉积过程的速度控制步骤。不同的工艺，因电沉积条件不同，其速度控制步骤也不同。

1.2.3　薄膜的表征

本节主要介绍薄膜厚度、结构、成分、附着力等参数的测量。

1.2.3.1　薄膜厚度的测量

薄膜厚度可以利用光学测量方法和机械测量方法来实现。

光学方法主要指光干涉法和椭圆偏振光谱法[7]。

光干涉法的测量原理是当用单色光垂直照射薄膜表面时，入射光将分别在薄膜表面和薄膜与衬底的界面处反射，根据光的干涉原理，当两道相干光的光程差为半波长的偶数倍时，两道光的相位相同，互相加强，因而出现亮条纹。当两道光的光距差为半波长的奇数倍时，两道光的相位相反，因而互相减弱，出现暗条纹。由于整个薄膜的厚度是连续变化的，所以，可以看到明暗相间的干涉条纹。通过观测干涉条纹可以得到薄膜的厚度信息。

椭圆偏振光谱法是指用一束偏振光作为探针照射在样品上，由于界面对入射光中平行于入射面的电场分量（P 分量）和垂直于入射面的电场分量（S 分量）有不同的反射透射率，所以从界面射出的光，其偏振状态相对于入射光来说要发生变化，设法观测光在反射前后偏振状态的变化可以得到薄膜的厚度信息。

机械测量方法可以分为称重法和台阶法。

（1）称重法。如果薄膜的面积 A、密度 ρ 和质量 m 可以被精确测定，则由公式

$$d = m/A\rho \tag{1.4}$$

就可以计算出薄膜的厚度 d。但是，这一方法的缺点在于它的精度依赖于薄膜的密度以及面积 A 的测量精度。但在一般情况下，薄膜的密度也是需要测量的薄膜性质之一，由于薄膜材料及其制备工艺不同，薄膜的密度可以有很大变化。另外，在衬底不很规则的情况下，准确测量薄膜面积也是不容易做到的。

（2）台阶法又称为触针法，是利用一枚金刚石探针在薄膜表面上运动，表面的高低不平使探针在垂直表面的方向上做上下运动，这种运动可以通过连接于探针上的位移传感器转变为电信号，再经过放大增幅处理，利用计算机进行数据采集和作图以显示出表面轮廓线。这种方法能够迅速、直观地测定薄膜的厚度和表面形貌，并且有相当的精度，但对于小于探针直径的表面缺陷则无法测量。另外，探针的针尖会对膜表面产生很大的压强，导致膜面损伤。

1.2.3.2　薄膜结构的测量

薄膜的结构可以利用 X 射线衍射（XRD）方法、扫描电子显微镜、透射电子显微镜、拉曼光谱、扫描探针显微镜等方法和设备进行测量[4]。

1）X 射线衍射方法

X 射线衍射是一种非破坏性的测定晶体结构的有效手段。当一束单色 X 射线

入射到晶体时，由于晶体是由原子规则排列成的晶胞组成，这些规则排列的原子间距离与入射 X 射线波长有相同的数量级，故由不同原子散射的 X 射线相互干涉，在某些特殊方向上产生强 X 射线衍射，衍射线在空间分布的方位和强度，与晶体结构密切相关。这就是 X 射线衍射的基本原理。

1913 年英国物理学家布拉格父子（W. H. Bragg，W. L. Bragg）测定了 NaCl、KCl 等的晶体结构，并提出了作为晶体衍射基础的著名公式——布拉格方程

$$2d\sin\theta = n\lambda \tag{1.5}$$

式中，d 为晶面间距；n 为反射级数；θ 为掠射角；λ 为 X 射线的波长。布拉格方程是 X 射线衍射分析的根本依据。

通过衍射方法测定晶体的结构，能够详细了解晶体的对称性、晶体内部三维空间中原子排布情况、晶体中分子的结构式、立体构型、键长、键角等数据。另外，X 射线衍射法还可以定性和定量测量晶体物质的成分，并且说明样品中各种元素的存在状态以及晶粒的尺寸。

2）扫描电子显微镜

当一束极细的高能入射电子轰击扫描样品表面时，被激发的区域将产生二次电子、俄歇电子、特征 X 射线和连续谱 X 射线、背散射电子、透射电子，以及在可见光、紫外线、红外线区域产生的电磁辐射，同时可产生电子-空穴对、晶格振动（声子）、电子振荡（等离子体）。

背散射电子是指被固体样品原子反射回来的一部分入射电子，其中包括弹性背反射电子和非弹性背反射电子。弹性背反射电子是指被样品中原子和反弹回来的散射角大于 90°的那些入射电子，其能量基本上没有变化。非弹性背反射电子是入射电子和核外电子撞击后产生非弹性散射，不仅能量变化，而且方向也发生变化。非弹性背反射电子的能量范围很宽，从数十电子伏到数千电子伏。从数量上看，弹性背反射电子远比非弹性背反射电子所占的份额多。背反射电子的产生范围在 100nm～1mm 深度。背反射电子的产额随原子序数的增加而增加，所以利用背反射电子作为成像信号不仅能分析形貌特征，也可以用来显示原子序数衬度定性进行成分分析。

二次电子是指背入射电子轰击出来的核外电子。由于原子核和外层价电子间的结合能很小，当原子的核外电子从入射电子获得了大于相应的结合能的能量后，可脱离原子成为自由电子。如果这种散射过程发生在比较接近样品表层处，那些能量大于材料逸出功的自由电子可从样品表面逸出，变成真空中的自由电子，即二次电子。二次电子来自表面 5～10nm 的区域，能量为 0～50eV。它对试样表面状态非常敏感，能有效地显示试样表面的微观形貌。由于它发自试样表

层，入射电子还没有被多次反射，因此产生二次电子的面积与入射电子的照射面积没有多大区别，所以二次电子的分辨率较高，一般可达到 5~10nm。扫描电镜的分辨率一般就是二次电子分辨率。二次电子产额随原子序数的变化不大，它主要取决于表面形貌。

特征 X 射线是原子的内层电子受到激发以后在能级跃迁过程中直接释放的具有特征能量和波长的一种电磁波辐射。

如果原子内层电子能级跃迁过程中释放出来的能量不是以 X 射线的形式释放而是用该能量将核外另一电子打出，脱离原子变为二次电子，则这种二次电子叫作俄歇电子。因每一种原子都有自己特定的壳层能量，所以它们的俄歇电子能量也各有特征值，能量在 50~1500eV 范围内。俄歇电子是由试样表面极有限的几个原子层中发出的，这说明俄歇电子信号适用于表层化学成分分析。产生的次级电子的多少与电子束入射角有关，也就是说与样品的表面结构有关，次级电子由探测体收集，并在那里被闪烁器转变为光信号，再经光电倍增管和放大器转变为电信号来控制荧光屏上电子束的强度，显示出与电子束同步的扫描图像。图像为立体形象，反映了标本的表面结构。

扫描电子显微镜正是根据上述不同信息的产生机理，采用不同的信息检测器，使选择检测得以实现的。例如，对二次电子、背散射电子采集，可得到有关物质微观形貌的信息，对 X 射线采集，可得到物质化学成分的信息。

3）透射电子显微镜

透射电子显微镜（TEM）的工作原理是，由电子枪发射出来的电子束，在真空通道中沿着镜体光轴穿越聚光镜，通过聚光镜将之会聚成一束尖细、明亮而又均匀的光斑，照射在样品室内的样品上；透过样品后的电子束携带有样品内部的结构信息，样品内致密处透过的电子量少，稀疏处透过的电子量多；经过物镜的会聚调焦和初级放大后，电子束进入下级的中间透镜和第 1、第 2 投影镜进行综合放大成像，最终被放大了的电子影像投射在观察室内的荧光屏板上。

由于电子的德布罗意波长非常短，透射电子显微镜的分辨率比光学显微镜高很多，可以达到 0.1~0.2nm，放大倍数为几万~百万倍。因此，透射电子显微镜可以用于观察样品的精细结构，甚至可以用于观察仅一列原子的结构。

4）拉曼光谱

激光照射到物质上发生弹性散射和非弹性散射。弹性散射的散射光是与激发光波长相同的成分，非弹性散射的散射光有比激发光波长长的和短的成分，统称为拉曼效应。拉曼效应是光子与光学支声子相互作用的结果。

拉曼效应起源于分子振动（和点阵振动）与转动，因此从拉曼光谱中可以得到分子振动能级（点阵振动能级）与转动能级结构。用虚的上能级概念可以说明拉曼效应：设散射物分子原来处于基电子态，当受到入射光照射时，激发光与此分子的作用引起的极化可以看作为虚的吸收，表述为电子跃迁到虚态，虚能级上的电子立即跃迁到下能级而发光，即为散射光。因而散射光中既有与入射光频率相同的谱线，也有与入射光频率不同的谱线，前者称为瑞利线，后者称为拉曼线。在拉曼线中，又把频率小于入射光频率的谱线称为斯托克斯线，而把频率大于入射光频率的谱线称为反斯托克斯线。

由于拉曼谱线的数目、位移的大小、谱线的长度直接与试样分子振动或转动能级有关，所以，通过对拉曼光谱的研究可以得到有关分子振动或转动的信息。

5) 扫描探针显微镜

扫描探针显微镜是利用尺寸极小的探针，在极为接近样品表面的情况下，通过探测物质表面某种物理效应随探测距离的变化，获得原子尺度的表面结构或其他方面的信息。可以分为扫描隧道显微镜和原子力显微镜。

扫描隧道显微镜测量穿越样品表面与显微探针之间的隧道电流的大小，当直径为 0.1~10μm 的探针与样品表面相距 1nm 时，样品与探针间的隧道电流随两者的距离减小而迅速增大，因此利用隧道电流为反馈信号，可以获得样品表面的形貌信息。

原子力显微镜测量物质间的作用力。当原子间的距离减小到一定程度后，原子间的作用力将迅速提升，利用原子力的大小可以直接换算出样品表面的高度，从而获得表面形貌信息。

1.2.3.3　薄膜成分的测量

薄膜的成分可以通过 X 射线光电子能谱、俄歇电子能谱、卢瑟福背散射技术、二次离子质谱等方式进行测量[4]。

1) X 射线光电子能谱

X 射线的能量不仅可使分子的价电子电离而且也可以把内层电子激发出来，内层电子的能级受分子环境的影响很小。同一原子的内层电子结合能在不同分子中相差很小，故它是特征的。光子入射到固体表面激发出光电子，利用能量分析器对光电子进行分析的实验技术称为光电子能谱（XPS）。光电子能谱的原理是用 X 射线去辐射样品，使原子或分子的内层电子或价电子受激发射出来。被光子激发出来的电子称为光电子。

处于原子内壳层的电子结合能较高，要把它打出来需要能量较高的光子，以镁或铝作为阳极材料的 X 射线源得到的光子能量分别为 1253.6eV 和 1486.6eV，此范围内的光子能量足以把不太重的原子的 1s 电子打出来。结合能值各不相同，而且各元素之间相差很大，容易识别，因此通过考查 1s 的结合能可以鉴定样品中的化学元素。除了不同元素的同一内壳层电子的结合能各有不同的值外，给定原子的某给定内壳层电子的结合能还与该原子的化学结合状态及其化学环境有关，随着该原子所在分子的不同，该给定内壳层电子的光电子峰会有位移，称为化学位移。这是由于内壳层电子的结合能除主要取决于原子核电荷而外，还受周围价电子的影响。电负性比该原子大的原子趋向于把该原子的价电子拉向近旁，使该原子核同其 1s 电子结合牢固，从而增加结合能。

X 射线光电子能谱不但为化学研究提供分子结构和原子价态方面的信息，还能为电子材料研究提供各种化合物的元素组成和含量、化学状态、分子结构、化学键方面的信息。它在分析电子材料时，不但可提供总体方面的化学信息，还能给出表面、微小区域和深度分布方面的信息。

2）俄歇电子能谱

前边讲述过，如果原子内层电子能级跃迁过程中释放出来的能量不是以 X 射线的形式释放而是用该能量将核外另一电子打出，脱离原子变为二次电子，则这种二次电子叫作俄歇电子。因每一种原子都有自己特定的壳层能量，所以它们的俄歇电子能量也各有特征值。俄歇电子是由试样表面极有限的几个原子层中发出的，这说明俄歇电子信号适用于表层化学成分分析。产生的次级电子的多少与电子束入射角有关，因此它与样品的表面结构有关。次级电子由探测体收集，并在那里被闪烁器转变为光信号，再经光电倍增管和放大器转变为电信号来控制荧光屏上电子束的强度，显示出与电子束同步的扫描图像。图像为立体形象，反映了标本的表面结构。

俄歇电子在固体中运行也同样要经历频繁的非弹性散射，能逸出固体表面的仅仅是表面几层原子所产生的俄歇电子，这些电子的平均自由程很短，为 5～20Å，因此俄歇电子能谱所考察的只是固体的表面层。

3）卢瑟福背散射技术

当一束高能离子入射到靶片上时，由于库仑排斥作用，与靶核发生弹性碰撞。发生碰撞后，散射离子与靶原子的速度、能量分别发生变化，入射离子中总有一部分足够靠近靶核，与靶核发生大角度的弹性散射，使散射粒子几乎沿着入射反方向从样品表面返回，这种现象叫作背散射现象，这样的离子称为背散射离子。背散射离子在碰撞的大量离子中占的比例很小，然而它却是背散射分析技术的基础。在背散射分析中，一般探测的散射离子的散射角均大于 90°，在 160°～170° 最佳。当入射能量和散射方向固定时，背散射离子的能量取决于靶原子的质量及碰撞靶原子在靶表面下的深度。通过对散射离子能量的测量，可以确定靶原子的质量。发生碰撞时，靶的原子浓度及散射截面决定了散射离子的多少。通过对散射产额的测量，可以定量地确定靶原子的含量。离子碰撞前、后穿透靶物质的深度决定了离子能量损失的大小，通过对离子能谱的测量，可以确定靶原子的深度分布。

卢瑟福背散射技术工艺过程为：①从离子源产生的离子，被串列加速器加速，然后经过聚集系统、磁分析系统（使离子束纯化和单能化）及准直系统后，以单一能量 E_0 射向放在靶室中的样品；②在离子束的能量低于靶原子产生核反应阈能的条件下，入射离子将有可能和靶原子发生弹性碰撞而被散射，其中几乎绝大多数粒子停留在样品内，只有很少一部分粒子（大约万分之一）从样品表面大角度背散射返回，这其中又只有一小部分的背散射粒子被探测器接收到；③探测器每接收到一个背散射离子，就输出一个脉冲信号（信号强度与离子能量成正比），经放大后送到下面的多道分析器进行分析处理。多道分析器就相当于一个分成若干等分的"存储器"，每一等分对应于一种强度的脉冲信号，也就对应于一种背散射离子的能量；④这个对应于不同能量的存储器就称为对应于不同能量的道数。不同能量的背散射离子记录在多道分析器的不同道数中，得到背散射能谱。

4）二次离子质谱

二次离子质谱（SIMS），是利用电子光学方法把惰性气体等初级离子加速并聚焦成细小的高能离子束轰击样品表面，使之激发和溅射二次离子，经过加速和质谱分析，分析区域可降低到 $1\sim2\,\mu m$ 直径和 5nm 的深度，正是适合表面成分分析的功能，它是表面分析的典型手段之一。

离子探针的原理是利用能量为 $1\sim20keV$ 的离子束照射在固体表面上，激发出正、负离子（溅射），利用质谱仪对这些离子进行分析，测量离子的质荷比和强度，从而确定固体表面所含元素的种类和数量。

被加速的一次离子束照射到固体表面上，打出二次离子和中性粒子等，这个现象称为溅射。溅射过程可以看成是由单个入射离子和组成固体的原子之间独立的、一连串的碰撞所产生的。入射离子一部分与固体表面发生弹性或非弹性碰撞后改变运动方向，飞向真空，这叫作一次离子散射；另外有一部分离子在单次碰撞中将其能量直接交给表面原子，并将表面原子逐出表面，使之以很高能量发射出去，这叫作反弹溅射；然而在表面上大量发生的是一次离子进入固体表面，并通过一系列的级联碰撞而将其能量消耗在晶格上，最后注入一定深度（通常为几个原子层）。固体原子受到碰撞，一旦获得足够的能量就会离开晶格点阵，并再次与其他原子碰撞，使离开晶格的原子增加，其中一部分影响到表面，当这些受到影响的表面或近表面的原子具有逸出固体表面所需的能量和方向时，它们就按一定的能量分布和角度分布发射出去。通常只有 $2\sim3$ 个原子层中的原子可以逃逸出来，因此二次离子的发射深度在 1nm 左右。可见，来自发射区的发射粒子无疑代表着固体近表面区的信息,这正是 SIMS 能进行表面分析的基础。一次离子照射到固体表面引起溅射的产物种类很多,其中二次离子只占总溅射产物的很小一部分(占 0.01%～1%)。影响溅射产额的因素很多,一般来说,入射离子原子序数越大,即入射离子越重,溅射产额越高;入射离子能量越大,溅射产额也增高,但当入射离子能量很高时,它射入晶格的深度加大将造成深层原子不能逸出表面,溅射产额反而下降。

二次离子质谱的工艺过程为:①利用聚焦的一次离子束在样品上稳定地进行轰击;即一次离子可能穿透固体样品表面的一些原子层深入到一定深度,在穿透过程中发生一系列弹性和非弹性碰撞。一次离子将其部分能量传递给晶格原子,这些原子中有一部分向表面运动,并把能量的一部分传递给表面粒子使之发射。在一次离子束轰击样品时,还有可能发生另外一些物理和化学过程,即一次离子进入晶格,引起晶格畸变;在具有吸附层覆盖的表面上引起化学反应等。溅射粒子大部分为中性原子和分子,小部分为带正、负电荷的原子、分子和分子碎片。②电离的二次粒子(溅射的原子、分子和原子团等)按质荷比实现质谱分离。③收集经过质谱分离的二次离子,可以得知样品表面和本体的元素组成和分布。在分析过程中,质量分析器不但可以提供对应于每一时刻的新鲜表面的多元素分析数据,而且还可以提供表面某一元素分布的二次离子图像。

1.2.3.4 薄膜附着力的测量

对薄膜最基本的性能要求之一就是其对衬底的附着力。因此针对不同的薄膜材料和使用目的,发展出了很多的附着力测试方法[4]。本节重点介绍刮剥法和拉伸法。

1)刮剥法

刮剥法是将硬度较高的划针垂直放置于薄膜表面,施加载荷对薄膜进行划伤实验来评价薄膜的附着力的方法。当划针前沿的剪切力超过薄膜的附着力时,薄膜将发生破坏和剥落。在划针移动的同时,逐渐加大施加的载荷,并且观察划开薄膜、露出衬底所需要的临界载荷,以此来表征薄膜的附着力。

压痕法是和刮剥法类似的方法。使用一定形状的硬质压头,在载荷的作用下将压头垂直压入薄膜的表面。在卸去载荷后,观察和测量薄膜表面压陷区的形貌,来表征薄膜的附着力。

2)拉伸法

拉伸法利用黏结或焊接的方式把薄膜和拉伸棒连接起来,测量将薄膜从衬底拉下所需的载荷的大小。薄膜的附着力等于拉伸时的临界载荷和薄膜面积之比。

此外，还可以通过胶带剥离法、摩擦法、超声波法、离心力法、脉冲激光加热疲劳法等方式来表征薄膜的附着力。

1.3　薄膜太阳电池应用前景

薄膜太阳电池和硅基太阳电池相比，有很多的优点，在光伏建筑一体化（BIPV）领域有很广阔的应该前景。

光伏发电技术的应用有两种主要形式：一是建设大规模光伏电站，由于建设电站需要占用大面积土地，所以多数分布在光照条件好，有大量闲置荒地或沙漠戈壁的偏远地区，如我国的新疆、青海和甘肃等地，但这些地区经济通常较为落后，光伏电站所产电量无法就地消化，需经高压线路输出；二是分布式发电，即在用户所在场所或附近建设安装，以自发自用、余电上网、电网调节为主要运行方式。分布式发电输出功率相对较小，安全可靠性高，所产电量可以就近利用，损耗小，效率高，且不需要占用大量土地，近年来已成为我国大力推广和鼓励发展的新能源技术。

光伏建筑一体化就是分布式光伏发电中的一种主要形式，这种发电形式对于光伏发电来讲是最有效的利用。光伏建筑一体化技术具有以下显著优点：①减少建筑物能耗；②与建筑构件有机整合，无须单独安装光伏阵列，也省去了相关的支撑结构，避免占用宝贵的建筑空间，同时降低了初期投资和安装成本；③太阳电池通常安装在建筑屋顶或墙面上，在炎热天气可以减少室内热量，降低制冷功率；④光伏建筑发电的峰值时间段与城市生活用电的峰值时间段匹配，可以有效地缓解城市供电压力；⑤当地发电，当地使用，减少了传输损耗和输送电设备的投资；⑥光伏发电没有噪声，没有污染废弃物排放，极具环保价值，可以显著增加建筑物的外观审美和综合品质。

根据光伏组件与建筑物的结合形式，光伏建筑一体化大致可以分为两类。

一是建筑物作为光伏阵列的支撑载体，光伏组件安装在建筑物的外立面上，然后再将组件与蓄电池、逆变器和负载相连。主要有屋顶光伏电站、光伏遮阳系统等，借用建筑屋顶和立面空间安装光伏发电组件是一种常见的光伏建筑一体化应用形式，虽然会增加建筑载荷，但是可以将光伏组件设置在最佳倾角，尽可能多地增加光伏系统发电量。图1.7为使用半透明光伏组件拼接而成的德国柏林中央火车站的光伏屋顶。

另一类是将光伏组件与建筑有机集成，这种形式对光伏组件的要求较高，太阳电池组件不仅需要满足光伏发电的功能要求，还可以替代部分建筑材料，如光伏瓦、光电幕墙、光伏天窗等。光伏组件成为建筑构件的一部分，兼具环保与美

图 1.7　德国柏林中央火车站的光伏屋顶

观的功能，并且可以大大减少初期投资，这种应用方式是光伏建筑一体化应用的高级形式，也是光伏建筑一体化技术未来的发展方向。图 1.8 为采用澳大利亚 Dyesol 公司技术制造，安装在韩国首尔政府大楼内的染料敏化太阳电池（DSC）光伏玻璃窗，其丰富的色彩和图案形状完美地体现了科技和建筑美学的结合。

图 1.8　安装在首尔政府大楼内的染料敏化太阳电池光伏玻璃窗

参 考 文 献

[1] 刘恩科，朱秉升，罗晋生. 半导体物理学.4 版. 北京：国防工业出版社，2015：196-201.

[2] 叶志镇，吕建国，吕斌，等. 半导体薄膜技术与物理. 杭州：浙江大学出版社，2008：1-220.

[3] 麻蒔立男. 薄膜制备技术基础.4 版. 陈国荣译. 北京：化学工业出版社，2009：162-224.

[4] 唐伟忠. 薄膜材料制备原理、技术及应用.2 版. 北京：冶金工业出版社，2017：105-279.

[5] 张瑞明，李智华，钟志成，等. 脉冲激光沉积动力学原理. 北京：科学出版社，2011：44-56.

[6] 黄剑锋. 溶胶-凝胶原理与技术. 北京：化学工业出版社，2005：41-64.

[7] 靳瑞敏. 太阳电池薄膜技术. 北京：化学工业出版社，2012：34-35.

第 2 章　硅基薄膜太阳电池

从 20 世纪 70 年代开始，硅基薄膜逐渐被引入光伏发电领域，人们期望这种技术能够降低太阳电池的成本，从而进行大规模利用以抗衡化石能源。通常的硅基薄膜半导体材料包括氢化非晶硅（a-Si：H），氢化非晶硅锗（a-SiGe$_x$：H）以及氢化纳米晶硅（nc-Si：H）等。硅基薄膜太阳电池，一般是在大面积的廉价衬底（如玻璃、不锈钢、塑料等）上沉积生产，主要优势是用料少、工艺温度低、工艺过程相对简单，其劣势是电池效率偏低，因而需要持续开展硅基薄膜太阳电池的研究。

本章主要介绍硅基薄膜电池，首先介绍硅基薄膜材料的结构和物理特性，硅基薄膜材料的制备方法，然后介绍硅基薄膜太阳电池的工作原理与电池结构，最后介绍硅基薄膜电池的产业化制备技术，以及硅基薄膜材料在其他领域的应用。

2.1　非晶硅材料特性

2.1.1　非晶硅的发展历史

20 世纪 60 年代，a-Si：H 薄膜首先由辉光放电法制取。1975 年，W. E. Spear 等通过 PECVD 法分解硅烷（SiH$_4$）与硼烷（B$_2$H$_6$）或磷烷（PH$_3$）气体，实现 a-Si：H 的 p 型与 n 型掺杂，并做出了非晶硅 pn 结，这在 a-Si：H 的发展历史上具有里程碑的意义，同时也发现氢原子可以钝化悬挂键的作用，制备了具有低缺陷态密度（～10^{16} cm^{-3}）与优越的光敏性能的 a-Si：H 薄膜[1]。在 a-Si：H 发展历史上第二个具有里程碑意义的突破是在 1976 年，美国 RCA 公司的 D. E. Carlson 等把本征的 a-Si：H 薄膜放置在掺杂的 p 与 n 型非晶硅薄膜中间，研制出了 p-i-n 结构的 a-Si：H 薄膜太阳电池，光电转换效率达到 2.4%[2]，在国际上掀起了研究 a-Si：H 薄膜电池的热潮。1977 年 D. L. Staebler 等观察到 a-Si：H 薄膜经过长时间的光照后其暗电导率与光电导率都发生下降，但是经过 150℃ 的退火后又可以恢复[3]，这种现象称为 Staebler-Wronski 效应（简称 S-W 效应），他们指出导致 S-W 效应的可能原因是光照在 a-Si：H 带隙中引起亚稳态的缺陷。此后，研究 S-W 效应的微观机理及抑制途径一直是非晶硅领域的焦点课题。在 1979 年，Y. Hamakawa 等引入多结电池的概念，使 a-Si：H 多结电池的电压高于 2.0V[4]。1980 年，Carlson 把 a-Si：H 薄膜电池的光电转换效率提升到 8%，这具有产业化的意义。Y. Kuwano 等实现 a-Si：H 电池串联，解决了工业生产中电池连接的问题[5]。1981 年，Y. Tawada 制备了低吸收的 p 型非晶硅碳合金（p-a-SiC）用于 a-Si：H 电池的窗口层，提高了电池的开路电压及短路电流[6]。1983 年，H. W. Deckman 把表面陷光结构用于 a-Si：H 电池以增强非晶硅的吸收[7]。1985 年，由于 a-SiGe：H 合金薄膜具有窄的带隙，可以与 a-Si：H 材料构成叠层电池，显著扩展了电池的吸收光谱范围[8]。在此基础上 BP Solar[9]，Sanyo[10]，Fuji Electric[11] 以及 United Solar[12] 等公司发展了 a-Si：H/a-SiGe：H 叠层电池和 a-Si：H/a-SiGe：H/a-SiGe：H 三结电池，不仅提高了电池的长波吸收，还降低了各子电池的厚度，从而提高了电池的稳定性。其中 United Solar 研究的小面积三结 a-Si：H/a-SiGe：H/a-SiGe：H 电池的初始效率达到 14.6%，光照稳定效率达到 13%[13]。进入 21 世纪后，随着 a-Si：H 电池产业化技术日趋成熟，越来越多的公司建立了a-Si：H 电池生产线。但是随着晶体硅电池成本的降低，a-Si：H 电池组件的成本不再具有优势，导致 a-Si：H 电池的产业化进展遭受挫折。

2.1.2　非晶硅材料的结构与电子态

2.1.2.1　非晶硅材料的结构

a-Si：H 材料与晶体硅材料的重要区别在于，a-Si：H 材料内没有固定的原子结构，即 a-Si：H 原子结构具有长程无序。但是原子结构的长程无序并不是形成非晶半导体特性的主要原因。形成非晶半导体特性的关键因素是原子结构的短程有序。图 2.1 所示为晶体硅原子与非晶硅原子结构示意图。图 2.1（a）为晶体硅结构示意图，每个硅原子通过共价键与周围四个硅原子键合，键长一致，键角相同，所有硅原子的配位数都是 4，硅原子排列具有周期性的结构，即硅原子结构在长程与短程均是有序结构。

图 2.1（b）为非晶硅原子结构示意图，从中可以看出，尽管硅原子排列在

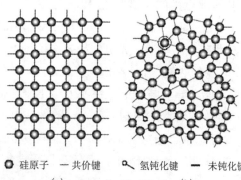

◉ 硅原子　— 共价键　⚲ 氢钝化键　— 未钝化键

　　　　　（a）　　　　　　　　　　　（b）

图 2.1　晶体硅原子与非晶硅原子结构示意图

长程上是无序的，但是在短程上依然保持着有序结构，大部分的硅原子的配位数都是 4。在非晶硅网络中，邻近键角与键长存在较大的差异，导致晶格发生应变，出现弱键，当这些弱键吸收了一定的能量后容易发生断裂，导致在非晶硅网格中形成缺陷。非晶硅薄膜中主要的缺陷包括：三配位硅的悬挂键（dangling bond），Si—Si 弱键，5 配位 Si 浮键，微空洞，以及 Si—H—Si 三中心键等，另外还有多种结构缺陷与杂质形成的络合物。

单晶硅与非晶硅的结构特征可以使用其原子排列的径向分布函数 $g(r)$ 来说明，如图 2.2 所示，由 X 射线衍射谱（XRD）得到单晶硅与非晶硅的原子排列径向分布函数[14]。理论计算表明，单晶硅的径向分布函数具有一系列的峰值，对应于一系列的原子配位壳层，表明单晶硅原子结构同时存在短程序与长程序。而非晶硅的径向分布函数只显示出第一与第二个峰，表明非晶硅中只有最近邻与次近邻的短程序。

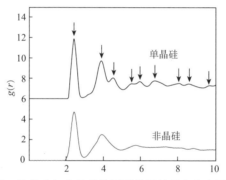

图 2.2   单晶硅与非晶硅的原子排列的径向分布函数[14]

2.1.2.2 非晶硅材料的电子态

由于晶体硅是周期性结构，所以其电子波函数可以用周期性的布洛赫函数（Bloch 函数）描述，电子态是共有化的态或扩展态。但是对于非晶态材料，原子结构不再具有长程序，因此 Bloch 函数不再适用于非晶态材料电子态的描述，波矢 k 不再是好的量子数。1958 年，P. W. Anderson 首先提出在无序系统中，由于无序产生了电子态的定域化概念[15]。随后，在 Anderson 定域化理论的基础上，N. F. Mott 把迁移率边和定域化带尾态概念引入非晶态的能带结构中[16]。同时，N. F. Mott[17] 和 M. H. Cohen[18] 等提出了非晶态半导体中的 Mott-CFO 能带模型，为非晶硅薄膜材料和器件的研究提供了理论基础。图 2.3 为非晶硅材料的 Mott-CFO 能带模型[18]，可以看到在非晶硅半导体能带中的电子态分为两类，一类称为扩展态，另一类称为定域态。处于扩展态的电子为整个固体所共有，可以在整个固体尺度内找到，电子在外电场中的运动类似于晶体中的电子。定域态主要由两部分组成，一部分是带尾态（bandtail states），位于导带边 E_c 及

价带边 E_v，主要由无序结构引起，所以其中带尾态密度 $N(E)$ 与能级 E 是指数的关系；对于价带带尾态，态密度 $N(E)$ 正比于 $\exp\{(E_v - E)/E_v^0\}$；对于导带带尾态，$N(E)$ 正比于 $\exp\{-(E_c - E)/E_c^0\}$，其中 E_v^0 与 E_c^0 是常数。定域态的另一组成部分是中间态（midgap states），位于能带的中间区域，主要是由悬挂键等引起。悬挂键有三个电荷状态，分别是正的（D^+），中性的（D^0）和负的（D^-），分别对应不同的中间态，U 是关联能。处于定域态的电子基本局限在某一区域，它的状态波函数只能在某一点或某一小区域内显著不为零，必须借助于声子的协助，进行跳跃式导电。因此当温度为 0K 时，定域态电子迁移率趋于零。由于定域态的存在，非晶硅薄膜的迁移率带隙（mobility gap）达到 $1.7\sim 1.8\text{eV}$，高于单晶硅的 1.1eV 的带隙。

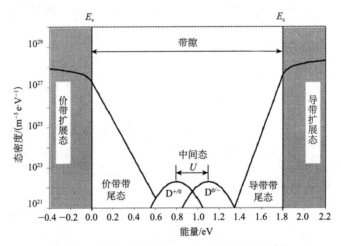

图 2.3　非晶硅材料的 Mott-CFO 能带模型[18]

2.1.3　非晶硅材料的光学特性

2.1.3.1　非晶硅材料的光吸收

非晶硅薄膜的光学特性通常使用吸收系数、光学带隙进行表征。图 2.4 为非晶硅薄膜的吸收系数随着光子能量的变化，它主要分为三个吸收区域，即本征吸收、带尾吸收和次带吸收。

本征吸收（A 区域）主要是反映价带扩展态到导带扩展态的跃迁吸收，通常吸收系数大于 10^3cm^{-1}，随着光子能量增大而增加。由于晶体硅的本征光吸收存在严格的选择定则，除能量守恒外还需要满足动量守恒，同时晶体硅是间接带隙材料，本征吸收必须有声子参与。而非晶硅材料是无序结构，电子态没有波矢，电子在跃迁的过程中不需要满足动量守恒的限制，因此非晶硅的本征吸收系数要远高于晶硅的吸收系数（通常高 $1\sim 2$ 数量级）。也就是使用 $1\mu\text{m}$ 厚

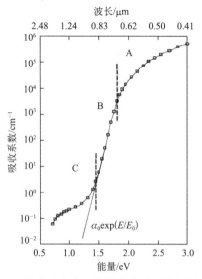

图 2.4　非晶硅薄膜吸收系数与光子能量的关系

的非晶硅薄膜可以吸收超过 90% 的可见光，而在实际的非晶硅薄膜电池中，通常非晶硅的厚度为 $0.3\,\mu m$，远小于晶体硅电池 $180\,\mu m$ 的吸收层厚度。非晶硅的光学带隙可以用两种方法获得，一是采用经验的方法，即固定吸收系数 $\alpha = 10^4\,cm^{-1}$ 时，获得对应的光子能量值即光学带隙；二是利用 Tauc[19] 公式进行计算，即 $(\alpha E)^{1/2} = B(E - E_{opt})$，其中 E 为光子能量，B 为常数，E_{opt} 为 Tauc 光学带隙。

　　带尾态吸收（B 区域）对应电子从价带边扩展态到导带带尾态的跃迁，或者电子从价带带尾态到导带扩展态的跃迁。这一区域材料的吸收系数范围是 $1 \sim 10^3\,cm^{-1}$。这一区域非晶硅材料的吸收系数与光子能量是指数的关系，$\alpha = \alpha_0 \exp(E/E_0)$，其中 α_0 是常数，E_0 是 Urbach 能量，它是由 F. Urbach 于 1953 年首先发现的，无序结构中电子从价带带尾态跃迁到导带的光吸收系数与光子能量有指数的关系，它主要是电子带尾态的指数分布引起的[20]。Urbach 能量与带尾结构有关，它反映出带尾态的宽带及无序结构的程度，E_0 越大，带尾越宽，结构越无序。

　　次带吸收（C 区域）反映的是缺陷的吸收，对应的是从价带到中间带隙的跃迁或中间带隙到导带的跃迁，因此这一区域可以反映材料质量的优劣。一般当吸收系数小于 $1\,cm^{-1}$ 时，材料具有较高的质量。有三种方法可以测量非晶硅薄膜缺陷态的吸收，分别是光热偏转谱（PDS），恒光电导法（CPM）以及傅里叶变换光电流谱（FTPS）。

2.1.3.2 非晶硅材料的红外吸收及拉曼光谱

氢在非晶硅中起到松弛网格结构、内应力以及钝化悬挂键的重要作用。在非晶硅的网格中 Si 原子的近邻原子可以是 Si 原子，也可以是氢原子，可能形成 SiH_1 键，SiH_2 键和 SiH_3 键，以及与杂质原子形成的 SiO 及 SiC 键等，这些键的振动 ν 可以用红外吸收谱进行测定。红外吸收所测量键的振动模式可以分两类：一类是成键原子间有相对位移变化的振动模式，包括伸缩模（stretching mode）和弯曲模（bending mode）。另一类是成键原子间没有相对位移的转动模式，如摆动模（waging mode）、滚动模（rocking mode）和扭动模（twisting mode）。常见的非晶硅薄膜的红外吸收特征峰及振动模式列于表 2.1。

表 2.1　常见非晶硅薄膜的红外吸收峰及振动模式

键合方式	吸收峰波数/cm^{-1}	振动模式
Si—H	630	摇摆
	2000	伸缩
Si—H_2 或（Si—H_2)$_n$	2090	伸缩
	880，890，840	弯曲
	630	摇摆
Si—H_3	2140	伸缩
	905	弯曲
	630	摇摆
Si—O	1050~1100	伸缩
Si—C	607.2	伸缩

非晶硅的红外吸收范围在 $400\sim4000cm^{-1}$，SiH_1 键的伸缩模在 $2000cm^{-1}$，弯曲模在 $640cm^{-1}$，SiH_2 与 SiH_3 的伸缩模分别是 $2090cm^{-1}$ 与 $2140cm^{-1}$，但弯曲模仍在 $640cm^{-1}$ 处。值得注意的是（SiH_2)$_n$ 基团的伸缩模的吸收峰也在 $2100cm^{-1}$ 附近。图 2.5 给出了典型的非晶硅样品的红外吸收谱随着硅烷浓度的变化[21]。对 Si—H 伸缩键的研究发现非晶硅薄膜的质量可以用微结构因子 R 来表征，计算方法如式（2.1）所示

$$R = I_{2090}/(I_{2090} + I_{2000}) \tag{2.1}$$

其中，I_{2090} 和 I_{2000} 分别代表振动峰位于 $2090cm^{-1}$ 和 $2000cm^{-1}$ 处的红外吸收峰的积分强度，通常器件质量的本征非晶硅模 R 应小于 0.1。研究发现非晶硅的微结构因子 R 随着材料内部微孔洞的增加而提高，而非晶硅材料的光致衰退也随之增加[22]。

利用红外吸收谱 $630cm^{-1}$ 处摇摆键的振动峰的积分强度，根据式（2.2），可估算出样品中的氢含量 C_H

$$C_H = 1.6 \times 10^{19} \int \frac{\alpha(\omega)}{\omega} d\omega \tag{2.2}$$

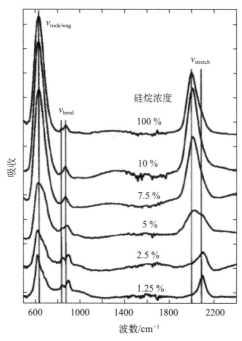

图 2.5　典型非晶硅红外吸收与沉积硅烷浓度的关系[21]

为了把 C_H 换算成原子百分比值，用 C_H 再除以 c-Si 的原子密度 5×10^{22} cm^{-3}。由于 630cm^{-1} 的吸收峰强度与样品制备方法无关，而且这个吸收峰代表了各种 Si—H 摇摆键的总吸收强度，所以可以选用这一吸收峰的积分强度来计算样品中的氢含量 C_H。

当一束频率为 ν_0 的光照射到硅材料样品上时，在样品上除了透射和反射光，有一部分光会在样品上发生散射。在这些散射光中，大部分光的频率仍是 ν_0，其强度约为原来的 1/1000，这种散射称为瑞利散射，它是弹性碰撞。另一极小部分的频率变为 $\nu_0 \pm \Delta\nu$，其强度约为原来的 10^{-6}，此种散射称为拉曼（Raman）散射，它是非弹性散射。拉曼散射包括斯托克斯散射（能量为 $E - \Delta E$）和反斯托克斯散射（能量为 $E + \Delta E$）。拉曼散射是晶格振动中的长光学波所引起的极化波对入射光发生散射作用而产生的，所以，拉曼光谱是一种表征分子振动和转动能级变化的分子振动光谱，它能有效地应用于材料的结构分析。非晶硅的拉曼光谱与晶体硅的有很大不同，晶体硅的一级拉曼散射中只有横光学（TO）模是激活的，峰位在 520cm^{-1}，半高宽约 3cm^{-1}。而非晶硅的一级拉曼谱中的多种振动模式是激活的，其中包含 TO 模，峰位约在 480cm^{-1}；纵光学（LO）模，峰位约在 410cm^{-1}；纵声学（LA）模，峰位约在 310cm^{-1}；横声学（TA）模，峰位约在 170cm^{-1}。图 2.6 为典型的非晶硅拉曼散射谱[23]。

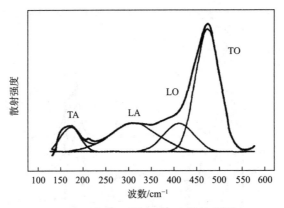

图 2.6　典型的非晶硅拉曼散射谱[23]

2.1.4　非晶硅材料的电学特性

2.1.4.1　本征非晶硅材料的电学特性

由于非晶硅电子的漂移迁移率远大于空穴的漂移迁移率，所以本征非晶硅的直流暗电导 σ_d 主要是由电子的输运特性所决定的，器件质量的本征非晶硅的暗电导率小于 $1 \times 10^{-10} \Omega^{-1} \cdot cm^{-1}$。通常测试要求非晶硅薄膜沉积在高阻玻璃上，如 Corning 1737，厚度大约为 $1 \mu m$，然后在非晶硅薄膜上蒸发对电极（通常使用金属铝），两电极的长度为 $1 \sim 2cm$，间距通常为 $0.5 \sim 1mm$。为了防止湿气或杂质扩散的影响，测试通常在真空环境或惰性气体下进行。测试之前，样品需要在 150℃ 下退火半小时去除表面的湿气。在样品的两电极上施加 100V 的电压获得电流值。暗电导的公式如下：

$$\sigma_d = \frac{I}{V} \frac{w}{ld} \qquad (2.3)$$

其中，V 是加的电压；I 是测试的电流；l 是电极的长度；w 两电极之间的间距；d 是薄膜的厚度。

测试非晶硅材料的暗态电导率 $\sigma_d(T)$ 与温度 T 的依赖关系可以获得非晶硅材料的激活能 E_A，其公式如下：

$$\sigma_d(T) = \sigma_0 \exp(-E_A/kT) \qquad (2.4)$$

其中，σ_0 是常数；T 是绝对温度；k 是玻尔兹曼常量；通过 $\log(\sigma_d(T))$ 与 $1/T$ 作图，获得激活能 E_A。

由于杂质在薄膜里容易掺杂，即使很少量的杂质，例如，$1 \times 10^{17} cm^{-3}$ 次方的 O 与 N 杂质，也能够导致费米能级位移，通过与光学带隙结合，激活能可以很好地反映薄膜中的杂质水平。对于未掺杂的非晶硅，其激活能通常大于 0.8eV。因此非晶硅低的暗电导率实际上反映了价电子低的迁移率，高的迁移率带隙以及高的激活能。器件质量的本征非晶硅的电子迁移率在 $10\sim20$ cm^2 · V^{-1} · s^{-1} 范围，空穴的迁移率在 $1\sim5$ cm^2 · V^{-1} · s^{-1}。

2.1.4.2　非晶硅的掺杂特性

1969 年 R. C. Chittick[24] 首先实现非晶硅的掺杂，但是 W. E. Spear 与 P. G. Lecomber[1,25] 对非晶硅的掺杂进行了系统的研究。通过在硅烷的等离子体中引入磷烷（PH$_3$）气体实现非晶硅的 n 型掺杂，而引进硼烷（B$_2$H$_6$）气体则实现了非晶硅的 p 型掺杂。图 2.7 显示非晶硅材料的暗电导率 σ_d 与掺杂气体浓度的关系，可以看到通过改变掺杂气体的浓度，非晶硅材料暗电导率的变化可以大于 10^8。

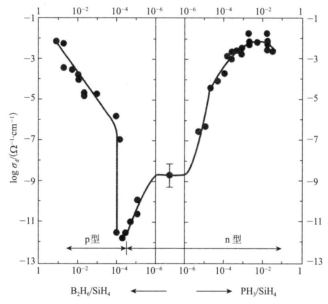

图 2.7　非晶硅的 p 型与 n 型暗态电导率与掺杂气体浓度的关系[1,25]

通过测量非晶硅材料的激活能发现，n 型非晶硅的激活能随着掺杂浓度的提高，可以从本征材料的 0.8eV 变化到最小 0.15eV，而 p 型非晶硅的激活能随着掺杂浓度的提高，可以变化到最小 0.3eV，由此可以判断出非晶硅材料的掺杂效率远低于晶体硅的掺杂效率。随着掺杂气体浓度的增加，非晶硅材料的掺杂效率迅速降低，因此不能通过提高掺杂气体浓度使非晶硅的费米能级移动到导带或价带位置，这是因为非晶硅的无序结构使磷或硼原子可以处于 4 配位，也可以处于 3 配位，而且 3 配位状态的能量更低，化学上更稳定，因此大部分的磷或硼原子都处在 3 配位态，起不了掺杂的作用。而小部分的 4 配位态，能量位于非晶硅的带尾态，起到浅施主或受主的作用。而且随着掺杂浓度的提高，会在非晶硅薄膜里产生更多的悬挂键，在带隙中部引入缺陷态，掺杂所产生的电子或空穴被这些新产生的缺陷态俘获，从而降低了自由载流子的密度，因此 n 型和 p 型非晶硅具有高的缺陷态密度，其光生载流子的复合速率较高，它们只能在非晶硅电池中用来建立内建电场和欧姆接触，而不能作为吸收层使用。

2.1.4.3　非晶硅的光电导

非晶硅的光电导可以用光直接照射在样品上进行测量，光源为 AM1.5 光谱，光强为 $100\mathrm{mW} \cdot \mathrm{cm}^{-2}$。在这种测试条件下，通常器件质量的本征非晶硅的光电导大于 $1 \times 10^{-5}\Omega^{-1} \cdot \mathrm{cm}^{-1}$，光电导与暗电导的比为光电响应，通常高于 10^5。光电导与载流子的产生、输运以及复合相关。载流子的产生速率 G 依赖于吸收系数 α 与载流子的量子产生效率 η_g。其中量子产生效率指材料吸收一个光子后产生电子-空穴对的几率。假设非晶硅光电导由电子决定，电子的输运与寿命分别用扩展态迁移率 μ 与 τ 表征，那么非晶硅的光电导率可以用式（2.5）表示

$$\sigma_{\mathrm{ph}} = q\mu\Delta n = q\mu\tau G \qquad (2.5)$$

其中，q 为单位价电子；Δn 为光生电子的浓度。非晶硅材料的吸收 A 通过 Lambert-Beer 公式可以计算得出

$$A = \Phi^0(1-R)(1-\exp(1-\alpha d)) \qquad (2.6)$$

其中，Φ^0 为入射光子流密度；R 为非晶硅与空气界面的反射；d 为非晶硅的膜厚。

平均载流子的产生速率 G 用式（2.7）表示

$$G = \eta_g \frac{A}{d} = \eta_g \frac{\Phi^0(1-R)(1-\exp(-\alpha d))}{d} \qquad (2.7)$$

结合上面的公式，光电导可以用式（2.8）表示

$$\sigma_{\mathrm{ph}} = q\mu\tau\eta_g \frac{\Phi^0(1-R)(1-\exp(-\alpha d))}{d} \qquad (2.8)$$

其中量子效率与迁移率及少子寿命的乘积 $\mu\tau\eta_g$ 与非晶硅材料的吸收、输运及复合相关，表征材料质量的好坏。通常选用 600nm 的光进行测量，那么 $\mu\tau\eta_g$ 的值可以用式（2.9）表示：

$$(\mu\tau\eta_g)_{600} = \frac{\sigma_{\mathrm{ph}}d}{q\Phi^0(1-R)(1-\exp(-\alpha d))} \qquad (2.9)$$

当 $\eta_g = 1$ 时，器件质量的非晶硅的 $\mu\tau$ 乘积应大于或等于 $1 \times 10^{-7}\mathrm{cm}^2 \cdot \mathrm{V}^{-1}$。

2.1.4.4　降低非晶硅的光诱导衰退效应

非晶硅薄膜经过长时间的光照后其暗电导率与光电导率都发生下降，即非晶硅薄膜存在光诱导衰退效应，最早是由 D. L. Staebler 等于 1977 年观察到，但是经过 150℃ 的退火后又可以恢复[3]，这种现象称为 Staebler-Wronski 效应（简称为 S-W 效应）。其原因是当非晶硅暴露在光照下时，非晶硅里的弱键被打断形成悬挂键，经过热退火后，悬挂键被重新钝化。当非晶硅经过长时间暴露在光照

下时，其体内的悬挂键密度逐渐升高，最终达到饱和状态。非晶硅光衰退测试的条件是 AM1.5 光谱，100mW·cm^{-2} 光强，测试温度为 50℃。一般非晶硅要暴露在光照下 1000h 后才能稳定，可以通过测试非晶硅的光电导率的变化进行判断。通常单结非晶硅电池的光衰退可以达到 20% 以上，这严重限制了非晶硅电池的应用。有相当多的研究是关于 S-W 效应的微观机制以及如何消除或降低 S-W 效应的。目前有三种方法可以降低非晶硅的光致衰退效应，第一种是提高沉积的温度[26]，研究发现在一定的温度范围内，随着沉积温度的升高，非晶硅材料的质量提升；第二种方法是提高氢稀释度[27-29]，目前所有的工业化生产都是采用氢稀释度的方法来提高非晶硅材料的稳定性能。通过在工艺中引入氢气可以显著改善非晶硅材料的稳定性，主要是因为 H 原子可以钝化 Si 的悬挂键，进而降低非晶硅材料的缺陷态。氢稀释度的变化范围从 1:5 到 4:1，当氢稀释度继续提高时，容易形成原晶硅（protocrystalline silicon）和纳米晶硅（nanocrystalline silicon）；第三种方法是通过设计新型的 PECVD 结构来降低等离子的轰击。T. Matsui[30]引入三极管式的电极板结构，可以降低等离子体内的高能离子，减少对非晶硅膜层的轰击，非晶硅电池的衰退可以降低到 11%（非晶硅吸收层厚度为 250nm），而用通常的设备沉积的非晶硅电池衰退达到 20% 以上。

2.1.5 非晶硅合金

非晶硅材料的带隙宽度可以通过引入 C、Ge、O、N 等元素形成合金进行调节。宽带隙的 a-SiC:H 及 a-SiO$_x$ 合金可以用于异质结电池的 p 型窗口层。a-SiN$_x$ 宽带隙材料常用于晶体硅电池的减反层及钝化层。而窄带隙的 a-SiGe:H 合金可用于非晶硅叠层电池结构的本征吸收层，本节主要介绍 a-SiC:H 及 a-SiGe:H 材料的特性。

2.1.5.1 非晶硅碳合金

20 世纪 80 年代，a-SiC:H 合金首先是由 Y. Tawada[31]等利用辉光放电分解 SiH$_4$ 和 CH$_4$ 混合气体制备宽带隙的 a-SiC:H 合金薄膜，并将 B$_2$H$_6$ 掺杂的 p 型 a-SiC:H 合金用作 p-i-n 非晶硅太阳电池的窗口层，显著提高了电池的开路电压、短路电流和电池效率。a-SiC:H 合金的带隙宽度随着 C 含量的增加而增加，当 C 原子分数达到 15% 以上时，p 型 a-SiC:H 合金的带隙达到 2.0eV 以上，相应的暗电导率约为 5×10^{-9} （Ω·cm）$^{-1}$，暗电导的激活能约为 0.54eV；在 AM1.5、100mW·cm^{-2} 光照下的光电导率约为 1×10^{-6} （Ω·cm）$^{-1}$。

以 B$_2$H$_6$ 作为 B 掺杂源，容易在非晶硅网络中形成 B 原子团，降低材料的透过率。因此常用 BF$_3$ 和 B（CH$_3$）$_3$ 作为 p 型 a-SiC:H 的掺杂源。另外发现，p 型 a-SiC:H 层中的 C 原子会通过界面扩散到本征非晶硅，导致本征非晶硅载流子寿命的下降和电池性能的衰退，所以通常在 a-SiC：H/a-Si：H 异质结界面加入界面缓冲层以提高电池的性能[32]。通过内光电研究发现，a-SiC：H 层的带隙变宽主要是由于导带底上移，因此 a-SiC：H 材料适合用作 p-i-n 非晶电池的窗口层，以限制光生电子的反扩散，而不适合用作电池的 n 层，因为导带上移会在本征层与 n 层之间形成高的势垒，阻碍光生电子流向 n 层。J. Ma 等[33]通过在高的氢稀释度条件下沉积 SiC：H 合金，发现合金中存在 a-SiC：H 与纳米晶相，通过优化沉积条件制备了带隙为 2.0eV，光敏度达到 ~4×10^6 的 SiC：H 合金材料，可以用作宽带隙的吸收层，制备的 n-i-p 型 SiC 电池的开压达到 1.04V。

2.1.5.2 非晶硅锗合金

非晶硅锗材料是在非晶硅工艺里引入锗烷气体（GeH$_4$）分解获得的，该材料为无序结构。1977 年，Chevallier 等首先用 PECVD 工艺制备出 a-SiGe$_x$：H 薄膜，锗元素的引入可以调节 a-SiGe$_x$：H 材料的带隙，一般调节的范围在 1.7~1.0eV。随着 Ge 含量的增加，a-SiGe$_x$：H 的带隙逐渐减小[34]。a-SiGe$_x$：H 适合作为多结 a-Si：H/a-SiGe$_x$：H/a-SiGe$_x$：H 电池的中间和底电池。但是 Ge—Ge 键比 Si—Si 键更容易断裂，因此 a-SiGe$_x$：H 材料比 a-Si：H 材料有更多的缺陷，随着膜层里锗含量的增加，a-SiGe$_x$：H 材料的质量变得更差，因此锗含量需要控制在一定的范围[35]。器件质量的 a-SiGe$_x$：H 薄膜，其带隙一般不低于 1.4eV。与 a-Si：H 材料一样，a-SiGe：H 材料类似于直接带隙半导体，存在高的吸收系数，因此一般在电池中只需要几百纳米就可以充分吸收太阳光。在 PECVD 工艺中，沉积温度对 a-SiGe$_x$：H 膜层有着重要的影响，过低的沉积温度，对重的 GeH$_3$ 激元迁移不利，而过高的温度容易使 Ge—H 键断裂，导致低的材料质量，最佳的沉积温度控制在 230~280℃[36]。但是通过增加反应的氢稀释度，也可以提高 a-SiGe$_x$：H 材料的质量，经过优化可以在 180℃ 下制备高质量的窄带隙 a-SiGe$_x$：H 材料。另外由于 SiH$_4$ 与 GeH$_4$ 的分解速率不同，容易导致膜层 Ge 含量组分的不均匀，而 Si$_2$H$_6$ 气体与 GeH$_4$ 的分解速率相同，所以工艺上也常用 Si$_2$H$_6$ 代替 SiH$_4$ 制备 a-SiGe$_x$：H 材料[37]。

应用于叠层底电池吸收层的 a-SiGe：H 合金膜，一般其 Tauc 光学带隙宽度为 1.4~1.45eV，带尾 Urbach 能量小于 60 meV。室温暗电导率小于 5× 10^{-8} （Ω·cm）$^{-1}$，暗电导率的激活能约为 0.7eV。在 AM1.5、100mW·cm^{-2} 光照下的光电导率大于 10^{-5} （Ω·cm）$^{-1}$。

2.2 纳米晶硅材料特性

2.2.1 纳米晶硅材料的发展历史

氢化纳米晶硅（nc-Si：H）（也称为微晶硅）是一种混合相的材料，即在非晶硅的无序网格里存在一定体积比例的单晶硅晶粒、空洞，硅晶粒的尺寸一般为几纳米到几百纳米不等。1968 年，S. Veprek 等[38]首先通过化学转移的方法制备纳米晶硅。1979 年，Usui 等[39]首先用 PECVD 设备在低温衬底上制备了纳米晶硅，通过调节氢气与硅烷的比例可以获得从非晶硅到纳米晶硅变化的材料。随后 Matsuda[40]，Tsai[41]以及 Veprek[42]对 PECVD 制备纳米晶硅机理进行了详细的研究。纳米晶硅由于容易引入杂质和界面污染（常见的是 O 和 N 污染），通常显示出 n 型，导致未掺杂的纳米晶硅具有较高的暗电导率、较低的激活能和较低的光敏性。1987 年，Curtin[43]把甚高频技术引入纳米晶硅的制备中，相比传统的射频（13.56MHz）PECVD 技术，甚高频技术可增加到达衬底表面的离子流密度，降低了离子流的能量，减少高能离子对生长表面的轰击，有利于高速沉积器件质量的纳米晶硅。起初本征纳米晶硅材料主要是用在非晶硅 p-i-n 电池上作为高导电、低吸收的 p 层使用[44,45]。1994 年，Meier 等[46-48]首先研制出硼补偿的纳米晶硅和 a-Si：H/nc-Si：H 叠层电池，并通过使用在线纯化 SiH$_4$ 气体系统，无须硼烷补偿，制备出高效纳米晶硅及 a-Si：H/nc-Si：H 叠层电池，首次使用甚高频 PECVD 沉积技术制备效率超过 7％的纳米晶硅电池。1996 年，Torres 等[49]发现通过降低纳米晶硅里的氧含量提高了电池的性能。氧污染对纳米晶硅电学特性及结构有重要的影响[50-52]。一系列的研究[53-56]阐明了纳米晶硅的结构、生长特性对材料质量的影响。研究表明最优性能的纳米晶硅材料是位于非晶到纳米晶硅相变过程的材料[57-60]，这一相变区域的纳米晶硅材料通过非晶硅有效钝化晶体部分从而获得低的缺陷态密度材料，其晶体硅晶粒占有50％～70％的体积比。器件质量的纳米晶硅一般是（220）择优取相，暗电导小于 1.5×10^{-7} S·cm^{-1}，光电导大于 1×10^{-5} S·cm^{-1}，暗电导激活能在0.53～0.57eV。此时纳米晶硅材料具有较好的光照稳定性，可以用作电池的吸收层。由于材料的长波吸收系数降低，所以一般纳米晶硅电池的厚度要控制在 1～3μm 范围，并且电池要有良好的陷光性能，才能保证电池对光的充分吸收。图 2.8 为单晶硅、非晶硅和纳米晶硅材料的吸收系数与不同波长的光在材料里的穿透深度。从中可以看出非晶硅由于是直接带隙在可见光区域拥有高的系数吸收，通常在电池中的厚度小于 300nm。非晶硅对光谱的响应是在780nm，而纳米晶硅对光谱的响应可达到 1100nm，所以通常把纳米晶硅与非晶硅结合成叠层电池结构，以提高电池的光谱响应范围，进而提高电池的效率。由于纳米晶硅在电池里的厚度需要 1～3μm，所以利用高速沉积制备器件质量的纳米晶硅材料变得尤为重要。有三种技术可以提高纳米晶硅材料的沉积速度，一是采用甚高频技术（VHF，30～300MHz）代替通常的射频（13.56MHz）技术，提高气体的分解速率以及降低高能离子的轰击。VHF 首

次由 IMT 提出，并应用于纳米晶硅的沉积上[43]。二是采用高压耗尽方式高速
沉积纳米晶硅[61,62]。目前结合甚高频及高压耗尽技术，可以高速沉积
（＞1nm·s⁻¹）器件质量的纳米晶硅材料[21,23,24]。三是采用热丝化学气相沉积
（HWCVD）技术，HWCVD 具有高的气体分解效率以及低的离子轰击，可以
在高速沉积下获得高质量的纳米晶硅材料[63-65]。

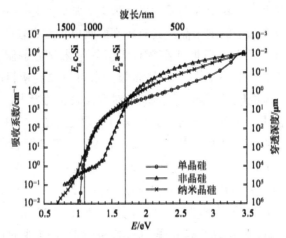

图 2.8　单晶硅、非晶硅和纳米晶硅材料的吸收系数与不同波长的
光在材料里的穿透深度

2.2.2　纳米晶硅材料的结构与表征

　　纳米晶硅的结构依赖于沉积工艺，例如，通过改变 SiH_4/H_2 的比例，可以获
得从高晶化率到低晶化率的纳米晶硅材料以及非晶硅材料。另外通过改变沉积工
艺压力、气流速度、功率、激发频率以及沉积温度等参数，也可以改变材料的结
构。纳米晶硅两相结构的特点如图 2.9 所示[66]。图左边的晶体晶相比较高，非

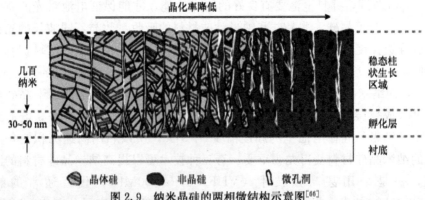

图 2.9　纳米晶硅的两相微结构示意图[66]

晶相只是作为晶粒间界面而存在。随着晶相比的减少，非晶相占据优势，形成晶粒镶嵌结构。从纵向看，晶粒是呈柱状生长的，因为在低温下晶粒间不易发生合并，这就形成柱状生长的晶粒和晶界，在某些晶界处还有微孔洞的存在，靠近衬底表面的区域是微晶粒的孵化层。在孵化层内主要是从非晶相向纳米晶硅的过渡。随着膜厚的增加，微晶粒长大，晶相比增大。

为了研究纳米晶硅的结构特性，如晶化率、晶粒尺寸以及表面形貌，通常使用拉曼、X 射线衍射以及透射电镜（TEM）三种技术对纳米晶硅膜层进行测试。拉曼散射是一种非弹性散射，它是光子受材料中各种元激发（如声子）所对应的极化起伏的影响时所产生的散射。在散射过程中，光子与系统有能量交换，通过对拉曼散射峰的频率、强度、线宽、偏振现象的研究可以确定半导体材料的结构和对称性、固溶体组分、异质结构中的声子和界面性质、电子浓度、缺陷掺杂局域振动模、有序无序结构相变等。作为一种无损伤的表面薄层的测量方法，拉曼光谱已成为半导体物性检测和鉴定的一个重要的手段。用拉曼散射能够计算纳米晶硅薄膜的晶化率，主要是利用单晶硅和非晶硅中的 Si—Si TO 声子模峰位的不同。在单晶硅中，Si—Si TO 声子模峰位在 $520\mathrm{cm}^{-1}$ 处。对于 a-Si 薄膜，由于非晶硅的无序性，出现了一个弥散的包，TO 声子模峰位在 $480\mathrm{cm}^{-1}$ 位置，其半高宽大约为 $60\mathrm{cm}^{-1}$。除此以外，纳米晶硅拉曼谱在 $505\mathrm{cm}^{-1}$ 左右也有一个小峰，通常认为是由较小晶粒造成的。纳米晶硅薄膜是由非晶、晶体和小晶粒组成的混合相材料，因此拉曼散射谱通常是非晶、晶体和小晶粒散射峰强度的叠加。在纳米晶硅薄膜中由于有限的晶粒尺寸和内部的应力，该峰位向波数较低方向移动，且谱形变宽[67]。典型纳米晶硅的拉曼散射谱如图 2.10 所示。用三峰高斯拟合[68]计算薄膜晶化率（X_c），公式如式（2.10）所示

$$X_c = \frac{I_c + I_m}{x\,I_a + I_c + I_m} \tag{2.10}$$

其中，I_a、I_c 和 I_m 分别代表非晶、晶体和小晶粒的散射峰积分强度，式中还考虑了晶体硅和非晶硅拉曼散射截面比 $x = 0.88$。

拉曼散射谱通常反映的是样品表面的信息，其探测到的深度定义为拉曼光衰减到入射光的 $1/e$ 处，依赖于入射光的波长。对于激光波长为 488nm 和 647nm，探测到的深度大约为 150nm 和 800nm。因此，测量激光的波长是非常重要的，因为薄膜纵向生长晶化的不均匀性，特别是薄膜生长初期，晶态比变化很大。

X 射线衍射谱也是对薄膜非破坏性的一种探测其结构的手段。当 X 射线与晶体材料中原子的电子作用时，在一定的条件下会在空间各个方向产生散射。由于原子在空间呈周期排列，所以这些散射只能在特定的方向叠加而产生干涉现象，

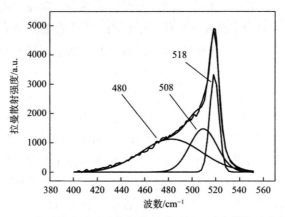

图 2.10　典型纳米晶硅的拉曼散射谱及用三峰高斯拟合的结果

形成衍射峰。对于非晶态固体，原子在空间排列是无规的，所以没有衍射特征峰，但短程序的存在使得在低角度衍射范围仍具有择优性的衍射极大，形成非晶态胞。纳米晶硅是由晶体相和非晶相构成的，通过 X 射线衍射谱能够判断纳米晶硅薄膜的晶化程度及其晶粒生长的择优方向。典型的 c-Si 的 X 射线衍射谱在 $2\theta=$ 28.4°，47.3° 和 56.1° 出现三个衍射特征峰，其分别对应 {111}，{220} 和 {311} 晶面。对于非晶硅薄膜，在 2θ 略低于 28.4° 出现衍射包。随着薄膜晶化，非晶包的强度下降，同时出现单晶硅的特征衍射峰。图 2.11 是纳米晶硅材料的 X 射线衍射峰随着硅烷浓度（SC）的变化[69]，当硅烷浓度在 8% 时，X 射线衍射峰

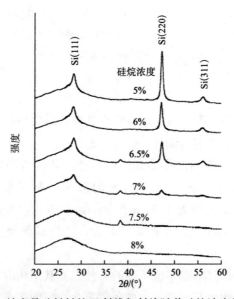

图 2.11　纳米晶硅材料的 X 射线衍射峰随着硅烷浓度的变化[69]

是非晶硅的，随着硅烷浓度的降低，在 2θ 等于 28.4°，47.3°和 56.1°处逐渐出现衍射峰。

薄膜中在垂直于某个反射面方向的平均晶粒尺寸 L，可以通过相应的衍射峰的半高峰宽，代入 Debye-Sherrer 公式求出：

$$L = k\lambda / (\beta \cos\theta) \tag{2.11}$$

式中，k 为常数（$k = 0.9 \sim 1.0$）；λ 是入射 X 射线的波长；β 为弧度表示的衍射峰的半高峰宽；θ 为衍射角。另外，在此入射角范围内，X 射线探测的深度是几个微米，因此 X 射线衍射谱反映的是薄膜内部的统计信息。

2.2.3   纳米晶硅材料的缺陷及带隙态

纳米晶硅材料由非晶相、纳米晶相以及微孔洞构成，在纳米晶相的界面处、非晶相里形成高的悬挂键、应力键，导致材料内部形成高的缺陷态。这些缺陷态会作为载流子陷阱或复合中心，因此测量纳米晶硅的缺陷态密度对于纳米晶硅材料的优化以及太阳电池的性能有着重要的意义。实验上通过测量材料的电子自旋共振（ESR）、光热偏转谱（PDS）、恒光电流方法（CPM）以及傅里叶变换光电流谱（FTPS）获得。在这些测试方法中，ESR 可以直接测试出材料的缺陷密度，但是由于样品难于制备，所以并不适合日常测试。另外采用光学吸收的方法容易制备样品，但是这种方法是间接地获得材料的缺陷密度。

研究纳米晶硅的缺陷主要集中在悬挂键缺陷，这些缺陷与非晶硅中的类似，都是作为复合中心的。悬挂键主要在材料网格空缺处、内表面、晶粒边界形成。但是通过 ESR 测量并不能确定悬挂键的位置。根据 ESR 测量信号，峰的强度与材料的缺陷态密度关联，g 值是材料缺陷的微观量特性值，可以通过计算公式 $h\nu = g\mu_B B$ 获得，其中 h 是普朗克常量，ν 是微波频率，μ_B 是玻尔磁矩，B 是磁场流。图 2.12 为 g 值及自旋密度随着硅烷浓度的变化[70]，其中硅薄膜的沉积温度

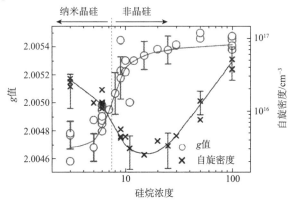

图 2.12 g 值及自旋密度随着硅烷浓度的变化[70]

范围在 200～300℃。从图中可以看出在低的硅烷浓度条件下，当沉积温度在
200～300℃时形成的材料是纳米晶硅，其缺陷态密度的范围为 10^{16}～$10^{17}\,cm^{-3}$。
当纳米晶硅材料在高的晶化率及用纯硅烷沉积的非晶硅薄膜上可以发现其缺陷态
密度升高。在非晶硅区域，自旋密度依然与材料的沉积工艺，如硅烷浓度有关，
说明材料的内部的微结构依然发生改变。

　　PDS 谱通过测量纳米晶硅薄膜的光吸收谱来测量缺陷态密度，此方法对于低
能端的吸收具有高的灵敏度，通常认为小于 1.0eV 的纳米晶硅吸收与材料的深能
级缺陷和带尾态缺陷相关，通过此方法可以比较准确地测量纳米晶硅薄膜内的缺
陷态密度。图 2.13（a）和（b）为不同硅烷浓度及沉积温度下的纳米晶硅及非
晶硅样品的 PDS 谱[71]，（a）为不同硅烷浓度下的纳米晶硅材料的 PDS 吸收谱，
可以发现随着硅烷浓度的降低，纳米晶硅材料的低能端吸收增加。图 2.13（b）
为不同衬底温度下制备的纳米晶硅及非晶硅材料的 PDS 谱，可以发现随着衬底
温度的提高，低能端吸收明显增加。

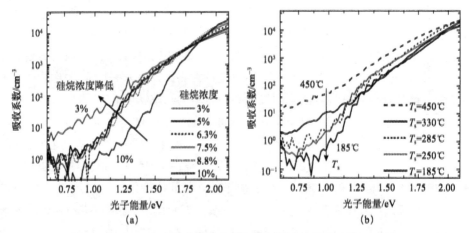

图 2.13　（a）为不同硅烷浓度下的纳米晶硅及非晶硅的 PDS 谱，
（b）不同沉积温度下的 PDS 谱[71]

　　CPM 及 FTPS 通过测量光电流的方法来测量材料的吸收系数。图 2.14 显示
使用 FTPS 方法测量得到 0.8eV 能量下初始态及老化后的纳米晶硅的吸收系数随
着晶化率的变化[72]。从中可以看出位于非晶到纳米晶硅相变区域的纳米晶硅材
料有着最小的吸收系数。

2.2.4　纳米晶硅材料的杂质与掺杂

　　在沉积纳米晶硅材料过程中，氧的引入对纳米晶硅的电学性质有着重要的影
响。高晶化率的纳米晶硅显示出 n 型特性，材料的暗电导率大约为 $10^{-3}\,S\cdot cm^{-1}$，

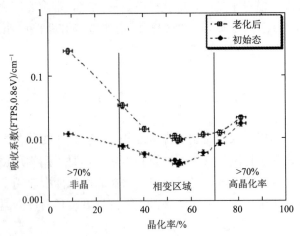

图 2.14　使用 FTPS 方法测量得到 0.8eV 能量下初始态及老化后的纳米晶硅的
吸收系数随着晶化率的变化[72]

而高质量的纳米晶硅的暗电导率在 $10^{-7} \sim 10^{-6}$ S·cm^{-1}。主要的原因是氧原子在纳米晶硅材料以施主的方式存在。Torres 等报道[49]，通过使用气体纯化系统，可以降低纳米晶硅材料里的氧含量，进而提高纳米晶硅电池的长波响应。当材料里的氧含量小于 2×10^{18} cm^{-3} 时，可忽略对纳米晶硅材料的性能的影响。另外氮掺杂与氧掺杂有着相似的影响，详细的报告请参考文献 [59]。

纳米晶硅中由于含有一定比例的晶体硅相，同非晶硅相比，纳米晶硅具有较高的电导率、较高的掺杂效率、较低的激活能以及较低的光吸收系数。通常掺杂的纳米晶硅电导率可以达到 10^2 S·cm^{-1}，激活能小于 0.01eV，而掺杂的非晶硅电导率只能达到 10^{-2} S·cm^{-1}，激活能在 0.15～0.3eV。所以纳米晶硅最初用于 p-i-n 型非晶硅电池的 n 型和 p 型掺杂层，因为纳米晶硅材料可以为透明导电氧化物薄膜和金属电极提供良好的欧姆接触；同时也被用于叠层电池的隧道复合结的重掺杂层，以减少复合结的能量损耗。

关于掺杂层纳米晶硅在电池中的应用主要的研究是 p 型纳米晶硅。研究表明，在玻璃衬底上 p-i-n 型非晶硅电池中用 p-nc-Si：H 取代 p-a-SiC：H 层并没有取得预期好的效果。但是在不锈钢衬底上的 n-i-p 电池上，S. Guha 等[73]报道了将 p 型纳米晶硅用于非晶硅的 p 层，将非晶硅电池的开路电压提高到 0.96～0.99V。但是通过实施椭圆偏振谱技术发现，所谓的 p 型纳米晶硅，由于厚度很薄，又是生长在非晶层上，实际上是一种初晶态硅（proto-Si），而高的晶化率将损害电池的开压[74]。而通过扫描透射电镜研究发现，不锈钢衬底上的非晶硅 n-i-p 电池最优的 p 层结构既不是微晶硅，也不是初态晶态硅，而是具有一定晶相比和氢含量的纳米晶硅，这里的纳米晶硅是指所含晶粒尺寸在 3～5nm，而纳米

量级的小晶粒可以凭借量子受限效应获得较宽的带隙，带隙宽度大于 1.9eV，暗电导激活能约为 0.1eV，从而可导致较高的内建电势和开路电压，最高的 n-i-p 非晶硅的电池的开路电压可以达到 1.04V 以上[75]。

2.3　硅基薄膜材料的制备方法及生长原理

在过去的几十年里，人们研制了许多的硅基薄膜材料的制备方法，包括化学气相沉积方法与物理磁控溅射（PVD）沉积方法，但是采用物理磁控溅射获得的硅基膜层具有高的缺陷态密度，导致材料无法在光电器件中应用。而最为成功的制备方法是化学气相沉积方法。通常来讲化学沉积方法是通过高温分解含有硅的气体，通常的温度要超过 1000℃，分解的硅原子沉积到衬底上，但是这种方法通常在半导体工业中应用较广，主要用来制备多晶硅薄膜，由于反应温度较高，氢原子很难与硅键合，所以材料的缺陷态较高。为了降低沉积温度，需要额外的激发源来分解气体，目前常用的技术有 PECVD，HWCVD 和光诱导化学气相沉积（photo-CVD）。根据激发源的不同，等离子体辉光放电又可以分为直流（DC），射频（RF）、甚高频（VHF）和微波。其中 PECVD 设备是制备硅基薄膜的主要设备，在产业化中已经大规模的应用，而 HWCVD 以及 photo-CVD 只是在实验室应用，在本节主要讨论最常用的 PECVD 制备方法。

2.3.1　PECVD 设备

PECVD 腔室有多种结构，但是其中每种结构都有共同的组成部分。图 2.15 是其中的一种 PECVD 腔室结构示意图，可以看到 PECVD 腔室主要包括如下几个部分：①加热部分位于腔室外部，通过不锈钢腔壁给衬底进行加热，加热腔壁与衬底是分开的，因此腔壁温度与衬底的实际温度存在差异，需要进行标定；②衬底部分是放置待沉积的样品，可以是玻璃、柔性不锈钢、塑料等，衬底与腔体一起接地；③电极板是射频功率馈入位置，电极板上面有均匀的小孔用来流出反应气体，小孔的尺寸及分布会影响成膜的均匀性；④进气部分是反应气体通过不锈钢管道通入反应腔室中；⑤匀气盒是用来混合气体，使反应气体在盒子里匀混合；⑥抽气口用来抽腔室的气体，使腔室保持高真空及反应状态；⑦辉域是等离子放电区域，反应气体在这区域进行分解，分解的激元到达衬底膜层的生长。

当反应室内通入一定量的硅烷和氢气时，对射频电极板施加功率，反应条件下，两电极间就会产生等离子体放电。辉光放电部分的电势体电势 V_p。电势在阴极区急剧上升，在发光区大致均匀，V_p 是整

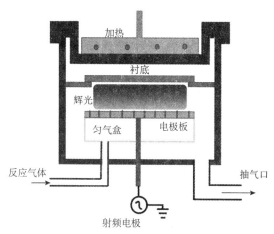

图 2.15　PECVD 腔室结构示意图

高电势。因为衬底放在接地电极上，而接地电极的电势比 V_p 低，所以其表面不可避免地要受到正离子的轰击。在等离子体中，电子和离子的迁移率有很大的差别，这使得等离子体的静态 I-V 特性如同一个漏电的二极管。当接功率源的电极加射频电压后，加正电压的半周期流入电极的电子电流大，加负电压的半周期流入电极的离子电流小，结果使这个电极被充负电，由于负载上串联一个耦合电容，电极就处于直流的悬浮状态，这样就产生了负的自偏压 V_b。最终使得净电子电流等于净离子电流，净电流为零。

对 13.56MHz 的射频等离子体，当电极电压上升时，电子流向电极，等离子体电位随电极电压上升而升高；电极电压下降时，等离子体中的离子不能随电位的变化运动而滞留在等离子体空间，等离子体电位就保持高的电位。为了抑制离子和电子对衬底的轰击能量，常用的方法是从外部给衬底架加上一个偏压。如果在 13.56MHz 的高频放电等离子体中设置第三极，从外部给它加上偏压，对负偏压，等离子体电位几乎不受影响，而加正偏压时，等离子体电位升高[76]。

对于辉光放电制备硅基薄膜材料，常用的激发源包括射频（13.56MHz）及甚高频（40～130MHz）。在 20 世纪 80 年代，瑞士 A. V. Shah 等首先使用甚高频等离子辉光放电制备非晶硅[77,78]，随后又利用该技术成功制备出高质量的纳米晶硅材料并应用在太阳电池里[46-49]。甚高频等离子体辉光放电与射频等离子体辉光放电基本原理相同。采用甚高频技术的主要优势如下：在相同的功率密度条件下可以提高硅基薄膜的生长速率，而采用射频等离子体，高的沉积速率需要高的功率密度。但是高的功率密度将导致较强的高能离子轰击，提高了材料的缺陷态。另外高的功率产生高能量的电子，使得等离子体中 SiH_2 及 SiH 浓度增加，导致材料中 SiH_2 增加，从而降低了材料的稳定性。最后，高功率还增加等离子体二次及多次反应的频率，在等离子体中容易产生大颗粒粒子，降低材料的稳定性。采用甚高频技术，不仅硅基薄膜的沉积速率增加，而且更重要的是高速沉积的硅基薄膜材料依然能保持良好的性能。主要原因是甚高频等离子体中的离子能量低，导致离子对生长材料的表面轰击比较轻；另外离子束流浓度高，这增加了离子和中性粒子在生长表面的扩散速度，从而找到低能位置，在此条件下可以获得高质量的材料。

2.3.2 PECVD 反应原理

等离子体气相沉积的化学反应过程非常复杂，其主要原因是低温等离子体处于热的非平衡状态，所用的反应气体也是多原子分子，反应系统复杂，基础数据不足，在沉积薄膜过程中，气相反应和在衬底表面的反应同等重要。反应气体在等离子体中主要是电子的轰击引起激发、电离和解离，生成激发分子、原子、游离基或各种分子、原子的离子[79,80]。一般认为这些粒子主要以扩散的方式到达基板表面。但是由于反应气体的流动，电极和基板架的形状、几何尺寸及它们之间的距离等会影响粒子密度的分布。到达基板表面的粒子经过迁移、吸附反应直到生成薄膜。但也有在吸附过程中分子解离的。在壳层被加速的离子轰击将对表面反应产生重要影响。

一般情况下，硅烷等离子辉光放电沉积 Si 薄膜的过程可分为：①初级反应（分解反应），电子与 SiH_4 分子发生非弹性碰撞使其分解或电离，生成 SiH_n（$n=1\sim3$）自由基，氢原子和氢分子以及 SiH_n^+（$n=1\sim3$）离子等。②气相反应，等离子体中的各种粒子之间发生散射及气相反应。③薄膜的生长反应，生成膜的前级粒子在膜表面的聚合反应生成 Si 薄膜。

2.3.2.1 初级反应（分解反应）

在等离子体中，电子被电场加速并与 SiH_4 分子发生非弹性碰撞可以使其解离，形成各种 SiH_n（$n=1\sim3$）基，其反应式如下[81]：

$$e^- + SiH_4 \longrightarrow SiH_3 + H + e^- \tag{2.12}$$

$$e^- + SiH_4 \longrightarrow SiH_2 + H_2 + e^- \tag{2.13}$$

$$e^- + SiH_4 \longrightarrow SiH + H_2 + H + e^- \tag{2.14}$$

$$e^- + SiH_4 \longrightarrow Si + 2H_2 + e^- \tag{2.15}$$

另外一个重要的反应是 H_2 的解离，H_2 既是稀释 SiH_4 的气体，又是沉积过程中的产物

$$e^- + H_2 \longrightarrow 2H + e^- \tag{2.16}$$

电子与 SiH_4 分子碰撞也可以使其电离，产生 SiH_n^+（$n=1\sim3$）离子，其反应式如下[82]：

$$e^- + SiH_4 \longrightarrow SiH_3^+ + H + 2e^- \tag{2.17}$$

$$e^- + SiH_4 \longrightarrow SiH_2^+ + H_2 + 2e^- \tag{2.18}$$

$$e^- + SiH_4 \longrightarrow SiH^+ + H_2 + H + 2e^- \tag{2.19}$$

$$e^- + SiH_4 \longrightarrow Si^+ + 2H_2 + 2e^- \tag{2.20}$$

电子与 SiH_4 分子碰撞也可能产生某些粒子的激发态[83]，如

$$e^- + SiH_4 \longrightarrow Si^* + 2H_2 + e^- \tag{2.21}$$

$$e^- + SiH_4 \longrightarrow SiH^* + H_2 + H + e^- \tag{2.22}$$

上述反应由于所需反应能量不同，其反应几率也极不相同，那么其生成物的浓度也就有很大的差异，但可能的生成物中以 SiH_2 和 SiH_3 最多[84]。

2.3.2.2　气相反应

从上面的初级反应式可以看到，电子与 SiH_4 分子碰撞可以产生 SiH_n（$n=1\sim3$）、H、H_2 和 SiH_n^+（$n=1\sim3$）等，这些粒子将进一步在两电极之间与其他粒子发生气相化学反应。

SiH_2 可发生如下反应，一是 SiH_2 与 H_2 化合，生成 SiH_4；二是可以进行插入反应生成乙硅烷分子（Si_2H_6）或丙硅烷分子（Si_3H_8）等高聚物分子，这些高聚物分子处于高激发态，是不稳定的，它可以通过第三体碰撞去激活，即发生如下的反应[85]：

$$SiH_2 + H_2 \longrightarrow SiH_4 \tag{2.23}$$

$$SiH_2 + SiH_4 \longrightarrow Si_2H_6^* + M \longrightarrow Si_2H_6 + M \tag{2.24}$$

$$SiH_2 + Si_2H_6 \longrightarrow Si_3H_8^* + M \longrightarrow Si_3H_8 + M \tag{2.25}$$

$$\cdots\cdots$$

M 表示第三体，它可以去激活、生成更加稳定的 Si_2H_6，Si_3H_8 等高聚物分子。通常，辉光放电会产生大量稳定的高聚物分子，这些高聚物在腔体中形成大量的"粉尘"。粉尘的存在严重地影响 Si 薄膜的沉积速率和光电性质[86]。

SiH_3 被认为是 Si 薄膜沉积过程中最主要的前驱物。SiH_3 一方面可由式（2.12）反应生成，另一方面它也可以由 H 原子与 SiH_4 的反应形成[87]，即

$$H + SiH_4 \longrightarrow SiH_3 + H_2 \tag{2.26}$$

H 原子与 Si_2H_6 也有类似的反应，H 原子也可能打开 Si_2H_6 的弱的 Si—Si 键[88]，即

$$H + Si_2H_6 \longrightarrow Si_2H_5 + H_2 \tag{2.27}$$

$$H + Si_2H_6 \longrightarrow SiH_3 + SiH_4 \tag{2.28}$$

SiH_3 可能与原子 H 反应[89]，即

$$H + SiH_3 \longrightarrow SiH_3H \tag{2.29}$$

上述四个反应式都消耗了原子 H。在反应过程中，原子 H 的大量消耗造成

原子 H 的不足，这对于 Si 薄膜的晶化是不利的[90]。

SiH$_3$基团还能够以两种方式与自己反应[91]，即

$$2SiH_3 \longrightarrow SiH_2 + SiH_4 \tag{2.30}$$

$$2SiH_3 \longrightarrow Si_2H_6^{**} + M \longrightarrow Si_2H_6 + M \tag{2.31}$$

Si$_2$H$_6^{**}$ 表示处于激发态的乙硅烷分子，这个分子由其他分子碰撞可去激活，形成稳定的 Si$_2$H$_6$分子。

离子-分子反应比基团-分子反应更快，SiH$_4$ 与 SiH$_n^+$ （$n=0\sim3$）的反应[92]生成如下基元：Si$_2$H$_2^+$，Si$_2$H$_4^+$，SiH$_3^+$，Si$_2$H$_5^+$，Si$_2$H$_3^+$。虽然 SiH$_2$和 SiH$_2^+$是 SiH$_4$电离的主要产物，但在 SiH$_4$放电中产生了具有高浓度的 SiH$_3$或 SiH$_3^+$。因此，人们一般认为 SiH$_3$或 SiH$_3^+$是生成膜的前级粒子[93]。当然，高硅烷分子在等离子体空间所形成的硅的团簇或硅纳米颗粒也可能对膜的生长有贡献，它能直接落在衬底上成膜[94]。

2.3.2.3　薄膜生长反应（表面反应）

薄膜的生长主要是由气相反应所产生的前级粒子在衬底表面上发生反应形成的，其主要反应过程有：①前级粒子落在衬底表面，并被吸附；②前级粒子落在衬底表面，并在衬底表面发生扩散；③前级粒子落在衬底表面，并被弹回；④薄膜表面由于发生反应，有气体放出。可见前级粒子对硅薄膜沉积的影响是非常重要的。

硅烷等离子体中的反应粒子主要有：SiH$_n$（$n=1\sim3$）、H 原子、H$^+$以及 Si$_n$H$_m^+$等。Turban 等[95]发现流向生长薄膜表面的离子流量很小，所以在硅薄膜生长过程中含 Si 粒子是中性的 SiH$_n$（$n=1\sim3$）基团。但是，到底生长薄膜的前级粒子是什么？是 SiH$_3$，SiH$_2$，SiH 还是 Si，许多人进行了这方面的研究工作。

根据化学气相沉积生长 a-Si：H 薄膜的反应，Kampas 等[96]提出了一种 SiH$_2$参与薄膜表面的气相反应沉积硅薄膜的生长和脱氢模型。化学吸附在薄膜表面的 SiH$_2$，在薄膜表面反应的第一步是与一个 Si—H 键的化合

$$SiH_2 + (Si-H) \longrightarrow (Si-SiH_3^*) \tag{2.32}$$

* 表示薄膜表面的产物具有约 2eV 的内能。因为薄膜比 SiH$_2$分子的含氢量小得多，所以下一步反应是薄膜表面的迅速脱氢，即

$$(Si-SiH_3^*) \longrightarrow (Si-SiH) + H_2 \tag{2.33}$$

同时也使（Si—SiH$_3^*$）失去活性。

脱氢之后形成的二价硅原子将与附近的 Si—H 键交链，即

$$(Si-SiH) + (H-Si) \longrightarrow (Si-SiH_2-Si) \tag{2.34}$$

这样就形成了新的生长表面。

Longeway 等[97]提出 SiH_3 参与薄膜表面的反应过程模型。由于 SiH_3 具有未配对的自旋电子，它应与薄膜表面的未配对的自旋电子（悬挂键）发生反应，即

$$(Si—) + SiH_3 \longrightarrow (Si— SiH_3^{**}) \longrightarrow (Si— SiH_3) \tag{2.35}$$

此外，SiH_3 与 Si 膜表面反应也可能使 Si 膜表面脱氢，产生一个悬挂键，即

$$(Si—H) + SiH_3 \longrightarrow (Si—) + SiH_4 \tag{2.36}$$

从上述两式可以看到，硅薄膜可能仅由 SiH_3 生长而成。

Taniguchi 等[98]则通过对 SiH_4 等离子体的光发射谱进行分析，提出了 SiH 活性基团和 H 原子是形成膜的前驱粒子。这样硅薄膜的主要反应是

$$SiH(气) + H(气) \longrightarrow Si(固) + H_2(气) \tag{2.37}$$

$$SiH(气) + H(气) \longrightarrow SiH_2(固) \tag{2.38}$$

$$SiH(气) \longrightarrow SiH(固) \tag{2.39}$$

式（2.37）的反应过程决定着硅薄膜的沉积速率，式（2.38）和（2.39）一起支配着硅薄膜中氢的含量和氢的存在方式。这些反应与工艺条件密切相关，它决定着硅薄膜的性质。

2.3.2.4　原子氢的作用

关于原子氢与膜表面的化学反应也是非常重要的。Kampas[99]提出了原子氢与膜表面可能发生的化学反应。原子氢与膜表面的 Si—H 键作用，使其脱氢，产生悬挂键。原子氢也可能打开硅膜表面弱的 Si—Si 键，形成一个悬挂键。

另外，原子氢也可能钝化 Si 膜表面的悬挂键。由此可见，氢原子既可以产生悬挂键，又可以消除悬挂键。

在高氢稀释的情况下，当原子 H 的浓度很大时，已经附着在薄膜表面的硅原子也会被原子 H 刻蚀掉，即[100]

$$Si(固) + H \longrightarrow SiH(气) \tag{2.40}$$

所以，原子 H 对薄膜的刻蚀作用和硅薄膜的沉积过程是等离子体沉积中相互竞争的一对可逆过程，其结果影响着硅薄膜的微观结构和沉积速率。另一方面，氢的刻蚀作用对沉积高质量的硅薄膜也有其有利之处，它能够有效地清除硅薄膜网络结构中弱的 Si—Si 键，钝化未键合的硅悬键，也可能渗透到薄膜的亚表面的非晶网络中，通过结构弛豫，使硅薄膜成为更加刚性的网络结构，有利于提高硅薄膜的有序度，也就是说原子氢有选择性地刻蚀掉无序的非晶相而留下有序的晶体相[101-103]。因此，微晶硅薄膜一般要用高氢稀释硅烷来沉积，高氢稀释生长的硅薄膜更容易地成核、晶化，使其结构更加有序[104-106]。可见，原子氢在纳米晶硅薄膜的形成过程中具有重要的作用！

2.4 硅基薄膜太阳电池器件原理

2.4.1 硅基薄膜太阳电池设计原理

太阳电池是半导体器件，在太阳照射下会产生光生电流。太阳电池的运作主要分为两步，一是吸收光子产生电子空穴对，二是电子与空穴分离产生电流。常见的晶体硅太阳电池是由 pn 结构成的半导体器件。但是对于硅基薄膜材料，由于掺杂的 a-Si：H 与 nc-Si：H 薄膜材料具有高的缺陷态密度，低的载流子迁移率，采用类似单晶硅 pn 结设计的薄膜硅电池没有功率输出，即产生的电子空穴对，立即又复合掉。1976 年，Carlson 设计了 p-i-n 结构的非晶硅电池，获得了 2.4％的转化效率[2]。其中对于非晶硅电池这种结构是把未掺杂的本征层非晶硅层放在 p 与 n 掺杂的非晶硅薄膜中间，这样 p 与 n 层之间形成内建电场。入射光通过玻璃、透明导电膜层、p 层到达本征层，本征层主要是用来吸收光，产生电子空穴对，由于本征材料具有相对低的缺陷态密度，产生的光生载流子可以在内建电场的作用下驱动到电极上被收集，这就说明硅基薄膜电池是典型的漂移型器件，而电子与空穴的漂移长度 L_{drift} 决定器件的性能，Shah[107]证明在硅基薄膜太阳电池中载流子的漂移长度是少子扩散长度的 10 倍。由于 p 与 n 层主要是提供内建电场，它们本身也会吸收太阳光，但是由于材料本身具有高的缺陷，吸收的光并不能转化为电能输出，所以在器件设计上应尽量降低 p 与 n 膜层的厚度及光吸收，通常膜层的厚度范围控制在 10～20nm 范围。图 2.16 （a） 为单晶硅 pn 结与 （b） 非晶硅 p-i-n 内建电场 E 的形成示意图。由于单晶硅在 pn 结区存在载流子浓度的差异而发生扩散，所以在 p 区域剩下不能移动的负电荷，而在 n 区域剩下不能移动的正电荷，电场只在 pn 结区域存在，通常单晶硅电池的厚度在 180μm 左右，而 pn 结区的宽度远小于其厚度，载流子在体内产生后经过扩散到达 pn 结区进行分离，说明晶体硅是典型的扩散型器件结构，决定器件性能的主要因素是少子的扩散长度 L_{diff}。而对于非晶 p-i-n 太阳电池，在未形成内建电场之前，掺杂层 p 层里存在自由的多子空穴，而在 n 掺杂层里，存在自由的多子电子；随后两个掺杂层的多子都朝向本征层扩散，最终在 p 与 n 层剩下不能移动的负电荷与正电荷，形成空间电荷区，因此在本征层里形成内建电场，内建电场的方向从 n 层指向 p 层。图 2.17 为单晶硅 pn 结（a）与非晶硅 p-i-n（b）的能带结构示意图。从图 2.17（a）可以看出，单晶硅能带在结区发生弯曲，而非晶硅整个本征 i 层在内建电场的作用下能带发生弯曲，说明内建电场穿过整个 i 层。对于硅太阳电池其内建电势 V_{bi} 总是低于 E_g/q，约等于

1V。由于本征层的空间电荷近似为零，内建电场的强度 $E_{\text{int}}=V_{\text{bi}}/d_{\text{i}}$，$d_{\text{i}}$ 为本征层 i 的厚度。

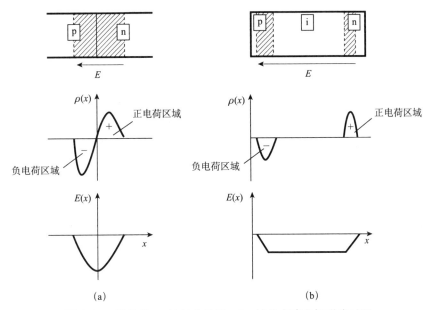

图 2.16　单晶硅 pn 结与非晶硅 p-i-n 结的内建电场形成过程

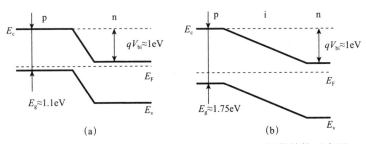

图 2.17　晶体硅 pn 结（a）与非晶硅 p-i-n（b）能带结构示意图

在非晶硅电池中，对于 p 层窗口层，需要在保证内建电场强度的前提下尽量降低 p 层的厚度，降低 p 层的寄生吸收损失，按照泊松方程，单位面积的电荷 $Q=\int\rho(x)\mathrm{d}x=E_{\text{int}}\varepsilon$，考虑空间电荷密度为 n_{A}，那么 p 层的最低厚度 $d_{\text{p min}}=\{E_{\text{int}}\varepsilon\,(q\,n_{\text{A}}^{-})^{-1}\}=\{V_{\text{bi}}\varepsilon\,(d_{\text{i}}q\,n_{\text{A}}^{-})^{-1}\}$，其中 ε 是非晶硅的介电常数，q 为单位电荷电量，$V_{\text{bi}}=1\text{V}$，$n_{\text{A}}=3\times10^{17}\text{cm}^{-3}$，$d_{\text{i}}$ 为 $0.3\mu\text{m}$，那么 p 层的最小厚度为 6nm，但是当 i 层的厚度降低到 150nm 时，为了保持内建电场强度，p 层的厚度需要提高到 12nm。

2.4.2　硅基薄膜太阳电池结构及多结电池

从沉积工艺的顺序来说,硅基薄膜太阳电池有两种构型,p-i-n 与 n-i-p 构型。图 2.18 是两种类型的电池结构示意图。其中 p-i-n 构型(又称为 superstrate type),p 层首先沉积在前透明导电氧化物薄膜(TCO)层上,依次是 i、n 层的沉积。另外,在不透明的柔性衬底上先沉积 n 层然后依次沉积 i、p 层,叫 n-i-p 构型(又称为 substrate type)。太阳光具有较宽的光谱范围,覆盖范围从紫外、可见到红外区域,整个太阳光谱大部分的能量集中在可见与红外区域。采用一种带隙的半导体材料显然不能有效利用整个太阳光谱,一方面对于能量小于带隙的光子,在半导体内不能产生电子空穴对,对电池效率没有贡献;另外对于能量大于带隙的光子,半导体吸收光子产生热载流子,热载流子通过弛豫释放能量,把能量降低到带边附近。基于这种原因采用多结电池技术可以提高太阳电池对光谱的利用范围,同时也可以降低热载流子的损耗。对于硅基材料,常用的吸收层材料是非晶硅(带隙~1.7eV),非晶硅锗(带隙~1.45eV),以及纳米晶硅(带隙~1.1eV),可以构成双结或多结电池。图 2.19 为常用的 a-Si:H/nc-Si:H 叠层电池及 a-Si:H/a-SiGe/a-SiGe 多结电池的结构示意图,顶电池通常由非晶硅电池充当。利用多结电池技术,除了可以提高电池对太阳光谱的利用范围外,还可以提高太阳电池的稳定性。例如,多结电池里的顶电池非晶硅吸收层的厚度通常小于单结非晶硅电池吸收层的厚度,非晶硅材料有光致衰退效应,相同密度的光诱导缺陷态对薄的本征层的太阳电池的影响要比厚的本征层电池的影响小,因此采用多结电池技术不但能够提高电池的效率而且可以提高电池的稳定性。

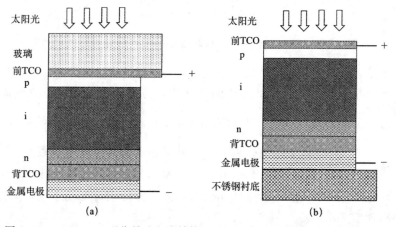

图 2.18　(a) p-i-n 型非晶硅电池结构;(b) n-i-p 型非晶硅电池结构示意图

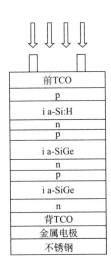

图 2.19　a-Si：H/nc-Si：H 叠层电池及 a-Si：H/a-SiGe/a-SiGe 多结电池的结构示意图

对于叠层电池，顶电池与底电池是串联结构，顶电池的电流密度与开路电压分别为 J_{top} 与 V_{top}，底电池的电流密度与开路电压分别是 J_{bot} 与 V_{bot}，那么叠层电池的短路电流等于 J_{top} 与 J_{bot} 两个中最小的电流，因此在叠层电池里实现上下结电池的电流匹配是一项重要的工作。叠层电池的开压 V_{tan} 略小于上下电池开路电压之和。主要有两个方面的原因，一方面是太阳光通过顶结电池吸收后，到达底电池的强度减少，因此会降低电池的开路电压，通常有几十毫伏的损失；另外由于隧穿结的存在，电池的开压也会损失 20～40mV。隧穿结位于两个电池的连接处，顶电池的 n 层和底电池的 p 层相连，这是一个反向的 pn 结，如图 2.19 所示，在这一区域光电流通过隧穿复合的方式连接，即顶电池的 n 层中的电子通过隧穿到达底电池的 p 层并与 p 层的空穴复合，或者是底电池 p 层的空穴通过隧穿进入顶电池的 n 层中与 n 层中的电子复合。为了提高隧穿效应，通常采用重掺杂的 n 与 p 层，这样掺杂层的费米能级可以更加接近带边，由于纳米晶硅更容易掺杂成为高电导的材料，所以常被应用于形成隧穿结材料。

采用叠层电池结构是硅基薄膜电池的发展趋势。常用的叠层电池主要包括 a-Si/a-SiGe/a-SiGe，a-Si/nc-Si，a-Si/a-SiGe/nc-Si，a-Si/nc-Si/nc-Si 等。表 2.2 列出了目前在刚性衬底上不同类型的硅基薄膜电池的最高稳定效率及面积情况。表 2.3 列出了柔性硅基薄膜电池的最高稳定效率。

表 2.2　刚性衬底上不同类型的硅基薄膜电池最高稳定效率统计

电池结构	面积/cm²	衬底	效率/%	单位
a-Si（p-i-n）	1	刚性	10.20	AIST[108]
nc-Si（p-i-n）	1	刚性	10.7	EFPL[109]
nc-Si（n-i-p）	1	刚性	11.8	AIST[63]

续表

电池结构	面积/cm²	衬底	效率/%	单位
a-Si/nc-Si（p-i-n）	1	刚性	12.7	AIST[108]
a-Si/nc-Si（p-i-n）	14 300	刚性	12.3	TEL Solar[110]
a-Si/nc-Si/nc-Si	1	刚性	13.6	AIST[65]

表 2.3　柔性硅基薄膜电池最高稳定效率统计

电池结构	面积/cm²	衬底	效率/%	单位
a-Si/nc-Si/nc-Si	400	柔性	11.24	USO[111]
a-Si/nc-Si/nc-Si	1	柔性	13.3	USO[112]
a-Si/a-SiGe/a-SiGe	1	柔性	13.0	USO[113]

高效柔性硅基薄膜电池主要是在不锈钢衬底（SS）上加织构的 Ag 层进行研究的，主要研究单位是美国的联合太阳能公司（United Solar Ovonic LLC，USO）。硅基薄膜电池的主要优势有以下几点：①原材料丰富，例如，衬底可以使用玻璃、塑料、不锈钢等；吸收层是 Si 材料，原材料丰富；TCO 可以用 SnO_2：F，ZnO：Al，ZnO：B 等。②工艺温度低，能量回收期短，硅薄膜层的温度通常可以控制在 200℃ 以内。③大面积生产工艺成熟稳定。④弱光性能及高温环境下的性能比晶硅有优势。⑤可以在柔性衬底上进行生产，这是比晶硅电池有优势的地方。但是硅基薄膜电池也有明显的缺陷，主要有以下几点：①电池的效率普遍低于晶硅电池，电站成本高于晶硅电池；②设备的前期投入成本高。因此提高硅基薄膜电池效率以及降低成本是硅基薄膜电池研究的重点方向。

2.4.3　硅基薄膜太阳电池里的关键技术

2.4.3.1　陷光技术

对于硅基薄膜太阳电池，陷光是提高电池性能的一个关键因素。由于薄膜硅材料在近带隙附近具有低的吸收系数，这就需要足够厚的材料才能保证近带隙能量的光被充分吸收，但是厚的材料吸收层意味着材料质量更难控制，以及后续带来生产成本的上升。对于非晶硅太阳电池，为了降低电池的光致衰退效应，通常的吸收层厚度只有大约 250nm，在电池没有陷光的情况下，电池只能吸收小部分的 600nm 以上的光。对于纳米晶硅电池也是类似，为了保证纳米晶材料的质量，通常本征纳米晶层的厚度小于 3μm，但是在电池没有陷光的条件下，纳米晶层对 700nm 后光子只有弱的吸收。实际上对于单晶硅电池，200μm 的厚度依然不能保证充分吸收太阳红外区域的光，因此为了提高一定厚度下电池的吸收，采用陷光是至关重要的。陷光的目的是提高光在电池里的光程，提高电池对光的吸收几率。如图 2.20 所示，红光进入纳米晶硅电池中在无陷光结构与随机陷光结构里的光程示意图。在平面无陷光结构的电池中，垂直进入电池的一部分红光到达背反处后又垂直反射回电池，光程只有吸收层厚度的两倍，没有被电池吸收的光反射出电池。但是当电池在随机粗糙的衬底上时，光在 TCO/Si 与 Si/背反界面上发生散射，因此提高了光在吸收层里的光程，即提高了光电流。

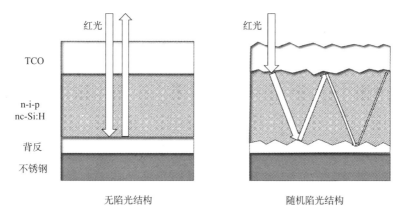

图 2.20　红光进入 nc-Si 电池中在无陷光结构与随机陷光结构里的光程示意图

图 2.21 是单结非晶硅锗电池在无陷光的 SS 衬底上及有陷光背反（Ag/ZnO）上的量子效率（QE）曲线对比图[112]。从图中可以看出，非晶硅锗电池在无陷光衬底上，电池的长波响应远低于有陷光的电池响应。无陷光电池的积分电流是 17.31mA·cm^{-2}，而有陷光背反上电池的积分电流达到 23.73mA·cm^{-2}，即电池的电流增加 37%。

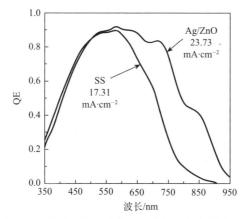

图 2.21　非晶硅锗电池在无陷光的不锈钢衬底上与
陷光背反 Ag/ZnO 的量子效率曲线对比[112]

常用的陷光材料结构主要包括以下几个方面：①在 p-i-n 结构的电池中，随机纳米织构的 TCO 用作电池的陷光衬底，典型的 TCO 材料包括使用低压化学沉积的具有金字塔织构的 SnO$_2$：F、ZnO：B 材料[114,115]（图 2.22），使用盐酸刻蚀

ZnO：Al 形成的弹坑结构[116]。另外通过刻蚀玻璃形成粗糙的表面也被用于电池的陷光研究[117,118]。②在 n-i-p 型电池中，典型的陷光基底主要是使用高温 Ag 织构产生的粗糙表面[119,120]。低压化学沉积的具有金字塔织构的 ZnO：B；随着微加工技术的发展，采用周期性粗糙结构的衬底也被用来进行电池陷光的研究，最典型的是通过掩模刻蚀形成的蜂窝状的衬底[65]。③最近几年金属纳米颗粒由于具有等离激元共振效应及良好的散射性能，也被应用于硅基薄膜电池的陷光。

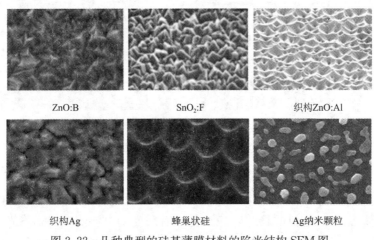

图 2.22　几种典型的硅基薄膜材料的陷光结构 SEM 图

依据 Yablonovitch 理论，在理想的陷光结构中，光在薄膜里的最大的光程增强是 $4n^2$ 倍材料厚度，其中 n 是半导体材料的折射率[121]。$4n^2$ 陷光实现的条件是材料的表面反射是零，光在界面按照 Lambertian 散射方式进行散射，并且背反的反射是 1。为了进一步提高电池的光吸收，提出了一些新的陷光方式，包括等离激元陷光[122,123]、周期栅极陷光[124,125]、纳米线和棒陷光[126,127]。虽然有报道称通过理论模拟计算，在光谱的某些波段可以获得超过 $4n^2$ 的限光结构[128,129]，但是在实际电池制作中并没有发现陷光性能超越 $4n^2$ 限制，主要的原因是电池在生长过程中不可避免地要引入缺陷，导致电池内部载流子的复合增强，损耗一部分入射光；另外电池本身存在较强的寄生吸收，这导致一部分光被非吸收层吸收，而这部分被吸收的光，并没有对电池的效率产生贡献。根据 Atwater 与 Polman 报道[122]金属等离激元在太阳电池里有三种不同的陷光机制，如图 2.23 所示，第一种是纳米颗粒的光散射特性；第二种是用局域表面等离（LSP）共振使光场聚集，提高光的吸收；第三种是用表面等离极化（SPP）进行陷光；本节重点介绍金属纳米颗粒的第一种以及第二种陷光机制。Ag，Au 和 Pt 等的贵金属纳米颗粒在入射光的作用下会发生局域表面等离子体共振，对光具有强的散射及吸收作用，散射与吸收的强弱依靠金属纳米颗粒特性，可以把金属纳米颗粒的这个特性应用在电池的陷光中。

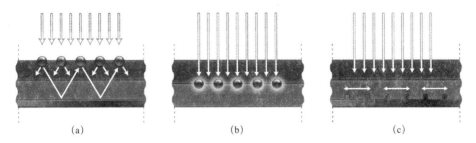

图 2.23 金属等离激元的三种陷光方式[122]

(a) 利用金属颗粒散射特性；(b) 利用金属颗粒表面产生局域表面等离共振；

(c) 利用金属表面产生表面等离极化

　　光与金属纳米颗粒的作用与金属纳米颗粒的尺寸、形状、周围的介质以及金属纳米颗粒之间的作用有关。在这些金属纳米颗粒中，Ag 纳米颗粒由于原材料丰富、大的散射截面以及低的寄生吸收而被广泛地应用。依据器件的结构和陷光的方式，Ag 纳米颗粒可以放置在电池的顶部、电池吸收层的内部以及电池的底部，如图 2.24 所示。图 2.24 (a) 显示的是金属纳米颗粒放置在电池的顶部进行陷光，主要是应用在 c-Si 电池上，金属纳米颗粒可以减少反射并且把光散射到电池里。2005 年 Schaadt 首次报道在晶硅电池上利用金属纳米颗粒实现电流的增加，文中利用 Au 纳米球沉积在电池表面，实验发现电池光电流增加的区域接近金属纳米颗粒的等离共振区域[130]。但是同时发现小的金属纳米颗粒存在强的寄生吸收，特别是在短波区域，到目前为止尚未有此类结构的高效电池报道。图 2.24 (b) 是把金属纳米颗粒放在电池的吸收层里，利用金属纳米颗粒等离激元共振时金属颗粒周围的局域场增强来提高电池吸收层的吸收，此时要求金属颗粒的尺寸较小 (5~20nm)，电池的载流子扩散长度小以及光电流在靠近收集结区。Rand 等证明了利用尺寸为 5nm 的 Ag 纳米颗粒放置在超薄的有机电池里，提高了电池的效率[131]。Morfa 与 Lindquist 证明了通过在有机电池内部引入金属等离激元，使电池效率提高了 1.7 倍[132,133]。而 Kume 与 Westphalen 证明了在染料敏化电池里引入金属颗粒使电池的效率提高[134,135]。但是金属纳米颗粒放在吸收层里存在几个缺陷：一是在保证吸收层纯度的前提下实现金属颗粒的引入，这在技术上实现比较困难；二是金属原子特别是 Ag 原子在吸收层里很容易发生扩散，这样会导致吸收层材料质量变差，形成复合中心；三是金属纳米颗粒本身对光也有吸收，特别是当颗粒变小时，吸收增强；最后金属与半导体材料接触的位置是载流子复合的区域。图 2.24 (c) 是把金属纳米颗粒放置在电池的背面进行陷光，这样的设计通常应用在 n-i-p 型电池中，电池这样的陷光设计有几个优点：首先金属纳米颗粒可以通过高温退火溅射、热蒸发等设备沉积的银膜形成，这种设计容易实现大面积生产，利于工业化生产中使用；其次当太阳光到达电池的吸收层后，短波的光首先被电池吸收，不会到达金属表面而被金属纳米颗粒吸收，而长波的光到达金属纳米颗粒处发生散射，散射光重新返回吸收层，这样金属纳米颗粒起到陷光的作用；最后电池吸收层在粗糙的金属纳米颗粒上生长形成，导致电池的表面粗糙化，这样光在电池表面发生散射现象，同样可以增强电池的陷光。2013 年 Tan 用金属 Ag 纳米颗粒作为 n-i-p 纳米晶硅电池的背反，相对于平面结构的纳米晶硅电池，电池的电流密度增加 4.5 mA·cm^{-2}，总电流密度达到 26.3 mA·cm^{-2}，与在优化的 Ag/ZnO 背反上获得的纳米晶硅电池的电流密度相当[136]。Tan 同时也把金属 Ag 纳米颗粒用在 n-i-p 型非晶硅电池的背电极上，发现在长波区域的电流增加与优化的非晶硅电池相同[137]。Zi 等[138]用 Ag 纳米颗粒作为 n-i-p 型非晶硅锗电池的背电极，发现电池的长波电流明显提升。此时金属纳米颗粒用在 n-i-p 电池的背反中需要较大的颗粒尺寸（一般在几百纳米范围），这与前两种使用中的金属纳米颗粒尺寸非常不同；同样，当金属纳米颗粒用于硅基 n-i-p 电池的背反时，获得的电池效率与在常规的陷光衬底上获得的相同。这证明了金属纳米颗粒应用在 n-i-p 型硅基电池上的巨大优势。

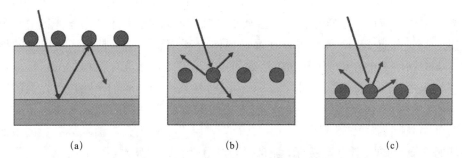

图 2.24   金属纳米颗粒在电池中的位置示意图
(a) 金属纳米颗粒位于电池的上方；(b) 金属纳米颗粒位于吸收层里；
(c) 金属纳米颗粒位于吸收层的底部

2.4.3.2   新型的功能层材料——硅氧化合物（SiO$_x$）

为了提高 a-Si∶H/nc-Si∶H 叠层电池的稳定性，应尽可能减小顶电池非晶硅的厚度，抑制非晶硅电池的衰退，但是这容易造成顶电池的电流密度降低，影响顶电池与底电池的电流匹配。1996 年，IMT 研究组提出在顶电池与底电池之间引入一层透明导电膜，如 ZnO，由于它们的折射率与硅层材料折射率的相差较大，这个透明导电层可以将短波光线发射回顶电池，提高顶电池的输出电流，同时透过长波光，保证底电池光吸收[139]。但是 SiO$_x$ 相比 ZnO 更有优势，主要是 SiO$_x$ 可以与薄膜电池 PECVD 工艺兼容，而且工艺调节范围更大。2007 年，Buehlmann 利用 VHF-PECVD 分解 CO$_2$、SiH$_4$、H$_2$ 与 PH$_3$ 混合气体制备出 n-a-

SiO_x：H 材料，折射率 $n<2.2$（500nm 处），材料电导率 $\sigma=10^{-9}S \cdot cm^{-1}$，用在 a-Si：H/nc-Si：H 叠层电池的中间层，在不增加顶电池厚度的情况下，顶电池的电流密度提高了 $1.0mA \cdot cm^{-2}$，在玻璃衬底上制备的 a-Si：H/nc-Si：H 叠层电池初始效率达到 12.2%[140]。Lambertz 等利用 RF-PECVD 技术沉积 n-nc-SiO_x：H 材料，折射率 $n=2.25$（500nm 处），用作 a-Si：H/nc-Si：H 叠层电池的中间层，顶电池的电流密度提升了 14%，而 FF 与 V_{oc} 没有变化，在玻璃衬底上电池初始效率达到 11.5%[141]；2008 年，Dominé 等利用 n-a-SiO_x：H 作为中间层，顶电池电流密度增加 $2.1mA \cdot cm^{-2}$，在玻璃衬底上实现了 12.6% 初始电池效率[142]；2009 年，Buehlmann 利用 VHF-PECVD 制备出折射率为 1.71 的 n 型掺杂的 nc-SiO_x：H 材料，利用 a-Si：H/nc-Si：H 叠层电池中间层，在玻璃衬底上电池的初始效率达到 13.3%[143]；2011 年，Lambertz 利用 RF-PECVD 制备出包含纳米结构的 n-nc- SiO_x：H 层，光学带隙达到 2.4eV，折射率 $n=2.1$，电导率 $\sigma \sim 10^{-5}S \cdot cm^{-1}$，进一步提高了 n-nc-$SiO_x$：H 的性能，利用到 a-Si：H/nc-Si：H 叠层电池中，在顶电池厚度降低 40% 的情况下，没有降低电池的电流[144]；2011 年，Yan 利用 n-nc-SiO_x 材料作为双功能层，即为中间反射层及电池的 n 层掺杂层，其光学带隙为 2.3eV，折射率 $n \sim 2.0$，电导率 $\sigma \sim 10^{-5}S \cdot cm^{-1}$，应用在三结 a-Si/a-SiGe/nc-Si 电池中，使中间 a-SiGe 电流密度提高 $1mA \cdot cm^{-2}$，在柔性不锈钢上电池初始效率达到了 16.3%，为目前最高的硅基薄膜电池纪录[145]；2010 年，Veneri 利用 n-a-SiO_x：H 代替非晶 p-i-n 电池里的 n 层材料，使电池的相对效率提升了 13.6%，主要归结于 SiO_x：H 材料优异的光学性能与电学性能[146]；2010 年 Despeisse 在非晶电池的 n-a-Si 层与 n-nc-Si：H 层之间加入一层 n-a-SiO_x：H，使电池的 FF 提高 7.5%，电池效率提高 6.8%，SiO_x 层的引入降低了电池的漏电流现象[147]。2012 年 T. Su 在非晶硅 n-i-p 电池中引入 n-nc-SiO_x 双功能层代替 n-a-Si 及 ZnO 层，在不影响效率的情况下简化了电池的结构[148]。由于在薄膜硅太阳电池中，p 型和 n 型的掺杂层被称为"死区"，对光生电流没有贡献，因而为了提高电池的效率，应尽量降低掺杂层中的光吸收。2008 年 Berginski 模拟计算了微晶 p-i-n 电池中的光学损失，其中窗口层的吸收及窗口层与透明导电层及吸收层的折射率失配是导致电池效率损失的一个重要因素[149]。2010 年，Smirnov 使用 n-nc-SiO_x：H 作为 n-i-p 电池的窗口层，与 p-nc-Si：H 或 n-nc-Si：H 相比降低了死区的光吸收并降低了电池的反射，在微晶层厚度为 $1\mu m$ 的条件下实现了微晶电池的电流密度达到 $23.4mA \cdot cm^{-2}$[150]；Cuony 使用 p-nc-SiO_x：H 代替 p-μc-Si：H，使死区的吸收降低了约 3 倍，降低了窗口层的吸收，又由于 p-nc-SiO_x：H 的折射率 $n=2.97$（400nm 处），低于 p-μc-Si：H 的折射率 $n=4.62$（400nm 处），所以电池结构达到了更好的折射率匹配，提高了电池的入

光量，使纳米晶硅 p-i-n 电池的电流密度由 23.6mA · cm^{-2} 提高到 25.1mA · cm$^{-2[151]}$。2012 年 Lambertz 通过优化 p-nc-SiO$_x$ 工艺，制备的微晶硅电池其短波量子效率提升了 10%$^{[152]}$。2015 年，Sai 等把 nc-SiO$_x$ 材料用于纳米晶硅的掺杂层，显著提高了电池的性能，单结纳米晶硅的短路电流达到了 32.9mA · cm$^{-2[65]}$。综上所述，SiO$_x$ 材料在硅基电池里可以充当窗口层、中间层以及背反射层材料，对于提高硅基太阳电池的性能有着重要的影响。

2.4.3.3　降低电池里的寄生吸收损失

尽管衬底或 TCO 表面织构可以提高硅基薄膜电池本征层的吸收，进而提高电池的短路电流，但是这也会导致非光电激活层以及背反层更高的光学损失，为了进一步提高电池的效率，可以通过降低电池的寄生吸收来提高。对于如图 2.25 所示的单结的 p-i-n 纳米晶硅电池，入射光到 TCO/p 界面发生散射，提高光在电池里的光程。如果平均散射角为 θ，那么光在 p 层的光程为 $d_p/\cos\theta$。对于长波长（$\lambda >$ 600nm），光通过吸收层到达背反并发生散射重新返回电池。因此，由于陷光的存在，长波长光在电池内部经过多次反射，但是只有在本征层 i 才能对电池电流有贡献，而被 p、n 层以及 TCO 和金属所吸收的光则对电池电流没有贡献。

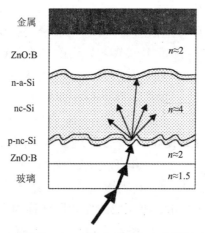

图 2.25　单结 p-i-n 型纳米晶硅电池光散射示意图

Zi 等$^{[153]}$通过模拟给出了纳米晶硅电池里的寄生吸收比例，如图 2.26 所示，从图中可以看到纳米晶硅的吸收曲线占据大部分的面积，电流为 27.0mA · cm^{-2}，与理想的 $4n^2$ 曲线存在较大的差异。可以看到在短波区域主要的膜层损耗来自于 p-nc-Si：H 及 ITO，主要是短波吸收造成的；在长波的膜层损耗主要来自于 ITO、Ag、n-nc-Si：H 及 ZnO：Al。在不考虑反射损失的情况下，所有膜层损耗电流为 7.47mA · cm^{-2}，其中 ITO 在整个波段的损耗电流为 4.07mA · cm^{-2}，为电池的第一大膜层损耗，占总损耗的 54.48%，电流损耗的主要原因是长波区域存在自由载流子吸收，当光在 ITO 层多次通过时，其红外寄生吸收明显增强，降低自由载流子吸收的方法是采用高迁移率、低自由载流子密度的透明导电材料，如 InO_x：$H^{[154]}$。另外为了降低 TCO 材料带边吸收损耗，应提高 TCO 材料的带隙，降低带边吸收。第二大膜层损耗为 Ag 层的损耗，损耗电流为 $2.37mA \cdot cm^{-2}$，占据总损耗的 31.72%，Ag 层的损耗主要来自于等离激元的吸收，对于 n-i-p 纳米晶硅电池，通常通过高温织构 Ag 表面粗糙进行陷光，Ag 的表面粗糙度对电池性能有着重要的影响。当背反的粗糙度较小时，电池的陷光能力不足，导致电池的电流偏低。但是当背反的粗糙度较大时，电池的性能遇到两方面的限制，一方面是背反的寄生吸收增强，这会导致电池的光损耗增加；另一方面当电池的粗糙度增大时，背反表面的特征尺寸增加，这将导致沉积纳米晶硅薄膜的质量变差，影响电池的性能。因此，可以通过优化背反的粗糙度，使陷光与寄生吸收达到平衡。另外，可以通过设计新的背反结构降低，例如，$Tamang^{[155]}$ 利用 Ag 层采用平面结构，而用没有寄生吸收的 SiO_2 材料作为陷光结构，采用这种思路使 Ag 的寄生吸收降低到 $1.0mA \cdot cm^{-2}$。其他的膜层光损耗为 n-nc-Si：H、ZnO：Al 及 p-nc-Si：H，分别对应的电流损耗为 $0.48mA \cdot cm^{-2}$、$0.28mA \cdot cm^{-2}$ 及 $0.27mA \cdot cm^{-2}$。可采用高带隙的 p-SiO_x 及 n-SiO_x 代替 p-nc-Si：H 及 n-nc-Si：H，从而降低膜层的吸收。而对于背反介电层，ZnO：Al 与 ITO 类似，可以通过降低自由载流子浓度来降低材料的吸收。从上面分析可以看出，膜层的寄生吸收损耗占据吸收层电流的 27.67%，因此降低这部分膜层的寄生损耗可以提高吸收层的吸收，进而提高电池的电流。在保证电池开压正常的情况下，尽量降低掺杂层的厚度，特别是窗口层的厚度。

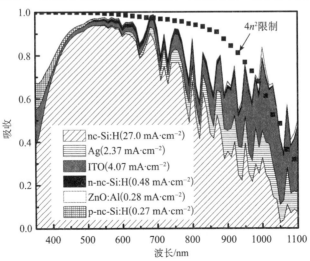

图 2.26　模拟 n-i-p 型纳米晶硅里的寄生吸收[153]

2.5 硅基薄膜太阳电池产业化

进入 21 世纪，德国政府率先发展光伏产业，随后越来越多的研究投入到光伏技术中，由此推动了全球太阳能技术的发展，其中以晶体硅太阳电池与硅基薄膜太阳电池技术为主。2005 年晶体硅组件产品快速增长，晶体硅原材料价格迅速飙升到 300 美元/公斤①，导致晶体硅组件的制造成本较高。而硅基薄膜太阳电池则没有受到原材料的限制，并且本身电池的厚度较薄，因此受到普遍的关注，硅基薄膜太阳电池进入快速发展的时期，全球范围内产线产能迅速增加到 GW 量级。但是硅基薄膜太阳电池的生产效率普遍较低，只有 6%～10%，远低于晶体硅电池的效率。随着晶体硅原材料成本的快速降低，硅基薄膜相对于晶体硅已经不具有成本优势，因此硅基薄膜太阳电池面临着严峻的挑战。本节重点介绍硅基薄膜太阳电池的生产线技术，目前硅基薄膜太阳电池的生产中主要有两种技术，一种是以玻璃作为衬底的 p-i-n 型硅基薄膜太阳电池技术，这种技术由于成熟度高受到许多生产液晶面板的厂家关注，其中为代表的是应用材料（applied materials）与欧瑞康（Oerlikon）公司；另外一种是以柔性不锈钢衬底或塑料为代表的 n-i-p 结构的生产技术，这种技术难度大，目前仅有美国联合太阳能公司进行了大规模的量产。就所用到的吸收层材料来说，早期的硅基薄膜太阳电池的吸收层主要是非晶硅和非晶硅锗材料，随着纳米晶硅技术的成熟，以纳米晶硅为底电池的多结技术迅速崛起，占据市场的主流。

2.5.1 以玻璃为衬底的硅基薄膜太阳电池制备技术

玻璃具有表面平整，具有一定的强度，可以阻挡水汽，耐环境老化，以及价格低廉等优势，因此以玻璃为衬底的硅基薄膜电池是目前应用最广泛的电池结构。大部分的硅基薄膜电池生产商都是采用玻璃为衬底，其中包括美国应用材料、瑞士欧瑞康、日本的 Kaneka 和 Sharp、中国铂阳精工等公司。图 2.27 为瑞士欧瑞康公司的单结非晶硅太阳电池的自动化生产线。

早期的生产线主要是以非晶硅单结电池为主，其特点是生产设备较为简单，例如，EPV 的单室多片 PECVD 系统就是针对非晶硅电池研发的。该设备 p、i、n 三层在同一腔室沉积，并且单腔室一次可装 48 片玻璃，大大提高了电池的生产效率，降低了生产成本，但是由于单室电池的效率低，相对提高了后续工艺的成本。后来较为广泛应用的是非晶硅/非晶硅双结、非晶硅/非晶硅锗双结以及非

---

① 1公斤＝1千克。

图 2.27　欧瑞康公司单结非晶硅太阳电池自动化生产线

晶硅/非晶硅/非晶硅锗三结电池。随着纳米晶硅制备技术的成熟，非晶硅/纳米晶硅叠层电池技术占据了市场的主流，这主要是因为采用这种结构的叠层电池具有较高的效率（稳定效率>10%）以及较低的衰退比例。以应用材料、欧瑞康为代表的公司主要提供该叠层结构的电池。以玻璃为基底的硅基薄膜电池组件生产主要包括以下几个关键步骤：①在玻璃上制备透明导电薄膜；②透明导电薄膜激光划刻（P1）；③硅基薄膜沉积；④激光划刻硅基薄膜（P2）；⑤背反的沉积；⑥激光划刻背反（P3）；⑦漏电流的钝化；⑧边缘绝缘处理；⑨EVA 或 PVB 封装；⑩测试分类。我们主要分三个部分来介绍以玻璃为基底的硅基薄膜太阳电池生产线。

2.5.1.1　玻璃基底上透明导电薄膜的制备

以玻璃为衬底的硅基薄膜电池首先要在玻璃上制备透明导电薄膜，常用的透明导电薄膜是掺氟的二氧化锡（SnO_2：F）。SnO_2：F 薄膜通过高温化学气相沉积方法制备，与玻璃生产线结合生产可以降低能耗。国际上著名的生产 SnO_2：F 玻璃的公司包括日本的 NSG 和 AGC 等，为了降低玻璃本身的长波吸收，所用的玻璃通常是超白浮法玻璃并且低钠含量。为了阻挡玻璃的金属离子扩散到半导体材料中，在沉积透明导电氧化物薄膜之前，先要沉积一层二氧化硅或碳化硅作为阻挡层。然后再利用化学气象沉积技术沉积 SnO_2：F。衡量透明导电薄膜质量的指标有三个：首先是材料的电导率，由于透明导电薄膜本身在电池中作为正电极材料使用，所以透明导电材料的电导率直接影响电池的串联电阻，进而影响电池的填充因子。其次是透过率，透明导电材料长波存在自由载流子吸收，降低这部分吸收可以明显地提高电池的电流。最后是透明导电薄膜表面的绒面结构，绒面结构决定了光的散射大小，对硅基薄膜太阳电池，光的散射效应对提高电池的短路电流至关重要。常规的氧化锡透明导电薄膜存在一个重要的缺陷，在高氢稀释度的等离子体下，氧化锡易被氢原子还原，大大降低了透明导电薄膜的透过率。所以常规非晶硅电池模板的生产过程中通常采用 p 型的非晶硅碳作为窗口层，而不是采用 p 型的纳米晶硅材料作为窗口层，其主要原因在于沉积纳米晶硅时所用的氢稀释度都比较高，而高的氢浓度会损伤氧化锡透明导电薄膜。为了解决这一问题，人们开始研究新型的透明导电薄膜，目前较为理想的材料是氧化锌（ZnO）。氧化锌在氢等离子下有较高的稳定性，并且材料本身有较高的透过率。为了提高氧化锌的电导率，常进行掺杂。常用的掺杂材料包括掺硼（B）、铝（Al）、镓（Ga）等，其中掺硼的氧化锌（ZnO：B）主要是利用低压化学气相沉积方法制备，通过二乙基锌、硼烷与水分解制备。这种制备方法的一个特点是沉积的ZnO：B 自织构生长成粗糙的金字塔陷光结构。而掺铝的氧化锌与掺镓的氧化锌薄膜都是通过溅射对应的氧化锌陶瓷靶获得的，初始获得的这些导电薄膜表面平整，几乎没有陷光，通过化学刻蚀的方法可以获得坑状的陷光表面形貌。

2.5.1.2 硅基薄膜层的制备

在硅基薄膜电池生产线上，硅基薄膜的沉积设备（主要是 PECVD 设备）是整个生产线上最重要的设备。目前有多种 PECVD 在硅基薄膜产线上运行，其中最简单的设备是单室沉积 p-i-n 膜层的设备。单室设备主要是美国的 EPV 公司设计的，这种单室设备可以一次装入 48 片玻璃衬底，电池中的膜层都在同一腔室进行沉积。该设备的优点是设备成本低、运行稳定、运行成本低，缺点是气体的交叉污染严重，p 层生长过程需要用到含硼的掺杂源，在反应完成后，腔室中总会存在残留的含硼气体，这些含硼的气体影响最后本征层的质量，随后沉积 n 层时会用到磷烷气体，在沉积完 n 层时也会对下一层 p 层的沉积产生影响，为了将交叉污染降到最低，通常采用氢吹扫的方式，降低腔室里的污染物。该 EPV 设备主要是沉积非晶硅及非晶叠层电池，制备的非晶硅电池组件效率低，通常组件效率小于 8%。由于该设备的结构问题，所以不适合用来沉积纳米晶硅电池。

虽然单室设备存在反应气体交叉污染的问题，单室由于设备造价低、运行稳定等特点，还是受到了许多公司的重视。瑞士的欧瑞康设备公司生产非晶硅膜层也是采用单室设备进行沉积的，该设备采用单室单片的方式沉积非晶硅各膜层，在沉积完 p 层后，采用水汽吹扫的方式来消除硼的污染问题，在随后沉积完成 i 与 n 层后，采用 NF_3 气体等离子体来清除腔室里的膜层，使下次沉积时腔室内部保持清洁。通过采取这种控制，非晶硅工艺稳定，组件效率提高。日本的 Kaneka 公司利用单室设备成功制备了初始效率达到 13.4% 的非晶硅/纳米晶硅双结电池，可以看出，如果能够控制减少掺杂气体的交叉污染，利用单室反应系统是降低硅基薄膜生产成本较为有效的方法。

多室 PECVD 反应系统是制备高效硅基薄膜电池的主要手段。多室系统中电池的 p、i、n 三层分开，或者 p 与 i、n 分开，i、n 在同一腔室沉积。多室反应系统可以有效避免反应气体的交叉污染，降低本征层中的杂质含量，提高了电池的效率。多室反应的缺点是设备的运行维护成本高。对于生产规模较大的企业，多室分离沉积系统仍然是以玻璃为衬底的硅基薄膜太阳电池的重要沉积设备。美国的应用材料提供 5.7m² 的大面积非晶硅/纳米晶硅叠层薄膜电池，该设备 p 层在单独腔室沉积，而 i 与 n 层在同一腔室沉积，待完成 n 层沉积后，通过远程等离子设备分解 NF₃ 气体，产生高活性的 F 原子，清洗腔室里的杂质膜层。该 PECVD 设备用射频 13.56MHz 进行生产，采用高压高功率工艺制备纳米晶硅材料，沉积速率可以达到 $0.5nm \cdot s^{-1}$ 以上。

　　近年来随着对纳米晶硅的深入研究，开发大面积高速沉积高质量的纳米晶硅薄膜成为硅基薄膜电池生产设备的重要研究课题。采用高频放电是提高纳米晶硅沉积速率的一个重要的方法，单室随着频率的增加，电磁波的波长降低，当波长与腔室的尺寸相近或小于腔室的尺寸时，会引起大面积沉积的均匀性问题。为了提高高频下等离体沉积的均匀性，日本的三菱公司开发设计了新的梯形电极结构。图 2.28 是他们设计的超高频电极结构[156]，电极由通常的平面电极改进成网状梯形结构，超高频的信号分为上下两支，分别连接到电极的两侧。该电极的另一个重要特点是通过改变两支激发信号的相位可以有效改变电场分布的均匀性，利用这种改进的电极结构，在高速沉积的条件下，不仅提高了纳米晶硅薄膜的均匀性而且提高了电池的转换效率。利用常规结构的 PECVD 系统，微晶硅的效率较低，沉积速率较低，并且随着沉积速率的增加，电池的效率迅速下降；而利用新设计的梯形电极，不仅电池的效率高、沉积速率高，而且随着沉积速率的增加，电池的效率变化较小，利用这种技术，三菱重工生产的非晶硅/纳米晶硅叠层电池的效率达到 12％ 左右。

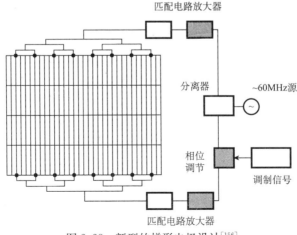

图 2.28　新型的梯形电极设计[156]

2.5.1.3　硅基薄膜电池的连接与封装

以玻璃为衬底的 p-i-n 型硅基薄膜电池生产中，不能以整个玻璃作为一个电池，这样电池的开压实际上只是单个 p-i-n 型电池的开压，而电流较高，功率损耗很大。在实际生产中，为了提高电池的开压，通常通过激光划刻的方式把整块大面积的电池分割成窄条状的小电池，然后把每个电池条串联起来，这样可以提高电池的开路电压。如图 2.29 所示为电池的串联结构形成过程示意图。在沉积硅基膜层之前，先进行 P1 激光划刻，即用激光将透明导电膜刻成相互绝缘的条形电极，电极的宽度通常在 1cm 左右；通常选用 355nm 紫外激光或 1064nm 的红外激光；激光刻蚀的宽度在 10～20μm。在硅基薄膜完成沉积时，进行 P2 激光划刻，即用 532nm 激光将薄膜硅切割成条状，P2 激光划刻线与 P1 激光划刻线接近，大约只有几十微米间距；在完成 P2 激光划刻后，进行金属背电极的沉积，背电极通常是由透明导电薄膜 ZnO：Al 与金属构成，在完成背电极沉积后，在靠近 P2 划刻线附近进行第三次激光划刻，P3 划刻连同硅基薄膜与背电极一起切开，这样经过三次激光划刻后，就实现了小电池之间的串联。同时为了边缘绝缘，需要把边缘的膜层去除了，可以使用激光划刻的方法或者机械的方法去除边缘的导电层。

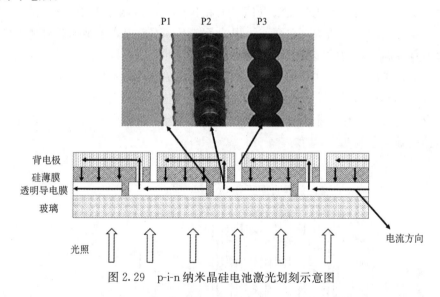

图 2.29　p-i-n 纳米晶硅电池激光划刻示意图

在完成激光切割后，需要进入电池钝化工序，利用反向偏压产生电流将所有的短路区烧掉，然后进入清洗工序，去除激光划刻产生的残留物。最后在封装前，先对电池的性能进行测试，主要在大面积的模拟器下测试电池的开路电压、短路电流与填充因子，将性能较差的电池移除。封装是利用 EVA 或 PVB 高聚物材料把载有电池的玻璃与另外一块玻璃封装在一起，通过封装可以防止水汽的进入，另外又提高了光伏组件的强度。光伏组件要求在室外环境正常使用 20 年以上，因此光伏组件的可靠性是组件性能的一个重要参数，通过对组件进行老化测试，可以间接获得组件的可靠性能参数。根据国际标准，对光伏组件可靠性测试包括光老化、高低温、湿热、机械强度等测试。

2.5.2　以柔性材料为衬底的硅基薄膜太阳电池制备技术

柔性硅基薄膜电池因为组件具有高的功率质量比、轻便、易携带等优点，受到较多的公司关注，目前较为成熟的制备方法是采用卷-到-卷（roll-to-roll）连续沉积方法制备柔性非晶硅薄膜电池，以美国的能源转换公司（Energy Conversion Device，Inc.，ECD）和联合太阳能公司的技术较为成熟。图 2.30 为美国联合太阳能公司 30MW 卷-到-卷非晶硅电池生产线系统[157]，本章主要介绍联合太阳能公司的生产线工艺。

图 2.30　美国联合太阳能公司卷-到-卷非晶硅电池生产系统[157]

2.5.2.1　卷-到-卷非晶硅薄膜太阳电池生产的前道工序

卷-到-卷生产设备主要用柔性不锈钢作为衬底，柔性不锈钢要求具有一定的光洁度，不锈钢的厚度为 0.13mm，宽度为 36cm。生产过程主要有几个工序，首先是经过一个卷-到-卷的连续清洗设备，去除不锈钢表面的油污及颗粒。然后经过另外一个卷-到-卷背反沉积设备沉积背反射电极，背反射电极在 n-i-p 型硅基薄膜电池中起到重要的作用。背反射电极一方面作为导电电极使用，另外一方面背反电极表面具有一定的粗糙度，具有陷光效应。背反射电极通常是 ZnO：Al/Ag 或 ZnO：Al/Al，但由于成本等因素，工业上常用 ZnO：Al/Al 作为背反射电极。

　　在卷-到-卷连续太阳电池的生产系统中，最重要的设备是非晶硅薄膜沉积设备。图 2.31 所示是卷-到-卷非晶硅三结电池的沉积原理图[157]。这台设备可以同时装载六卷 2.6km 长、36cm 宽的不锈钢卷。其中在射频电极的两侧各有三卷衬底连续运转。射频电极采用立式结构，这样两侧的衬底和电极结构是对称的。6 卷衬底一次性投入到沉积设备中，经过 62h 的连续沉积，组成三结电池的九层不同结构的半导体材料在不同反应室中依次沉积在衬底上。反应室间是用气体隔离阀相隔离的，能够有效避免不同反应气体间的相互交叉污染。在完成非晶硅沉积后，最后一个卷-到-卷设备是溅射 ITO 上电极的沉积设备。

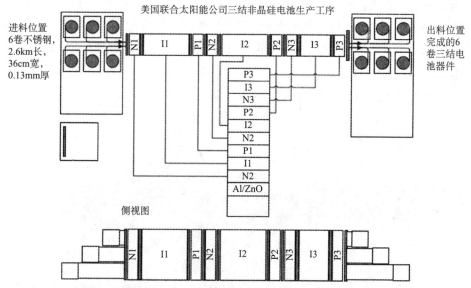

图 2.31　美国联合太阳能公司 30MW 卷-到-卷三结非晶硅电池连续沉积过程示意图[157]

　　日本富士电力公司是另外一家具有特色的非晶硅太阳电池研究和生产企业，该公司也是用卷-到-卷技术，但是他们所用的衬底是柔性塑料衬底。设备可以同时在两卷 1.5km 长、0.5m 宽的塑料上沉积非晶硅/非晶硅锗双结电池。与美国联合太阳能公司卷-到-卷工艺不同，日本富士电力公司是卷-停-卷生产工艺。在衬底的传输过程中是不沉积的，当沉积移动到指定的反应室后，衬底就停在反应室中，这时衬底会被加热到指定的温度，而且每个反应室被隔开，并同时在各反应室中沉积太阳电池所需的不同层。

2.5.2.2　卷-到-卷非晶硅薄膜太阳电池生产的后道工序

　　太阳电池的后封装是整个生产过程中不可或缺的组成部分。从前道工序出来的 2.6km 长的非晶硅太阳电池首先要经过切割过程。根据对电池电流大小的要求，将电池切成一定的大小。经过切割后，首先要经过质量检测，然后对电池的微缺陷进行钝化。在非晶硅的沉积过程中，等离子体总是有一定的颗粒物。这些颗粒物沉积在衬底上会引起漏电流。经过钝化后,这些微缺陷被移除。

裁切后的电池片表面是 70nm 厚的 ITO 薄膜,ITO 薄膜起到透明导电的上电极以及抗反射的双重作用。但是 70nm 的 ITO 不能有效收集光生电流,因此需要在 ITO 上制作栅线来保证电流的有效收集。栅线材料主要由银丝构成,栅线的间距要根据电流的大小设计。在完成栅线后将电池的边缘切除,然后进行性能测量。这样单个小电池模块已经完成。下一步是根据系统的要求,将多块太阳能模块连接起来。最后是 EVA 封装和边缘封装。

日本富士电力公司的电池结构和生产过程与美国联合太阳能公司的不同。首先富士电力公司是采用塑料作为衬底。材料的柔性比不锈钢好,以塑料为衬底的电池可以安装在弯曲度较大的曲面上。日本富士电力公司的太阳电池的串联方式比较特别,由于 ITO 较薄,在以玻璃为衬底的电池中,常规激光切割连接法不适用于柔性电池,富士电力公司采用新的连接方法,首先在柔性衬底上用机械的方式打孔,这些小孔的目的是把电池串联起来。然后用卷-到-卷的方法在柔性衬底的两侧沉积金属导电膜。在沉积完金属电极后,用机械的方法打第二种小孔,该小孔负责收集电流。完成第二孔后,通过卷-停-卷的方式沉积非晶硅/非晶硅锗叠层电池,然后用卷-到-卷的方式沉积 ITO 电极。最后用激光切割的方法将每条电池分开。同时也用激光切割的方法将背电极切开,这样就实现了电池的串联。

2.5.2.3 卷-到-卷非晶硅薄膜太阳电池生产的在线监测

在美国联合太阳能公司的卷-到-卷的生产过程中,在线监控与控制系统是整条生产线一个重要的组成部分。例如,整个三结电池沉积过程中,需要在 2.6km 长度的不锈钢上沉积 9 层半导体膜层,整个沉积过程需要 60 多个小时。在任何膜层沉积中出现问题都会影响最后电池的性能,因此对等离子情况以及沉积后的膜层性能进行实时在线监控显得特别重要。在线监测可以随时掌握电池沉积过程中各等离子腔室的情况,避免不合格的产品,提高产线的生产效率。30MW 卷-到-卷生产线配备的在线监控系统中,包括两种测量技术。一种是光学测量系统,通过测量沉积表面对光的散射和反射来监测各层的厚度、表面的平整度。另外一种是光伏电容检测(photo voltage capacitive diagnostic, PVCD)。光伏电容检测可以在线监测各单结电池和三结电池的电学特性,如电池的开路电压、短路电流和器件的串联电阻。

2.6　硅基薄膜太阳电池的未来发展

2.6.1　硅基薄膜太阳电池的产业化现状

21 世纪初,德国光伏市场的快速发展推动了全球太阳能行业的发展,特别是中国，一批新的光伏企业迅速发展，如无锡尚德、赛维 LDK 等。在光伏大发展的初期主要是以晶体硅及多晶体太阳电池为主，但是随着硅料价格的快速上涨，最高达到 300 美元/千克以上，这也推动了晶体硅组件价格的上升。越来越多的企业开始大力投入研究发展新的光伏技术来代替昂贵的晶体硅技术。其中硅基薄膜太阳电池因为使用较少的原材料，成熟的工艺，低的生产成本，一度被认为可以替代晶体硅技术，因此受到越来越多公司的关注，2005 年到 2010 年这几年是硅基薄膜大发展时期，全球一度建立了大约 10GW 的硅基薄膜组件生产线。其中以玻璃为基底的硅基薄膜太阳电池设备供应商包括瑞士欧瑞康、美国应用材料、日本 Kaneka、铂阳精工等企业；而以柔性材料为衬底的硅基薄膜太阳电池设备商包括美国的能源转换公司、联合太阳能公司、日本富士公司。对于刚性衬底以非晶硅/纳米晶硅叠层电池为主，组件效率在 10%～11% 范围。而对于柔性衬底，以非晶硅/非晶硅锗叠层及非晶硅/非晶硅锗/非晶硅锗三结电池为主，其电池组件效率普遍低于 8%。但是到 2010 年以后，光伏市场行情急转而下，随着新的硅料厂不断地投入生产，硅料价格迅速下降（目前硅料价格普遍低于 20 美元/千克），再加上晶体硅规模效应推动其他原材料价格下降，导致晶体硅电池成本迅速下降，硅基薄膜组件成本已经没有优势，再加上硅基薄膜电池效率低下，硅基薄膜的发展受到晶体硅的严重挑战，越来越多的硅基薄膜厂倒下，到目前几乎所有的硅基薄膜厂已经停止生产。

2.6.2　硅基薄膜太阳电池的优势

尽管与晶体硅相比，硅基薄膜在效率及成本上不具有优势，但是硅基薄膜电池也有自己的优势。首先，硅基薄膜可以沉积在柔性衬底上面，硅基薄膜电池的重量可以通过减薄衬底或采用低密度高分子材料（如聚酰亚胺薄膜）减小，其功质比可以超过 1000W/kg，远高于晶体硅电池的功质比，可以说是单兵携带以及诸多对重量敏感的装备的绝佳选择，因此在军事上具有重要的应用。另外，柔性衬底上的电池轻便，宜于安装在建筑上，对建筑物的设计没有特殊的载重要求。这一特点使得柔性硅基薄膜电池在光伏建筑一体化设计中得到了广泛的关注。其次，柔性硅薄膜太阳电池具有极好的韧性以及极强的耐损伤能力，可以反复弯折而不影响器件性能，更重要的是在受到枪击后仅弹孔区域被破坏，而其他区域的性能不会降低，因此，不仅可以敷设于大部分设备的表面之上，更重要的是其耐损伤性能十分适合在实际作战环境中使用。最后，由于是在衬底上沉积薄膜，其最大的优势为光伏-装备一体化技术，即在设备制备材料上沉积硅薄膜电池，这样能得到具有多重功能特性的光伏器件，实现新能源、新材料的结构功能一体化与材料器件一体化。因此，在临近空间设备以及野外供电、光伏建筑一体化、充电设备等领域的应用前景极大，而其原材料丰富、无毒、轻质、柔性、可靠等诸多特点，使得柔性硅薄膜太阳电池成为一些特殊用途方向上的首要选择，例如，在航空、建筑一体化上的应用。

2.6.3　硅基薄膜太阳电池面临的挑战

硅基薄膜电池也面临着难以克服的缺点。首先，与单晶硅和多晶硅电池相比，薄膜硅电池的转换效率还较低。目前以玻璃为基底的非晶硅/纳米晶硅叠层电池的稳定效率在 10%～11% 范围，而柔性三结非晶硅电池，其稳定效率在 7.5%～8.5%，因此对硅基薄膜太阳电池最大的挑战是提高电池的效率。低的电池效率使得光伏系统的成本上升，硅基薄膜在大规模光伏电站上没有优势。其次，非晶硅和非晶硅锗合金的光诱导衰退。就单结而言，其衰退率可以达到 30% 以上，即使多结电池其衰退也达到 10%～15%。虽然人们对非晶硅电池的光诱导衰退进行了深入的研究，并试图降低光衰的幅度，但是非晶硅电池的光衰退并没有彻底地解决。通过采用两种方法可以降低电池的光衰大小。日本通过用三电极沉积方法降低了非晶硅的光衰速度。另外，采用三结非晶硅/纳米晶硅/纳米晶硅电池光衰速度可以降低到 5% 以内，因此提高了电池的稳定性。

2.6.4　硅基薄膜太阳电池未来的发展方向

硅基薄膜材料的吸收层主要是硅元素，其在地球上丰富并且无毒，是太阳电池生产应用的理想材料选择，但是与目前市场上的晶硅电池相比，效率偏低，因此需要持续地进行研发，提高电池的效率。主要的研究方法是采用多结电池技术以及提高衬底陷光等措施来提高电池的效率。薄膜硅电池的实验室研发总结：在刚性衬底上，日本 AIST 研究小组进行了大量的研发工作，他们通过优化周期性蜂窝状陷光结构，使衬底陷光结构可控，提高了三结 a-Si/nc-Si/nc-Si 电池的长波吸收并降低了 nc-Si:H 材料里的缺陷，最终在 1.0 cm² 面积上，三结电池实现 13.6% 的最高稳定效率，电池的衰退小于 5%。在柔性不锈钢衬底上，美国联合太阳能公司通过优化自织构 Ag 陷光结构，使 a-Si/nc-Si/nc-Si 硅基薄膜电池的最高稳定效率达到 13.3%。在大面积组件生产方面，日本 TEL Solar 在 Glass/BZO 衬底上成功获得 12.34% 稳定的 a-Si/nc-Si 叠层电池组件效率。因此，利用纳米晶硅电池作为多结电池的底电池及中间电池可以进一步提高电池的效率，降低电池的光诱导衰退。未来硅基薄膜研究的重点放在柔性电池领域进行突破，扩展柔性电池在军事领域及特殊民用领域的用途。研究的重点内容放在优化陷光衬底、高效 a-Si/nc-Si/nc-Si 三结电池开发、纳米晶硅的高速沉积工艺、关键设备研发、成本控制以及新的功能材料上面，不断提高电池的效率，降低产品的成本，使柔性电池小面积稳定效率突破 18％，大面积稳定效率突破 16％。硅基薄膜电池的核心设备是 PECVD 设备，PECVD 设备不仅是硅薄膜电池生产的核心设备，也是晶硅电池做减反膜层及晶体硅异质结电池的核心设备，同时也是平板显示器、半导体行业的核心设备，通过开发新型的 PECVD 设备，提高纳米晶硅的沉积速度，提高国产 PECVD 的竞争力。

硅基薄膜电池从发明到真正产业化生产经过了 30 多年的历史，随着太阳能市场的不断扩大，不同的电池结构都有独特的发展空间。硅基薄膜电池有许多的优点，同时也存在一些技术缺陷。相信随着科学技术领域的不断研究和开发，硅薄膜电池在未来的光伏市场中必将占有一席之位。

2.7 硅基薄膜材料在其他领域中的应用

2.7.1 硅基薄膜在薄膜晶体硅中的应用

薄膜晶体管（thin film transistor，TFT）是一种绝缘栅场效应晶体管，其结构类似于 SOI-MOSFET，通过改变栅极电压来改变半导体材料的表面势，从而控制源-漏电流。主要不同的地方是导电沟材料是由薄膜材料构成的，常用的薄膜材料是非晶硅、多晶硅等材料，在平板显示器中占据重要的位置。现已实现产业化的 TFT 类型包括：非晶硅 TFT（a-Si TFT）、多晶硅 TFT（p-Si TFT）、单晶硅 TFT（c-Si TFT）几种。目前使用最多的仍是 a-Si TFT。图 2.32 所示为

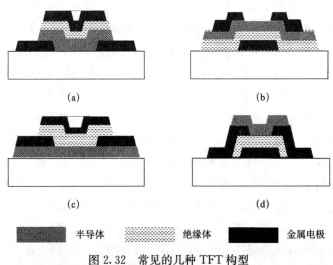

图 2.32 常见的几种 TFT 构型

(a) 顶栅结构；(b) 底栅结构；(c) 正栅平面结构；(d) 倒栅平面结构

常见的 TFT 结构，其中半导体激活层可以选择非晶硅、纳米晶硅及多晶硅材料，表 2.4 为几种不同的 TFT 半导体材料性能及所对应的介电材料、器件性能以及沉积技术。对于使用非晶硅 TFT，其更适用于底栅构型，主要是因为 a-SiN$_x$ 的沉积温度在 300～350℃，而非晶硅的沉积温度通常在 200℃，若是先沉积非晶硅再沉积 a-SiN$_x$，容易破坏非晶硅材料，因此非晶硅及纳米晶硅材料 TFT 更适合选用底栅结构。

表 2.4　几种不同的 TFT 半导体材料性能及所对应的介电材料、器件性能以及沉积技术

	非晶硅	纳米晶硅	多晶硅
TFT 构型	底栅结构	顶栅结构	顶栅结构
绝缘层/介电层	a-SiN$_x$	SiO$_x$	SiO$_x$
通道类型	n 型	n 型或 p 型	n 型或 p 型
载流子迁移率/（cm^2/（V·s））	0.1～2	1～5	200～1000
I_{on}/A	≤10^{-5}	≤10^{-5}	≤10^{-4}
I_{off}/A	≤10^{-11}	≤10^{-10}	≤10^{-10}
沉积技术	PECVD	PECVD	PECVD 或 PVD+热退火或激光晶化

a-Si TFT 的制造工艺是先在硼硅玻璃基板上溅射栅极材料膜，经掩模曝光、显影、干法蚀刻后形成栅极布线图案。一般掩模曝光用步进曝光机。第二步是用 PECVD 法进行连续成膜，形成 SiN$_x$ 膜、非掺杂 a-Si 膜，掺磷 n+a-Si 膜。然后再进行掩模曝光及干法蚀刻形成 TFT 部分的 a-Si 图案。第三步是用溅射成膜法形成透明电极（ITO 膜），再经掩模曝光及湿法蚀刻形成显示电极图案。第四步栅极端部绝缘膜的接触孔图案形成则是使用掩模曝光及干法蚀刻法。第五步是将 Al 等进行溅射成膜，用掩模曝光、蚀刻形成 TFT 的源极、漏极以及信号线图案。最后用 PECVD 方法形成保护绝缘膜，再用掩模曝光及干法蚀刻进行绝缘膜的蚀刻成形（该保护膜用于对栅极以及信号线电极端部和显示电极的保护），至此，整个工艺流程完成。

2.7.2　硅基薄膜在晶体硅异质结电池中的应用

1968 年，Grigorovici[158]首次报道实现了非晶硅/晶体硅异质结，由于非晶硅时采用热蒸发的方法制备，非晶硅中不含有氢，制备的非晶硅薄膜含有高的缺陷态密度。1974 年，Fuhs 等[159]首次用 PECVD 方法制备非晶硅薄膜，进而获得了氢化非晶硅/晶体硅（a-Si：H/c-Si）异质结器件。1983 年，Okuda[160]，采用 n 型非晶硅/p-mc-Si 异质结为基底，n-i-p 结构的非晶硅为顶电池，获得转换效率为 12.3% 的叠层电池效率。1991 年，日本三洋机电首次将本征非晶硅膜用于非晶硅/晶体硅异质结太阳电池[161,162]。在 p 型非晶硅与 n 型单晶硅之间插入一层本征非晶硅膜实现异质结电池的良好钝化，获得的电池效率达到 18.1%。1997 年，三洋公司的异质结电池实现量产。随后非晶硅/晶体硅异质结电池效率不断地提高，经过多年的发展，目前通过采用背叉指电极技术，晶体硅异质结电池的最高效率达到 26.3%[163]，为目前最高的单晶硅电池技术。

目前主流的非晶硅/晶体硅异质结电池的结构如图 2.33 所示[164]。它是以 n型 Cz 单晶硅为衬底，经过清洗制绒后用 PECVD 在硅片的两面沉积 5~10nm 的非晶硅用于晶体硅表面的钝化，然后在两面分别沉积 p 型掺杂非晶硅及 n 型掺杂非晶硅，然后在两面再沉积 TCO，最后通过丝网印刷技术在两侧印刷金属电极，形成具有对称结构的异质结电池。其中本征非晶硅的钝化效果直接影响电池的性能，图 2.34 为带本征非晶硅的单面异质结电池和不带本征非晶硅的 p-a-Si：H/n-c-Si 单面电池的暗态 I-V 曲线比较[162]。从图中可以看出，采用本征非晶硅的异质结电池结构，电池的反向电流密度小了两个数量级，并在低电压区域，正向电流随电压的增大明显增大。这一结果表明在晶体硅异质结电池中，由于本征非晶硅层的插入，对单晶硅表面进行了钝化，提高了电池的少子寿命，由此得到了低的载流子复合速率和更好的结性能。

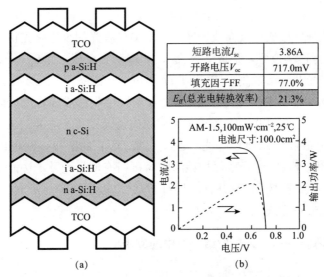

图 2.33　晶体硅异质结电池的结构及电学特性[164]

为了获得优异的钝化效果，高质量的非晶硅薄膜必不可少。而影响非晶硅薄膜质量的工艺参数有工艺气体流速、沉积气压、沉积温度、沉积功率等，这些综合的因素影响非晶硅薄膜的沉积速率和缺陷态密度，从而影响非晶硅薄膜的钝化性能和电池的性能。Sasaki[165]研究了不同沉积温度下非晶硅的缺陷态与沉积温度的关系，在每一个温度下，都有一个最优的沉积速度，即最优的非晶硅材料质量。由于洁净的晶体硅表面非常敏感，在沉积非晶硅过程中容易引入等离子体损

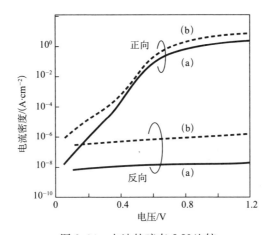

图 2.34　电池的暗态 *I*-*V* 比较

（a）异质结电池；（b）无非晶硅本征层的异质结电池[162]

伤和热损伤，通过改善沉积时的工艺条件，降低等离子体损伤即热损伤，可以进一步提高少子寿命即电池的开路电压[166]。

　　获得良好钝化性能的一个必要的条件是单晶硅与非晶硅薄膜的界面是突变的[167]。也就是不能在晶体硅表面形成外延生长，在非晶硅/晶体硅界面上，非晶硅中足够的氢才能保证低的钝化界面态，而外延硅中的氢含量比非晶硅中的少30～100 倍，低的氢含量导致不能很好地钝化晶体硅界面。外延硅的生长与几个参数有关：硅片表面的形貌与化学状态、沉积温度、硅烷的利用率。第一，Si（100）晶面比（111）晶面更易外延生长，这与硅片表面的微观性质相关；第二，沉积温度越高，非晶硅薄膜更易晶化；另外，外延硅生长的温度与其他条件有关，如射频密度越高，出现外延生长的温度越高；第三，从非晶硅到外延硅的变化与硅烷的利用率有关；第四，高的氢稀释度容易产生外延生长，但是纯硅烷的条件也观察到外延生长。因此为了抑制外延生长，可以通过高功率高速沉积非晶硅来抑制外延生长。

　　另外为了降低 p-a-Si 窗口层的寄生吸收，硅基薄膜（如宽带隙的 p-a-SiC、p-a-SiO$_x$ 等材料）也在晶体硅异质结电池中获得应用，以降低窗口层寄生吸收的影响。本征 a-SiO$_x$ 也被利用作为钝化层材料，与本征 a-Si：H 相比在蓝光吸收减小，使得与 a-Si：H 相比可以采取更厚的 a-SiO$_x$：H 作为钝化层，这样使工艺窗口变大，有利于抑制薄膜的外延生长。

参 考 文 献

[1] Spear W, Lecomber P. Substitutional doping of amorphous silicon. Solid State Commun,

1975, 17: 1193-1197.

[2] Carlson D, Wronski C. Amorphous silicon solar cell. Appl. Phys. Lett., 1976, 28: 671-673.

[3] Staebler D L, Wronski C R. Reversible conductivity changes in discharge-produced amorphous Si. Appl. Phys. Lett., 1977, 31: 292-294.

[4] Hamakawa Y, Okamoto H, Nitta Y. A new type of amorphous silicon photovoltaic cell generating more than 2.0 V. Appl. Phys. Lett., 1979, 35 (2): 187-191.

[5] Kuwano Y, Imai T, Ohnishi M, et al. A horizontal cascade type amorphous Si photovoltaic cell module//Proceedings of the 14th IEEE Photovoltaic Specialist Conference, 1980: 1408-1409.

[6] Tawada Y, Okamoto H, Hamakawa Y. a-SiC: H/a-Si: H heterojunction solar cell having more than 7.1% conversion efficiency. Appl. Phys. Lett., 1981, 39 (3): 237.

[7] Deckman H W, Wronski C R, Witzke H, et al. Optically enhanced amorphous silicon solar cells. Appl. Phys. Lett., 1983, 42 (11): 968.

[8] Ovshinsky S R. The chemical and configurational basis of high efficiency amorphous photovoltaic cells//Photovoltaic Specialists Conference. Photovoltaic Specialists Conference, 18th, Las Vegas, NV, October 21-25, New York, Institute of Electrical and Electronics Engineers, Inc., 1985: 1365-1371.

[9] Arya R, Carlson D. Amorphous silicon PV module manufacturing at BP Solar. Prog. Photovolt.: Res. Appl., 2002, 10: 69-76.

[10] Maruyama E, Okamoto S, Terakawa A, et al. Toward stabilized 10% efficiency of large-area (5000cm^2) a-Si/a-SiGe tandem solar cells using high-rate deposition. Sol. Energy Mater. Sol. Cells, 2002, 74: 339-349.

[11] Ichikawa Y, Yoshida T, Hama T, et al. Production technology for amorphous silicon-based flexible solar cells. Sol. Energy Mater. Sol. Cells, 2001, 66: 107-115.

[12] Guha S, Yang J, Banerjee A. Amorphous silicon alloy photovoltaic research - present and future. Prog. Photovolt.: Res. Appl., 2000, 8: 141-150.

[13] Yang J, Banerjee A, Guha S. Triple-junction amorphous silicon alloy solar cell with 14.6% initial and 13.0% stable conversion efficiencies. Appl. Phys. Lett., 1997, 70 (22): 2975-2977.

[14] Sriraman S, Agarwal S, Aydil S, et al. Mechanism of hydrogen-induced crystallization of amorphous silicon. Nature, 2002, 418: 62-65.

[15] Anderson P W. Absence of diffusion in certain random lattices. Physical Review, 1958, 109 (5): 1492.

[16] Mott N F. Electrons in disordered structures. Advances in Physics, 1967, 16 (61): 49-144.

[17] Mott N F. The electrical properties of liquid mercury. Philo. Mag., 1966, 13 (125):

989-1014.

[18] Cohen M H, Fritzsche H, Ovshinsky S R. Simple band model for amorphous semiconductor alloys. Phys. Rev. Lett. , 1969, 22 (20): 14-16.

[19] Tauc J, Grigorovici A, Vancu A. Optical properties and electronic structure of amorphous germanium. Physica Status Solidi, 1966, 15: 627-637.

[20] Urbach F. The long-wavelength edge of photographic sensitivity and of the electronic absorption of solids. Phys. Rev. , 1953, 92: 1324.

[21] Kroll U, Meier J, Shah A, et al. Hydrogen in amorphous and microcrystalline silicon films prepared by hydrogen dilution. J. Appl. Phys. , 1996, 80 (9): 4971-4975.

[22] Bhattacharya E, Mahan A H. Microstructure and the light-induced metastability in hydrogenated amorphous silicon. Appl. Phys. Lett. , 1988, 52 (19): 1587-1589.

[23] Zhang S, Xu Y, Hu Z, et al. Proc. PVSC IEEE-29 New Orleans, Loisiana, USA, 21-24 May.

[24] Chittick R C, Alexander J H, Sterling H F. Preparation and properties of amorphous silicon. J. Electro. Soc. , 1969, 116: 77-81.

[25] Spear W E, Lecomber P G. Electronic properties of substitutionally doped amorphous Si and Ge. Phil. Mag. B, 1976, 33 (6): 935-949.

[26] Platz R, Wagner S, Hof C, et al. Influence of excitation frequency, temperature, and hydrogen dilution on the stability of plasma enhanced chemical vapor deposited a-Si: H. J. Appl. Phys. , 1998, 84 (7): 3949-3953.

[27] Tsu D V, Chao B S, Ovshinsky S R, et al. Effect of hydrogen dilution on the structure of amorphous silicon alloys. Appl. Phys. Lett. , 1997, 71 (10): 1317-1319.

[28] Guha S, Yang J, Banerjee A, et al. High-quality amorphous materials and cells grown with hydrogen dilution. Sol. Energy Mater. Sol. Cells, 2003, 78 (1): 329-347.

[29] Guha S, Narasimhan K, Pietruszko S. On light induced effect in amorphous hydrogenated silicon. J. Appl. Phys. , 1981, 52 (2): 859-861.

[30] Matsui T, Sai H, Saito K, et al. High-efficiency thin-film silicon solar cells with improved light-soaking stability. Prog. Photovolt. : Res. Appl. , 2013, 21 (6): 1363-1370.

[31] Tawada Y, Kondo M, Okamoto H, et al. Hydrogenated amorphous silicon carbide as a window material for high efficiency a-Si solar cells. Sol. Energy Mater. Sol. Cells, 1982, 6 (3): 299-315.

[32] Komuro S, Segawa Y, Namba S. Diffusion of carbon atoms in hydrogenated amorphous silicon carbide into hysrogenated amorphous silicon through the interface. J. Appl. Phys. , 1984, 55 (10): 3866-3867.

[33] Ma J, Ni J, Zhang J, et al. High open-circuit voltage (1.04) n-i-p type thin film silicon solar cell by two-phase silicon carbide intrinsic material. Sol. Energy Mater. Sol. Cells, 2014, 130: 561-566.

[34] Chevallier J, Wieder H, Onton A, et al. Optical properties of amorphous $Si_x Ge_{1-x}$ (H) alloys prepared by R. F. Glow discharge. Solid State Comm. , 1977, 24 (12): 867-869.

[35] Matsuda A, Tanaka K. Guiding principle for preparing highly photosensitive Si-based amorphous alloys. J. Non-Cryst. Solids, 1987, 97: 1367-1374.

[36] Folsch J, Stiebig H, Finger F. Role of bandgap grading for the performance of a-SiGe: H based solar cells//Photovoltaic Specialists Conference, Conference Record of the Twenty Fifth IEEE, 1996: 1133-1136.

[37] Liao X, Du W, Yang X. High efficiency amorphous silicon germanium solar cells//Conference Record of the IEEE Photovoltaic Specialists Conference, 2005: 1444-1447.

[38] Veprek S, Marecek V. The preparation of thin layers of Ge and Si by chemical hydrogen plasma transport. Solid State Electronics, 1968, 11 (7): 683-684.

[39] Usui S, Kikuchi M. Properties of heavily doped GD-Si with low resistivity. J. Non-Cryst. Solids, 1979, 34 (1): 1-11.

[40] Matsuda A. Formation kinetics and control of microcrystalline in μc-Si: H from glow discharge plasma. J. Non-Cryst. Solids, 1983, 59: 767-774.

[41] Tsai C C. Plasma deposition of amorphous and crystalline silicon: the effect of hydrogen on the growth, structure and electronic properties//Fritzsche H. Amorphous silicon and related materials. World Scientific Publishing Company, 1988: 123-147.

[42] Veprek S. Chemistry and solid state physics of microcrystalline silicon. Mater. Res. Soc. Symp. Proceedings, 1990, 164: 39-49.

[43] Curtins H, Wyrsch N, Shah A V. High rate deposition of amorphous hydrogenated silicon: effect of plasma excitation frequency. Electron. Lett. , 1987, 23: 228-230.

[44] Hattori Y, Kruangam T, Toyama T, et al. High efficiency amorphous heterojunction solar cell employing ECR-CVD produced p-type microcrystalline produced p-type microcrystalline SiC film. Technical Digest of the International PVSEC-3, Tokyo, Japan, 1987: 171.

[45] Uchida Y, Ichimura T, Ueno M, et al. Microcrystalline Si: Hfilm and its application to solar cells. Jpn. J. Appl. Phys. , 1982, 21: 586-588.

[46] Meier J, Fluckiger R, Keppner H, et al. Complete microcrystalline p-i-n solar cell-crystalline or amorphous cell behavior. Appl. Phys. Lett. , 1994, 65 (7): 860-862.

[47] Meier J, Dubail S, Fluckiger R, et al. Intrinsic microcrystalline silicon- a promising new thin film solar cell material// Proc. of 1st World Conference on Photovoltaic Energy Conversion, 1994: 409-412.

[48] Meier J, Torres P, Platz R, et al. On the way towards high efficiency thin filmsilicon solar cells by the "Micromorph" concept. MRS Online Proceedings Library Archive, 1996: 420-424.

[49] Torres P, Meier J, Flückiger R. Device grade microcrystalline silicon owing to reduced

oxygen contamination. Appl. Phys. Lett. , 1996, 69 (10): 1373-1375.

[50] Kamei T, Kondo M, Matsuda A A. Significant reduction of impurity contents in hydrogenated microcrystalline, silicon films for increased grain size and reduced defect density. Jpn. J. Appl. Phys. , 1998, 37 (37): 265-268.

[51] Kamei T, Wada T. Oxygen impurity doping into ultrapure hydrogenated microcrystalline Si films. J. Appl. Phys. , 2004, 96 (4): 2087-2090.

[52] Kilper T, Beyer W, Brauer G. Oxygen and nitrogen impurities in microcrystalline silicon deposited under optimized conditions: influence on material properties and solar cell performance. J. Appl. Phys. , 2009, 105 (7): 074509-074509-05.

[53] Collins R W, Yang B Y. In situ ellipsometry of thin-film deposition: implications for amorphous and microcrystalline Si growth. J. Vac. Sci & Tech. B. 1989, 7 (5): 1155-1164.

[54] Houben L, Luysberg M, Hapke P. Structural properties of microcrystalline silicon in the transition from highly crystalline to amorphous growth. Phil. Mag. A, 1998, 77 (6): 1447-1460.

[55] Fujiwara H, Kondo M, Matsuda A. Real-time spectroscopic ellipsometry studies of the nucleation and grain growth processes in microcrystalline silicon thin films. Phys. Rev. B Cond. Matter, 2001, 63 (11): 115306.

[56] Droz C, Vallat-Sauvain E, Bailat J. Relationship between Raman crystallinity and open-circuit voltage in microcrystalline silicon solar cells. Sol. Energy Mater. Sol. Cells, 2004, 81 (1): 61-71.

[57] Vetterl O, Hapke P, Kluth O. Intrinsic microcrystalline silicon for solar cells. Solid State Phenomena, 1999, 67 (8): 101-106.

[58] Vetterl O, Finger F, Carius R. Intrinsic microcrystalline silicon: a new material for photovoltaics. Sol. Energy Mater. Sol. Cells, 2000, 62 (1): 97-108.

[59] Klein S, Finger F, Carius R. Deposition of microcrystalline silicon prepared by hot-wire chemical-vapor deposition: the influence of the deposition parameters on the material properties and solar cell performance. J. Appl. Phys. , 2005, 98 (2): 851-853.

[60] Finger F, Neto L B, Carius R. Paramagnetic defects in undoped microcrystalline silicon. Phys. Stat. Solidi, 2010, 1 (5): 1248-1254.

[61] Roschek T, Repmann T. Müller J, et al. Comprehensive study of microcrystalline silicon solar cells deposited at high rate using 13. 56 MHz plasma-enhanced chemical vapor deposition. J. Vac. Sci. & Tech. A, 2002, 20 (2): 492-498.

[62] Niikura C, Kondo M, Matsuda A. High rate growth of microcrystalline silicon films assisted by high density plasma// Proceedings of the 3rd World Conference on PVSEC, Osaka, 2003: 1710-1713.

[63] Sai H, Maejima K, Matsui T, et al. High-efficiency microcrystalline silicon solar cells on honeycomb textured substrates grown with high-rate VHF plasma-enhanced chemical vapor

deposition. Jpn. J. Appl. Phys. , 2015, 54: 1-6.

[64] Cashmore J, Apolloni M. Improved conversion efficiencies of thin-film silicon tandem (Micro-morphTM) photovoltaic modules. Sol. Energy Mater. Sol. Cells, 2016, 144: 84-95.

[65] Sai H, Matsui T, Koida T, et al. Triple-junction thin-film silicon solar cell fabricated on periodically textured substrate with a stabilized efficiency of 13.6%. Appl. Phys. Lett. , 2015, 106 (21): 1-4.

[66] Vetterl O, Finger F, Carius R, et al. Intrinsic microcrystalline silicon: a new material for photovoltaics. Sol. Energy Mater. Sol. Cells, 2000, 62: 97-108.

[67] Kaneko T, Onisawa K I, Wakagi M, et al. Crystalline fraction of microcrystalline silicon films prepared by plasma-enhanced chemical vapor deposition using pulsed silane flow. Jpn. J. Appl. Phys. , 1993, 32 (11): 4907-4911.

[68] Tsu R, Gonzalez-Hernandez J, Chao S S, et al. Critical volume fraction of crystallinity for conductivity percolation in phosphorus-doped Si: F: H alloys. Appl. Phys. Lett. , 1982, 40 (6): 534-535.

[69] Houben L, Luysberg M, Hapke P, et al. Structural properties of microcrystalline silicon in the transition from highly crystalline to amorphous growth. Philo. Mag. A, 1998, 77 (6):1447-1460.

[70] Astakhov O, Carius R, Petrusenko Y, et al. Defects in thin film silicon at the transition from amorphous to microcrystalline structure. Physica Status Solidi (RRL), 2007, 1 (2):R77-R79.

[71] Klein S, Repmann T, Brammer T. Microcrystalline silicon films and solar cells deposited by PECVD and HWCVD. Solar Energy, 2004, 77 (6): 893-908.

[72] Meillaud F, Vallat-Sauvain E, Niquille X, et al. Light-induced degradation of thin film amorphous and microcrystalline silicon solar cells. IEEE, 2005: 1412-1415.

[73] Guha S, Yang J, Nath P, et al. Enhancement of open circuit voltage in high efficiency amorphous silicon alloy solar cells. Appl. Phys. Lett. , 1986, 49 (4): 218-219.

[74] Koval R J, Chen C, Ferreira G M, et al. Maximization of the open circuit voltage for hy-drogenated amorphous silicon n-i-p, solar cells by incorporation of protocrystalline silicon p-type layers. Appl. Phys. Lett. , 2002, 81 (7): 1258-1260.

[75] Liao X, Du W, Yang X, et al. Nanostructure in the p-layer and its impacts on amorphous silicon solar cells. J. Non-Cryst. Solids, 2006, 352 (9): 1841-1846.

[76] Coburn J W, Kay E. Plasma diagnostics of an rf-sputtering glow discharge. Applied Physics Letters, 1971, 18 (10): 435-438.

[77] Curtins H, Wyrsch N, Favre M, et al. Influence of plasma excitation frequency for a-Si: H thin film deposition. Plasma Chemistry &. Plasma Processing, 1987, 7 (3): 267-273.

[78] Shah A, Dutta J, Wyrsch N, et al. VHF plasma deposition: a comparative overview.

MRS Proceedings，1992，258 (5)：15-20.

[79] Perrin J. Plasma and surface reactions during a-Si：H film growth. J. Non-Cryst. Solids，1991，138 (12)：639-644.

[80] Perrin J，Takeda Y，Hirano N，et al. Sticking and recombination of the SiH$_3$，radical on hydrogenated amorphous silicon：the catalytic effect of diborane. Surf. Sci. Lett. ，1989，210 (1)：114-128.

[81] Turban G，Catherine Y，Grolleau B. A study of the silane glow discharge deposition by isotopic labelling. Thin Solid Films，1981，77 (4)：287-300.

[82] Potzinger P，Lampe F W. Electron impact study of ionization and dissociation of monosilane and disilane. J. Phys. Chem. ，1969，73 (11)：7-8.

[83] Pankove J I. Semiconductors and Semimetals，Vol. 21，Hydrogenated Amorphous Slicon，Part A，Preparation and Structure. London：Academic Press，INC. ，1982：153-221.

[84] Bourquard S，Erni D，Mayor J M. The 5th International Symposium on Plasma Chemistry. Edinburgh：Herriot-Watt University，1981：664.

[85] Nishimoto T，Takai M，Miyahara H，et al. Amorphous silicon solar cells deposited at high growth rate. J. Non-Cryst. Solids，2002，299 (1)：1116-1122.

[86] Takai M，Nishimoto T，Takagi T，et al. Guiding principles for obtaining stabilized amorphous silicon at larger growth rates. J. Non-Cryst. Solids，2000，266：90-94.

[87] Austin E R，Lampe F W. Rate constants for the reactions of hydrogen atoms with some silanes and germanes. J. Phys. Chem. ，1977，81 (12)：1134-1138.

[88] Pollock T L，Sandhu H S，Jodhan A，et al. Photochemistry of silicon compounds. IV. Mercury photosensitization of disilane. J. Amer. Chem. Soc. ，1973，95 (4)：1017-1024.

[89] Reiman B. Exact stochastic simulation of couple chemical reactions. Phys. Chem. ，1977，81：500-508.

[90] Kondo M，Fukawa M，Guo L，et al. High rate growth of microcrystalline silicon at low temperatures. J. Non-Cryst. Solids，2000，266：84-89.

[91] Tanaka T，Hiramatsu M，Nawata M，et al. Reaction rate constant of Si atoms with SiH$_4$ molecules in a RF silane plasma. J. Phys. D，1994，27：1660-1663.

[92] Stewart G W，Henis J M S，Gaspar P P. Ion-molecule reactions in silane-methane mixtures. J. Chem. Phys. ，1972，57 (5)：1990-1998.

[93] Dewarrat R，Robertson J. Surface diffusion of SiH$_3$ radicals and growth mechanism of a-Si：H and microcrystalline Si. Thin Solid Films，2003，427：11-15.

[94] Roca P，Cabarrocas I. New approaches for the production of nano-，micro- and poly-crystalline silicon thin films. Phys. Stat. Sol. ，2004，1 (5)：1115-1130.

[95] Turban G，Catherine Y，Grolleau B. Mass spectrometry of a silane glow discharge during plasma deposition of a-Si：H films. Thin Solid Films，1980，67 (2)：309-320.

[96] Kampas F J，Griffith R W. Hydrogen elimination during the glow-discharge deposition of

a-Si: H alloys. Appl. Phys. Lett. , 1981, 39 (5): 407-409.

[97] Longeway P A, Estes R D, Weakliem H A. Decomposition kinetics of a static direct current silane glow discharge. J. Phys. Chem. , 1984, 88 (1): 73-77.

[98] Taniguchi M, Hirose M, Hamasaki T, et al. Novel effects of magnetic field on the silane glow discharge. Appl. Phys. Lett. , 1980, 37 (9): 787-788.

[99] Kampas F J. Reactions of atomic hydrogen in the deposition of hydrogenated amorphous silicon by glow discharge and reactive sputtering. J. Appl. Phys. , 1982, 53 (9): 6408-6412.

[100] Tsai C C. Amorphous Silicon and Related Materials. Singapore: World Scientific, 1988.

[101] Roca P, Cabarrocas I. Plasma enhanced chemical vapor deposition of amorphous, polymorphous and microcrystalline silicon films. J. Non-Cryst. Solids. , 2000, 31: 266-269.

[102] Saitoh K, Kondo M, Fukawa M, et al. Role of the hydrogen plasma treatment in layer-by-layer deposition of microcrystalline silicon films. Appl. Phys. Lett. , 1997, 71: 3403-3405.

[103] Sriraman S, Agarwal S, Aydil E S, et al. Mechanism of hydrogen-induced crystallization of amorphous silicon. Nature, 2002, 418: 62-65.

[104] Nakamura K, Yoshida K, Takeoka S, et al. Role of atomic hydrogen in chemical annealing. Jpn. J. Appl. Phys. , 1995, 34: 442-445.

[105] Fountcuberta A, Morral I, Bertomeu J, et al. The role of hydrogen in the formation of microcrystalline silicon. Mater. Sci. Eng. B, 2000, 69: 559-565.

[106] Tsai C C, Anderson G B, Thompson R, et al. Control of silicon network structure in plasma deposition. J. Non-Cryst. Solids, 1989, 114: 151-153.

[107] Shah A V, Platz R, Keppner H. Thin-film silicon solar cells: a review and selected trends. Sol. Energy Mater. Sol. Cells, 1995, 38 (4): 501-520.

[108] Matsui T, Maejima K, Bidiville A, et al. High-efficiency thin-film silicon solar cells realized by integrating stable a-Si: H absorbers into improved device design. Jpn. J. Appl. Phys. , 2015, 54 (8S1): 8-10.

[109] Hänni S, Bugnon G, Parascandolo G, et al. High-efficiency microcrystalline silicon single-junction solar cells. Prog. Photovolt. Res. Appl. , 2013, 21 (5): 821-826.

[110] Cashmore J S, Apolloni M, Braga A, et al. Improved conversion efficiencies of thin-film silicon tandem (MICROMORPH™) photovoltaic modules. Sol. Energy Mater. Sol. Cells, 2015, 144: 84-95.

[111] Banerjee A, Liu F S, Beglau D, et al. 12. 0% efficiency on large-area, encapsulated, multijunction nc-Si: H-based solar cells. IEEE Journal of Photovoltaics, 2012, 2 (2): 104-108.

[112] Yan B, Guha G. Status of nc-Si: H solar cells at united solar and roadmap for manufacturing a-Si: H and nc-Si: H based solar panels. MRS Proceedings, 2007: 989-998.

[113] Yang J, Banerjee A, Guha S. Amorphous silicon based photovoltaics—from earth to the "final frontier". Sol. Energy Mater. Sol. Cells, 2003, 78 (1): 597-612.

[114] Sato K, Gotoh Y, Wakayama Y, et al. Highly textured SnO_2 : F TCO films for a-Si solar cells. Reports Research Laboratory Asahi Glass, 1992, 42: 233-241.

[115] Faÿ S, Steinhauser J, Nicolay S, et al. Polycrystalline ZnO: B grown by LPCVD as TCO for thin film silicon solar cells. Thin Solid Films, 2010, 518 (11): 2961-2966.

[116] Berginski M, Hüpkes J, Schulte M, et al. The effect of front ZnO: Al surface texture and optical transparency on efficient light trapping in silicon thin-film solar cells. J. Appl. Phys., 2007, 101 (7): 074903-01-074903-11.

[117] Tan H, Psomadaki E, Isabella O, et al. Micro-textures for efficient light trapping and improved electrical performance in thin-film nanocrystalline silicon solar cells. Appl. Phys. Lett., 2013, 103 (17): 173905-173905-5.

[118] Tan H, Moulin E, Si F, et al. Highly transparent modulated surface textured front electrodes for high-efficiency multijunction thin-film silicon solar cells. Prog. Photovolt.: Res. Appl., 2015, 23: 949-963.

[119] Yue G, Sivec L, Owens J M, et al. Optimization of back reflector for high efficiency hydrogenated nanocrystalline silicon solar cells. Appl. Phys. Lett., 2009, 95 (26): 263501-263504.

[120] Yan B, Yue G, Sivec L, et al. Correlation of texture of Ag/ZnO back reflector and photocurrent in hydrogenated nanocrystalline silicon solar cells. Sol. Energy Mater. Sol. Cells, 2012, 104: 13-17.

[121] Yablonovitch E. Statistical ray optics. J. Opt. Soc. Am, 1982, 72: 899-912.

[122] Atwater H, Polman A. Plasmonics for improved photovoltaic devices. Nat. Mater., 2010, 9 (3): 205-213.

[123] Bhattacharya J, Chakravarty N, Pattnaik S, et al. A photonic-plasmonic structure for enhancing light absorption in thin film solar cells. Appl. Phys. Lett., 2011, 99 (13): 131114-131114-4.

[124] Haase C, Stiebig H. Optical properties of thin-film silicon solar cells with grating couplers. Prog. Photovolt.: Res. Appl., 2006, 14 (7): 629-641.

[125] Munday J N, Atwater H. Large integrated absorption enhancement in plasmonic solar cells by combining metallic gratings and antireflection coatings. Nano Lett., 2011, 11 (6): 2195-2201.

[126] Garnett E C, Yang P. Light trapping in silicon nanowire solar cells. Nano Lett., 2010, 10 (3): 1082-1087.

[127] Wallentin J, Anttu N, Asoli D, et al. InP nanowire array solar cells achieving 13.8% efficiency by exceeding the ray optics limit. Science, 2013, 339 (6123): 1057-1060.

[128] Polman A, Atwater H. Photonic design principles for ultrahigh-efficiency photovoltaics.

Nat. Mater. , 2012, 11 (3): 174-177.

[129] Callahan D M, Munday J N, Atwater H. Solar cell light trapping beyond the ray optic limit. Nano. Lett. , 2012, 12 (1): 214-218.

[130] Schaadt D, Feng B, Yu E. Enhanced semiconductor optical absorption via surface plasmon excitation in metal nanoparticles. Appl. Phys. Lett. , 2005, 86 (6): 063106-063106-4.

[131] Rand B, Peumans P, Forrest S. Long-range absorption enhancement in organic tandem thin-film solar cells containing silver nanoclusters. J. Appl. Phys. , 2004, 96 (12): 7519-7526.

[132] Morfa A, Rowlen K, Reilly T, et al. Plasmon-enhanced solar energy conversion in organic bulk heterojunction photovoltaics. Appl. Phys. Lett. , 2008, 92 (1): 013504-013504-3.

[133] Lindquist N, Luhman W, Oh S, et al. Plasmonic nanocavity arrays for enhanced efficiency in organic photovoltaic cells. Appl. Phys. Lett. , 2008, 93 (12): 123308-123308-3.

[134] Kume T, Hayashi S, Ohkuma H, et al. Enhancement of photoelectric conversion efficiency in copper phthalocyanine solar cell: white light excitation of surface plasmon polaritons. Jpn. J. Appl. Phys. , 1995, 34 (12): 6448-6451.

[135] Westphalen M, Kreibig U, Rostalski J, et al. Metal cluster enhanced organic solar cells. Sol. Energy Mater. Sol. Cells, 2000, 61 (1): 97-105.

[136] Tan H, Sivec L, Yan B, et al. Improved light trapping in microcrystalline silicon solar cells by plasmonic back reflector with broad angular scattering and low parasitic absorption. Appl. Phys. Lett. , 2013, 102 (15): 153902-153902-4.

[137] Tan H, Santbergen R, Smets A, et al. Plasmonic light trapping in thin-film silicon solar cells with improved self-assembled silver nanoparticles. Nano Lett. , 2012, 12 (8): 4070-4076.

[138] Zi W, Ren X, Xiao F, et al. Ag nanoparticle enhanced light trapping in hydrogenated amorphous silicon germanium solar cells on flexible stainless steel substrate. Sol. Energy Mater. Sol. Cells, 2016, 144: 63-67.

[139] Fischer D, Dubail S, Anna Selvan J A, et al. The "micromorph" solar cell: extending a-Si: H technology towards thin film crystalline silicon. Proceedings of the 25th IEEE Photovoltaic Energy Conference, 1996, 1053-1056.

[140] Buehlmann P, Bailat J, Dominé D, et al. In situ silicon oxide based intermediate reflector for thin-film silicon micromorph solar cells. Appl. Phys. Lett. , 2007, 91 (14): 143505.

[141] Lambertz A, Dasgupta A, Reetz W, et al. P-layers of microcrystalline silicon thin film solar cells. preprint of 22nd European Photovoltaic Solar Energy Conference, September 3-7, 2007.

[142] Dominé D, Buehlmann P, Bailat J, et al. Optical management in high-efficiency thin-film

silicon micromorph solar cells with a silicon oxide based intermediate reflector. Phys. Status Solidi (RRL), 2008, 2 (4): 163-165.

[143] Buehlmann P, Bailat J, Feltrin A, et al. Conducting two-phase silicon oxide layers for thin-film silicon solar cells. MRS Proceedings, 2008: 1123.

[144] Lambertz A, Grundler T, Finger F. Hydrogenated amorphous silicon oxide containing a microcrystalline silicon phase and usage as an intermediate reflector in thin-film silicon solar cells. J. Appl. Phys. , 2011, 109 (11): 113109-1-113109-10.

[145] Yan B, Yue G, Sivec L, et al. Innovative dual function nc-SiO$_x$: H layer leading to $a>$ 16% efficient multi-junction thin-film silicon solar cell. Appl. Phys. Lett. , 2011, 99 (11): 113512-113515.

[146] Veneri P D, Mercaldo L V, Usatii I. Silicon oxide based n-doped layer for improved performance of thin film silicon solar cells. Appl. Phys. Lett. , 2010, 97 (2): 83-84.

[147] Despeisse M, Bugnon G, Feltrin A, et al. Resistive interlayer for improved performance of thin film silicon solar cells on highly textured substrate. Appl. Phys. Lett. , 2010, 96 (7): 073507-073507-3.

[148] Su T, Yan B, Sivec L, et al. Nanostructured silicon oxide dual-function layer in amorphous silicon based solar cells. MRS Proceedings, 2012, 1426: 69-74.

[149] Berginski M, Hüpkes J, Gordijn A, et al. Experimental studies and limitations of the light trapping and optical losses in microcrystalline silicon solar cells. Sol. Energy Mat. Sol. Cells, 2008, 92 (9): 1037-1042.

[150] Smirnov V, Böttler W, Lambertz A, et al. Microcrystalline silicon n-i-p solar cells prepared with microcrystalline silicon oxide (μc-SiO$_x$: H) n-layer. Physica Status Solidi, 2010, 7 (3-4): 1053-1056.

[151] Cuony P, Marending M, Alexander D T L, et al. Mixed-phase p-type silicon oxide containing silicon nanocrystals and its role in thin-film silicon solar cells. Appl. Phys. Lett. , 2010, 97 (21): 213502-1-213502-3.

[152] Lambertz A, Finger F, Holländer B, et al. Boron-doped hydrogenated microcrystalline silicon oxide (μc-SiO$_x$: H) for application in thin-film silicon solar cells. J. Non-Cryst. Solids, 2012, 358 (17): 1962-1965.

[153] Zi W, Hu J, Ren X, et al. Modeling of triangular-shaped substrates for light trapping in microcrystalline silicon solar cells. Opt. Commun. , 2017, 383: 304-309.

[154] Battaglia C, Erni L, Boccard M, et al. Micromorph thin-film silicon solar cells with transparent high-mobility hydrogenated indium oxide front electrodes. J. Appl. Phys. , 2011, 109 (11): 4706-4714.

[155] Tamang A, Sai H, Jovanov V, et al. On the interplay of cell thickness and optimum period of silicon thin-film solar cells: light trapping and plasmonic losses. Prog. Photovolt. : Res. Appl. , 2015, 24 (3): 379-388.

[156] Takatsuka H, Yamauchi Y, Takeuchi Y, et al. The world's largest high efficency thin film silicon solar cell module// Photovoltaic Energy Conversion, Conference Record of the 2006 IEEE, World Conference on. IEEE, 2006: 2028-2033.

[157] Izu M, Ellison T. Roll-to-roll manufacturing of amorphous silicon alloy solar cells with in situ cell performance diagnostics. Sol. Energy Mater. Sol. Cells, 2003, 78 (1): 613-626.

[158] Grigorovici R, Croitoru N, Marina M, et al. Heterojunctions between amorphous Si and Si single crystals. Rev. Roumaine Phys. , 1968, 13 (4): 317-325.

[159] Fuhs W, Niemann K, Stuke J. Heterojunction of amorphous silicon and silicon single crystals// Proceedings of the Conference on Tetrahedrally Bound Amorphous Semiconductors, Yorktown, NY, USA, 1974: 345-350.

[160] Okuda K, Okamoto H, Hamakawa Y. Amorphous Si/polycrystalline Si stacked solar cell having more than 12% conversion efficiency. Jpn. J. Appl. Phys. , 1983, 22 (9A): L605-L607.

[161] Wakisaka K, Taguchi M, Sawada T, et al. More than 16% solar cells with a new "HIT" (doped a-Si/nondoped a-Si/crystalline Si) structure// Proceeding of the 22nd IEEE Photovoltaic Specialists Conference, Las Vegas, NV, USA, 1991: 887-892.

[162] Tanaka M, Taguchi M, Matsuyama T, et al. Development of new a-Si/c-Si heterojunction solar cells: ACJ-HIT (artificially constructed junction-heterojunction with intrinsic thin-layer) . Jpn. J. Appl. Phys. , 1992, 31 (11R): 3518-3522.

[163] Yoshikawa K, Kawasaki H, Yoshida W, et al. Silicon heterojunction solar cell with interdigitated back contacts for a photoconversion efficiency over 26%. Nature Energy, 2017, 2 (5): 17032.

[164] Tanaka M, Okamoto S, Tsuge S, et al. Development of hit solar cells with more than 21% conversion efficiency and commercialization of highest performance hit modules// Proceedings of the 3rd WCPEC, 2003.

[165] Sasaki M, Okamoto S, Hishikawa Y, et al. Characterization of the defect density and band tail of an a-Si: H i-layer for solar cells by improved CPM measurements. Sol. Energy Mater. Sol. Cells, 1994, 34: 541-547.

[166] Tanaka M, Okamaoto S, Sadaji T, et al. Development of HIT solar cells with more than 21% conversion efficiency and commercialization of highest performance HIT modules// Proceedings of 3rd World Conference on Photovoltaic Energy Conversion, Osaka, Japan, 2003: 955-958.

[167] Fujiwara H, Kondo M. Impact of epitaxial growth at the heterointerface of a-Si: H/c-Si, solar cells. Appl. Phys. Lett. , 2007, 90 (1): 013503-013503-3.

第 3 章 无机薄膜太阳电池

煤、石油、天然气等传统化石能源的日益紧缺以及利用化石能源所带来的全球环境不断恶化，迫使世界各国开始发展太阳能。现代社会，人类利用能源的最便捷的方式就是电能，太阳电池能直接将太阳能转换为电能，是太阳能利用的最可行的途径。

为了适应不同环境、不同需求以及不同的研发理念，太阳电池的种类也越来越丰富。从发展历程角度可以把太阳电池分为三大类：第一代硅基太阳电池，第二代薄膜类化合物太阳电池以及第三代新概念新结构太阳电池。从材料角度分，太阳电池又可分为无机化合物太阳电池、有机太阳电池以及有机-无机杂化太阳电池[1]。

作为发展最早的太阳电池，晶体硅系列太阳电池的工艺已经十分成熟，其组件已经广泛用于商业、民用领域，是当前光伏组件的主流产品。目前转化效率最高的电池器件效率为 25.6%，非常接近硅光伏电池的理论极限。而且在当今光伏市场中硅基太阳电池更是占据了 80% 的市场份额。虽然硅太阳电池在实际应用中已经得到了广泛的使用，但是由于硅自身化及加工中的问题，人们一直在尝试寻找代替它的新材料。对于硅基太阳电池所要面临的一些问题，首先硅是一种间接带隙材料，对光的吸收则有可能不充分，通常认为硅材料需要充分利用太阳能光谱所需要的厚度大概在 $700\mu m$，这个厚度对于硅材料来说是一个相当大的厚度，这就会导致一些问题，首先一个是这样的厚度在很大程度上会增加成本，这在商业化生产上显然是不希望看到的；另一方面由于在这样大的厚度下，少子的扩散将会变得非常困难，使得光生载流子的收集非常小。所以为了有效地降低成本，并且提高少子的收集，人们提出了薄膜太阳电池的概念。

由于薄膜太阳电池可以节约材料并具有低成本、质量轻、可大面积生产等优良性质，所以太阳电池技术也必定会向着具有低成本的无机薄膜太阳电池方向发展。砷化镓（GaAs）、碲化镉（CdTe）、铜铟镓硒（CIGS）薄膜太阳电池，是目前比较成熟的无机薄膜太阳电池，最高转化效率都已到达可观的水平。其中GaAs 具有理想的光学带隙及较高的吸收效率、抗辐照能力强和对热不敏感等特性，但是材料价格非常昂贵，因此 GaAs 太阳电池多用于军事飞行器和太空探索等国家项目中。CdTe 和 CIGS 薄膜太阳电池已经开始小规模生产，进行商业化运营。

尽管 CdTe 和 CIGS 薄膜太阳电池的实验室光电转换效率均已超过 22%，但这两种薄膜技术在大规模生产中都有诸多限制。镉（Cd）是一种重金属，由于其具有剧毒，已经被欧盟限制使用；碲（Te）、铟（In）和镓（Ga）是稀有元素，在地壳中的含量较低，原材料的供应难以得到保障；碲、铟和镓的价格昂贵，市场价格波动较大。另外，铟还是生产显示屏的重要原料，镓被大量应用于发光元件的生产，所以光伏产业中使用这两种材料将面临与显示设备制造业和发光器件制造业这两大成熟产业争夺生产资料的挑战。即使把每年开采碲、铟、镓等金属全部投入太阳电池的生产，碲化镉和铜铟镓硒技术的年装机总量仍低于100GW，远低于能源消耗的需求。因此，急需研究更为环保、低价、高效的新型薄膜太阳电池。铜锌锡硫（CZTS）和硒化锑（Sb_2Se_3）材料的元素组分在地壳中的含量丰富，价格低廉、组分无毒，是铜铟镓硒和碲化镉技术的潜在替代者之一。

3.1 CdTe 薄膜太阳电池

CdTe 薄膜太阳电池是目前太阳能发电的一种重要技术，理论功率转换效率高达 30%，同时电池结构相对简单，非常适合于大面积以及快速的生产，其生产时间与硅系太阳能相比大大缩短，只需几小时就可以完成由玻璃到成品的出货。若组件效率上升，成本还有进一步下降的空间，具有广阔的应用前景[1]。

CdTe 薄膜太阳电池具有以下特点。

（1）光电转换效率高。CdTe 薄膜的禁带宽度为 1.45eV，与地表的太阳光谱十分匹配。目前，小面积 CdTe 薄膜太阳电池光电转换效率最高达到了 22%。

（2）电池稳定性好。使用性能衰减小，寿命长，一般可使用 20 年之久。

（3）CdTe 是直接带隙材料，吸收系数在可见光范围高达 10^5 cm^{-1} 数量级，高于硅材料 100 倍，十分适合电池的薄膜化。

（4）CdTe 多晶薄膜制备方法多样化。目前，已有 8 种以上的技术途径可制备 10% 以上的 CdTe 小面积电池，其中两种被用于产业化生产，具有沉积速率高、原材料利用率高、生产成本低，以及所制备的膜质好、晶粒大等优点，易于规模化生产，成本相对低廉。

（5）CdTe 相比硅材料具有功率温度系数低和弱光效应好等特性，表明 CdTe 太阳电池更适于沙漠、高温等复杂的地理环境，并且在清晨、阴天等弱光环境下也能发电。特别地，CdTe 薄膜太阳电池抗辐射能力强，能够用作空间电源。

1972 年 Bonnet 和 Rabenhorst 制备出转换效率为 6% 的 CdS/CdTe 太阳电池。2002 年美国国家可再生能源实验室（NREL）的研究人员实现了 16.5% 的实验室转换效率。当前，实验室最高效率的 CdTe 太阳电池由 First Solar 公司研制，最高效率高达 22.1%，其商业化组件效率也达到了 18.6%。First Solar 公司是全球 CdTe 薄膜太阳电池的主要供应商，其在全球提供回收服务，提取出废弃 CdTe 再次回收利用，有效地控制了环境污染，提高了资源利用效率。此外，考虑到温度系数、遮光性能和光谱效应等因素，First Solar 组件能效比晶硅组件效率还要高，尤其是在炎热和潮湿的气候下，薄膜电池的优势更为显著。随着制备工艺的不断优化，新的界面设计和对缺陷、晶界等内部机制的进一步研究，相信 CdTe 薄膜太阳电池效率在未来会持续提高，同时电池的生产成本也会逐步降低，其发电成本正接近传统发电系统，这将会迎来 CdTe 薄膜太阳电池发展的一个新时代[2-5]。

3.1.1 CdTe 薄膜太阳电池的结构

图 3.1 是典型的 CdTe 薄膜太阳电池的结构示意图，CdTe 薄膜太阳电池以玻璃为基底，共沉积五层薄膜，分别是前电极 TCO 薄膜、n 型硫化镉（CdS）窗口层、p 型 CdTe 光吸收层、背接触层、背电极（Au）。太阳光从玻璃衬底入射到 CdTe 薄膜太阳电池，光子横穿 TCO 层和 n 型 CdS 层，CdTe 层是光吸收层，光生载流子在接近结的区域产生，光生载流子在 pn 结内建电场作用下分离，流向正负极，对外电路输出电流。下面就 CdTe 薄膜太阳电池的各层结构进行详细介绍。

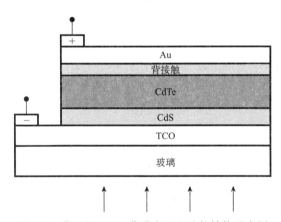

图 3.1　典型的 CdTe 薄膜太阳电池的结构示意图

1）基底

常用的玻璃基地有钠钙玻璃、浮法玻璃、硼硅玻璃等。浮法玻璃价格便宜，表面非常平整，很适合薄膜沉积，但是只限于在 520℃ 左右温度下处理。硼硅玻璃则可以忍受更高温度的热处理，600℃ 下加热也不会软化，但其成本高昂，成为工业化应用的阻碍。

2）前电极

TCO 作为 CdTe 薄膜太阳电池的前电极，即负极，既要有较高的光学透过率以保证高光生电流，又要保证较低的电导率来形成低串联电阻。因此，TCO 的厚度需要在高透射率和低方块电阻之间权衡，TCO 层也应当足够厚，以形成阻挡层，阻止杂质从衬底（如钠钙玻璃中的 Na）或 TCO 自身扩散到有源层。此外，TCO 还需要满足以下条件：①较高的热稳定性，保证在后续的高温工艺中保持光学和电学性质稳定；②化学性质稳定，在腐蚀性强的含氯气氛中加热时物理性质稳定；③热膨胀系数与玻璃衬底匹配，以获得足够的附着力。TCO 通常需要掺杂，目前常用的透明导电层有 ITO（In_2O_3：Sn）、AZO（ZnO：Al）、FTO（SnO_2：F）等。ITO 衬底通过氧气氛中溅射 In 和 Sn 靶而成，In 的成本较高，且 In 在高温处理中会扩散到 CdS/CdTe 层，引入 n 型 CdTe，具有高温不稳定性。AZO 由不同种类的含有 ZnO 和 Al 的靶溅射而成，Al 在 ZnO 薄膜中作为施主，该种薄膜在 CdTe 薄膜生长过程中（大于 550℃）会由于热应力而掺杂失效。FTO 衬底是商业化生产的基础，是光伏领域常用的衬底，其面电阻一般为 10Ω，光透过率为 75%～85%，且在 CdS 层和 FTO 界面处并不会发生化学反应和互扩散，是 CdTe 薄膜太阳电池最理想的衬底选择。

3）窗口层

窗口层的作用是使入射光透射进入 CdTe 吸收层，所以希望窗口层材料具有宽带隙、低散射的特性。窗口层作为吸收层生长的底层，要求窗口层较薄且晶粒尺寸较大。另一方面，窗口层又不能太薄，否则孔洞会在吸收层和前接触间形成分流。可供选择的 CdTe 电池窗口层材料有 CdS、ZnSe、ZnS 和 $Zn_xCd_{1-x}S$ 等，n 型 CdS 薄膜是高效率 CdTe 器件窗口层的首选。CdS 在生长过程中会出现硫空位，硫空位在 CdS 中作为施主，电离出电子，因此 CdS 通常呈现为 n 型，其载流子浓度为 10^{16}～10^{17} cm^{-3}。CdS 的吸收边位于 512nm，确保了大部分可见光可以到达 CdTe 吸收层，波长低于 512nm 的太阳光的透过率则与 CdS 的厚度有关。CdS 的电子亲和势为 4.5eV，与二氧化锡相近，能和二氧化锡形成良好的欧姆接触。CdS 晶体具有闪锌矿（立方相）和纤锌矿（六方相）两种结构。六方相 CdS 与立方相 CdTe 存在 9.7% 的晶格失配，导致 CdS/CdTe 界面处较高的缺陷态密度，促使载流子在界面处复合。实际的电池制备工艺中，可以通过 CdTe 沉积或沉积后的高温过程中，用 $CdCl_2$ 热处理来控制 CdS 和 CdTe 之间的相互扩散生成 CdS_xTe_{1-x} 来获得高效 CdTe 器件，且 CdS 层需要足够厚，从而不被完全耗尽。

4）CdTe 吸收层

CdTe 吸收层作为薄膜太阳电池的主体吸光层，它与 CdS 组成的 pn 异质结是整个电池的最核心部分。CdTe 是一种禁带宽度为 1.45eV 的 Ⅱ-Ⅵ 族直接带隙半导体，对太阳光谱的响应处在最理想的太阳光谱波段，具有较高的光学系数（$10^5\,cm^{-1}$），$1\mu m$ 厚的 CdTe 薄膜便可吸收 99％波长小于 860nm 的太阳光，具有较高的电子扩散长度，电子为少数载流子，表现为 p 型半导体。

5）背电极接触层

背电极在 CdS/CdTe 电池制备中是至关重要的，非欧姆接触的电极会导致电池 I-V 曲线正向偏压象限的"翻转"（rollover）现象，从而降低了电池的开路电压和填充因子。p 型 CdTe 的功函数为 5.7eV，非常高，几乎所有的金属与 CdTe 接触都会形成与 CdS/CdTe 主结相反的肖特基结，增大了背接触电阻，限制了空穴从 CdTe 层传输到背电极，因此，通常情况下需要选择功函数高的稀有金属与 CdTe 层接触形成欧姆接触或准欧姆接触来降低肖特基势垒。

另一个影响获得背电极欧姆接触的因素是 CdTe 的高电阻率，CdTe 层的载流子浓度很大程度上取决于其内部的固有缺陷浓度，固有缺陷会成为掺杂中心或者补偿杂质掺杂。Cd 空位和 Te 空位分别是 CdTe 层中的受主和施主，如果 CdTe 层经过重掺杂，接触电极特性能够被改善。但是，掺杂浓度超过 $10^{16}\,cm^{-3}$ 时 CdTe 倾向于发生自补偿效应，即杂质同时充当施主与受主，极大地减弱了掺杂效果。目前，常用的解决方法是用化学刻蚀（如磷硝酸或溴甲醇溶液）在 p 型 CdTe 表面形成重掺杂的背表面层，或者在背电极与 CdTe 层间加一层缓冲层获得较低能垒的背接触层，从而使空穴能有效隧穿，到达背电极。

6）背电极

背电极在整个薄膜太阳电池器件中起着收集电流的作用，通常选用金（Au），一般采用蒸发或溅射方法制备，是电池的输出电极。

3.1.2　CdTe 的基本性质

CdTe 是典型的 II-VI 族化合物，虽然有一定的离子特性，但晶体主要还是由共价键结合。常见的 CdTe 晶体有两种晶体结构，分别为立方晶系的闪锌矿结构和六方晶系的纤锌矿结构，如图 3.2 所示为 CdTe 的两种结构示意图，立方闪锌矿结构的 Cd 原子在晶胞的 8 个角和 6 个面心位置，Te 原子在晶胞体对角线的

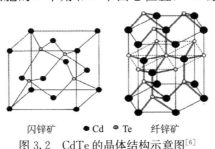

闪锌矿　● Cd　◦ Te　纤锌矿

图 3.2　CdTe 的晶体结构示意图[6]

1/4 处，闪锌矿结构的 CdTe 晶胞参数 $a=6.48Å$，空间群为 F43m（216）；纤锌矿的 CdTe 晶胞参数 $a=4.58Å$，$c=7.50Å$，空间群为 P63mc（186）。碲化镉的电子迁移率约为 300 $cm^2 \cdot (V \cdot s)^{-1}$，空穴迁移率约为 65$cm^2 \cdot (V \cdot s)^{-1}$，因此，电子具有较高的扩散长度，电子为少数载流子，表现为 p 型半导体[6]。

3.1.3　CdTe 的制备方法

CdTe 薄膜太阳电池不仅具有突出的光吸收能力，而且与其他半导体薄膜材料（如 Si）相比，CdTe 薄膜样品可以通过多种方法制备。总地来说可以分为两大类，物理方法和化学方法，在具体的方式上又分为干式、湿式和喷涂三种，而每种方式又可分成多种方法。具体到薄膜制备，其制备方法有许多种，如物理气相沉积法（physical vapor deposition，PVD）、近空间升华法（close-space sublimation，CSS）、磁控溅射法（magnetron sputtering）、金属有机物化学气相沉积法（metal-organic chemical vapor deposition，MOCVD）、电化学沉积法（electrodeposition）、喷雾热分解法（spray pyrolysis）、丝网印刷沉积法（screen-print deposition）[7-21]。

1）物理气相沉积法

物理气相沉积法是以物理机制来进行薄膜沉积的制造技术，所谓物理机制是指物质的相变化现象，例如，将源材料由固态转化为气态再进行沉积。利用物理气相沉积法制备 CdTe 薄膜，在真空炉内使用 CdTe 化合物，将源材料加热到 800℃，使之挥发为气相分子，而以约 $1\mu m \cdot min^{-1}$ 的速率沉积在距离约 20cm 远的衬底上。通常衬底的温度要保持在相对比较低的温度（<100℃），这样 Cd 及 Te 的黏附系数才会接近于 1。衬底温度越高，黏附系数越低，因此沉积速率也变慢。但是，温度越低得到的多晶薄膜晶粒越小。所以一般应用上，衬底的温度都不会超过 400℃。沉积出来的薄膜的化学计量比控制起来比较难，这与每个元素的平衡蒸气压及源材料的化学计量有相当大的关系。其优点是：①不需要打开真空室添加或更换原料，生产时由载气从真空室外送入，生产维护的时间和成本少。②沉积速度快，既可满足快速生产的要求，又可节省半导体原料，原料利用率目前已将近 90%。③容易实现大面积的均匀生长，获得较高的成品率。该法可以控制沉积速率、组分以及掺杂浓度，但成本较高，工艺较难。

2）近空间升华法

近空间升华法是目前被用来生产高效率 CdTe 薄膜电池最主要的方法。在这种方法中，蒸发源被置于一容器内，衬底与源材料要尽量靠近放置，使得两者之间的温度差尽量小，从而使薄膜的生长接近理想平衡状态。使用化学计量准确的源材料，也可以得到化学计量准确的 CdTe 薄膜。因此，一般衬底的温度可以控制在 450～600℃，特别地，其沉积速率可以达到 1μm·min⁻¹，这对商业化大规模生产意义重大。填充 Ar、N₂ 等惰性气体，并加入较少的 O₂ 时，薄膜质量更佳。该技术的缺点是容易出现厚度达到 10μm 左右的现象，而实际只需要 1μm 的厚度，降低了半导体原料的利用率，增加了工艺复杂性。要达到良好的大面积均匀性，每次填料时对源表面的平整性和大面积源舟的加热均匀性都有严格的工艺要求。由于原材料消耗快，需要频繁打开真空设备更换或添加原料，增加了维护的时间和成本。

3）溅射法

所谓的溅射法，是指利用等离子体中的高能离子（通常是由电场加速的正离子，如 Ar⁺），在磁铁产生的磁力线作用下，加速撞击 CdTe 靶材表面，将 CdTe 表面物质溅出，而后在衬底上沉积而形成薄膜。等离子体的产生方法有多种，包括直流、射频、微波等。这种沉积方法要求压强达到 10⁻⁴Torr 的高真空，通常沉积反应发生在低于 300℃ 的衬底上，沉积 CdTe 薄膜样品的速率可以达到 0.1μm·min⁻¹，所得到的晶粒大小约在 300nm。该法设备投入少、易调控、产品成本低，集成程度好，适合商业化大规模生产。

4）金属有机物化学气相沉积法

金属有机物化学气相沉积法是利用 Cd、Te 固体在高温下受热挥发，过饱和的 Cd 与 Te 混合气在惰性气体 N₂、Ar、He 等作为输运气体的作用下运动到相对低温的基板表面，Cd 与 Te 混合气沉积到基板形成 CdTe 薄膜样品。这种沉积方法由于 Cd 与 Te 的过饱和蒸气的存在压强可以达到 10～100Torr，基板的温度通常为 600℃。这种方法可以得到约与薄膜厚度相当的晶粒大小的 CdTe 薄膜样品，而且沉积速率相当快。

5）电化学沉积法

电化学沉积法是将含有 Cd²⁺ 及 HTeO₂⁺ 的电解液进行电化学还原反应，而得到 Cd 及 Te 并沉积而成 CdTe 薄膜。通过控制电解液内部的 Cd 与 Te 含量，可以控制所生长出来的薄膜的化学计量组成。

6）喷涂沉积法

喷涂沉积法是先在室温下将含有 CdTe、Cd 及 Te 的化学浆料喷涂在衬底上，然后再经过几道高温热处理及致密化机械过程，而得到结晶化的 CdTe 薄膜。

7）丝网印刷法

丝网印刷法算是生产 CdTe 薄膜最简单的方法，它是将含有 Cd、Te 及含有有机结合剂的金属胶，通过印刷板而印制到衬底上，再经过干燥过程去除有机溶剂后，接着升温到 700℃ 左右进行烧结反应，最后得到结晶化的 CdTe 薄膜。

8）CdTe 薄膜后处理

几乎所有沉积技术所得到的 CdTe 薄膜，都必须再经过 CdCl$_2$ 处理。CdCl$_2$ 处理能够进一步提高 CdTe/CdS 异质结太阳电池的短路电流，进而提高光电转换效率，原因是：①能够在 CdTe 和 CdS 之间形成 CdS$_{1-x}$Te$_x$ 界面层，降低界面缺陷态浓度；②导致 CdTe 膜的再次结晶化和晶粒的长大，减少晶界缺陷；③热处理能够钝化缺陷、提高吸收层的载流子寿命。将 CdTe 薄膜置于约 400℃ 的 CdCl$_2$ 环境之下，CdCl$_2$ 的存在促进了 CdTe 的再结晶过程。不仅比较小的晶粒消失了，连带着 CdTe 与 CdS 的界面结构也变得比较有序。

3.1.4　CdTe 薄膜太阳电池的发展

对于未来 CdTe 薄膜太阳电池效率的提高，目前短路电流密度已接近理论上限，而开路电压一直徘徊在 850mV 左右，对于 CdTe 材料来说，1.5eV 的带隙对应的开路电压应该可以达到 1V，所以未来 CdTe 电池的研究重点应放在提高开路电压上。主要方法有提高 CdTe 掺杂浓度，减小缺陷复合和降低背接触势垒。另一方面，到目前为止，生产 CdTe 太阳电池，还须考虑 Cd 的毒性和 Te 的稀有性。虽然实验证明常温下没有 Cd 泄漏，即使在 1100℃ 的高温下 99.96% 的 CdTe 都被熔化的玻璃所包裹，且 CdTe 具有良好的稳定性，但还是存在环境与公众的信任问题。Te 在地球上总含量较少，虽可通过回收得到重复使用，但是还需相应的回收工艺、法规、机制一起配合。

3.2　CIGS 薄膜太阳电池

CIGS 薄膜太阳电池是于 20 世纪 80 年代开发出来的一种新型太阳电池，因其器件稳定性好、抗辐射能力强、转化效率高、可在柔性基底上进行沉积等优点而备受光伏产业研究者的青睐[22-25]。CIGS 成为理想的吸收层材料，具有如下的优势。

（1）属于直接带隙半导体材料，且可通过调节 Ga 元素的含量使得带隙在 1.04～1.67eV 连续变化，从而获得与太阳光光谱最为匹配的带隙；

（2）具有很高的光吸收系数，可达 10^5cm^{-1}，不仅有利于光子的吸收和少数载流子的收集，而且降低了原材料的消耗（CIGS 吸收层厚度只要 1～2μm 即可满足需求），更加有利于太阳电池的薄膜化；

（3）存在 Cu 迁移和点缺陷的反应协同作用，从而具有"自愈合"能力以修复因辐射而受到的损伤，不存在光致衰退效应，使得电池具有良好的抗干扰抗辐射能力且使用寿命较长；

（4）对组分配比容忍度较大，而光电性能并没有太大不同。

1994 年，美国国家可再生能源研究室开发出三步共蒸发法用以制备 CIGS 吸收层，并获得了光电转换效率为 16.4% 的光伏器件。随后人们利用经典的三步共蒸发法不断刷新着 CIGS 太阳电池光电转换效率的世界纪录。目前为止，CIGS 太阳电池的光电转换效率达到 21.7%，这个世界纪录由德国太阳能和氢能研究中心创造。2011 年，瑞士联邦材料科学与技术实验室（EMPA）在聚酰亚胺基底上成功制备出具有转换效率为 18.7% 的太阳电池，2013 年他们通过引入钠、钾元素将效率刷新至 20.4%，这预示着 CIGS 制备技术在柔性电池领域有着更为广阔的发展空间。

CIGS 薄膜光伏组件的研发开始于小面积电池效率突破 10% 以后。具体来说，可将世界 CIGS 太阳电池的发展分为以下三个阶段：2000～2003 年为第一阶段，目前已经被 Manz 集团并购的德国 Würth solar 和日本的 Honda Soltec、Showa Shell 等企业首先实现了 CIGS 薄膜太阳电池在玻璃基底上的产业化，并逐步向大尺寸方向发展；2004～2007 年为第二阶段，即柔性基底（不锈钢、铜、钛等金属基底）研发阶段，以现已被汉能控股集团有限公司收购的美国的 Global Solar Energy、Miasole 等企业为代表；2008 年至今为第三阶段，开始了基于金属/聚合物基底的卷-到-卷的工艺研发，以美国 Nano Solar、ISET 公司以及中国台湾工业技术研究院（ITRI）为代表，近日，英国工艺流程创新中心（CPI）等 10 家欧盟厂商及研究机构宣布，利用卷-到-卷的生产方式制造的柔性 CIGS 类太阳电池的单元转换效率达到 20%，模块效率达到 16%，且用于量产的实验工厂也已经完工。中国则通过自主创新、引进设备或与国外设备企业合作以及收购国际巨头等形式加快国内 CIGS 薄膜太阳电池的产业化。目前，汉能控股集团有限公司产能已经达到 3GW，成为世界上规模最大的薄膜太阳能企业。

3.2.1　CIGS 薄膜太阳电池的结构

经过近半个世纪的研究工作，典型的 CIGS 薄膜电池结构如图 3.3 所示。各膜层从上至下依次为：金属栅极（Ni-Al）/窗口层（AZO/i-ZnO）/缓冲层（CdS）/光吸收层（CIGS）/金属背电极层（Mo）/衬底（玻璃、不锈钢或聚酰亚胺）。

1）基底

钠钙玻璃是铜铟镓硒薄膜太阳电池的常用基底材料。钠钙玻璃价格便宜，能够耐 550℃ 的高温而保持稳定，并且钠钙玻璃中的钠元素可以扩散到 CIGS 吸收层中，促进薄膜晶体生长。因此，钠钙玻璃是良好的 CIGS 薄膜太阳电池的基底材料。最近，有机的柔性基底等材料也引起了研究者们的兴趣，因为这种柔性基

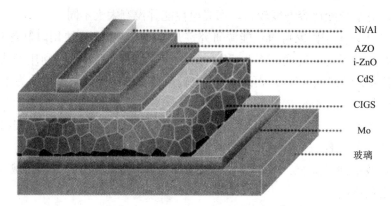

图 3.3　典型的 CIGS 薄膜电池结构

底可以更好地适用于卷-对-卷工业生产。当然，使用这些基底时，通常需要额外添加钠元素，以促进 CIGS 薄膜的晶体生长。

2）背电极

通常在钠钙玻璃上溅射一层 Mo 作为电池的背电极。Mo 背电极要求与玻璃基底有良好的结合力和较低的电阻率（$0.2 \sim 0.3 \Omega \cdot m^{-2}$）。Mo 具有良好的化学稳定性、较高的熔点和良好的机械硬度，是良好的薄膜太阳电池的背电极材料。另外，在高温退火处理的过程中，Mo 层和 CIGS 吸收层中间通常会形成硒化钼层，这有利于 Mo 背电极和 CIGS 吸收层形成良好的欧姆接触。但是，过厚的硒化钼层会影响电池的性能，降低电池的短路电流（J_{sc}）和填充因子（FF）。除了 Mo，还有 W、Ta、Nb、Cr、V 等被用作背电极材料。

3）吸收层

CIGS 是 p 型半导体材料，CIGS 薄膜是直接带隙材料，具有较高的光吸收系数（$\sim 10^4 cm^{-1}$），具有较宽范围的带隙（$1.0 \sim 1.5 eV$），并且可以通过调节元素比例调节带隙。另外，CIGS 可以容忍少量掺杂而不影响电学性质，弱光性好。这些优点使 CIGS 薄膜成为优良的吸收层材料。

4）缓冲层

CdS 缓冲层的作用是减小 CIGS 吸收层与本征氧化锌之间的能带失调。目前可用作缓冲层的材料有 n 型硫化镉以及不含镉元素的 In_2S_3 和 ZnS 等材料。高效薄膜太阳电池的硫化镉缓冲层的制备方法采用的是化学水浴沉积法（CBD）。其中 Cd^{3+} 可以向 CIGS 薄膜中扩散，扩散深度约为 10nm，这有利于 pn 结的形成，从而制备高效率的薄膜太阳电池。

5）窗口层

掺铝氧化锌（AZO）是常用的薄膜太阳电池的窗口层材料。高效薄膜太阳电池对窗口层的要求包括以下两点：①在可见光区有较好的透过率（$>80\%$）；

②较低的电阻率（$<20\Omega \cdot m^{-2}$）。为了减少因为缺陷造成的电池的电流损失，必须在薄膜太阳电池的硫化镉（CdS）缓冲层和 AZO 层之间插入本征氧化锌（i-ZnO）层。

6）顶电极

顶电极在整个薄膜太阳电池器件中起着收集电流的作用，通常选用镍铝合金（Al/Ni），一般采用蒸发或溅射方法制备，是电池的输出电极。虽然不参与光生载流子的过程，但对于最终器件的影响非常大。

3.2.2 CIGS 的材料属性和特点

CIGS 是在 $CuInSe_2$（CIS）的基础上发展而来的，它们的空间点阵结构都属于四方黄铜矿结构，如图 3.4 所示。CIS 的晶体结构与立方闪锌矿晶体结构类似，只是 Cu 原子和 In 原子对称地填入了二价原子的位置。因此，可以将黄铜矿结构看成是由阴离子 Se 面心立方格子和阳离子 Cu，In 面心立方套构而成的。在这个晶格中，每个 Cu 原子和 In 原子都与周围的 Se 原子以 4 个共价键相连，每个 Se 原子有两个化学键与 Cu 相连，有两个化学键与 In 相连，这样它的晶格常数为 $a=0.5789$nm 和 $b=1.162$nm。人们向 CIS 中掺入了 Ga 元素，Ga 原子对称地取代 CIS 晶格点阵中的 In 原子的位置，从而形成了 CIGS 晶体[26]。

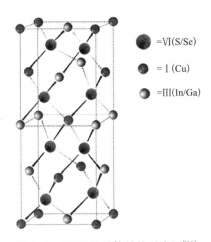

图 3.4　CIGS 的晶体结构示意图[26]

在这种结构中，原子容易发生移位，产生 Cu 空位（V_{Cu}），Se 空位（V_{Se}），In、Ga 有序替换 Cu 位（In（Ga）$_{Cu}$）等多种缺陷，这些缺陷能级都处于禁带之中。由 S. B. Zhang 和 Su-Huai Wei 等的计算得知，这些点缺陷中尤其是 V_{Cu} 缺陷的形成能最低 0.6eV，并且 V_{Cu} 缺陷的能级位于价带顶上 30meV 的位置，是浅受主能级，室温下可被激活使 CIGS 材料呈 p 型导电半导体。S. B. Zhang 还证实

CIS 中还有复合缺陷存在，这也就意味着 CIS 虽然存在着大量的点缺陷，但是 V_{Cu} 可以钝化 In_{Cu} 等电子施主能级。因此，CIGS 薄膜材料的电性能对成分有一定的容忍度。

3.2.3　CIGS 的制备方法

CIGS 吸收层的质量及其界面质量是决定 CIGS 电池光电转化效率的关键因素。而 CIGS 吸收层及界面的质量往往与 CIGS 吸收层的制备方法和工艺因素密切相关。目前常用的 CIGS 吸收层制备方法可以分为三个主要类别：①共蒸发；②合金预制膜硒化；③非真空沉积技术。不同沉积技术之间的选择标准可能不适合实验室规模和大规模生产。对于实验室规模，主要重点是精确控制 CIGS 膜组成和电池效率。对于工业生产，除了效率之外，低成本、可再生能力、高产量和工艺容差也非常重要[27-44]。

3.2.3.1　共蒸发

共蒸发法是采用高纯度的 Cu、In、Ga 和 Se 蒸发源，在高真空度（10^{-5} Pa 以下）的蒸发腔体中进行蒸发制备 CIGS 吸收层。该方法可以在高真空条件下一次性完成 CIGS 吸收层的制备，获得结晶性良好的高质量 CIGS 吸收层。根据阶段数量，又可分为"一步共蒸发"、"二步共蒸发"和"三步共蒸发"。一步共蒸发工艺是在基底温度 550℃ 左右条件下，同时沉积 Cu 、In 、Ga 和 Se 四种元素制备 CIGS 预制膜。研究中发现，CIGS 合成过程中的中间产物 $Cu_{2-x}Se$ 在 550℃ 下为液态，液态 $Cu_{2-x}Se$ 的存在可以促进薄膜内物质的传输并有效促进 CIGS 晶粒的长大。但 $Cu_{2-x}Se$ 一般只有在富 Cu（Cu/(In+Ga) ＞ 1）的成分条件下才可以大量存在，而理想的 CIGS 吸收层成分应为贫 Cu。因此，为获得具有理想贫 Cu 成分的 CIGS，同时保留 $Cu_{2-x}Se$ 液相促进 CIGS 结晶和晶粒长大的优势，在一步共蒸发工艺基础上，出现了二步共蒸发和三步共蒸发的工艺方法。二步共蒸发工艺是由波音公司最先发明的，该方法首先在 350℃ 左右基底温度下蒸发制备具有富 Cu 成分的 CIGS，由于此时薄膜具有富 Cu 成分所以薄膜中会有 $Cu_{2-x}Se$ 出现。之后在基底温度 550℃ 左右时再蒸发具有贫 Cu 成分的 CIGS 并使薄膜的整体成分贫 Cu。在第二步蒸发过程中，通过两层薄膜之间的扩散获得成分分布均匀的 CIGS 薄膜。该方法通过中间阶段 $Cu_{2-x}Se$ 的产生促进 CIGS 吸收层晶粒的长大，可以获得具有良好结晶性的 CIGS 薄膜。三步共蒸发工艺是目前被广泛采用的共蒸发工艺方法，也是获得高效率 CIGS 电池的最重要方法之一。该方法的核心思路是，在蒸发的中间过程中保持 CIGS 具有富 Cu 的成分使薄膜中产生 $Cu_{2-x}Se$ 促进 CIGS 晶粒的长大。在蒸发的最后阶段通过蒸发 In 和 Ga 重新使薄膜整体成分为贫 Cu，从而获得具有良好结晶性和良好电学性能的 p 型

CIGS 吸收层薄膜。凭借 19.3% 的认证效能，三步共蒸发 CIGS 工艺已被证明具有生产高效 CIGS 薄膜模块的潜力。

共蒸发工艺制备得到的 CIGS 薄膜具有晶粒尺寸大、薄膜结晶性好、表面质量高等优势，也是制备高效率 CIGS 电池的重要方法。但常见蒸发源一般为点状蒸发源，导致不同位置蒸发制备 CIGS 薄膜厚度不同。这一问题决定了采用共蒸发工艺难以获得大面积均匀的 CIGS 薄膜。

3.2.3.2　合金预制膜硒化法

合金预制膜硒化法是首先通过磁控溅射、热蒸发或电沉积等方法制备 $CuIn_{1-x}Ga_xSe$（CIS）合金预制膜，后在 Se 气氛中对 CIS 合金预制膜进行硒化反应退火制备 CIGS 吸收层。其中溅射法因制备得到的 CIS 合金预制膜具有大面积均匀性好、成分精度高且薄膜平整度高的优势而被广泛采用。目前退火用 Se 气氛则主要有气态 H_2Se 和固态 Se 气化两种。

合金预制膜硒化法成本比共蒸发法低且其溅射制备的合金预制膜大面积均匀性好，非常适用于工业化生产。因此，溅射合金预制膜后硒化的方法也是目前被产业化生产所广泛采用的工艺方法。

虽然溅射合金预制膜硒化法具有很多优势，但在实际研究过程中，采用该方法制备 CIGS 电池仍存在一些问题和工艺难点。主要表现在以下几个方面：首先，合金预制膜在硒化过程中的化学反应复杂，在硒化过程中形成 In_2Se 和 Ga_2Se 等挥发性物质，挥发相的产生将导致薄膜成分的改变。因此，采用合金预制膜硒化的方法难以对制备得到薄膜的成分进行精确控制，而 CIGS 电池的电学性能是与成分直接相关的，所以退火过程中成分的改变会造成 CIGS 电池性能的变化。其次，为提高 CIGS 电池的光电转化效率，一般希望 CIGS 中 Ga 元素具有正梯度分布，即 CIGS 吸收层上表面 Ga 含量高而靠近 Mo 背电极一侧吸收层 Ga 含量低。但在实验中发现，CIS 合金预制膜在硒化之后 Ga 元素会向背电极富集甚至在吸收层中出现相分离，即吸收层下层为 $CuGaSe_2$ 而表层为 CuInSe。硒化后 CIGS 吸收层中 Ga 元素的倒梯度分布，会导致电池对光子吸收效率的降低并降低 CIGS 电池的光电转化效率。

3.2.3.3　非真空沉积技术

高生产成本和复杂的真空工艺已经导致了简单且低成本的非真空解决方案的开发。非真空法相对于真空法有以下优点：①非真空法所用的设备没有真空腔、真空泵等复杂的高耗能的设备，能够大幅度地降低生产设备的成本；②非真空法具有较高的产出率；③非真空法能够制备大面积元素比例均匀的薄膜；④非真空法有较高的原材料利用率。非真空技术可以分为电沉积、纳米晶颗粒沉积和溶液法。

1）电沉积法

电沉积法是一种可以在工业上实现制备大面积均一薄膜的方法。电沉积可以通过一步或连续步骤进行。在一步电沉积（即所有元素的共沉积）中，使用络合剂将单个沉积电位降低在一起或彼此靠近。关键步骤是退火后的最终成膜。因此，工艺优化在一步电沉积中是非常重要的。通过使用电沉积技术已经报道了13.4%的光电转换效率。

2）纳米晶颗粒沉积

纳米晶颗粒沉积是首先利用热注入或者溶剂热等方法合成 CIGS 纳米颗粒。然后将纳米颗粒提纯，分散后形成纳米墨水。再将纳米墨水通过滴涂法、旋涂法或者刀刮法制备 CIGS 薄膜。最终的膜在硫族元素气氛中进行高温退火以形成 CIGS 吸收膜。在柔性箔片上使用非真空印刷方法，Nanosolar 报道的最高效率为 17.1%。

3）溶液法

将所用的原料（金属氧化物、氯化物、氧化物、硫化物和金属单质等）溶解在有机或无机溶剂中，形成分子前驱体溶液。然后采用旋涂（spin-coating）、滴涂或者喷涂的方法制备 CIGS 薄膜。分子溶液法相比于其他方法，具有许多优点：①不需要复杂的工艺合成纳米晶，制备工艺简单，节约了成本；②通过选择合适的金属前驱体、有机溶剂，可以调节前驱体薄膜的预烧温度，最大程度上降低薄膜中杂质相的残留；③通过选择合适的环境友好型溶剂，可以减少对环境的影响。

3.2.4　CIGS 薄膜太阳电池的发展

展望 CIGS 太阳电池的未来，需要研究优化材料和界面性能以提高效率。对于 1.14eV 的 CIGS 带隙，理论效率极限为 33.5%。在不久的将来，电池效率可高达 25%。通过使用以下方法可以实现当前效率的改善：①通过使用高 J_{sc} 的创新掺杂方法来提高 CIGS 吸收剂性能，如最大限度地吸收；②通过在两侧使用表面激活来降低缺陷密度 CIGS 层以降低在导致高 V_{oc} 的界面处的复合损失；③对于高 J_{sc} 使用无 Cd 的大带隙窗口层；④利用在单元的背面反射器（反射镜）层来重定向未使用的电子-空穴对。

对于大面积和大规模生产，如前所述，需要多源蒸发设备的标准化和两阶段硒化工艺。目前，在高效率的太阳电池中使用约 3mm 厚的 CIGS 层，其需要大约 60min 的沉积时间。对于工业生产，高通量需要大约 10min 的沉积时间，而不会降低器件性能。此外，对于两阶段硒化技术，需要更快的硒化过程。为了降低生产成本，CIGS 层厚度应降低至约 1mm，而不会导致器件性能下降，特别是长

波长区域的 J_{sc} 损耗。高 J_{sc} 需要较高的带隙（CdS）和无镉窗口层。为了获得 CIGS 层的理想带隙（1.4eV），应该增加 CIGS 中的 Ga 掺入，而不会影响器件性能。应该消除通过两阶段硒化技术制造的 CIGS 电池的不稳定性。

3.3　CZTSSe 薄膜太阳电池

铜锌锡硫硒，$Cu_2ZnSn(S，Se)_4$（CZTSSe）太阳电池是以 CZTSSe 为吸收层的薄膜太阳电池。其中 CZTSSe 是将 CIGS 中的稀有贵金属 In 和 Ga 用地壳丰产元素 Zn 和 Sn 替换，与 CIGS 有着相似的结构和性能，所以有很多 CIGS 太阳电池的技术可以直接转移到 CZTSSe 太阳电池中，但是 CZTSSe 材料又有着很多自身所独有的特点[44-47]。

和其他太阳电池材料相比，CZTSSe 具有很多优点使其极有可能成为下一代薄膜太阳电池吸收层，主要有以下优点。

（1）CZTSSe 的组成元素中不含稀缺和贵金属元素，且均为地壳丰产和无毒元素。特别地，和 CIGS 中 In 原子在地壳中的含量相比，CZTSSe 中的 Zn 和 Sn 元素在地壳中的含量分别是 In 元素的 20000 倍和 500 倍，丰富的原料使得 CZTSSe 制备成本变得低廉。

（2）CZTSSe 是直接带隙 p 型半导体材料，吸收系数大于 $10^4\,cm^{-1}$，仅需 1~2μm 厚度的薄膜就可以将大部分太阳光谱吸收掉，这使得 CZTSSe 半导体非常适合用作薄膜太阳电池的吸收层。

（3）CZTSSe 的禁带宽度可以通过改变 $Cu_2ZnSn(S_xSe_{1-x})_4$ 中 S 和 Se 在化合物中的不同比例，使得禁带宽度在 1.0~1.5eV 连续可调。

（4）CZTSSe 的晶体结构及其他性质都和 CIGS 很相似，因此在 CZTSSe 的研究中可以借鉴高效率 CIGS 薄膜太阳电池，缩短了 CZTSSe 的研究历程。

（5）理论计算表明，CZTSSe 的光电转换效率高达 33%。

3.3.1　CZTSSe 薄膜太阳电池的结构

CZTSSe 太阳电池的器件结构主要借鉴于 CIGS 太阳电池。从目前报道的文献来看，高效率的 CZTSSe 太阳电池的结构如图 3.5 所示，依次为：钠钙玻璃（基底）/Mo 薄膜（底电极）/CZTSSe 薄膜（吸收层）/CdS 薄膜（缓冲层）/本征氧化锌薄膜（简称 i-ZnO）（高阻层）/掺 In 的 SnO_2 薄膜（简称 ITO）（透明导电层）/Al 栅极（顶电极）。下面依次简要介绍每一层薄膜材料的物理性质和性能要求。

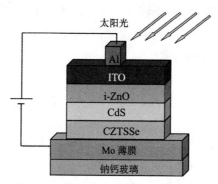

图 3.5　CZTSSe 太阳电池的器件结构

1）基底

钠钙玻璃（soda-lime glass，SLG），属于硅酸盐玻璃，主要原料为二氧化硅、氧化钠和氧化钙等。其成本低廉，应用广泛。目前世界纪录效率水平的 CIGS 和 CZTSSe 薄膜太阳电池一般都采用 SLG 作为衬底。SLG 与广泛使用的底电极 Mo 薄膜的热膨胀系数相匹配，使得高温热处理过程中，SLG 不会与 Mo 薄膜发生剥离。相较于普通玻璃，SLG 中含有钠（Na）元素，是理想的 Na 掺杂来源，Na 能够促进 CZTSSe 晶粒的生长，将有助于提高 CZTSSe 电池的光电转换效率，因此 SLG 是理想的 CZTSSe 薄膜太阳电池衬底材料。另外，CZTSSe 也可以生长在可弯曲的金属或聚合物薄片上，制备柔性太阳电池。

2）底电极

作为太阳电池的底电极，需要具备良好的导电性能、稳定的物理和化学性质。同时，还需要考虑到在整个电池电路中的电势匹配以及制备的成本问题。综合而言，金属钼（Mo）是现阶段的最佳选择。Mo 的热稳定性好，与 CZTSSe 的热膨胀系数接近，耐腐蚀，功函数高，这些特性使其成为合适的背电极材料。利用磁控溅射在清洁的钠钙玻璃表面溅射一层 1μm 左右的 Mo，Mo 需要保证良好的柱状晶体成长、与玻璃紧密的结合力和低于 1Ω 的方块电阻。

3）吸收层

CZTSSe 吸收层是整个 CZTSSe 太阳电池中最重要的部分，是吸收和利用太阳光的关键。一般高效率的 CZTSSe 太阳电池，吸收层表面致密，且晶粒尺寸大，贯穿整个吸收层，厚度都在 1μm 以上。

4）缓冲层

硫化镉（CdS）是一种禁带宽度为 2.4eV 的直接带隙 n 型半导体。在 CZTSSe 薄膜太阳电池中，CdS 薄膜是 pn 结中的 n 型区的一部分。通常高效率 CZTSSe 薄膜太阳电池中会采用 CdS 薄膜作为缓冲层。CdS 与吸收层紧密接触构成 pn 结，提供分离光生载流子的电场。该层薄膜位于窗口层和吸收层之间，也称为缓冲层。其作用在于减少 CZTSSe 吸收层与 ZnO 窗口层之间的晶格失配，同时调节它们之间导带边失调的幅度，即减小了带隙梯度。另外在 CZTSSe 电池器件的制备过程中，它还可以防止射频溅射 i-ZnO 时对 CZTSSe 薄膜吸收层造成损害，起到保护作用。但是 CdS 薄膜的引入也有弊端，会吸收一定量的短波谱段的光，而其少数载流子（空穴）的扩散长度很短，以至于无法产生光电流，浪费了所吸收的光子，导致短路电流的降低。通常使用化学水浴沉积的方法在 CZTSSe 薄膜表面沉积大约 50nm。

5）窗口层

通常由本征氧化锌（i-ZnO）和二氧化锡掺铟（SnO_2：In）共同组成 CZTSSe 薄膜太阳电池中的窗口层。其作为 n 型区，是构成整个异质结及其内建场的重要部分。ZnO 是一种禁带宽度为 3.4eV 的直接带隙半导体材料，属于六方晶系的纤锌矿结构。i-ZnO 薄膜作为高阻层，具有可以防止电池内部短路的作用。然而，对于电池的上表面透明导电层而言，既是外界光源的入射通道又是光生电子的传输通道，需要同时具备高透过率和高导电性，ITO 薄膜恰好可以很好地满足此要求。当电池工作时，产生的光电流的传输方向垂直于 i-ZnO 薄膜，平行于 ITO 薄膜。射频磁控溅射 i-ZnO 薄膜的厚度为 50nm，直流磁控溅射 ITO 薄膜的厚度为 300nm，可见光透过率接近甚至超过 90%，电阻率约为 $2 \times 10^{-4} \Omega \cdot cm$。ITO 薄膜层也可以用 AZO 替代，AZO 中 Al 的含量为 3% 左右。

6）顶电极

顶电极在整个薄膜太阳电池器件中起着收集电流的作用，虽然不参与光生载流子的过程，但对于最终器件的影响非常大。由于铝（Al）的导电性能好且价格较便宜，所以一般选其作为电极。使用镀膜机热蒸发 Al 片或 Al 丝即可完成制备，通过加入不同的掩模板还能得到不同图案的 Al 电极。

3.3.2 CZTS 的基本性质

Ⅰ-Ⅱ-Ⅲ-Ⅵ族半导体材料 Cu_2ZnSnS_4（CZTS）可以看作Ⅰ-Ⅲ-Ⅵ族化合物 $CuInS_2$ 中三价的 In^{3+} 被二价的 Zn^{2+} 和四价的 Sn^{4+} 替换得到。CZTS 中的部分或全部 S 被 Se 替换，就可以得到 Cu_2ZnSn（S，Se）$_4$（CZTSSe）和 $Cu_2ZnSnSe_4$（CZTSe）化合物。CZTS 晶体中由于 Cu 和 Zn 原子排列的不同，具有锌黄锡矿结构（kesterite）和黄锡矿结构（stannite），这两种晶体结构差别不大，都属于四方晶系，通过理论计算，目前认为锌黄锡矿结构的 CZTS 形成能更低，因而锌黄锡矿结构更稳定，如图 3.6 所示。此外，在低于 300℃ 的环境下，还可能得到 CZTSSe 化合物的亚稳相态的化合物，比如立方相和六方相结构的 CZTSSe 材料。当温度大于等于 350℃ 的时候，立方相和六方相的亚稳结构将向稳定的四方相转化[47,48]。

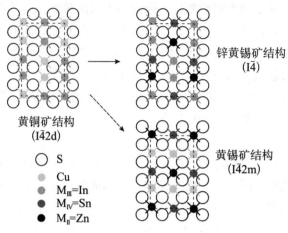

图 3.6   CZTS 化合物的结构特征[47]

3.3.3   CZTSSe 的制备方法

由于 CZTSSe 太阳电池效率的快速提升，大量的课题组投入到 CZTSSe 太阳电池的研究中，各种各样的方法被用来制备 CZTSSe 的吸收层材料。新的方法不断地被应用和优化，使得 CZTSSe 太阳电池的光电转换效率进一步得到提高。制备 CZTSSe 的方法主要分为物理法和化学法两大类，物理法包括磁控溅射沉积法、脉冲激光溅射沉积法、热蒸发沉积法等，化学法包括纳米颗粒法、溶液法、电沉积法等[49-64]。

1）磁控溅射沉积法

磁控溅射沉积法是一类广泛应用于半导体工业制备高质量半导体薄膜的高真空物理沉积薄膜的方法。磁控溅射方法应用于 CZTSSe 薄膜制备的历史可以追随到 1988 年，K. Ito 和 T. Nakazawa 等利用原子束溅射法在预先加热的衬底上首次制备出具有（112）取向的 CZTS 薄膜，并证明了 CZTS 是直接带隙的 p 型半导体，带隙 1.45eV，可见光范围吸收系数达到 $1 \times 10^4 cm^{-1}$。制备了光伏器件，衬底选择为不锈钢，利用 Cd-Sn-O 作为窗口层，得到的电池器件开路电压 V_{oc} 为 165mV。2003 年，J. S. Seol 等利用 RF 磁控溅射法，在一个不加热的衬底上沉积出 CZTS 前驱体薄膜，之后再在 Ar 气氛保护下加入硫粉退火，得到具有 KS 结构的 CZTS 多晶薄膜，且随着温度的升高，薄膜表现出（112）取向。测试计算得到吸收系数为 $1 \times 10^4 cm^{-1}$，光学带隙为 1.51eV。2005 年，T. Tanaka 等利用多元混合溅射法，成功制备出 CZTS 前驱体薄膜，并在硫气氛下退火得到多晶 p 型半导体 CZTS 薄膜。随后，Momose 等报道了基于 SLG/Mo/CZTS/CdS/In$_2$O$_3$

电池结构制备的电池器件，光电转换效率达 3.7%，其中 CZTS 吸收层采用在硫气氛下退火由多个单元靶材共溅射法得到前驱膜。电池开路电压 $V_{oc}=425\text{mV}$，短路电流密度 $J_{sc}=16.5\text{mA}\cdot\text{cm}^{-2}$，填充因子为 53%。2008 年，H. Katagiri 等利用三元 Cu、SnS、ZnS 共溅射法沉积得到 CZTS 薄膜，通过利用将所得 CZTS 薄膜泡入去离子水中去除薄膜表面氧化物，将进一步得到基于 CZTS 薄膜太阳电池光电转换效率提升超过 6.7%。2013 年，G. Brammertz 等通过溅射 Cu10Sn90，Zn 和 Cu 多层结构前驱膜后硒化制备出高质量的 CZTSSe 薄膜，得到基于 CZTSSe 薄膜太阳电池光电转换效率 1cm² 下超过 9.7%（$V_{oc}=408\text{mV}$，$J_{sc}=38.9\text{mA}\cdot\text{cm}^{-2}$，$FF=61.4\%$）。

　　当然还有很多课题组研究并报道了基于磁控溅射方法制备 CZTSSe，磁控溅射沉积薄膜具有薄膜致密性高、均匀性好、实验重复性高等多种优点，但是也存在实验设备需要高真空、溅射靶材利用率低、生产制备成本较高等不利缺点，制约着该方法在工业领域内的大规模大面积生产。

　　2）脉冲激光溅射沉积法（PLD）

　　脉冲激光溅射沉积是一种利用激光对物体进行轰击，然后将轰击出来的物质沉淀在不同的衬底上，得到沉淀或者薄膜的一种手段。PLD 可以沉积大部分材料形成薄膜，衬底选择较为广泛，沉积甚至可以在常温下进行。PLD 方法有其自身的优点，比如较高的沉积速率、相对简单容易的传质过程、反应过程以及自身的简便性、重复性高等。2006 年，Sekiguchi 等第一次报道了利用 PLD 在 GaP 上外延生长 CZTS 薄膜。2007 年，Moriya 等首次报道了基于 PLD 法制备 CZTS 薄膜太阳电池器件，所得 CZTS 薄膜太阳电池器件，光电转换效率为 1.74%，开路电压 $V_{oc}=546\text{mV}$，短路电流密度 $J_{sc}=6.78\text{mA}\cdot\text{cm}^{-2}$，填充因子 $FF=48\%$。到目前为止，基于 PLD-CZTS 薄膜太阳电池的最高光电转换效率只有 5.85%。

　　受限于设备、制备成本，与其他方法相比较，制备所得 CZTS 薄膜太阳电池光电转换效率低，难以大面积制备，不适合工业级放大生长，仅限于实验室基础研究。

　　3）热蒸发沉积法

　　热蒸发沉积在薄膜太阳电池制备领域是一个非常成熟且高效的制备方法。1997 年，Katagiri 等首次报道了基于连续热蒸发 Zn/Sn/Cu 制备 CZTS 前驱体薄膜，随后在 S 气氛下硫化得到 CZTS 吸收层薄膜。所得电池器件光电转换效率为 0.66%，开路电压为 400mV，短路电流密度 $J_{sc}=6\text{mA}\cdot\text{cm}^{-2}$。在 2000 年，相同课题组，Katai 等利用连续蒸发 ZnS、Sn、Cu 制备出前驱体 CZTS 薄膜，并在 N_2+H_2S（5%）气氛下硫化退火得到多晶 CZTS 薄膜，得到了 2.62% 的光电转换效率的电池器件，其中，开路电压高达 735mV。虽然电压很高，但是其受限于电流较小，光电转换效率依然较低。直到 2010 年，K. Wang 等利用在一个加热的衬底上连续热蒸发 Cu，Zn，Sn 和 S 源，然后在一个加热板上直接 540℃加热 15min 得到高质量多晶 CZTS 薄膜，光电转换效率达到 6.8%（V_{oc} = 587mV，J_{sc} = 17.8mA·cm^{-2}，FF = 65%）。2012 年，I. Repins 等基于四元热蒸的方法的 CZTSe 薄膜太阳电池光电转换效率更是超过了 9.15%（V_{oc} = 0.377V，J_{sc} = 37.4mA·cm^{-2}，FF = 64.9%）。他们在镀钼的钠钙玻璃上通过电子束蒸发沉积了 NaF，同时优化了金属的蒸发速率和组成比例，显著地提高了电池的短路电流密度、开路电压和填充因子，因而使电池光电转换效率得到提高。

热蒸发、电子束蒸发、激光或者是磁控溅射等手段，与共蒸发/共溅射前体元素来获得理想剂量比的 CZTSSe 薄膜的技术有一些共同的缺点，如设备要求高、成本高、产量低等，特别地，制备过程中各元素成分比例的难以精确控制将导致二次相的形成，严重影响 CZTSSe 晶体质量和降低 CZTSSe 薄膜太阳电池的光电转换效率。为了克服这些缺点，提高 CZTSSe 薄膜太阳电池的光电转换效率，许多研究组使用化学方法制备 CZTSSe。

4）纳米颗粒法

纳米颗粒法是先在溶液中制备出 CZTS 纳米颗粒，再利用旋涂等方法涂覆成薄膜，在一定气氛下退火得到 CZTS 多晶薄膜。2009 年，美国的 Korgel 课题组和 Agrawal 课题组首次对 CZTS 纳米晶的合成及 CZTS 纳米晶在太阳电池中的应用进行了研究，分别获得了 0.23% 和 0.74% 的光电转换效率。2010 年，Guo 等报道了使用 CZTS 纳米晶制备的光电转换效率为 7.2% 的 CZTSSe 太阳电池。首先使用热注入方法制备 CZTS 纳米晶，将制备的 CZTS 纳米晶涂覆到镀钼的钠钙玻璃上，得到 1μm 厚，致密、均一的 CZTS 薄膜，再通过在硒气氛下 500℃保持 20min，得到由大晶粒致密堆叠的 CZTSSe 薄膜，其化学组成是 Cu/(Zn+Sn) 为 0.8，Zn/Sn 为 1.11。最后将得到的 CZTSSe 薄膜制成电池，电池的光电转换效率达到 7.2%。

尽管纳米晶溶液法在制备高光电转换效率 CZTSSe 太阳电池中取得了很大的成功，但是目前高质量 CZTSSe 纳米粒子的合成过程非常复杂，合成过程中需要大量的溶剂，同时纳米晶的产量也相对较低，在制备 CZTSSe 薄膜的过程中还需要利用硫醇等低沸点的溶剂来交换 CZTSSe 纳米晶表面吸附的高沸点的油胺，因此纳米晶溶液法面临着制备复杂和合成成本高的困难。

5）溶液法

溶液法是一种廉价、适用于工业规模化生产的一种非真空薄膜生产方法。该方法包括三个步骤：首先，制备含有目标离子的前驱体纯溶液或者前驱体颗粒混合溶液；然后，将前驱体溶液通过旋涂等方法涂抹在基底上形成薄膜层；最后，在不同温度和气氛下进行退火处理得到 CZTSSe 薄膜。该方法的优势在于其与工业常用的加工方法兼容性好,利于工厂设备生产和控制。根据溶剂的不同可以分为肼基溶液法和非肼溶液法。

目前转换效率最高的 CZTS 基薄膜太阳电池是用肼溶液法制备得到的,其转换效率为 12.6%。使用肼作溶剂是因为它能够溶解多种金属硫族化合物,另外溶剂中不含碳,有效地避免了分子前驱体溶液法和纳米墨水法等非真空工艺中有机溶剂在薄膜中的碳残留问题。2010 年 Mitzi 研究组应用这种方法制备了标准器件结构电池,其转换效率达到 9.7%,2012 年达到 11.1%。之后使用了美国加州大学洛杉矶分校 Yang 课题组改进的肼溶液法,解决了真溶液和纳米晶共混导致的成膜差的技术难题。将组成元素计量比是贫铜和富锌(Cu/(Zn+Sn) 为 0.8 和 Zn/Sn 为 1.1)的肼溶液在镀钼的钠钙玻璃基底上涂覆多层,500℃ 以上(如 540℃ 左右)热处理即可得到晶粒尺寸大、致密、贯穿的 CZTSSe 薄膜。

尽管肼基溶液法获得了高转换效率的 CZTSSe 薄膜太阳电池,但肼的高毒性和高危险性使得肼基溶液法在工业化生产中面临着巨大的困难。许多研究人员都致力于寻找非肼溶液法来获得高光电转换效率的 CZTSSe 电池。

2011 年,Hillhouse 课题组利用氯化铜、氯化锌和氯化锡,以二甲基亚砜为溶剂,硫脲为配体,成功地制备出了光电转换效率为 4.1% 的 CZTSSe 太阳电池[27],2014 年,Hillhouse 课题组通过优化前驱体溶液和预制膜的制备以及硒化条件,将电池的效率提高到了 8.3%。特别地,他们发现金属盐在溶解过程中,铜离子和锡离子之间能够发生氧化还原反应,其中二价铜能够被还原为一价,而二价锡能够氧化为四价。2015 年,Hillhouse 课题组通过在金属前驱体溶液中掺杂 Li,提高了 CZTSSe 吸收层的晶体质量,将 CZTSSe 太阳电池的光电转换效率进一步提高为 11.8%,与 IBM 报道的肼基溶液法制备的 12.6% 的世界纪录已经十分接近。

使用溶液法制备 CZTS 薄膜,溶液的选择是非常关键的。首先,溶液应具有合适的黏性,否则难以使溶液在衬底上铺展均匀;其次所有的溶质必须完全溶解,否则很难沉积平整的前驱体薄膜;最后溶液中应添加稳定剂,保证溶液内组分均匀、稳定。溶液法的原料成本低廉、薄膜中的化学组分可控、制备过程简单,所以该方法有很好的发展前景。

6)电沉积法

电沉积法是目前有希望低成本大面积制备 CZTS 薄膜太阳电池的方法之一。它有以下几个优点:①可以制备高质量的前驱体薄膜;②整个沉积所需设备简单,过程容易控制,成本低廉;③所需原料价格低,储量丰富;④几乎可以在任意形状的衬底上沉积薄膜。电沉积法已经广泛运用于半导体、金属等薄膜的制备。自 2008 年,J. J. Scragg 等第一次采用叠层电沉积 Zn/Sn/Cu/Mo 前驱体,随后在 S 气氛下硫化退火得到 CZTS 薄膜，但基于该方法的 CZTS 薄膜太阳电池光电转换效率仅为 0.8%，主要是由于薄膜质量较差存在孔洞且 XRD 物相分析存在 SnS_2 杂相导致其光电转换效率过低。2009 年，Ennaoui 等利用 S 气氛下硫化退火电沉积得到的 Cu-Zn-Sn 前驱体薄膜制备较高质量的 CZTS 薄膜，电池器件光电转换效率达到 3.4%。Araki 等利用一步法电沉积在 Mo 衬底上沉积出 Cu-Zn-Sn 前驱体薄膜，然后通过在 S 气氛下退火得到 CZTS 薄膜，得到 3.16% 电池器件光电转换效率。2012 年，Ahlned 等利用叠层电沉积的方法连续制备出 Cu/Zn/Sn 和 Cu/Sn/Zn 两种叠层，先在低温（210～350℃）下形成金属合金相（Cu-Zn，Cu-Sn），随后在 S 气氛下进行硫化。之后制备了相应的薄膜太阳电池，其光电转换效率超过了 7.3%，这是电沉积法得到的最高效率。

3.3.4 CZTSSe 薄膜太阳电池的发展前景

相比于 CdTe 和 CIGSSe 薄膜太阳电池，CZTSSe 电池具有好的吸光系数，且不含有毒元素，组成元素在地壳中含量丰富，其作为光伏技术新的研究热点，需要进一步提高光电转换效率，成为新能源的重要组成部分。可以通过元素掺杂的手段来提升 CZTSSe 吸收层的光学和电学性能，抑制吸收层中的不良缺陷，解决 CZTSSe 的电压损耗的问题，进而提高 CZTSSe 太阳电池的效率。还可以进一步优化表面和界面性能，考察 pn 结界面对电池开路电压和电池效率的影响。通过理论和实验模拟相结合的手段，以及优化器件结构和 pn 结界面质量来提高 CZTSSe 太阳电池的效率。同时提高背电极的欧姆接触和界面性能。

3.4 Sb_2Se_3 薄膜太阳电池

硒化锑（Sb_2Se_3）作为最近发展起来的新型薄膜太阳电池材料，除了具有传统薄膜太阳电池材料的优势，还具独特优势。

（1）原材料绿色无毒，广泛用于日常生活中，如锑白（三氧化二锑）是搪瓷、油漆的白色颜料和阻燃剂的重要原料。

（2）元素储量丰富，Sb、Se 在地壳中的元素丰度分别 0.2ppm 和 0.05ppm，都高于铟的 0.049ppm、碲的 0.005ppm[①]，可满足几百 GW 的太阳电池生产的需求，另外，我国具有丰富的锑矿资源，中国产业信息网发布的《2015—2022 年中国金属锑市场调查与产业投资分析报告》显示，中国锑的储量、产量、出口量在世界上均占第一位，中国锑产量约占全球总产量的 84.3%，我国发展 Sb_2Se_3

---

① 1ppm＝1mg · kg^{-1}。

太阳电池独具资源优势。

（3）价格低廉，Sb、Se 的价格分别为 5 万元/吨和 22 万元/吨，低于 In 的 130 万元/吨，Te 的 36 万元/吨。

（4）二元单相，易于制备。

（5）晶化温度低（300℃），易于采用塑料基底柔性化制备。

（6）结构独特，硒化锑是一种带状材料，由许多一维纳米带通过范德瓦耳斯力堆积而成，各纳米带之间无晶界缺陷。

鉴于 Sb_2Se_3 在光伏方面表现出的优异特性，Sb_2Se_3 太阳电池已经成为光伏领域的研究热点之一，并逐渐被广泛研究[65-68]。

硒化锑是一种简单的二元化合物，并且常温常压下只有正交相一种，这就使得制备其纯相变得非常简单。相比起复杂的多元化合物（如铜铟镓硒或者铜锌锡硫），硒化锑在制备时可以有效地避免杂相的生成，同时也没有像在铜锌锡硫中对组分的严格要求。同时根据英国地质调查局的报告，中国是世界上锑产量最大的国家，我国的锑产量约占了全球的 88.9%，远远超出了其他国家，这就使得国内锑金属的价格将非常低廉，为中国获得一种独立的能源转换材料提供了可能。

3.4.1　Sb_2Se_3 薄膜太阳电池的结构

对于硒化锑的薄膜太阳电池，常用于薄膜太阳电池的两种结构都有应用。图 3.7 是两种薄膜太阳电池的结构示意图，（a）图通常为铜铟镓硒薄膜太阳电池的结构示意图，通常在衬底上沉积一层 Mo 金属作为背电极，随后在背电极上制备一层大约 2μm 厚的吸收层（硒化锑），再在吸收层之上制备缓冲层（硫化镉或者硫化锌），一般非常薄，随后再沉积高阻的本征氧化锌和导电氧化物层（掺铝氧化锌）作为窗口层，最后制备顶部金属栅极收集载流子。

图 3.7（b）为常用的碲化镉薄膜太阳电池的结构，这种结构与铜铟镓硒薄

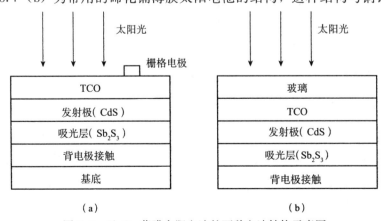

图 3.7　Sb_2Se_3 薄膜太阳电池的两种电池结构示意图

膜太阳电池结构在入射太阳光时相反，太阳光线不再从顶部栅极入射到薄膜电池，而是从衬底方向入射到电池。首先在衬底上制备有前电极材料，一般是透明导电氧化物（TCO），例如 SnO_2：F（FTO）或者 In_2O_3：Sn（ITO），等等，然后在 TCO 层上制备窗口层，这里一般也是利用硫化镉，然后在窗口层上制备硒化锑吸收层，最后再制备背电极。

3.4.2 Sb_2Se_3 的基本性质

Sb_2Se_3 是一种无机化合物半导体材料，密度为 $5.84g \cdot cm^{-3}$，可以在自然界以硒锑矿形式存在。其晶体结构属于正交晶系，空间群为 P-nma62，晶格常数分别为 $a=11.6330\text{Å}$，$b=11.7800\text{Å}$，$c=3.9850\text{Å}$，原胞体积为 $0.524nm^3$。硒化锑是一种带状材料，由许多一维的纳米带通过范德瓦耳斯力堆积而成，如图 3.8 所示。

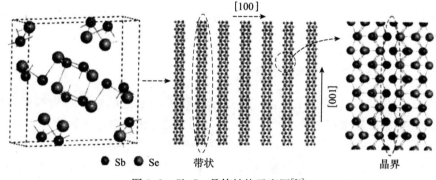

图 3.8 Sb_2Se_3 晶体结构示意图[70]

硒化锑的光学性质比较有趣，早期的报道中认为这是一个直接带隙半导体，带隙在 1.12eV 左右。但实际随着对硒化锑研究的深入，人们发现这是一个间接带隙半导体。硒化锑的间接和直接带隙分别为 1.17eV 和 1.03eV。这样大小的带隙对于光伏器件来说是很合适的，通过 Shockley-Queisser 理论计算，在 Sb_2Se_3 的带隙大小下制备的单结太阳电池的转化效率可以超过 30%[69-71]。

3.4.3 Sb_2Se_3 的制备方法

目前，已报道的制备 Sb_2Se_3 薄膜方法大致可以归为非真空法和真空法两类，非真空法主要指在大气环境下通过溶液法将前驱物涂覆或沉积在衬底上成膜。真空法主要是指在真空环境下，利用高温或高能粒子轰击所引起的物质蒸发或高能电子、离子、光子等的能量所造成的靶（源）物质溅射，或者前驱体的分解和化合，在衬底上形成所需要的薄膜[72-86]。

3.4.3.1　非真空法

1）化学水浴沉积（CBD）

化学水浴法是一种常见的用于制备硫族金属化合物薄膜的方法，该方法一般要满足：所制备的化合物在溶液中相对不溶或难溶，反应需要的离子至少一种要缓慢释放以保证稳定在基底上成膜。大家熟知，高效的 CIGS/CdS 和 CdTe/CdS 电池缓冲层都是采用 CBD 沉积，该方法具有设备容易搭建、成本低廉，工艺简单、重复性好的优点，因而被广泛采用。Nair 课题组于 2005 采用 CBD 法在玻璃基底上沉积了 Sb_2Se_3 薄膜，其中含有锑的氧化物，通过后续 Se 氛围下 573K 退火得到较为纯净的 Sb_2Se_3 薄膜（仍含有少量的 Sb_2O_3），通过吸收光谱测得为直接带隙，禁带宽度为 1.0～1.2eV。2013 年 Maghraoui-Meherzi 等采用改进的 CBD 方法合成了 Sb_2Se_3 薄膜，50℃沉积 60min，膜厚大约 0.3μm，透过吸收测试表明是间接带隙材料，测得禁带宽度为 1.16eV。

2）电化学沉积

电化学沉积是指在溶液中通过电化学反应在电极表面形成沉积物（金属、合金或化合物）。电化学沉积工艺是一种设备简单，既可以进行实验室阶段的研究，也可以拓展至商业化大规模应用的方法，具有低成本，高沉积速率，适合于大面积、连续化、多组元和低温沉积的优势。根据电极在电沉积中所起的作用，电沉积可以分为阴极还原电沉积和阳极氧化电沉积，而金属硒化物半导体薄膜常采用阴极共沉积方式制备。电解液配方以及沉积工艺对薄膜质量均有决定性的影响。1999 年和 2011 年，A. P. Torane 等分别采用水溶液和非水溶液法制备出非晶的 Sb_2Se_3 薄膜，在氮气保护氛围下 200℃退火 1h 即可得到结晶的薄膜，紫外可见吸收光谱测试表明其禁带宽度为 1.19eV；中南大学的赖延育课题组采用电沉积方法在 SnO 基底上沉积了 Sb_2Se_3 薄膜（非晶态），在 300℃退火 3min，得到形貌规整、结晶质量高的 Sb_2Se_3 薄膜。薄膜呈现 p 型导电性，可见光区的光吸收系数大于 $10^5 cm^{-1}$，光学禁带宽度为 1.05eV，薄膜有明显的光响应。但是由于电沉积法存在废液污染环境和规模生产时工艺重复性差，容易在制备中产生其他杂质相，废液回收处置等问题，其进一步发展受到了很大的限制。

3）喷雾热解法

喷雾热解法是先以水、乙醇或其他溶剂将反应原料按一定的摩尔比例配成溶液，然后通过喷雾装置将溶液雾化井喷向加热的衬底，浆料随着溶剂挥发，溶质在衬底上发生热分解反应从而形成薄膜。Rajpure 等将 $SbCl_3$ 和 SeO_2 溶入乙酸和甲醛的混合溶液中，按 Sb 与 Se 原子为 2∶3 配料。基底温度控制在 100～200℃。制备出薄膜电阻率在 $10^6 \sim 10^7 \Omega \cdot cm^{-1}$ 量级，通过变温电导测出的活化能为 0.52eV，表明缺陷为存在深缺陷能级。

4）旋涂法

旋涂法制备一般分为三个阶段：先配制浆料，然后旋涂浆料成膜，最后将薄膜进行后处理（不同气氛退火或表面处理）。Sb-Se 浆料的配制与热喷涂类似，周英等采用的肼基浆料配方相对简单，直接将单质 Se 和 Sb 按一定比例（摩尔比为 3.5：1 左右）溶入适量肼溶液中不断搅拌得到均一澄清的黄色浆料，Se 和 Sb 的比例一定要适中，太大再次旋涂时容易溶膜，太小使 Sb 溶解不完全。接着是旋转甩膜，可根据溶胶浓度、旋转速度、旋转时间以及旋涂次数来控制膜厚；转速一般在 500～3000rad · min^{-1} 选择。旋涂成膜之后先是通过烘烤以去除溶剂，一般被称为预处理（soft bake）；最后提高退火温度使薄膜结晶化，一般被称为后处理（final bake）。预处理温度一般为 100～200℃，后处理温度一般为 200～300℃。

3.4.3.2 真空法

1）脉冲激光沉积法（PLD）

脉冲激光沉积法制备薄膜是近些年发展的制备方法，目前研究的相对较少。影响 PLD 成膜质量的主要参数包括脉冲能量、脉冲频率、靶材与衬底之间距离、衬底温度，其中激光能量和衬底温度对薄膜的结晶质量最为关键。

2）热蒸发法（RE）

热蒸发法是将金属或金属化合物置于真空室内，在真空条件下，通过对固体材料加热使其蒸发气化或升华，挥发出来的气体原子、分子或团簇能自由地吸附到加工好的基板材料上逐渐形成薄膜的一种物理沉积方法。蒸发成膜一般分为凝结过程、核形成与生长过程、岛形成与结合生长过程四个过程，每个过程都会对薄膜生长产生决定性的影响。这些过程受控于腔室的真空度、加热源的温度、薄膜材料的固态或液态的饱和蒸气压、基片的种类和基片的温度的影响。根据真空度不同可以将热蒸发分为高真空成膜和低真空成膜，真空度越高，其分子或团簇平均自由程越长，薄膜沉积到基片动能相对较大，薄膜的附着力强。一般加热源温度主要由不同材料的熔点确定，其次是其平衡蒸气压。熔点越低、饱和蒸气压越大的材料，对蒸发源温度要求越低，越容易蒸发成膜。硒化锑的熔点低（618℃），易升华，非常适合用热蒸发法成膜。刘新胜等利用热蒸发法制备了 Sb$_2$Se$_3$ 薄膜，再在其上化学水浴沉积 CdS 层，然后磁控溅射 ZnO 和 ZnO：Al 层，构建了 CIGS 结构的 Sb$_2$Se$_3$ 太阳电池。在前期热蒸发工艺摸索中发现 FTO 基底为室温时制备的 Sb$_2$Se$_3$ 薄膜晶粒较大且表面平整，但与 FTO 基底表面存在明显的空隙，从而导致制备电池的过程中出现脱膜、电池短路等问题；当基底温度升高至 290℃时，Sb$_2$Se$_3$ 薄膜晶粒变小且表面粗糙度增加，但与 FTO 基底有更好的结合力，最终使用该工艺进行 Sb$_2$Se$_3$ 薄膜制备及对应的薄膜太阳电池，取得了

2.1%的转化效率。

3.4.4 Sb₂Se₃薄膜太阳电池的发展

Sb₂Se₃材料成本低廉，原料储量丰富，绿色低毒；物相简单，在常温常压下只有一种正交相；禁带宽度合适（约 1.15eV），理论光电转换效率可达 30%以上；吸收系数大（>10⁵ cm⁻¹），结晶温度低（300～400℃），非常适合于制作新型低成本低毒的薄膜太阳电池。目前已报道了通过溶液法和真空法制备的顶衬和底衬结构的 Sb₂Se₃薄膜太阳电池，其中热蒸发法制备的 CdS/Sb₂Se₃顶衬结构太阳电池已达 6.1%的转换效率，进展迅速。因此 Sb₂Se₃的材料特性使其非常希望制备高效率、低成本、无毒、稳定的新型太阳电池，具有极好的应用前景。然而太阳电池是一个复杂系统，存在对入射光的吸收与反射、载流子的产生与分离、电子与空穴的输运与收集等器件物理问题；存在异质界面的晶格匹配和离子扩散、器件各层之间的热力学和机械性能的兼容性等材料相关问题。因此，必须通过材料质量、器件结构和功能层间界面的系统研究和协同优化来进一步提高Sb₂Se₃薄膜太阳电池光电转换效。相信随着上述工作的深入开展，Sb₂Se₃器件效率势必会得到进一步提升，成为一个新的研究热点，从而开辟一个全新的薄膜太阳电池研究体系。

参 考 文 献

[1] Green M. Third generation photovoltaics: advanced solar energy conversion. Springer Science & Business Media，2004：2-4.

[2] Chu T L，Chu S S. Recent progress in thin-film cadmium telluride solar cells. Progress in Photovoltaics：Research and Applications，1993，1（1）：31-42.

[3] Meyers P V，Albright S P. Technical and economic opportunities for CdTe PV at the tum of the millennium. Progress in Photovoltaics：Research and Applications，2000，8（1）：161-169.

[4] Bonnet D. Cadmium telluride solar cells. Clean Electricity from Photovoltaics，2001：245-269.

[5] Agostinelli G. Bazner D L，Burgelman M. A theoretical model for the front region of cadmium telluride solar cells. Thin Solid Films，2003，431：407-411.

[6] Chu T L，Chu S S，Britt J，et al. 14.6% efficient thin-film cadmium telluride heterojuiction solar cells. Electron Device Letters IEEE，1992，13（5）：303-304.

[7] Bonnet D，Meyers P. Cadmium-telluride material for thin film solar cells. Journal of Materials Research，1998，13（10）：2740-2753.

[8] Fahrcnbruch A L. Ohmic contacts and doping of CdTe. Solar Cells，1987，21（1）：

399-412.

[9] Mathew X, Arizmendi J R, Campos J, et al. Shallow levels in the band gap of CdTe films deposited on metallic substrate. Solar Energy Materials and Solar Cells, 2001, 70 (3): 379-393.

[10] Panicker M P R, Knaster M, Kroger F A. Cathodic deposition of CdTe from aqueous electrolytes. J. Electrochem. Soc., 1978, 125: 566-572.

[11] Rami M, Benamar E, Fahoume M, et al. Formation of CdTe by elecrodeposition: thermodynamic aspect. Ann. Chim. Sci. Mat., 1998, 23: 365-368.

[12] Potter M D G, Halliday D P, Cousin M, et al. A study of the effects of varying cadmium chloride treatment on the luminescent properties of CdTe/CdS thin film solar cells. Thin Solid Films, 2000, 63: 325-334.

[13] Krishna K V, Dutta V. Effect of in site $CdCl_2$ treatment on spray deposited CdTe/CdS heterostructure. J. Appl. Phys., 2004, 96: 3962-3971.

[14] Bai Z Z, Wang D L. Oxidation of CdTe thin film in air coated with and without $CdCl_2$ layer. Phys. Status. Solidi A, 2012, 10: 1982-1987.

[15] Islam M A, Hossain M S, Aliyu M M, et al. Effect of $CdCl_2$ treatment on structural andelectric property of CdTe thin films deposited by magnetron sputtering. Thin Solid Films, 2013, 546: 367-374.

[16] Mazzamuto S, Vailant L, Bosio A, et al. A study of the CdTe treatment with a Feron gas such as CHF_2Cl. Thin Solid Films, 2008, 16: 7079-7083.

[17] Peter L M, Wang R L. Channel flow cell electrodeposition of CdTe for solar cells. Electrochem. Commun., 1999, 1: 554-558.

[18] Rami M, Benamar E, Fahoume M, et al. Effect of heat-treatment with $CdCl_2$ on the electrodeposited CdTe/CdS heterojunctions. Condens. Matter., 2000, 3: 66-70.

[19] Dobson K D, Visoly-Fisher I, Hodes G, et al. Stability of CdTe/CdS thin-film solar cells. Sol. Energy Mater. Sol. Cells, 2000, 62: 295-325.

[20] Han J, Fan C, Spanheimer C, et al. Electrical properties of the CdTe back contact: a new chemically etching process based on nitric acid/acetic acid mixtures. Applied Surface Science, 2010, 256: 5803-5806.

[21] Phillips A B, Khanal R R, Song Z N, et al. Wiring-up carbon single wall nanotubes to polycrystalline inorganic semiconductor thin films: lower-barrier, copper-free back contact to CdTe solar cells. Nano Letters, 2013, 13: 5224-5232.

[22] Chirilo A, Buecheler S, Piane F, et al. Highly efficient $Cu(In,Ga)Se_2$ solar cells grown on flexible polymer films. Nature Materials, 2011, 10: 857-861.

[23] Wuerz R, Eicke A, Kessler F, et al. CIGS thin-film solar cells and modules on enamelled steel substrates. Sol. Energy Mater. Sol. Cells, 2012, 100: 132-137.

[24] Jackson P, Hariskos D, Wuerz R, et al. Properties of Cu (In, Ga) Se_2 solar cells with new record efficiencies up to 21.7%. Physica Status Solidi (RRL) - Rapid Research Let-

ters，2015，9（1）：28-31.

[25] Todorov T K，Gunawan O，Gokmen T，et al. Solution-processed Cu(In,Ga)(S,Se)$_2$ absorber yielding a 15.2% efficient solar cell. Progress in Photovolcaics：Research and Applications，2012，10：1253.

[26] Hibberd C J，Chassaing E，Liu W，et al. Non-vacuum methods for formation of Cu(In,Ga)(Se,S)$_2$ thin film photovoltaic absorbers. Progress in Photovoltaics：Research and Applications，2010，18：44-52.

[27] Uh A R，Fella C，Chirila A，et al. Non-vacuum deposition of Cu(In,Ga)Se$_2$ absorber layers from binder free，alcohol solutions. Progress in Photovoltaics：Research and Applications，2012，20：26-33.

[28] Bhattacharya R N，Hiltner J F，Batchelor W，et al. 15.4% CuIn$_x$Ga$_{1-x}$S-based photovoltaic cells from solution-based precursor films. Thin Solid Films，2000，361-362：396-399.

[29] Bhattachary R N，Oh M K，Kim Y. CIGS-based solar cells prepared from electrodeposited precursor films. Sol. Energy Mater. Sol. Cells，2012，98：198-202.

[30] Kaelin M，Rudmann D，Kurdesau F，et al. Low-cost CIGS solar cells by paste coating and selenization. Thin Solid Films，2005，480-481（3）：486-490.

[31] Hsu C H，Su Y S，Wei S Y，et al. Na-induced efficiency boost for Se-deficient Cu(In,Ga)Se$_2$ solar cells. Progress in Photovoltaics：Research and Applications，2015，23：1621-1629.

[32] Kessler F，Rudmann D. Technological aspects of flexible CIGS solar cells and modules. Solar Energy，2004，77：685-695.

[33] Kessler F，Herrmann D，Powalla M. Approaches to flexible CIGS thin-film solar cells. Thin Solid Films，2005，480：491-498.

[34] Wuerz R，Eicke A，Frankenfeld M，et al. CIGS thin-film solar cells on steel substrates. Thin Solid Films，2009，517：2415-2418.

[35] Wang G，Wang S，Cui Y，et al. A novel and versatile strategy to prepare metal-organic molecular precursor solutions and its application in Cu(In,Ga)(S,Se)$_2$ solar cells. Chem. Mater.，2012，24：3993-3997.

[36] Jackson P，Hariskos D，Wuerz R，et al. Compositional investigation of potassium doped Cu(In,Ga)Se$_2$ solar cells with efficiencies up to 20.8%. Phys. Solidi PRL，2014，8：219-222.

[37] Hossain M A，Tianliang Z，Keat L K，et al. Synthesis of Cu(In,Ga)(S,Se)$_2$ thin films using an aqueous spray-pyrolysis approach，and their solar cell efficiency of 10.5%. J. Mater. Chem. A，2015，3：4147-4154.

[38] Romanyuk Y E，Hagendofer H，Stiicheli P，et al. All solution-processed chalcogenide solar cells -from single functional layers towards a 13.8% efficient CIGS device. Adv. Funct. Mater.，2015，25：12-27.

[39] McLeod S M，Hages C J，Carter N J，et al. Synthesis and characterization of 15% effi-

cient CIGSSe solar cells from nanoparticle inks. Progress in Photovoltaics: Research and Applications, 2015, 23: 1550-1556.

[40] Bob B, Lei B, Chung C H, et al. The development of hydrazine-processed $Cu(In,Ga)(Se,S)_2$ solar cells. Adv. Energy Mater. , 2012, 2: 504-522.

[41] Xie Y, Chen H, Li A, et al. A facile molecular precursor-based $Cu(In,Ga)(S,Se)_2$ solar cell with 8.6% efficiency. J. Mater. Chem. A, 2014, 2: 13237-13240.

[42] Uh A R, Katahara J K, Hillhouse H W. Molecular-ink route to 13.0% efficient low-bandgap $CuIn(S,Se)_2$ and 14.7% efficient $Cu(In,Ga)(S,Se)_2$ solar cells. Energy Environ. Sci. , 2016, 9: 130-134.

[43] Lin X, Klenk R, Wang L, et al. 11.3 % efficient $Cu(In,Ga)(S,Se)_2$ thin film solar cells by drop-on-demand inkjet printing. Energy Environ. Sci. , 2016, 9 (6): 2037-2043.

[44] Polizzotti A, Repins I L, Noufi R, et al. The state and future prospects of kesterite photovoltaics. Energy Environ. Sci. , 2013, 6: 3171-3182.

[45] Jimbo K, Kimura R , Kamimura T, et al. Cu_2ZnSnS_4-type thin film solar cells using abundant materials. Thin Solid Films, 2007, 515 (15): 5997-5999.

[46] Todorov T K, Reuter K B, Mitzi D B. High-efficiency solar cell with earth-abundant liquid-processed absorber. Advanced Materials, 2010, 22 (20): E156-E159.

[47] Barkhouse D A R, Gunawan O, Gokmen T, et al. Device characteristics of a 10.1% hydrazine-processed $Cu_2ZnSn(Se,S)_4$ solar cell. Progress in Photovoltaics: Research and Applications, 2012, 20 (1): 6-11.

[48] Kim J, Hiroi H, Todorov T K, et al. High efficiency $Cu_2ZnSn(S,Se)_4$ solar cells by applying a double In_2S_3/CdS emitter. Advanced Materials, 2014, 26 (44): 7427-7431.

[49] Nitsche R, Sargent D F, Wild P. Crystal growth of quaternary 122464 chalcogenides by iodine vapor transport. Journal of Crystal Growth, 1967, 1 (1): 52-53.

[50] Kentaro I, Tatsuo N. Electrical and optical properties of stannite-type quaternary semiconductor thin films. Japanese Journal of Applied Physics, 1988, 27 (11R): 2094.

[51] Katagiri H, Sasaguchi N, Hando S, et al. Preparation and evaluation of Cu_2ZnSnS_4 thin films by sulfurization of EB evaporated precursors. Sol. Energy Mater. Sol. Cells, 1997, 49 (1-4): 407-414.

[52] Friedlmeier T M, Wieser N, Walter T, et al. Schock, heterojunctions based on Cu_2ZnSnS_4 and $Cu_2ZnSnSe_4$ thin films//Proceedings of the 14th European PVSEC and Exhibition, 1997, P4B: 10.

[53] Mitzi D B, Gunawan O, Todorov T K, et al. The path towards a high-performance solution-processed kesterite solar cell. Sol. Energy Mater. Sol. Cells, 2011, 95 (6): 1421-1436.

[54] Song X, Ji X, Li M, et al. A review on development prospect of CZTS based thin film solar cells. International Journal of Photoenergy, 2014, 2014 (1): 1-11.

[55] Chen S, Gong X, Walsh A, et al. Crystal and electronic band structure of Cu_2ZnSnX_4

(X= S and Se) photovoltaic absorbers: first-principles insights. Applied Physics Letters, 2009, 94 (4): 41903.

[56] Redinger A, Berg D M, Dale P J, et al. The consequences of kesterite equilibria for efficient solar cells. Journal of the American Chemical Society, 2011, 133 (10): 3320-3323.

[57] Fairbrother A, García-Hemme E, Izquierdo-Roca V, et al. Development of a selective chemical etch to improve the conversion efficiency of Zn-rich Cu_2ZnSnS_4 solar cells. Journal of the American Chemical Society, 2012, 134 (19): 8018-8021.

[58] Zhou H, Song T B, Hsu W C, et al. Rational defect passivation of $Cu_2ZnSn(S,Se)_4$ photovoltaics with solution-processed Cu_2ZnSnS_4: Na nanocrystals. Journal of the American Chemical Society, 2013, 135 (43): 15998-16001.

[59] Ford G M, Guo Q, Agrawal R, et al. Earth abundant element $Cu_2Zn(Sn_{1-x}Ge_x)S_4$ nanocrystals for tunable band gap solar cells: 6.8% efficient device fabrication. Chemistry of Materials, 2011, 23 (10): 2626-2629.

[60] Wu W, Cao Y, Caspar J V, et al. Studies of the fine-grain sub-layer in the printed CZTSSe photovoltaic devices. Journal of Materials Chemistry C, 2014, 2 (19): 3777-3781.

[61] Werner M, Keller D, Haass S G, et al. Enhanced carrier collection from CdS passivated grains in solution-processed $Cu_2ZnSn(S,Se)_4$ solar cells. ACS Applied Materials & Interfaces, 2015, 7 (22): 12141-12146.

[62] Barkhouse D A R, Haight R, Sakai N, et al. Cd-free buffer layer materials on $Cu_2ZnSn(S_xSe_{1-x})_4$: band alignments with ZnO, ZnS, and In_2S_3. Applied Physics Letters, 2012, 100 (19): 193904.

[63] Haight R, Barkhouse A, Gunawan O, et al. Band alignment at the $Cu_2ZnSn(S_xSe_{1-x})_4$/CdS interface. Applied Physics Letters, 2011, 98 (25): 253502.

[64] Malmström J, Schleussner S, Stolt L. Enhanced back reflectance and quantum efficiency in $Cu(In,Ga)Se_2$ thin film solar cells with a ZrN back reflector. Applied Physics Letters, 2004, 85 (13): 2634-2636.

[65] Vadapoo R, Krishnan S, Yilmaz H, et al. Self-standing nanoribbons of antimony selenide and antimony sulfide with well-defined size and band gap. Nanotechnology, 2011, 22 (17): 175705.

[66] Chen C, Li W, Zhou Y, et al. Optical properties of amorphous and polycrystalline Sb_2Se_3 thin films prepared by thermal evaporation. Applied Physics Letters, 2015, 107 (4): 043905.

[67] Ghosh G. The Sb-Se (antimony-selenium) system. Journal of Phase Equilibria, 1993, 14 (6): 753-763.

[68] Maghraoui-Meherzi H, Ben Nasr T, Dachraoui M. Synthesis, structure and optical properties of Sb_2Se_3. Materials Science in Semiconductor Processing, 2013, 16 (1): 179-184.

[69] Torane A P, Rajpure K Y, Bhosale C H. Preparation and characterization of electrodeposited Sb_2Se_3 thin films. Materials Chemistry and Physics, 1999, 61 (3): 219-222.

[70] Choi Y C, Mandal T N, Yang W S, et al. Sb_2Se_3-sensitized inorganic-organic heterojunction solar cells fabricated using a single-source precursor. Angewandte Chemie International Edition, 2014, 53 (5): 1329-1333.

[71] Rajpure K, Lokhande C, Bhosale C. A comparative study of the properties of spray-deposited Sb_2Se_3 thin films prepared from aqueous and nonaqueous media. Materials Research Bulletin, 1999, 34 (7): 1079-1087.

[72] Zhang Y, Li G, Zhang B, et al. Synthesis and characterization of hollow Sb_2Se_3 nanospheres. Materials Letters, 2004, 58 (17): 2279-2282.

[73] Mehta R J, Karthik C, Jiang W, et al. High electrical conductivity antimony selenide nanocrystals and assemblies. Nano Letters, 2010, 10 (11): 4417-4422.

[74] Jin R, Liu Z, Yang L, et al. Facile synthesis of sulfur doped Sb_2Se_3 nanosheets with enhanced electrochemical performance. Journal of Alloys and Compounds, 2013, 579: 209-217.

[75] Patrick C E, Giustino F. Structural and electronic properties of semiconductor-sensitized solar-cell interfaces. Advanced Functional Materials, 2011, 21 (24): 4663-4667.

[76] Ma J, Wang Y, Wang Y, et al. Controlled synthesis of one-dimensional Sb_2Se_3 nanostructures and their electrochemical properties. The Journal of Physical Chemistry C, 2009, 113 (31): 13588-13592.

[77] Li J, Wang B, Liu F, et al. Preparation and characterization of Bi-doped antimony selenide thin films by electrodeposition. Electrochimica Acta, 2011, 56 (24): 8597-8602.

[78] Zhang S S, Song J M, Niu H L, et al. Facile synthesis of antimony selenide with lamellar nanostructures and their efficient catalysis for the hydrogenation of p-nitrophenol. Journal of Alloys and Compounds, 2014, 585: 40-47.

[79] Yu Y, Wang R H, Chen Q, et al. High-quality ultralong Sb_2Se_3 and Sb_2S_3 nanoribbons on a large scale via a simple chemical route. The Journal of Physical Chemistry B, 2006, 110 (27): 13415-13419.

[80] Zhou Y, Leng M, Xia Z, et al. Solutions-processed antimony selenide heterojunction solar cells. Advanced Energy Materials, 2014, 4 (8): 201301846.

[81] Leng M, Luo M, Chen C, et al. Selenization of Sb_2Se_3 absorber layer: an efficient step to improve device performance of CdS/Sb_2Se_3 solar cells. Applied Physics Letters, 2014, 105 (8): 083905.

[82] Zhou Y, Wang L, Chen S, et al. Thin-film Sb_2Se_3 photovoltaics with oriented one-dimensional ribbons and benign grain boundaries. Nature Photonics, 2015, 9 (6): 409-415.

[83] Yang J, Lai Y, Fan Y, et al. Photoelectrochemically deposited Sb_2Se_3 thin films: deposition mechanism and characterization. Rsc Advances, 2015, 5 (104): 85592-85597.

[84] Escorcia-Garcia J, Becerra D, Nair MTS, et al. Heterojunction CdS/Sb_2S_3 solar cells using antimony sulfide thin films prepared by thermal evaporation. Thin Solid Films, 2014, 569 (569): 28-34.

[85] Leng M，Luo M，Chen C，et al. Selenization of Sb_2Se_3 absorber layer：an efficient step to improve device perfonnance of CdS/Sb_2Se_3 solar cells. Applied Physics Letters，2014，105（8）：083905-083905-5.

[86] Liu X，Chen J，Luo M，et al. Thermal evaporation and characterization of Sb_2Se_3 thin film for substrate Sb_2Se_3/CdS solar cells. Acs Applied Materials & Interfaces，2014，6（13）：10687-10695.

第 4 章　钙钛矿太阳电池

4.1　钙钛矿太阳电池发展简介

早在 1978 年，Weber 等[1]就系统地研究了 $CH_3NH_3MX_3$ 钙钛矿家族（M = Pb 或 Sn，X=Cl，Br 或 I）的晶体结构和物理性质。但是，后续的研究报道寥寥无几。在 2009 年，T. Miyasaka 等[2]首次尝试将有机无机混合的钙钛矿材料应用到太阳电池中。他们使用 $CH_3NH_3PbX_3$ 钙钛矿（X = Br 或 I）作为半导体敏化材料，来替换普通染料敏化太阳电池中的有机染料，并将其应用到液态电解质的太阳电池中。电池的开路电压可以达到 0.96V，远高于常规的染料敏化太阳电池。但是，电池的光电转化效率只有 3.8%，低于大多数染料敏化太阳电池的效率；同时，$CH_3NH_3PbX_3$ 钙钛矿材料在液态电解质中不稳定，很容易发生分解。所以，该研究在当时并没有引起太多的关注。由于极性液态电解质是导致钙钛矿材料发生分解的主要原因，在 2012 年，M. Grätzel 课题组和 N. G. Park 课题组合作[3]，他们使用小分子有机空穴传输材料 Spiro-OMeTAD 替代液态电解质，然后蒸镀一层贵金属 Au 作为对电极，从而组装出全固态的钙钛矿太阳电池。该结构的太阳电池光电转化效率可以达到 9.7%，并且经过 500h 的稳定性测试，电池的效率不会出现明显的下降。该项研究结果表明，全固态钙钛矿太阳电池能够避免液态钙钛矿电池稳定性差的缺点，在获得高的光电转化效率的同时能够具有优良的稳定性。与此同时，H. J. Snaith 课题组[4]在 *Science* 杂志上发表了钙钛矿太阳电池的相关工作。他们使用绝缘材料 Al_2O_3 作为介孔骨架层，组装出结构为 FTO / compact TiO_2 / mesoporous Al_2O_3 + $CH_3NH_3PbI_2Cl$ / Spiro-OMeTAD / Au 的全固态钙钛矿电池。由于 Al_2O_3 不参与电子的传输过程，他们将该结构的钙钛矿电池定义为"介孔超结构电池"（meso-superstructured solar cell）。基于该结构的太阳电池能够提供 10.9% 的光电转化效率。这些原创性的工作使得各国的科研人员开始意识到钙钛矿材料是一类非常优秀的吸光材料。从此以后，越来越多的课题组开始对全固态的钙钛矿电池进行研究。

在 2013 年，J. Burschka 和 N. Pellet 等合作[5]，在 *Nature* 杂志上发表论文，对两步法制备高性能钙钛矿电池的相关工作进行了报道。他们通过两步法：首先旋涂 PbI_2 的前驱体溶液得到 PbI_2 薄膜，然后将其浸入 CH_3NH_3I 的异丙醇溶液中，使其转变为 $CH_3NH_3PbI_3$ 钙钛矿，避免了传统的一步法过程中钙钛矿的结晶过程难以控制，得到的钙钛矿薄膜对底层氧化物骨架层覆盖率低的难题。组装出来的钙钛矿太阳电池的光电转化效率可以达到 15%。H. J. Snaith 课题组[6]对平面异质结型的钙钛矿太阳电池进行了研究。他们使用双源气相沉积的方法，在致密 TiO_2 层表面生长出一层均匀的没有孔洞的 $CH_3NH_3PbI_{3-x}Cl_x$ 钙钛矿层。这层高质量的钙钛矿层使得制备得到的钙钛矿太阳电池的效率取得了很大的提高，最高效率可以达到 15.4%。相比较而言，如果使用溶液法制备平面异质结型钙钛矿太阳电池，其光电转化效率只有 8.6%。该工作也在 *Nature* 杂志上得到发表。在 2013 年，*Science* 杂志在同一期中刊登了两篇关于钙钛矿材料中载流子扩散长度的相关研究[7,8]。这些研究表明，通过简单的溶液法制备得到的钙钛矿材料，其中的电子和空穴具有平衡的长程载流子扩散长度，可以达到 $1\mu m$ 以上。这些研究充分证明了钙钛矿太阳电池具有加工制造成本低廉（通过溶液方法制备）、性能优异的特点，从而使得钙钛矿太阳电池受到了越来越多的科研人员的关注，所以钙钛矿太阳电池被 *Science* 杂志评选为 2013 年十大科学突破之一。

　　钙钛矿太阳电池具有多种可能的电池结构，比如衍生自染料敏化太阳电池的介孔型钙钛矿太阳电池，衍生自有机太阳电池的平面异质结型钙钛矿太阳电池，以及利用钙钛矿材料自身的双极性输运能力的无空穴传输层钙钛矿太阳电池和无电子传输层钙钛矿太阳电池。多样化的钙钛矿太阳电池结构，使得研究人员能够将在染料敏化太阳电池、有机太阳电池甚至传统的硅基太阳电池研究中积累的经验创造性的应用到新型的钙钛矿太阳电池中。通过调节钙钛矿材料的成分、控制钙钛矿薄膜的结晶过程来调控钙钛矿薄膜的形貌以及优化钙钛矿电池器件中各功能层之间的界面性能等策略，固态钙钛矿太阳电池的光电转化效率取得了突飞猛进的发展，如图 4.1 所示。到 2016 年，经过认证的钙钛矿

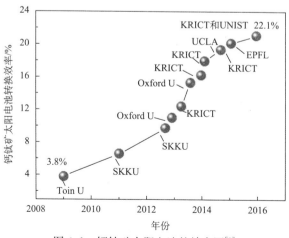

图 4.1　钙钛矿太阳电池的效率图[9]

太阳电池的单节光电转化效率已经达到了 22.1%，非常接近单晶硅太阳电池的最高效率（光电转化效率为 25.3%）。通过将钙钛矿太阳电池与其他类型的薄膜电池组装成串联电池，可以进一步地挖掘钙钛矿太阳电池的潜力，达到充分利用太阳光谱的目的。例如，硅电池更加倾向于吸收利用长波长的红光，而钙钛矿电池能够充分利用短波长的蓝光。M. McGehee 等[10]尝试将钙钛矿太阳电池和硅太阳电池结合起来，组装的两端串联太阳电池的光电转化效率达到了 23.6%。C. Ballif 等[11]组装的四端串联电池的效率更是达到了惊人的 25.2%。目前，基于钙钛矿太阳电池的串联电池已经越来越受到大家的关注，在单节钙钛矿太阳电池的效率已经很难取得更大突破的前提下，不久的将来，串联电池的效率将达到 30%。

4.2 钙钛矿材料结构与光电学性质

4.2.1 钙钛矿材料结构

钙钛矿材料通常具有 ABX_3 型的晶体结构，其中 A 位置可以是铯离子（Cs^+）、铷离子（Rb^+）、甲胺离子（$CH_3NH_3^+$，简写为 MA）或者甲脒离子（$HN{=}CHNH_3^+$，简写为 FA）；B 位置是二价的金属阳离子，通常是铅离子（Pb^{2+}）或者锡离子（Sn^{2+}），X 位置是卤族原子，可以是氯离子（Cl^-），溴离子（Br^-）或者碘离子（I^-）。钙钛矿材料的晶体结构如图 4.2 所示，可以看到，B 位置的离子位于六个 X 离子形成的八面体空隙中心，组成一个 BX_6 的八面体结构单元。BX_6 八面体结构单元通过共顶点连接的方式形成三维的 B-X 框架。A 位置的离子位于八个 BX_6 单元形成的十二面体空隙中，通过弱的范德瓦耳斯力与三

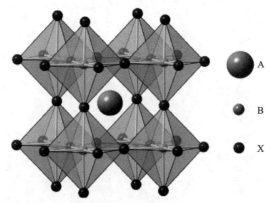

图 4.2 ABX_3 型钙钛矿材料晶体结构示意图

维的 B-X 框架产生相互作用。

　　钙钛矿材料的晶体结构和稳定性可以通过容忍因子 t（tolerance factor）和八面体因子 μ（octahedral factor）来进行经验性的预测。容忍因子简单地考虑了离子半径和理想立方钙钛矿结构之间的关系。在理想的立方钙钛矿结构中，晶格常数 a，b 和 c 是相同的。将 A，B 和 X 位置的离子视为理想的球体，并且假定 A 位置和 B 位置的离子都和 X 位置的离子相接触。利用简单的几何知识，可以推导出在钙钛矿晶体结构中满足

$$\frac{r_X + r_A}{\sqrt{2}} = (r_X + r_B) \tag{4.1}$$

其中，r_A 和 r_B 分别是立方十二面体 A 位置和八面体 B 位置阳离子的有效离子半价，r_X 是 X 位置阴离子的有效半价，并且 A 位置阳离子的半径要大于 B 位置阳离子的半径。容忍因子 t 被定义为式（4.1）中等号左边部分与右边部分的比值

$$t = \frac{r_X + r_A}{\sqrt{2}\,(r_X + r_B)} \tag{4.2}$$

八面体因子 μ 等于 B 位置阳离子半径与 X 位置阴离子半径的比值

$$\mu = \frac{r_B}{r_X} \tag{4.3}$$

　　一般条件下 $0.81 < t < 1.11$，同时 $0.44 < \mu < 0.90$。当容忍因子 t 的取值在 $0.9 \sim 1.0$ 范围内时，图 4.2 中所示的立方钙钛矿结构才可能形成；当容忍因子 t 的值较小或者较大时，晶体结构的对称性下降，形成低对称性的四方晶体结构或者正交晶体结构。尽管存在这些约束条件，当温度升高时钙钛矿材料仍很容易发生相转变，而且高温相一般都是立方晶体结构。

　　表 4.1 给出了常见的 ABX_3 型钙钛矿吸光材料中 A、B 和 X 位置离子的半径，其中无机离子的半径来源于香农有效离子半径，有机阳离子的半径来源于基于密度泛函理论的计算结果。对于 $APbI_3$ 钙钛矿，当容忍因子为 0.9 时，A 位置阳离子的半径大约为 0.212nm；当容忍因子为 1.0 时，A 位置阳离子的半径大约为 0.260nm。$MAPbI_3$ 钙钛矿是研究最为广泛的钙钛矿吸光材料之一，甲胺阳离子 MA 的离子半径为 0.270nm，计算得到的容忍因子为 1.02，所以 $MAPbI_3$ 钙钛矿为四方晶体结构。最近，G. Kieslich 和 A. K. Cheetham 等合作[12]，以容忍因子作为主要考察对象，对大约 2500 种胺–金属阳离子–阴离子组合得到的 ABX_3 型化合物进行了研究，他们的结果表明，大约有 742 种化合物能够形成三维的钙钛矿结构，其中 140 种化合物是已知的，剩下的大约 600 种化合物尚未得到任何研究。

表 4.1 ABX₃钙钛矿吸光材料中 A，B 和 X 位置离子的半径*

A 位置	离子半径/nm	B 位置	离子半径/nm	X 位置	离子半径/nm
Cs^+	0.181	Pb^{2+}	0.119	Cl^-	0.181
MA^+	0.270	Sn^{2+}	0.069	Br^-	0.196
FA^+	0.279			I^-	0.220

*其中无机离子的半径来源于香农有效离子半径（Shannon effective ionic radii），有机阳离子的半径来源于理论计算的结果

钙钛矿的结构与有机阳离子的半径息息相关，除此以外，有机阳离子与周围的 PbI_6 八面体之间的相互作用对钙钛矿的热稳定性和物理化学稳定性也起着决定性的作用。甲胺阳离子 MA 会随着温度变化而动态移动或者改变方向，从而导致 $MAPbI_3$ 钙钛矿的晶体结构会随着温度发生变化。$MAPbI_3$ 钙钛矿晶体结构对温度的依赖性使得材料的热稳定性变差。与此类似的，钙钛矿材料在光照条件或者高湿度条件下，有机阳离子会脱离 Pb-I 组成的三维框架或者和外界的氧气和水分发生反应，使得钙钛矿材料发生分解。

4.2.2 钙钛矿材料光学性能

钙钛矿材料的光学性质对其在光伏领域的应用起着决定性的作用。吸收系数（absorption coefficient），折射指数（refractive index）和介电常数（dielectric constant）是评价光电材料好坏的重要指标。在染料敏化太阳电池中，有机染料的吸收系数通常在 10^3 cm^{-1} 数量级内，为了对入射的太阳光产生有效的吸收，需要一层很厚的介孔 TiO_2 层来担载有机染料，所以 TiO_2 介孔层的厚度会达到 $10\sim20\,\mu m$。$MAPbI_3$ 钙钛矿的吸收系数比普通的有机染料提高了一个数量级。对于 $MAPbI_3$ 量子点，其吸收系数在 550nm 处大约是 1.5×10^4 cm^{-1}，这意味着，对于该波长的光子，其穿透深度只有 $0.66\,\mu m$。图 4.3 给出了 $MAPbI_3$ 钙钛矿材料的吸收系数随光子能量的变化曲线。为了方便大家比较，其他几种典型的光电材料，例如 GaAs，CdTe，CuInGaSe（CIGS），晶体硅（c-Si）和非晶硅（a-Si），它们的吸收系数也描绘在图中。从图 4.3 中可以清楚地看到，$MAPbI_3$ 钙钛矿的吸收系数可以和典型的无机半导体光电材料相媲美。如此高的吸收系数，可以保证钙钛矿材料对入射太阳光的有效吸收，从而可以降低吸光层的厚度。在这种情况下，钙钛矿电池的厚度可以做得非常薄（一般就几个微米左右），在减轻电池重量的同时还可以降低电池的原料成本。从图 4.3 中还可以看到，当入射光子的能量小于 $MAPbI_3$ 钙钛矿的禁带宽度时（$E_g\sim1.57eV$），吸收系数随着光子能量的降低呈现出指数式的下降，这部分曲线对应于 $MAPbI_3$ 钙钛矿薄膜吸收的尾部态，通常也被称作乌尔巴赫带尾（Urbach tail）。乌尔巴赫带尾指数部分对应的斜率被定义为乌尔巴赫能量（Urbach energy）。对于 $MAPbI_3$ 钙钛矿，计算得到的乌尔巴赫能量为 15 meV。这个数值和单晶 GaAs 半导体的乌尔巴赫能量值接

近。MAPbI$_3$钙钛矿材料具有低的乌尔巴赫能量，表明通过溶液方法制备的钙钛矿材料具有非常好的结晶性能；MAPbI$_3$钙钛矿材料的乌尔巴赫带尾具有纯的指数变化趋势，表明 MAPbI$_3$钙钛矿材料中，不存在深层的缺陷能级。所以，在 MAPbI$_3$钙钛矿太阳电池中，可以获得 1.1 V 以上的开路电压，该数值非常接近 MAPbI$_3$钙钛矿材料的禁带宽度值。

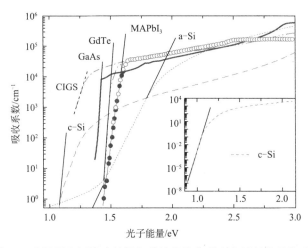

图 4.3　MAPbI$_3$钙钛矿材料和其他几种典型光电材料的吸收系数

图 4.4 分别给出了室温条件下 MAPbI$_3$钙钛矿材料折射指数的实部 n、虚部 k 和复介电常数的实部 ε_1、虚部 ε_2 随波长的变化曲线。不同课题组给出的实验结果具有很大的差异，这可能是由钙钛矿薄膜的厚度、形貌、化学组分或者材料的各向异性导致的。从图 4.4（a）中可以看到，对于大部分的钙钛矿薄膜，折射指数实部的范围在 2.3～2.6，极少数样品的结果在 3 以上。根据折射指数与材料中化学键本质之间的相互关系，折射指数的实部可以通过公式（4.4）进行估算

$$n^2 - 1 = \frac{E_d E_0}{E_0^2 - E^2} \tag{4.4}$$

其中，E 为光子能量；E_d 为单谐振子能量（single oscillator energy）；E_0 为色散能量（dispersion energy）。$E_d = \beta N_c Z_a N_e$，其中 N_c 为阳离子的配位数，Z_a 为阴离子的化合价，N_e 为每个阴离子的平均价电子数目，β 为经验常数。对于离子化合物，β 的取值为（0.26 ± 0.04）eV。E_0 和直接带隙能量 E_g 有关，$E_0 = 1.5 \times E_g$。所以，长波极限处的折射指数的实部 n（0）满足

$$n(0)^2 - 1 = \beta N_c Z_a N_e / E_0 \tag{4.5}$$

对于 MAPbI$_3$钙钛矿材料，$N_c = 6$，$Z_a = 1$，$N_e = 8$，$E_g = 1.6 \mathrm{eV}$，计算得到的折射指数的实部为 2.5，这个数值和实验测试得到的结果基本上是吻合的。

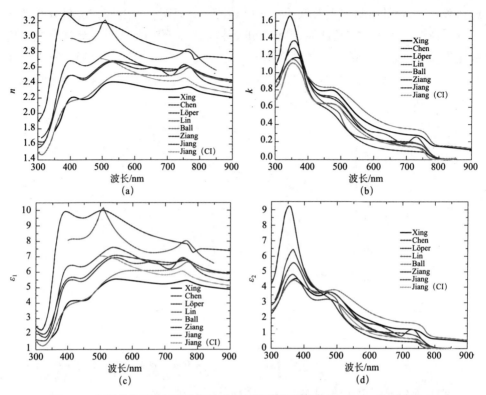

图 4.4　室温条件下 MAPbI$_3$ 钙钛矿材料折射指数的实部 n(a)、虚部 k(b)和
复介电常数的实部ε_1(c)、虚部ε_2(d) 随波长的变化曲线[13]（后附彩图）

对于 MAPbBr$_3$ 钙钛矿，由于其禁带宽度较高，计算得到的折射指数的实部大约
为 2.1。

4.2.3　钙钛矿材料电学性能

和 GaAs，InP 以及 InGaAs 半导体材料一样，MAPbI$_3$ 钙钛矿材料属于直接
带隙半导体，它的导带底部和价带顶部都位于相同的波矢处。直接带隙半导体材
料和光之间存在很强的相互作用，使得 MAPbI$_3$ 钙钛矿材料在光伏器件和发光二
极管器件中有巨大的应用前景。当导带底和价带顶都位于 $k = 0$ 处时，能带结构
可以使用简单的抛物线模型来描述

$$E(\boldsymbol{k}) = \frac{\hbar^2 \boldsymbol{k}^2}{2m^*} \tag{4.6}$$

其中，$\hbar$ 为约化普朗克常量；$\boldsymbol{k}$ 为波矢；m^* 为有效质量。

图 4.5 给出了 ABX$_3$ 型钙钛矿吸光材料的第一布里渊区和能带结构。对于
MAPbI$_3$ 钙钛矿，直接带隙位于高对称性的 R 点，而不是通常的 Γ 点。大多数阳

离子的最外层 s 轨道都是空的，但是 Pb 离子最外层的 6s 轨道是完全填充满的。Pb 的 6s 轨道位于 MAPbI$_3$ 钙钛矿导带底的下方，其中填充的一对孤对电子可能会使得材料具有不同寻常的性质。MAPbI$_3$ 钙钛矿的价带顶由 Pb 的 6s 和 I 的 5p 组成的反键轨道组成，导带底（conduction band minimum）主要由 Pb 的 6p 轨道构成，这表明 MAPbI$_3$ 钙钛矿的电子结构具有双重特性（离子性和共价性）。传统的半导体，如 GaAs 和 CdTe，它们的导带底主要由 s 轨道构成，价带顶主要由 p 轨道构成，这种能带结构和 MAPbI$_3$ 钙钛矿是完全相反的。有机阳离子，如 MA$^+$，对导带底和价带顶电子态的贡献非常小，表明有机阳离子对钙钛矿基本的电子结构并不起到决定性的作用。但是，有机阳离子对于稳定钙钛矿的结构起着重要的作用。同时，有机阳离子通过与 P-I 三维骨架的相互作用，可以改变钙钛矿的晶体结构和相应的晶格参数。ABX$_3$ 型钙钛矿吸光材料的禁带宽度随晶格常数和应力的变化趋势表现出反常的特性。L. Lang 等[14]的理论计算表明，由于 APbI$_3$ 钙钛矿（A = Cs，MA，FA）的价带顶具有很强的反键特性，随着晶格常数的增大，从 CsPbI$_3$，MAPbI$_3$ 到 FAPbI$_3$ 钙钛矿，它们的禁带宽度会逐渐增大。但是，实验测量的结果和理论预测的趋势相反，CsPbI$_3$ 的禁带宽度最大（1.67eV），MAPbI$_3$ 的禁带宽度次之（1.52eV），FAPbI$_3$ 的禁带宽度最小（1.48eV）。如果将 Pb 完全替换为 Sn，得到的钙钛矿禁带宽度的变化会更加复杂。CsSnI$_3$ 的禁带宽度为 1.30eV，MASnI$_3$ 的禁带宽度为 1.20eV，FASnI$_3$ 的禁带宽度为 1.41eV。

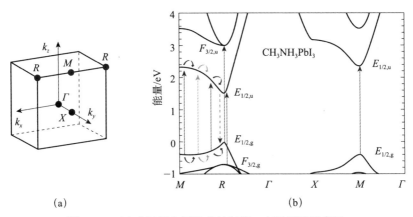

图 4.5　（a）MAPbI$_3$ 钙钛矿材料第一布里渊区示意图；
（b）MAPbI$_3$ 钙钛矿材料的能带结构[13]

导带底部电子的有效质量或者价带顶部空穴的有效质量可以通过对应能带的色散关系计算得到

$$m^* = \frac{\hbar^2}{\dfrac{\partial^2 E(k)}{\partial^2 k}} \tag{4.7}$$

其中，$E(k)$ 为能带的色散关系。一般来说，能带的色散关系越平坦，有效质量越大；能带的色散关系越陡峭，有效质量越小。对于传统薄膜太阳电池的吸光材料，如 GaAs 和 CdTe，它们的导带底主要由阳离子和阴离子的 s 轨道组成，价带顶主要由阴离子的 p 轨道构成。高能级的 s 轨道相比于低能级的 p 轨道更加去局域化，所以导带底相比于价带顶而言更加陡峭，相应地，电子的有效质量要小于空穴的有效质量。在钙钛矿吸光材料中，由于 Pb 的 6p 轨道具有一对孤对电子，所以钙钛矿材料具有平衡的电子和空穴有效质量。在 MAPbI$_3$ 钙钛矿中，电子和空穴的有效质量分别为 $0.23\ m_e$ 和 $0.29 m_e$[15]，这意味着 MAPbI$_3$ 钙钛矿具有双极性输运的特性。实验测量结果中，电子的扩散系数为 $0.036\ \mathrm{cm^2 \cdot s^{-1}}$，空穴的扩散系数为 $0.022\ \mathrm{cm^2 \cdot s^{-1}}$，两者非常接近。

载流子的扩散长度是影响电荷收集效率的重要因素之一。通常条件下，使用低温溶液法合成的光电材料，载流子的扩散长度较短（大约为 10nm），器件的性能差。MAPbI$_3$ 钙钛矿由于其独特的物理化学性质，通过简单的低温溶液方法，也可以制备得到具有优良结晶性的材料，所以其载流子的扩散长度也不同于普通溶液法合成的半导体材料。T. C. Sum 课题组[8]通过使用飞秒激光瞬态光谱的方法，对 MAPbI$_3$ 钙钛矿材料中载流子的扩散长度进行了测量。他们的研究结果表明 MAPbI$_3$ 钙钛矿具有比较平衡的长程的载流子扩散长度，其中电子的扩散长度大约是 130nm，空穴的扩散长度大约是 110nm。在同一时间，H. J. Snaith 课题[7]组对纯 MAPbI$_3$ 钙钛矿以及混合卤族元素的 MAPbI$_{3-x}$Cl$_x$ 钙钛矿材料的载流子扩散长度进行了研究。纯 MAPbI$_3$ 钙钛矿材料中，电子和空穴的扩散长度大约为 100nm，该结果与 T. C. Sum 课题组的研究结果是一致的。加入少量的 Cl 离子后，MAPbI$_{3-x}$Cl$_x$ 钙钛矿材料中，电子和空穴的扩散长度都超过了 1μm。K. Zhu 等[16]对介孔型 MAPbI$_3$ 钙钛矿电池中电子的扩散长度进行了研究。在介孔型结构中，光生的电子会注入到 TiO$_2$ 骨架层中，TiO$_2$ 骨架作为一种优良的三维电子传输网络，能够促进电子的传输，使得电子的扩散长度大于 1μm。

4.3 钙钛矿太阳电池结构

4.3.1 液态电解质的钙钛矿太阳电池

1991 年，瑞士洛桑高等工业学院的 Grätzel 等首次报道了基于纳米多孔 TiO$_2$ 薄膜的染料敏化电池，纳米 TiO$_2$ 薄膜高的比表面积，可以提高染料分子的吸附量，从而将染料敏化太阳电池的光电转化效率提高到了 7.1%。染料敏化太阳电池具有加工制造成本低廉，光电转化效率高，兼容低温柔性薄膜电池等优点，受到了科研人员的广泛关注。在薄膜太阳电池中，如何提高吸光材料对太阳光谱的吸收能力是追求更高性能的关键因素。传统的有机染料受限于低的吸光系数和窄的吸光波段，对太阳光的吸收利用能力较差。量子点材料，如 CdS，CdSe，PbS，InP，CuInSSe 等，表现出很强的禁带宽度吸收能力，但是，相应的量子点敏化太阳电池的效率依然没有明显的提升。这主要是由于溶液法制备的量子点材料结晶性能较差，量子点表面的缺陷态较多，在半导体和量子点的界面处，载流子的复合严重。有机-无机混合钙钛矿材料具有优异的可见光吸收能力，低的激子解离能，长程的电子和空穴扩散长度，同时，钙钛矿材料可以通过简单的溶液方法制备得到。这些特点使得有机-无机混合钙钛矿材料可以作为一种理想的吸光材料。

在 2009 年，T. Miyasaka 等[2]首次报道了将钙钛矿材料作为量子点敏化材料应用到液态电解质薄膜太阳电池中的相关工作。他们使用厚度为 $8\sim12\,\mu m$ 的多孔 TiO_2 作为骨架层。通过一步法将 $MAPbX_3$（X = Br，I）量子点自组装沉积到 TiO_2 纳米颗粒的表面。配合使用 LiX 和 X_2 的氧化还原对作为液态电解质，从而首次组装出钙钛矿太阳电池。使用 $MAPbI_3$ 作为吸光材料时，相应钙钛矿电池的短路电流为 $11.0\ mA\cdot cm^{-2}$，开路电压为 0.61V，填充因子为 0.57，对应的光电转化效率为 3.81%；使用 $MAPbBr_3$ 作为吸光材料时，相应钙钛矿电池的短路电流为 $5.57mA\cdot cm^{-2}$，开路电压为 0.96V，填充因子为 0.59，对应的光电转化效率为 3.13%。在染料敏化太阳电池中，如果使用钌基的染料，能够获得的最大开路电压在 $0.86\sim0.93V$。如果使用 $MAPbBr_3$ 作为吸光材料，钙钛矿电池的开路电压可以接近 1.0V。

2011 年，N. G. Park 课题组[17]对钙钛矿基的液态太阳电池进行了系统的优化研究。他们首先控制 TiO_2 骨架层的厚度为 $5.5\,\mu m$，钙钛矿的加热温度为 40℃，钙钛矿前驱体溶液的浓度从 10.05% 变化到 40.26%，研究了钙钛矿前驱体溶液的浓度（10.05%，20.13%，30.18% 和 40.26%）对钙钛矿电池性能的影响。随着前驱体溶液浓度的提高，TiO_2 骨架层中吸附的钙钛矿量子点的数目逐渐增大，钙钛矿薄膜的颜色从黄色（对应浓度为 10.05%）渐变为黑色（对应浓度为 40.26%），表面钙钛矿薄膜的吸光能力随着前驱体溶液浓度的增大而逐渐提高。与此相对应，钙钛矿电池的短路电流从 $0.88mA\cdot cm^{-2}$ 逐渐提高到 $3.53mA\cdot cm^{-2}$，$8.12mA\cdot cm^{-2}$ 和 $13.31mA\cdot cm^{-2}$；开路电压从 0.548V 提高到 0.584V，0.591V 和 0.605V；最终的光电转化效率从 0.32% 提高到 1.38%，2.96% 和 4.13%。随后，他们在 TiO_2 骨架层厚度保持不变，钙钛矿前驱体溶液溶度为最佳浓度（40.26%）的前提条件下，研究了钙钛矿加热温度对电池性能的影响。加热温度分别是 40℃，100℃ 和 160℃，加热时间为 30min。当加热温度从 40℃ 提高到 100℃ 时，钙钛矿电池的效率从 4.13% 提高到了 4.73%，效率提高了 14.5%；进一步提高加热温度到 160℃ 后，由于短路电流的下降，钙钛矿电池的光电转化效率降低到 3.71%。最后，他们研究了多孔 TiO_2 骨架层的厚度对钙钛矿电池效率的影响，在最佳的钙钛矿前驱体溶液浓度和加热温度条件下，当骨架层的厚度为 3.6μm 时，钙钛矿电池的光电转化效率最佳，可以达到 6.20%。当 TiO_2 骨架层厚度增加后，开路电压和短路电流都会有一定程度的衰减，导致钙钛矿电池的效率下降。在使用一步法沉积钙钛矿量子点前，使用 $Pb(NO_3)_2$ 溶液对 TiO_2 骨架层表面进行处理，可以降低钙钛矿电池中的载流子的复合，从而进一步将钙钛矿电池的效率提高到 6.54%。

在染料敏化太阳电池中，为了提高对可见光的吸收能力，通常需要一层10~20μm 厚度的 TiO_2 骨架层。在钙钛矿太阳电池中，由于钙钛矿材料具有很高的吸光系数，钙钛矿电池的厚度可以做到很薄。K. Zhu 等[18]研究了 TiO_2 骨架层厚度的变化对液态电解质钙钛矿电池性能的影响。他们发现 $MAPbI_3$ 钙钛矿在低 I_2 浓度（如 80mM①）和非极性溶剂（如乙酸乙酯）下具有很好的稳定性，但是在极性溶剂或者高 I_2 浓度下（如 0.5~1M），会被迅速地分解破坏。当 TiO_2 骨架层的厚度从 8.3μm 变化到 1.8μm 时，钙钛矿电池的光电转化效率从 1.92% 单调地增大到 4.58%。强度调制光电流/光电压（intensity modulated photocurrent spectroscopy/ intensity modulated photovoltage spectroscopy，IMPS/IMVS）表征发现，电子扩散系数基本不随 TiO_2 骨架层厚度而变化；但是当骨架层厚度增加时，载流子的复合变得很严重，这主要是由于电解质中 I_2 的浓度很低，骨架层厚度增加时，TiO_2 孔隙附近的 I_2 耗尽程度加重。当 TiO_2 骨架层的厚度从 8.3μm 下降到 1.8μm 时，电子的扩散长度从 5.5μm 增长到 16.9μm。在实际的钙钛矿电池中，随着 TiO_2 骨架层厚度降低，电池的开路电压、短路电流、填充因子和光电转化效率都会有一定程度的提升。

对染料敏化的 TiO_2 与电解质之间的界面进行后处理修饰是提高太阳电池效率的一个有效途径。该方法同样适用于量子点敏化太阳电池以及液态电解质的钙钛矿太阳电池。Liduo Wang 等[19]首次尝试使用 Al_2O_3 对 $MAPbI_3$ 钙钛矿的表面进行了处理。增加一层 Al_2O_3 后，液态电解质的钙钛矿电池开路电压从 0.56 V 提高到了 0.68 V；填充因子从未修饰前的 0.53 提高到了 0.68；短路电流从 12.0mA·cm^{-2} 增加到了 13.5 mA·cm^{-2}；太阳电池的效率从 3.57% 增长到 6.00%，增幅达到 68%。在未经封装的前提条件下，他们对1个标准光强的模拟

① 1M=1mol·L^{-1}。

光源持续照射下电池的稳定性进行了研究。对于没有使用 Al_2O_3 进行修饰的电池，其性能会很快衰减，在 15min 光照下，电池的短路电流会衰减 90% 以上。与此相对应的，使用 Al_2O_3 进行修饰后，由于 Al_2O_3 可以有效地防护液态电解质和空气中的水分对钙钛矿的侵蚀，电池的稳定性得到很大程度的提高。在 15min 光照下，Al_2O_3 修饰后电池的短路电流依然可以维持在 50% 以上。

在 2014 年，Lianzhou Wang 等[20]发现，$MAPbI_3$ 钙钛矿除了可以作为吸光材料以外，还可以作为染料敏化太阳电池中的液态电解质。他们使用 $MAPbI_{3-x}Cl_x$ 钙钛矿的溶液作为一种新型的液态电解质，经过优化钙钛矿溶液的浓度以后，电池的效率可以达到 8.19%，要高于同等条件下使用液态 I_2 电解质的电池。同时，由于钙钛矿溶液的挥发性较差，组装出来的染料敏化太阳电池的稳定性要优于传统的碘电解质的电池。

钙钛矿材料虽然可以作为液态电解质太阳电池中的吸光材料，但是由于钙钛矿材料本身容易被极性溶剂腐蚀，所以液态钙钛矿太阳电池的稳定性非常差；与此同时，液态钙钛矿太阳电池的效率相对较低（~6.5%），远低于同时期的全固态钙钛矿太阳电池（>10%）。这些因素使得科研人员对液态电解质钙钛矿太阳电池的研究变得越来越少。

4.3.2　介孔型钙钛矿太阳电池

有机无机混合的钙钛矿材料虽然最初是作为液态电解质太阳电池中的吸光材料而受到科研人员的广泛关注的，但是液态电池表现出的极差的稳定性促使科研人员尝试将钙钛矿材料应用到全固态的太阳电池中。固态的染料敏化太阳电池一直都是研究的重要方向之一。为了避免液态电解质对钙钛矿材料的破坏，在 2012 年，M. Grätzel 和 N. G. Park 课题组合作[3]，首次将有机小分子材料 Spiro-OMeTAD 引入到介孔 TiO_2 骨架层的钙钛矿太阳电池中，作为空穴传输材料，然后蒸镀一层 Au 作为对电极，从而制作出全固态的钙钛矿太阳电池。固态钙钛矿太阳电池的器件照片如图 4.6 (a) 所示，对应的器件示意图如图 4.6 (b) 所示。在这种电池结构中，钙钛矿可以渗透并且完全填充到多孔 TiO_2 层的孔隙中。钙钛矿的导带能级为 $-3.93eV$，该值要略高于 TiO_2 的导带能级（$-4.0eV$）；同时，钙钛矿的价带能级为 $-5.43eV$，要略低于 Spiro-OMeTAD 的价带能级（$-5.22eV$）。在这种能级排布下，钙钛矿材料吸收光子后会产生电子空穴对，其中电子会被 TiO_2 的导带能级收集，空穴被 Spiro-OMeTAD 的价带收集。

通过对介孔 TiO_2 骨架层的厚度进行简单优化后，固态的钙钛矿太阳电池的开路电压为 888 mV，短路电流为 17.6mA・cm^{-2}，填充因子为 0.62，光电转化效率达到了 9.7%。和液态电解质的钙钛矿电池不同，固态的钙钛矿太阳电池表现出极

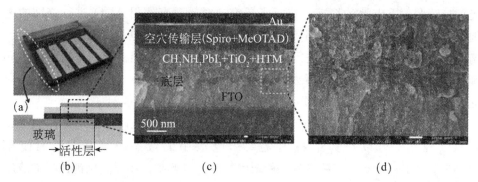

图 4.6　(a) 介孔型钙钛矿太阳电池的实物图；(b) 介孔型钙钛矿太阳电池的示意图；
(c) 和 (d) 对应钙钛矿太阳电池截面的扫描电子显微镜图片

佳的稳定性。在室温条件下，未经封装的电池进行 500h 的稳定性测试时，在前 200h，短路电流会稍微衰减，但是在随后的测试中基本保持不变；开路电压在整个测试中都基本维持不变；填充因子会首先增大，随后保持不变；与此对应的，经过 200h 后，光电转化效率相比于初始值提高了 14%，并且在随后的测试中保持不变。

H. J. Snaith 课题组[4]提出了介孔超结构的钙钛矿电池。他们使用介孔 TiO$_2$ 作为电子传输层，钙钛矿作为吸光材料，Spiro-OMeTAD 作为空穴传输层，组装出的固态钙钛矿电池的短路电流为 17.8mA·cm^{-2}，开路电压为 0.80 V，填充因子为 0.53，光电转化效率为 7.6%。当他们使用绝缘的介孔 Al$_2$O$_3$ 替换 TiO$_2$ 后，钙钛矿电池的效率增大到 10.9%，对应的短路电流、开路电压和填充因子分别为 17.8mA·cm^{-2}、0.98V 和 0.63。钙钛矿吸光材料最早应用于液态的太阳电池中，作为有机染料的替代材料，所以科研人员认为，钙钛矿电池的工作机理和染料敏化太阳电池的工作机制是一样的。钙钛矿材料中光生的电子需要经过介孔 TiO$_2$ 层的传输后，才能被底层的 TiO$_2$ 致密层和透明导电的 FTO 层收集到。使用绝缘的 Al$_2$O$_3$ 作为骨架层后，由于 Al$_2$O$_3$ 本身不能参与电子的传输，钙钛矿材料中产生的光生电子需要经过钙钛矿材料本身的传输后，才能被底层的电子传输层收集到。他们将这种骨架层不参与载流子传输的电池结构定义为"介孔超结构电池"（meso-superstructured solar cell）。在太阳电池中，电子和空穴会分别在电子传输材料和空穴传输材料处累积，使得电子和空穴的准费米能级发生分裂，两者的差值即为电池的开路电压。对于介孔的 TiO$_2$ 材料，由于电子态密度的尾部延伸到禁带内，在光照条件下，对于一定的电子浓度，电子的准费米能级相比于高度结晶的 TiO$_2$ 材料要更加地远离 TiO$_2$ 材料的导带。禁带内子能带的存在会导致材料电荷存储能力提升，也即是所谓的化学电容。绝缘 Al$_2$O$_3$ 材料中不存在化学电容，使用 Al$_2$O$_3$ 骨架层，可以将电子的准费米能级推向材料的导带。这就解释了为什么使用 Al$_2$O$_3$ 骨架层后，电池的开路电压相比于 TiO$_2$ 骨架层提高了大约 200 mV。在介孔超结构电池中，钙钛矿材料既充当吸光材料，又作为电子传输的载体。Al_2O_3 作为绝缘的骨架层，其作用仅是调控钙钛矿材料的生长。

介孔型钙钛矿太阳电池的结构示意图如图 4.7 所示。整个钙钛矿太阳电池包含一层金属氧化物致密层，一层介孔氧化物骨架层，一层钙钛矿吸光层，一层空穴传输层和一层贵金属对电极层。在钙钛矿太阳电池研究的初期阶段，钙钛矿材料主要作为量子点吸光材料来取代染料敏化太阳电池中的传统有机染料。使用有机空穴传输材料 Spiro-OMeTAD 替换液态电解质后，就可以得到介孔型钙钛矿太阳电池。介孔型钙钛矿太阳电池的主要特点是包含一层介孔的金属氧化物骨架层。该骨架层对钙钛矿太阳电池中载流子的输运过程能够起到一定的调节作用，同时能够促进钙钛矿薄膜更好地结晶，所以在介孔型钙钛矿太阳电池中，介孔骨架层的性质（厚度、孔隙率、孔洞大小等）对太阳电池的性能起到至关重要的作用。在图 4.7（a）中，钙钛矿吸光层没有形成连续的薄膜，钙钛矿主要以量子点的形式吸附在介孔 TiO_2 颗粒表面。钙钛矿量子点吸收光子后，将电子注入 TiO_2 的导带，空穴则被空穴传输层收集到。这种结构的介孔型钙钛矿太阳电池，其工作原理类似于传统的染料敏化太阳电池。由于 TiO_2 表面吸附的钙钛矿量子点的数目少，对入射太阳光的吸收利用率较低，该结构钙钛矿太阳电池的短路电流偏低；同时钙钛矿吸光材料不能完全覆盖住 TiO_2 颗粒表面，裸露出的 TiO_2 表面直接和空穴传输材料相接触，导致载流子的复合几率大，钙钛矿太阳电池的开路电压低。H. J. Snaith 课题组[21] 系统地研究了介孔 TiO_2 层厚度和钙钛矿前驱体液浓度对介孔型钙钛矿太阳电池中载流子的传输寿命以及介孔 TiO_2 层的孔隙填充率的影响。当 TiO_2 介孔层的厚度为 260nm 左右时，使用浓度为 40wt％的钙钛矿前驱体溶液，可以将介孔 TiO_2 层中的孔隙全部填充，同时能够在介孔 TiO_2 层表面形成一层连续的钙钛矿层，得到的介孔型钙钛矿太阳电池结构如图 4.7（b）所

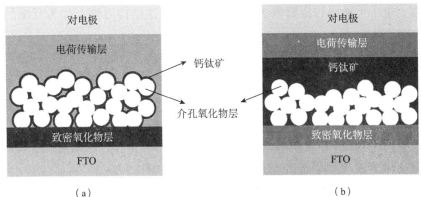

(a)　　　　　　　　　　　　　　　　　　　　(b)

图 4.7　介孔型钙钛矿太阳电池的结构示意图

(a) 钙钛矿吸光层为不连续层；(b) 钙钛矿吸光层为连续层

示。在这种情况下，TiO_2 层与空穴传输层之间的载流子复合几率降低，钙钛矿太阳电池能够获得更好的光电转化效率。

4.3.3 平面异质结型钙钛矿太阳电池

柔性电子器件是未来电子设备发展的一个重要方向。在介孔型钙钛矿太阳电池中，介孔氧化物层需要在高于 450℃ 的条件下烧结，才能保证纳米颗粒之间的有效连接以及薄膜的电荷传输性能，所以介孔型钙钛矿太阳电池很难做到柔性化。大多数常用的柔性衬底，比如聚对苯二甲酸乙二醇酯（PET）或者聚萘二甲酸乙二醇酯（PEN）等，其玻璃化转变温度都远低于介孔氧化物的烧结温度。为了将钙钛矿太阳电池柔性化，需要探索新的钙钛矿太阳电池结构。H. J. Snaith 课题组[4]的研究表明，不使用介孔 TiO_2 骨架层，钙钛矿太阳电池依然可以正常工作。他们使用一层介孔 Al_2O_3 层取代常用的 TiO_2 层，电池的最高开路电压可以达到 1.13 V，平均效率为 10.9%。由于 Al_2O_3 具有很大的禁带宽度，钙钛矿层中的电子不能注入到 Al_2O_3 的导带中。所以，在该结构中，钙钛矿材料既作为吸光材料，同时也作为电子和空穴输运的载体。该研究表明，我们完全可以制作出不需要介孔层材料的平面异质结型钙钛矿电池。

平面异质结型钙钛矿电池摒弃了需要高温处理的介孔层材料，因此很容易做成低温柔性电池。平面异质结型钙钛矿电池通常由一层透明的电极（FTO 或者 ITO）、一层电子传输层、一层钙钛矿吸光层、一层空穴传输层以及一层金属电极组成。如果在透明的电极上首先制备一层电子传输层，然后制备一层钙钛矿吸光层，最后制备空穴传输层以及蒸镀一层金属电极，则这种结构为传统的 n-i-p 型结构，如图 4.8（a）所示。其中 n 代表电子传输层，i 代表本征的钙钛矿吸光层，p 代表空穴传输层。相反地，如果先生长空穴传输层，然后依次生长钙钛矿吸光层、电子传输层和金属电极，得到的这种电池结构习惯上称为反型的 p-i-n 结构，见图 4.8（b）。

H. J. Snaith 课题组[22]最早提出了 n-i-p 型结构的平面异质结型钙钛矿太阳电池。在该工作中，J. M. Ball 研究了可以低温处理的 Al_2O_3 骨架层的钙钛矿电池，作为研究的一部分，作者尝试将骨架层完全去除，从而首次制作出平面异质结型的钙钛矿电池。该电池的最高效率只有 4.9%，不过其引入了一种全新的思路，表明钙钛矿太阳电池也可以像有机太阳电池那样工作，从而可以将我们在有机太阳电池研究中积累的经验应用到钙钛矿电池中。随后，H. J. Snaith 课题组[6]对 n-i-p 型结构的平面异质结型钙钛矿电池的性能进行了进一步的优化。通过使用双源气相沉积的方法，可以在致密的 TiO_2 层表面生长一层均匀的没有孔洞的 $MAPbI_{3-x}Cl_x$ 钙钛矿层。这层高质量的钙钛矿，使得制备的平面异质结型钙

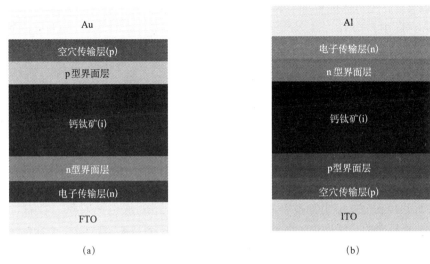

图 4.8　平面异质结型钙钛矿太阳电池的结构示意图

(a) 传统 n-i-p 型结构；(b) 反型 p-i-n 型结构。其中 n 为电子传输材料，i 为本征钙钛矿吸光材料，
p 为空穴传输材料

钛矿电池的效率取得了很大的提高，最高效率可达到 15.4%，相比较而言，使用溶液法制备的平面异质结型钙钛矿电池，效率只有 8.6%。受到这些工作的启发，越来越多的课题组开始投入到平面异质结型钙钛矿电池的研究中。Y. Yang 课题组[23]使用 PEIE 对 ITO 表面进行修饰，将 ITO 表面的功函数从 4.6eV 降低到 4.0eV，同时使用钇元素对致密 TiO_2 电子传输层进行掺杂来提高电子收集和传输的性能，经过这些优化后，n-i-p 型平面异质结型钙钛矿电池的性能可以达到约 19.3%。S. S. Seok 课题组[24]则对钙钛矿吸光材料的组分进行了研究。他们选择 $FAPbI_3$ 钙钛矿作为吸光材料，由于 $FAPbI_3$ 化学上不太稳定，少量的 $MAPbBr_3$ 钙钛矿被加入到 $FAPbI_3$ 中形成稳定的混合型 $(FAPbI_3)_{1-x}(MAPbBr_3)_x$ 钙钛矿，通过调控 $MAPbBr_3$ 的加入含量，可以对混合型钙钛矿的禁带宽度起到调节作用。当 $x = 0.15$ 时，电池的性能达到最佳状态，在反扫条件下效率为 19.0%，正扫条件下效率为 17.8%。

　　T. F. Guo 等[25]在 2013 年首次报道了 p-i-n 型平面异质结型钙钛矿电池的相关工作。其结构示意图如图 4.9 所示。p 型半导体 PEDOT:PSS 被用作空穴传输材料，钙钛矿和 PCBM 作为吸光层材料，BCP 作为电子传输材料，金属 Al 作为负极。在该结构中，钙钛矿中产生的空穴会传输到 PEDOT:PSS 并被 ITO 电极收集；电子通过 BCP 被金属 Al 收集。基于该结构的电池，光电转化效率可以达到 3.9%。虽然该工作报道的效率要低于同时期的介孔型钙钛矿电池的效率，但是该工作依然具有重要的意义。因为 p-i-n 型平面异质结型钙钛矿电池材料，都是能在低于 150℃ 条件下加工处理的，所以很容易做成柔性电池。随后，H. J. Snaith 课题组[26]使用 $CH_3NH_3PbI_{3-x}Cl_x$ 钙钛矿作为吸光材料，PEDOT：PSS 作为空穴传输材料，PCBM 和 TiO_x 作为电子传输层材料，制作出电池结构为：FTO/PEDOT：PSS/$CH_3NH_3PbI_{3-x}Cl_x$/PCBM/TiO_x/Al 的反型平面异质结型钙钛矿电池，该电池的效率可以达到 10%。如果使用柔性的衬底来替代 FTO，该结构的电池依然可以提供 6.5% 的光电转化效率。在 2014 年，Yang 课题组[27]通过低温加工的方法（加工温度低于 120℃），在刚性衬底和柔性衬底上，分别成功制作出结构为：衬底/ITO/ PEDOT：PSS / $CH_3NH_3PbI_{3-x}Cl_x$/PCBM/Al 的平面异质结型钙钛矿电池，见图 4.10。在刚性玻璃衬底/ITO 上，电池效率达到 11.5%。在柔性的 PET/ITO 衬底上，电池效率为 9.2%，大约是刚性衬底电池的 80% 左右。经过最多 20 次的弯曲，柔性电池的性能能够基本保持不变。在 2015 年，A. D. Mohite 课题组[28]将 70℃ 的钙钛矿前驱液热浇注到 180℃ 的衬底上面，制备出毫米尺寸的大颗粒钙钛矿薄膜，将该薄膜制备成具有 ITO/PEDOT：PSS/$MAPbI_{3-x}Cl_x$/PCBM/Al 结构的平面异质结型钙钛矿电池，效率可以达到 18% 左右。

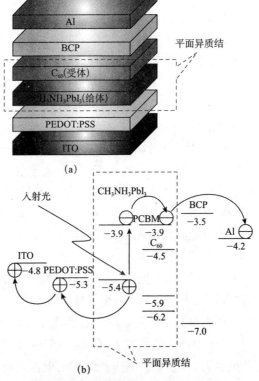

图 4.9　(a) p-i-n 型平面异质结型钙钛矿太阳电池的结构示意图；
(b) 各层材料的能级示意图（单位：eV）

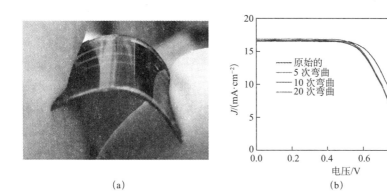

(a)   (b)

图 4.10   （a）柔性钙钛矿电池的实物照片；

（b）柔性钙钛矿电池的性能随弯曲次数的变化图（后附彩图）

4.3.4   无电子传输层型钙钛矿太阳电池

钙钛矿吸光材料具有优异的半导体性质，比如长程的载流子扩散长度，双极性载流子输运性质等。钙钛矿材料在作为吸光材料的同时，也能作为电子传输的通道或空穴传输的通道。所以，原则上来说，电子传输层或者空穴传输层不是必要的。通过去除电子传输层或者空穴传输层，可以制作出无电子传输层型钙钛矿太阳电池或者是无空穴传输层型钙钛矿太阳电池，从而简化钙钛矿太阳电池结构，降低电池的加工制作成本。

在大多数钙钛矿太阳电池中，金属氧化物致密层是必不可少的。这层金属氧化物不仅能够充当电子传输层而且还可以有效地阻挡钙钛矿中的空穴与 FTO 中的电子发生复合，从而保证电池具有高的效率。Q. Gong 课题组[29]使用 Cs_2CO_3 对 ITO 表面进行修饰，然后直接在修饰后的 ITO 表面生长 $MAPbI_3$ 钙钛矿，制备的钙钛矿电池中不包含电子传输层，见图 4.11 中电池结构的示意图。该结构

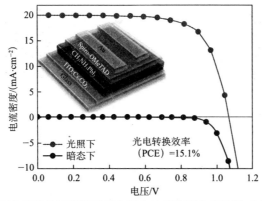

图 4.11   无电子传输层型钙钛矿太阳电池的典型电流密度-电压曲线以及

对应的电池结构示意图

的太阳电池能够提供 15.1％的光电转化效率。G. Fang 课题组[30]使用臭氧对氟掺杂的氧化锡玻璃（FTO）进行表面处理，然后在玻璃表面依次生长钙钛矿、空穴传输材料和金电极，制备出结构为 FTO/MAPbI$_{3-x}$Cl$_x$/Spiro-OMeTAD/Au 的无电子传输层型平面异质结钙钛矿电池。该电池的效率为 14％。制备无电子传输层型钙钛矿电池的关键是制备一层均一致密的钙钛矿薄膜，从而避免空穴传输层和透明导电氧化物（FTO 或者 ITO）之间发生直接的导通。不过根据 Y. Zhang 等[31]的研究，无电子传输层型钙钛矿太阳电池，尽管测试时，表现出很不错的光电转化效率，但是电池的持续性稳定输出效率很低。因此，该类型电池的工作机制还需要进一步的研究。

4.3.5　无空穴传输层型钙钛矿太阳电池

　　Spiro-OMeTAD 是常用的小分子空穴传输材料，其价格昂贵，而且在空气中有潜在的稳定性问题。所以，不使用空穴传输材料的无空穴传输层型钙钛矿电池越来越受到大家的关注。L. Etgar 等[32]报道了使用 TiO$_2$ 纳米片作为介孔层，MAPbI$_3$钙钛矿作为吸光层，然后直接蒸镀一层金作为对电极的无空穴传输层型钙钛矿电池，如图 4.12 所示。该电池具有结构简单、制作成本低廉的优势。在标准光强下（AM1.5，100 mW·cm^{-2}），电池的光电转化效率为 5.5％。进一步的研究表明[33]，在钙钛矿与介孔 TiO$_2$ 层的界面处，存在一层厚的耗尽层，并且耗尽层分别延伸至介孔 TiO$_2$ 和钙钛矿层内部。耗尽层中的内建电场可以促进光生载流子的分离；同时可以抑制 TiO$_2$ 介孔层中的电子和 MAPbI$_3$钙钛矿中的空穴发生复合。经过优化，使用金作为对电极的无空穴传输层型钙钛矿电池的最高效率可以达到 11％[34-37]。

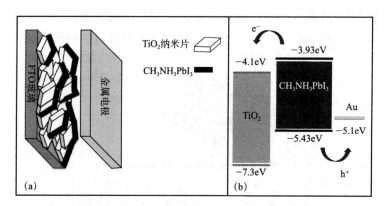

图 4.12　无空穴传输层型钙钛矿太阳电池的结构示意图（a）以及相应的能级图（b）

　　贵金属 Au 和 Ag 作为对电极材料，不仅材料本身的价格高昂，而且需要使用到复杂的高真空设备，从而增加了电池的成本。使用廉价的易于加工的材料来取代贵金属，是钙钛矿太阳电池研究中的一个重要课题。碳材料（Carbon）化学性质稳定，价格低廉，来源广泛，并且具有合适的功函数。所以碳材料是取代贵金属作为无空穴传输层型钙钛矿太阳电池对电极的一种理想材料。

H. Han 课题组[38]首先报道了碳材料应用到钙钛矿太阳电池中作为对电极的相关工作。他们报道的钙钛矿太阳电池为介孔型无空穴传输层钙钛矿电池，电池的结构如图 4.13（a）所示。钙钛矿太阳电池包含一层 TiO_2 致密层，一层 TiO_2 介孔层，一层 ZrO_2 介孔层，以及一层多孔的碳电极层。ZrO_2 层的存在可以避免 TiO_2 层与碳电极直接导通，从而抑制载流子的复合，提高电池的开路电压和填充因子。将 $MAPbI_3$ 钙钛矿的前驱体溶液通过顶部的多孔碳电极层渗透到 ZrO_2 和 TiO_2 层中，就可以组装出一个完整的钙钛矿电池。对应的能级结构如图 4.13（b）所示，可以看到，碳电极的功函数为 $-5.0eV$，在能级图上，略高于 $MAPbI_3$ 钙钛矿的价带能级（$-5.43eV$）；同时 TiO_2 的导带能级（$-4.0eV$)略低于钙钛矿的导带能级（$-3.93eV$）。在该能级结构下，钙钛矿中的光生电子很容易注入到 TiO_2 导带中，而空穴会通过钙钛矿的传输被碳电极收集到。通过优化碳材料的成分，该结构的电池光电转化效率为 6.64%。由于不需要使用有机 Spiro-OMeTAD 作为空穴传输材料，所以该结构的电池表现出优异的稳定性。经过 840h 的存储后，该电池的效率基本保持不变，如图 4.13（c）

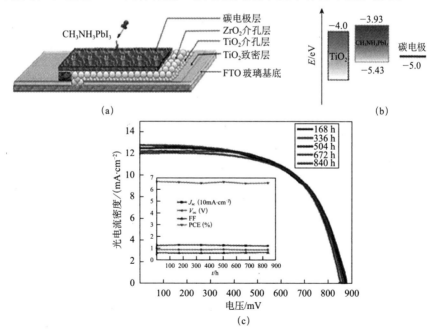

图 4.13　（a）碳对电极的无空穴传输层钙钛矿太阳电池的基本结构示意图；（b）钙钛矿太阳电池的能级结构图；（c）钙钛矿太阳电池的稳定性测试结果（后附彩图）

所示。通过使用 TiO_2 纳米片作为光阳极，电池的性能可以进一步提高到 10.6%[39]。在 2014 年，H. Han 课题组[40]使用 5-AVA 的碘化物部分取代碘甲胺（MAI）合成出 MA_{1-x}（5-AVA）$_x PbI_3$ 钙钛矿吸光材料。添加 5-AVA 后，可以控制钙钛矿的结晶过程，从而使钙钛矿更好地渗透并填充到 TiO_2 的介孔层中。使用碳作为对电极和 MA_{1-x}（5-AVA）$_x PbI_3$ 钙钛矿组装的钙钛矿电池，效率可以达到 12.8%。

　　H. Han 课题组的工作表明碳材料是一种性能优异的对电极材料。不过在他们的工作中，碳电极的制备过程需要用到高温热处理，这使得该类型的碳电极不能应用到低温柔性电池的制备中。同时碳电极的厚度远大于介孔 TiO_2 层的厚度，一般为几个到十几个微米，这样的厚度下，钙钛矿前驱液很难完全渗透到底层的 TiO_2 层中，从而不能完全发挥出该类型电池的潜力。F. Zhang 等[41]首先尝试了低温碳电极的制备，如图 4.14 所示。他们使用一步法，首先制备出钙钛矿薄膜，然后将商业化的碳浆料通过刮涂（blade coating）的方法在钙钛矿表面形成碳对电极。该方法制备的碳对电极，不需要高温加热处理，从而能够用于低温柔性钙钛矿电池的制备中。使用该低温碳对电极，电池的效率为 8.31%。和 H. Han 课题组的结果类似，该电池同样表现出优异的长期稳定性。与此同时，S. Yang 课题组[42]也对低温碳对电极进行了研究。他们将碘甲胺（MAI）加入到低温的碳浆料中，然后将该浆料印刷到 PbI_2 层上，在随后的加热过程中，MAI 会通过热扩散和 PbI_2 反应原位生成 $MAPbI_3$ 钙钛矿。基于该方法，可以很好地控制钙钛矿层与碳电极层的界面接触，从而使电池的效率提高到 11.6%。最近 M. Wang 课题组[43]使用介孔的 TiO_2/Al_2O_3 作为骨架层，石墨与炭黑的混合物作为低温的碳

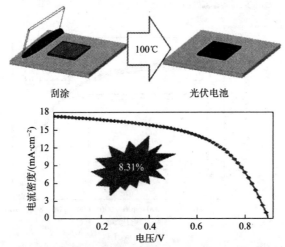

图 4.14　低温碳对电极的无空穴传输层钙钛矿太阳电池的制备
过程示意图以及电池典型的电流密度-电压曲线

电极，然后加入少量的单壁碳纳米管到碳电极中，来达到增强收集空穴的能力。经过优化后，电池的效率达到 14.7%，这是目前报道的基于低温碳对电极的无空穴传输材料的钙钛矿电池所具有的最高效率之一。

无空穴传输层型钙钛矿电池，舍弃了价格高昂的有机空穴传输材料 Spiro-OMeTAD，降低了器件的成本。由于舍弃了空穴传输材料，器件中电荷分离效率低，载流子复合严重，导致开路电压和填充因子不高，所以该结构的电池性能远不及介孔型钙钛矿电池和平面异质结型钙钛矿电池。为了提高电池性能，科研人员尝试了各种各样的方法，比如调节内建电场强度、优化表面形貌和使用绝缘的 ZrO_2 介孔层等。

4.4　钙钛矿太阳电池工作机制

太阳电池基本的工作流程包括光吸收、载流子的产生、载流子的输运和收集。基本过程包括（图 4.15）：①钙钛矿材料吸收入射太阳光，同时产生光生电子空穴对；②钙钛矿吸光材料中产生的电子注入到电子传输材料中；③钙钛矿吸光材料中产生的空穴输运到空穴传输材料中；④钙钛矿材料中光生电子空穴对的复合过程；⑤电子传输材料和钙钛矿界面处电子的反向传输；⑥空穴传输材料和钙钛矿界面处空穴的反向传输过程；⑦电子传输材料和空穴传输材料之间载流子的复合过程，该过程只有在钙钛矿对底层的电子传输层或空穴传输层覆盖不完全，电子传输层和空穴传输层之间发生直接接触的前提条件下才可能发生。其中①～③过程是钙钛矿太阳电池中载流子的产生和输运过程，④～⑦过程是钙钛矿电池中载流子的复合损失过程。为了获得高效的钙钛矿太阳电池，应该尽可能避免④～⑦过程的发生。

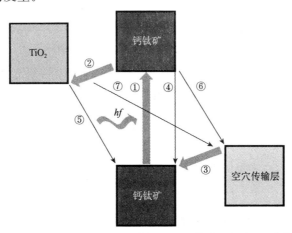

图 4.15　钙钛矿太阳电池中载流子的传输和复合过程[44]

4.4.1 介孔型钙钛矿太阳电池的工作机制

在介孔型钙钛矿太阳电池中，由于存在一层介孔的骨架层，电池中载流子的输运过程变得更加复杂。对于绝缘的骨架层，如 Al_2O_3 或者 SiO_2，钙钛矿中的光生电子不能注入到骨架层中，电子必须经过钙钛矿材料本身的输运，才能被电子传输层收集到。对于半导体 TiO_2 或者 ZnO 等骨架层，由于它们本身就可以作为很好的电子传输通道，所以，在钙钛矿电池研究的初期，对于半导体骨架层是否起到电子传输通道作用的问题，研究人员对此有很大争议。为了解决这个问题，在 2014年，J. E. Moser 课题组[45] 使用时间分辨测量技术，对介孔型钙钛矿太阳电池中载流子的输运过程进行了详细的研究。他们使用飞秒瞬态吸收光谱对四组样品进行了对比研究，相应的结果如图 4.16（a）所示。测量过程中激发波长为 580nm，探测波长为 1.4μm。从图 4.16（a）中可以看到，在受到激发后的几个 ps 内，样品的吸收显著增强，随后样品的吸收按照多指数函数衰减。通过对 1ps 以后样品的吸收进行双指数衰减函数拟合，可以得到第一个快速衰减峰的特征时间在 40～60ps 范围内，第二个慢速衰减峰的特征时间在 140～270ps 范围内。1.4μm 的探测波长最初被用来探测 Spiro-OMeTAD 氧化态的近红外吸收，但是，不包含空穴传输层 Spiro-OMeTAD 的两个样品依然具有很强的源于钙钛矿材料本身的瞬态吸收信号。对比 TiO_2/MAPbI$_3$ 样品和 Al_2O_3/MAPbI$_3$ 样品，可以发现瞬态吸收光谱反映了 MAPbI$_3$ 钙钛矿中光激发态的数量随时间的变化关系。这些光激发态对应于光生的电子和空穴（可以以激子、自由载流子或者束缚态载流子的形式存在）。

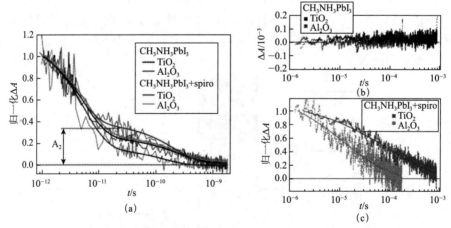

图 4.16　（a）样品的飞秒瞬态吸收光谱，（b）和（c）样品在 μs-ms 时间
范围内的瞬态吸收光谱（后附彩图）

在 Al_2O_3/MAPbI$_3$ 样品中，由于绝缘的 Al_2O_3 本身不参与载流子的输运，Al_2O_3 与 MAPbI$_3$ 之间不会有任何形式的电荷转移过程发生，所以，瞬态吸收光

谱信号来源于 MAPbI$_3$ 中载流子复合导致的载流子数目的衰减过程。在 TiO$_2$/MAPbI$_3$ 样品中，瞬态吸收光谱中慢速衰减峰的相对强度要大于 Al$_2$O$_3$/MAPbI$_3$ 样品。慢速衰减峰的相对强度被定义为归一化瞬态吸收光谱中 25ps 处样品的吸收强度，同时，该强度被用来作为对比不同样品的一个评价指标。根据瞬态光电导（transient photoconductance）测量的结果，钙钛矿薄膜沉积到多孔骨架层上或者平面玻璃表面，对其自身载流子的衰减复合过程是没有影响的，这就表明，相同制备条件下，在 TiO$_2$/MAPbI$_3$ 样品和 Al$_2$O$_3$/MAPbI$_3$ 样品中，钙钛矿自身载流子的衰减过程应该是相同的。同时，注入到 TiO$_2$ 导带中的电子，它们自身的瞬态吸收可以忽略不计。基于以上考虑，研究人员认为，TiO$_2$/MAPbI$_3$ 样品中，钙钛矿材料中光生的电子会注入到 TiO$_2$ 中，在钙钛矿材料中留下的额外的空穴需要更长的时间才能和电子发生复合，这就使得 TiO$_2$/MAPbI$_3$ 样品中慢速衰减峰的强度更大。由于 TiO$_2$/MAPbI$_3$ 样品中瞬态吸收光谱在 3ps 后开始滞后于 Al$_2$O$_3$/MAPbI$_3$ 样品，可以推测，TiO$_2$/MAPbI$_3$ 样品中电子的注入过程在 3ps 或者更短的时间内就已经开始了。

研究人员同时对含有空穴传输材料 Spiro-OMeTAD 的样品进行了研究，在 Al$_2$O$_3$/MAPbI$_3$/Spiro-OMeTAD 样品中，慢速衰减峰的相对强度（26%）和 TiO$_2$/MAPbI$_3$ 样品的相对强度（24%）基本上相同，这表明钙钛矿材料中的光生空穴注入到空穴传输层和光生电子注入到电子传输层差不多在相同的时间范围内就完成了。在 TiO$_2$/MAPbI$_3$/Spiro-OMeTAD 样品中，钙钛矿同时和电子传输材料 TiO$_2$ 以及空穴传输材料 Spiro-OMeTAD 相接触，光生电子和空穴的分离效率最高，所以慢速衰减峰的相对强度最高（34%）。为了对钙钛矿电池中载流子的复合过程进行研究，J. E. Moser 课题组使用闪光光解法（flash photolysis）对 μs-ms 时间范围内样品的瞬态吸收光谱进行了研究。在该时间范围内的瞬态吸收光谱来源于氧化态的 Spiro-OMeTAD。对于 TiO$_2$/MAPbI$_3$ 和 Al$_2$O$_3$/MAPbI$_3$ 样品，在 μs-ms 尺度的吸收光谱中，并没有发现任何吸收信号峰，见图 4.16（b）。对于 Al$_2$O$_3$/MAPbI$_3$/Spiro-OMeTAD 和 TiO$_2$/MAPbI$_3$/Spiro-OMeTAD 样品，可以观察到明显的吸收衰减峰（图 4.16（c））。在 Al$_2$O$_3$ 骨架层上，该衰减峰对应于氧化态 Spiro-OMeTAD 中的空穴和钙钛矿中电子之间的复合过程；在 TiO$_2$ 骨架层中，复合过程主要发生在氧化态 Spiro-OMeTAD 中的空穴和 TiO$_2$ 电子传输层导带中的电子之间。信号的衰减过程可以使用扩展指数函数（stretching exponential）来描述。拟合得到的衰减时间常数对应于载流子复合过程的特征时间。使用 TiO$_2$ 骨架层和 Al$_2$O$_3$ 骨架层时，拟合得到的衰减时间常数分别是 99 μs 和 15 μs，这表明使用 TiO$_2$ 骨架层时载流子的复合过程要比使用 Al$_2$O$_3$ 骨架层时载流子的复合过程慢。

总地来说，通过使用瞬态吸收光谱技术，J. E. Moser 等[45]对钙钛矿太阳电池中载流子的输运和复合过程给出了比较详细的描述。电子-空穴对的分离可以发生在钙钛矿层和电子传输材料层或者空穴传输材料层的界面处，电子和空穴分别注入电子传输层和空穴传输层的过程所需时间较短，在皮秒尺度范围内就可以完成。相反地，载流子的复合过程所需时间较长，在微秒尺度范围内。如此大的特征时间差异，可以保证钙钛矿电池中，载流子的分离效率要远大于复合效率，从而保证了钙钛矿电池能够提供更高效的光电转化效率。

J. E. Moser 等的研究表明，钙钛矿吸光材料中的光生电子能够注入到 TiO_2 骨架层中，但是，在介孔超结构的钙钛矿电池中，使用绝缘的 Al_2O_3 骨架层，钙钛矿电池依然可以正常工作。而且，相比于三维的 TiO_2 多孔骨架层，钙钛矿具有更好的电子传输性能。这些实验结果使得研究人员意识到，在介孔型钙钛矿太阳电池中，光生电子的传输途径可能不止一个。当使用半导体性质的介孔骨架层时（如 TiO_2 或者 ZnO），部分的光生电子会注入到介孔骨架层，通过骨架层传输后才被电极收集到；还有部分的光生电子会直接经过钙钛矿材料进行传输。N. G. Park 课题组[46]对比研究了使用不同晶型 TiO_2 骨架层的钙钛矿太阳电池的性能。他们将 $TiCl_4$ 溶液在常温下进行水解反应，制备得到长度为 100nm，宽度为 20nm 的金红石相 TiO_2 纳米颗粒；同时通过水热反应，制备得到直径为 50nm 的锐钛矿相 TiO_2 颗粒。将这两种 TiO_2 颗粒分别制备成 TiO_2 浆料，经过旋涂和高温烧结后，得到的金红石相骨架层的孔隙率为 60.6%，略高于锐钛矿相骨架层的孔隙率（49.1%）。使用一步法制备得到的钙钛矿电池，金红石相骨架层对应的电池效率为 8.19%，锐钛矿相骨架层对应的电池效率为 7.23%；使用两步法制备得到的钙钛矿电池，金红石相骨架层对应的电池效率为 13.75%，锐钛矿相骨架层对应的电池效率为 13.99%。不管是一步法还是两步法，金红石相骨架层对应的钙钛矿电池相比于锐钛矿相骨架层，都表现出相对较高的短路电流和相对较低的开路电压。为了研究电池中电子的传输和复合行为，研究人员使用瞬态光电流和光电压对电池进行了表征，从而得到了电池中电子扩散系数和电子复合时间常数，如图 4.17 所示。从图中可以看到，金红石相骨架层钙钛矿电池的电子扩散系数（D_e）比锐钛矿相骨架层钙钛矿电池低一个数量级；同时金红石相骨架层钙钛矿电池的电子复合时间常数（τ_R）大约是锐钛矿相骨架层钙钛矿电池的十倍。如果电子仅仅通过钙钛矿层进行传输，电池中电子的扩散系数应该与骨架层的成分无关。所以，实验中观察到的电子扩散系数受到不同晶相 TiO_2 骨架层的影响，可以作为电子被注入到骨架层的一个间接证据。锐钛矿相骨架层钙钛矿电池中，电子扩散系数在 $10^{-6} \sim 10^{-5}$ cm$^2 \cdot$ s^{-1} 范围内，染料敏化太阳电池中电子的扩散系数为 6×10^{-5} cm$^2 \cdot$ s^{-1}，两者基本吻合，这个现象表明测量得到的电子扩散系数主要来源于电子在多孔 TiO_2 骨架层中的传输。除此以外，金红石相骨架层钙钛矿电池中，电子扩散系数比锐钛矿相骨架层钙钛矿电池低一个数量级，这样的实验结果和使用 N719 染料的敏化太阳电池中得到的结果是一致的。在金红石相骨架层钙钛矿电池中，骨架层的孔隙率高，单位体积内 TiO_2 颗粒之间的接触界面更多，从而阻碍电子的传输。对比锐钛矿相骨架层钙钛矿电池，金红石相骨架层钙钛矿电池中电子的复合更慢，这说明更多的电子从钙钛矿层注入到了金红石相骨架层中。由于 TiO_2 的导带能级要低于钙钛矿吸光材料的导带能级，更多电子注入到 TiO_2 导带能级会导致准费米能级下降，所以金红石相骨架层钙钛矿电池具有相对较低的开路电压。根据以上讨论，图 4.18 给出了 TiO_2 骨架层钙钛矿电池中，电子的传输过程示意图。对于锐钛矿相骨架层或者金红石相骨架层，钙钛矿层吸收光子后产生的电子，其中的一部分会注入到 TiO_2 多孔骨架层中，通过多孔骨架层进行传输；另外一部分则通过钙钛矿材料直接进行传输。两者的比例可以通过调节多孔骨架层的成分进行调控。

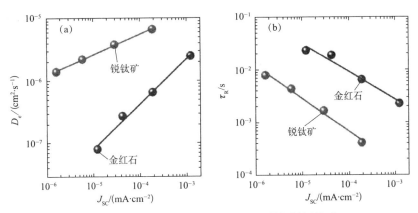

图 4.17　基于锐钛矿和金红石 TiO_2 骨架层钙钛矿
太阳电池的（a）电子扩散系数；（b）电子复合时间常数

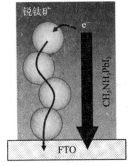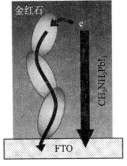

图 4.18　基于锐钛矿和金红石 TiO_2 骨架层的钙钛矿太阳电池中
电子传输过程的示意图
其中更多的电子注入到金红石 TiO_2 骨架层中

4.4.2 平面异质结型钙钛矿太阳电池的工作机制

在 2013 年，H. J. Snaith 课题组[48]首先提出平面异质节型钙钛矿电池可能的工作模式是 p-i-n 型。其中 p 代表 p 型的空穴传输层，n 代表 n 型的电子传输层，i 代表位于空穴传输层和电子传输层之间的本征钙钛矿半导体。在 p-i-n 型模式下，pi 节和 in 节共同发挥作用使得电池的开路电压接近本征钙钛矿半导体的禁带宽度。不同于 pn 节，p-i-n 节中，本征钙钛矿半导体的内建电场主要由与钙钛矿相互接触的空穴传输层和电子传输层决定。如果本征的钙钛矿材料具有优良的电学性能同时有效的电子和空穴扩散长度相当，内建电场能够保证在整个钙钛矿层中载流子的有效分离和输运。与此同时，钙钛矿材料与电子传输层或者空穴传输层之间导带或价带能级的差异，可以保证电子传输层或空穴传输层具有选择性传输电荷的能力。为了对 p-i-n 型工作模式进行验证，D. Cahen 等[49]合作，使用电子束诱导电流（electron beam induced current）测量技术，对平面型钙钛矿电池中载流子的产生和分离部位进行了研究。在电子束诱导电流实验中（图4.19），扫描电子显微镜中的电子束照射到吸光材料上可以产生电子-空穴对，该过程和吸光材料吸收入射光子后产生电子-空穴对的过程类似。在器件中内建电场的作用下，电子-空穴对发生分离的同时产生电子束诱导电流。通过测量电子束诱导电流的大小和记录扫描电子束所在的位置，就可以得到器件中载流子产生的位置并对电荷分离效率进行定性分析。图 4.20 给出了平面型 $MAPbI_{3-x}Cl_x$ 钙钛矿电池中电子束诱导电流实验结果。其中，图 4.20（a）中左边图为平面型钙钛矿电池的二次电子扫描电镜图片，右图为对应的电子束诱导电流图片。图 4.20（b）为电子束诱导电流的三维表面图。在二次电子扫描电镜图片中，我们可以清楚地分辨出钙钛矿电池中的各功能层，包括 80～100nm 的 Au 电极，空

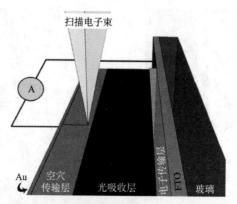

图 4.19 电子束诱导电流实验的示意图[47]

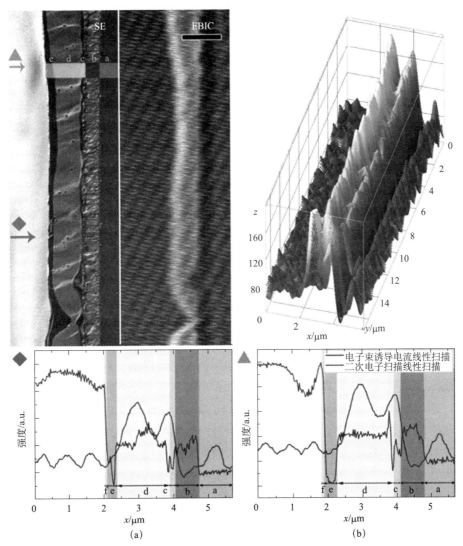

图 4.20　(a) 中左图为 $MAPbI_{3-x}Cl_x$ 平面异质结型钙钛矿太阳电池的扫描电子显微镜图片，右图为对应的电子束诱导电流图片，标尺为 $2\mu m$。图中的 a、b、c、d、e 和 f 分别对应于玻璃层、FTO 层、TiO_2 层、$MAPbI_{3-x}Cl_x$ 钙钛矿层、空穴传输层和 Au；(b) 电子束诱导电流的三维表面图。下面的两幅图是对应位置（分别用三角形和四边形标记）的电子束诱导电流图和二次电子强度图（后附彩图）

穴传输层，钙钛矿吸光层，$80\sim100nm$ 的 TiO_2 致密层和大约 700nm 厚的 FTO 层。在电子束诱导电流图中，我们可以看到在整个平面型电池的截面上都存在一个"双峰"的图形。其中的一个峰位于空穴传输层和 $MAPbI_{3-x}Cl_x$ 钙钛矿的界面处，另外一个峰位于 $MAPbI_{3-x}Cl_x$ 钙钛矿和 TiO_2 电子传输层的界面处，靠近空穴传输层的信号峰强度更大。在 Au 电极区域和玻璃区域，也可以观察到振荡信号峰，这些振荡信号来源于电子束诱导电流信号的背景噪声，在绝缘的玻璃处，背景噪声更加显著。电子束诱导电流信号的强度变化可以定性地反映出载流子的寿命。靠近空穴传输层和 MAPbI$_{3-x}$Cl$_x$ 钙钛矿的界面处，观察到的强信号表明在此处具有高效的空穴收集效率，产生的电子需要扩散通过整个钙钛矿吸光层才能被 TiO$_2$ 电子传输层收集到，在这期间经过的吸光层厚度越大（即产生电子-空穴对的位置离 TiO$_2$ 层越远），发生复合的几率越高。同样的情况也适用于靠近 TiO$_2$ 电子传输层和 MAPbI$_{3-x}$Cl$_x$ 钙钛矿的界面处产生的空穴。每一种载流子都需要被远端的电子传输层或空穴传输层收集，才能产生有效的电子束诱导电流信号，这样就会形成具有单个峰的衰减图形，电子和空穴衰减图形叠加后就会产生实验中观察到的"双峰"图形。电子束诱导电流实验直接表明，平面型钙钛矿电池的工作模式为 p-i-n 型，同时，靠近空穴传输层的信号强度相对较大，表明电子的收集效率更高。

4.4.3　无空穴传输层钙钛矿太阳电池的工作机制

在无空穴传输层钙钛矿太阳电池中，由于没有空穴传输层，钙钛矿层与空穴传输层之间的界面对空穴的分离和提取作用消失，所以整个钙钛矿电池的工作机理也不同于包含空穴传输层的介孔型钙钛矿电池和平面型钙钛矿电池。

在 2013 年，L. Etgar 等[33]对无空穴传输层钙钛矿太阳电池的工作机理进行了初步的研究。在无空穴传输层钙钛矿电池中，MAPbI$_3$ 钙钛矿和 TiO$_2$ 之间会形成异质节。电子从 MAPbI$_3$ 层转移到 TiO$_2$ 使得 MAPbI$_3$ 钙钛矿和 TiO$_2$ 的界面处形成耗尽层。通过对无空穴传输层钙钛矿太阳电池进行莫特-肖特基分析（Mott-Schottky analysis），可以近似计算得到耗尽层厚度以及掺杂浓度。根据耗尽层近似，在异质节的空间电荷区不存在自由载流子，节电容可以通过公式（4.8）计算得到

$$\frac{1}{C^2} = \frac{2}{\varepsilon\varepsilon_0 q A^2 N}(V_{bi} - V) \qquad (4.8)$$

其中，C 为测量得到的节电容；A 为有效面积；V 是外加偏压；ε 是静态介电常数；ε_0 是真空介电常数；q 是电荷电量；N 是施主掺杂浓度；V_{bi} 为内建电势。对于 MAPbI$_3$ 钙钛矿，其静态介电常数大约是 30。在 $1/C^2$ 与 V 关系曲线的线性区域，得到的斜率为 2.71×10^{15} F^{-2} · V^{-1}，相应的 MAPbI$_3$ 钙钛矿材料的净掺杂浓度为 2.14×10^{17} cm^{-3}。在莫特-肖特基图中，$1/C^2$ 与 V 关系曲线的线性区域的延长线与 x 轴的交点对应于内建电势。得到的内建电势为 0.67 V，略小于钙钛矿电池的开路电压（0.712 V）。在无空穴传输层钙钛矿太阳电池中，内建电势的

存在不仅可以促进光生电子空穴对的分离，同时还可以抑制 TiO_2 层的电子和 $MAPbI_3$ 钙钛矿层中的空穴发生复合。

耗尽层的厚度可以通过公式（4.9）计算得到

$$W_{p,n} = \frac{1}{N_{a,d}} \sqrt{\frac{2\varepsilon V_{bi}}{q\left(\dfrac{1}{N_a + N_d}\right)}} \qquad (4.9)$$

其中，N_a 和 N_d 分别是受主和施主的掺杂浓度。根据文献报道结果，TiO_2 的掺杂浓度 $N_a = 1 \times 10^{16}\ cm^{-3}$。使用公式（4.9），可以分别计算得到 TiO_2 层中耗尽层的厚度为 162nm，$MAPbI_3$ 层中耗尽层的厚度为 75nm。T. Ma 等[50]对平面异质结型的无空穴传输材料钙钛矿电池进行了研究，电池结构为 FTO/compact ZnO/$MAPbI_3$/Carbon，电池中不包含介孔的骨架层。莫特-肖特基分析表明，对于该结构的钙钛矿太阳电池，内建电势为 0.91 V，从而可以保证高效率的电子-空穴对的分离。S. Yang 等[51]的研究结果表明，在无空穴传输层钙钛矿太阳电池中，除了 TiO_2/$MAPbI_3$ 之间的内建电势，$MAPbI_3$ 与碳对电极之间形成的肖特基结（Schottky junction）也会有利于载流子的分离。通过对比测量 FTO/Carbon/$MAPbI_3$/FTO 器件，FTO/Carbon/FTO 器件和 FTO/$MAPbI_3$/FTO 器件的电流-电压曲线，可以发现，FTO/Carbon/FTO 器件具有线性的电流-电压曲线，表明 FTO 与碳材料之间的接触为欧姆接触。FTO/$MAPbI_3$/FTO 器件具有对称的非线性的电流-电压曲线，这主要是由钙钛矿材料的半导体性质引起的。FTO/Carbon/$MAPbI_3$/FTO 器件的电流-电压曲线具有整流特性，说明碳材料与钙钛矿直接可以形成肖特基结。肖特基结的内建电场将有助于空穴在钙钛矿与碳对电极界面之间的分离和提取。

电子束诱导电流实验结果表明，如果去掉空穴传输层，在平面型钙钛矿电池中观察到的"双峰"图形将消失，取而代之的是一个宽的单峰。峰的最大强度处靠近 TiO_2 电子传输层和钙钛矿吸光层的界面，然后强度向着 Au 电极方向缓慢下降。这表明，在无空穴传输层的条件下，钙钛矿和 TiO_2 电子传输层之间会形成异质节，同时 Au 和钙钛矿吸光材料之间形成肖特基结。

4.5　钙钛矿太阳电池材料

大多数钙钛矿太阳电池通常包含透明的 FTO 或 ITO 电极、电子传输层、介孔层、钙钛矿吸光层、空穴传输层和金属电极层。其中介孔层是可选的，而且钙钛矿层夹在电子传输层和空穴传输层之间，形成类似于三明治的夹层结构。电子传输层、介孔层和空穴传输层的选取，对钙钛矿电池的性能起到了决定性的作用。一般而言，电子传输层的能级要略微低于钙钛矿吸光材料的导带能级；相反地，空穴传输层的能级要略高于钙钛矿吸光材料的价带能级，如图 4.21 所示。这样的能带排布，有利于电子从钙钛矿注入到电子传输层中，同时空穴能够有效地被空穴传输材料收集。电子传输层与钙钛矿导带的能级差异过大或者空穴传输层与钙钛矿价带的能级差异太大都会使得器件的内建电势降低，从而导致器件的开路电压下降，效率降低。电子传输层和空穴传输层应该具有较高的载流子迁移速率，从而有利于电子或空穴的输运，降低复合几率。钙钛矿一般通过溶液法直接生长在底层的电子传输层或者空穴传输层上，所以电子传输层或空穴传输层的形貌会直接影响到上层钙钛矿的形貌和质量。为了获得高质量的钙钛矿薄膜，需要电子传输层或者空穴传输层具有良好的成膜性能，能够容易地获得平整的、覆盖率高的、纳米尺度的薄膜。钙钛矿的稳定性较差，很容易被极性溶剂腐蚀，所以选择电子传输层或空穴传输层时，还要考虑到其加工性，以保证不会破坏钙钛矿层。从图 4.21 中可以看到，不管是钙钛矿材料，还是电子传输材料，或者空穴传输材料，都有很多种选择，这为优化钙钛矿电池的性能提供了无限的可能性。

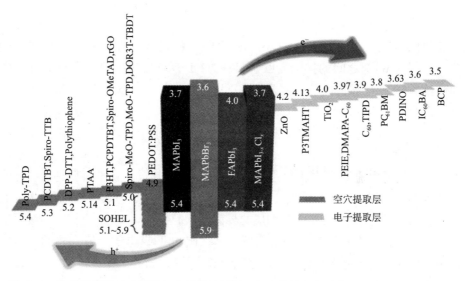

图 4.21 几种常用钙钛矿材料、电子传输材料和空穴传输材料的能级示意图（单位：eV）

4.5.1 电子传输层材料

TiO$_2$ 材料是目前研究和应用最为广泛的电子传输层材料之一。TiO$_2$ 材料具有以下几点优势：①合成制备工艺简单；②TiO$_2$ 的导带能级（−4.0eV）和 MAPbI$_3$ 钙钛矿材料的导带能级（−3.9eV）相匹配；③电子从钙钛矿吸光材料注入到 TiO$_2$ 的速率高；④电子寿命长。一般情况下，为了提高溶液法制备的

TiO_2 电子传输层的结晶性能和电子传输性能，需要将 TiO_2 层在高温条件下（500℃）进行烧结。使用高温烧结的 TiO_2 作为电子传输层，钙钛矿太阳电池的效率可以达到 20% 以上。高温烧结过程能够保证钙钛矿太阳电池获得优异的性能，但是这种方法并不适用于低温柔性电池。为了使用 TiO_2 电子传输层制作柔性钙钛矿太阳电池，可以使用化学浴沉积的方式制备 TiO_2 层[52]。将 $TiCl_4$ 溶液在 70℃ 条件下水解，可以在柔性衬底上生长一层 TiO_2 电子传输层。基于该方法，在低温条件下制备的钙钛矿太阳电池的效率可以达到 13.7%。

ZnO 半导体材料中电子迁移率要高于 TiO_2 材料，同时 ZnO 材料更加适合于使用低温方法合成，所以 ZnO 材料也是一种非常常用的电子传输层材料。T. L. Kelly 等[53] 使用 ZnO 作为电子传输层材料，在低温条件下制备出平面异质结型钙钛矿太阳电池。使用柔性衬底时，电池的光电转化效率可以达到 10%；如果使用刚性衬底，电池的光电转化效率可以进一步提高到 15.7%。使用 ZnO 作为电子传输层材料时，面临的主要挑战来源于 ZnO 自身的化学不稳定性。如何提高 ZnO 材料的稳定性是目前急需解决的问题之一。SnO_2 是一种新兴的电子传输层材料。J. Song 等[54] 使用旋涂法制备出低温的 SnO_2 电子传输层，在此基础上组装出平面异质结型钙钛矿太阳电池。电池的光电转化效率可以达到 13%；同时，电池具有非常优异的稳定性，经过 30 天保存后，电池的性能基本保持不变。W. Ke 等[55] 将 $SnCl_2 \cdot 2H_2O$ 的水溶液旋涂在 FTO 玻璃上，经过 180℃ 的短时间加热后得到 SnO_2 电子传输层，制备得到的钙钛矿太阳电池的光电转化效率可以达到 17.2%。WO_x 是一种宽禁带半导体材料，它的物理化学稳定性优异，电子迁移率较高（$10 \sim 20 \ cm^2 \cdot V^{-1} \cdot s^{-1}$），所以 WO_x 也是一种潜在的电子传输层材料。T. Ma 课题组[56] 首先对非晶 WO_x 薄膜在钙钛矿太阳电池中的应用进行了研究。他们使用低温方法制备出 WO_x 薄膜，对比于 TiO_2 薄膜，WO_x 电子传输层具有相同的透光性能，同时电子传输能力显著提高。受限于 WO_x 薄膜自身较高的缺陷态密度，电池中电荷的复合几率较大。所以，使用 WO_x 作为电子传输层，电池的短路电流提高，但是开路电压要明显低于 TiO_2 电子传输层的钙钛矿太阳电池。使用自组装小分子对 WO_x 薄膜进行表面修饰后，可以降低缺陷态密度，对应的钙钛矿太阳电池的效率可以提高到 14.9%。

除了上述的无机金属氧化物外，大量的有机分子或聚合物也被用作钙钛矿电池中的电子传输层材料。富勒烯（C_{60}）及其衍生物具有合适的能级位置、适合低温加工以及不错的电子迁移率等特性而被广泛使用。有机电子传输层材料较多，具体的内容可以查看相关的综述[57,58]。

4.5.2　介孔骨架层材料

介孔骨架层在钙钛矿太阳电池中属于可选的功能层。在介孔型钙钛矿太阳电池中必须存在一层介孔层。但是，随着平面异质结型钙钛矿太阳电池的出现，研究人员对是否要保留介孔骨架层的问题展开了讨论。问题的本质其实是关于两种钙钛矿太阳电池结构：介孔型和平面异质结型，它们当中哪一种结构的电池具有更大的优势，能够成为钙钛矿太阳电池的领导者？在电池的光电转化效率上，介孔型和平面异质结型钙钛矿太阳电池的效率都可以达到 20% 以上，两者的光电转化效率差别不大。平面异质结型钙钛矿太阳电池的优势在于电池结构相对而言比较简单，很容易应用到低温柔性电池中。介孔型钙钛矿太阳电池的优势在于钙钛矿层的制备工艺相对简单，而且电池的迟滞现象要明显优于平面异质结型钙钛矿太阳电池。

根据 J. Burschka 等[5] 的研究，使用两步法在平面衬底上制备钙钛矿薄膜时，由于 MAI 分子插入 PbI_2 晶格时导致的体积膨胀效应，在 PbI_2 颗粒表面生成的致密 $MAPbI_3$ 钙钛矿层会阻碍 PbI_2 与 MAI 的进一步反应。从而造成两步法合成的钙钛矿薄膜中 PbI_2 残留量较高，而且残留 PbI_2 含量很难控制，这将对钙钛矿薄膜的吸光性能以及钙钛矿太阳电池的性能产生极大的负面影响。与此相对应的，如果在介孔骨架层中生长钙钛矿薄膜，由于介孔层中孔洞的限制，PbI_2 颗粒的尺寸都是纳米尺寸的，因此很容易被 MAI 分子完全转化为 $MAPbI_3$ 钙钛矿。

TiO_2 纳米颗粒是常用的介孔层材料。为了让钙钛矿吸光层中的电子有效地注入到 TiO_2 介孔层，需要 TiO_2 与钙钛矿之间具有较大的接触面积，从这点出发，TiO_2 的颗粒尺寸越小越好。同时，为了有利于钙钛矿渗透到介孔层中并且完全填充介孔层中的孔洞，介孔 TiO_2 层中的孔洞需要有足够大的尺寸。为了在接触面积和孔洞体积之间取得平衡，我们需要优化 TiO_2 纳米颗粒的尺寸。S. D. Sung 等[59] 研究了 TiO_2 纳米球的尺寸对钙钛矿电池性能的影响。他们使用尺寸分别为 30nm、40nm、50nm 和 65nm 的 TiO_2 球作为介孔层来组装钙钛矿电池，当纳米球的尺寸为 50nm 时，电池的性能最佳，可以达到 17.2%。H. Han 课题组[60] 也做过类似的研究。他们使用尺寸分别是 15nm、20nm、25nm 和 30nm 的 TiO_2 纳米颗粒作为介孔层，使用 $(5\text{-}AVA)_x(MA)_{1-x}PbI_3$ 作为吸光材料组装成无空穴传输材料型钙钛矿电池。当 TiO_2 纳米颗粒尺寸为 25nm 时，电池的性能最佳，最高效率可以达到 13.4%。亚微米级别的 TiO_2 球也可以用作介孔层材料。Y. Huang 等[61] 通过溶胶-凝胶的方法制备出 250nm 的 TiO_2 球，并将其用作钙钛矿电池的介孔层。250nm 的 TiO_2 纳米球可以对光起到散射作用，从而提高了光的利用率。相应的钙钛矿电池的效率可以达到 15%。除了 TiO_2 纳米颗粒和纳米球以外，其他的 TiO_2 纳米结构，比如纳米棒、纳米线、纳米纤维、纳米管、纳米片等以及对应的 n 型半导体 ZnO 的各种纳米结构，都已经成功地被用来作为介孔层材料。

　　介孔层材料不仅局限于 n 型的半导体材料，p 型的金属氧化物半导体 NiO 也可以作为介孔层材料。H. Tian 等[62]首次报道了基于 NiO 介孔层的钙钛矿电池，电池的结构为：FTO/ NiO$_x$/ mp-NiO/ MAPbI$_3$/ PC$_{61}$BM/ Al，电池的效率为1.5%。采用相同的结构，K. C. Wang 等[63]通过优化电池的工艺，将效率提高到了 9.51%。瞬态吸收光谱和荧光光谱证实，在 NiO 和钙钛矿界面间存在高效的电荷转移过程。通过使用一层低温溅射的 NiO$_x$ 层来代替使用溶液法制备的NiO$_x$ 层，可以将效率进一步提高到 11.6%。使用 p 型的致密层和介孔层来收集和传输空穴，不仅丰富了钙钛矿电池的具体实现方式，而且可以避免使用不稳定的价格高昂的有机空穴传输材料。

　　除了半导体材料，绝缘体材料（Al$_2$O$_3$，ZrO$_2$，SiO$_2$）也被成功地用来制作介孔层。J. M. Ball 等[22]通过除掉 Al$_2$O$_3$浆料中的有机黏结剂，在 150℃ 条件下制备出 Al$_2$O$_3$介孔层，组装的钙钛矿电池平均效率为 12.3%。绝缘的 ZrO$_2$纳米颗粒也可以被用来制作介孔层[64]，相应的钙钛矿电池的效率为 10.8%。SiO$_2$具有高的透光性，S. H. Hwang 等[65]的研究表明，使用 50nm 的 SiO$_2$纳米球作为介孔层，电池的性能要优于对应的 TiO$_2$介孔层的电池，效率可以达到 11.5%。

4.5.3　钙钛矿层材料

　　钙钛矿吸光材料具有 ABX$_3$型结构。对于钙钛矿结构，其容忍因子 $t = (R_A + R_X)/(\sqrt{2}(R_B + R_X))$，其中 R_A、R_B、R_X 分别是 A、B 和 X 的有效离子半径。为了获得稳定的钙钛矿结构，容忍因子的取值应该在 0.813~1.107。对于常用的钙钛矿吸光材料，A 位置可以是 MA 或者 FA，B 位置可以是 Pb 或者 Sn，X 位置一般都是卤族元素（Cl、Br 或 I）。通过这些成分的排列组合，可以获得一系列的钙钛矿材料，从而对钙钛矿材料的禁带宽度以及能带位置进行调控。

　　MAPbI$_3$钙钛矿是研究最早，应用最为广泛的吸光材料。MAPbI$_3$钙钛矿材料的禁带宽度大约是 1.55eV，可以对波长小于 800nm 的紫外以及可见光产生显著的吸收。理论上，对于禁带宽度为 1.5eV 的材料，在标准模拟太阳光下，如果材料完全吸收太阳光，能够产生的短路电流大约是 27mA·cm^{-2}。对于目前报道的效率超过 20% 的 MAPbI$_3$钙钛矿电池，其开路电压为 1.15V，短路电流为23.28mA·cm^{-2}，填充因子为 0.76，对应的效率为 20.61。可以看到，开路电压接近 MAPbI$_3$钙钛矿的禁带宽度，短路电流接近理论上的最大短路电流。所以，对于纯 MAPbI$_3$钙钛矿电池，其性能已经非常接近其理论的极限值。为了进一步提高钙钛矿电池的性能，需要寻找禁带宽度更低，从而能吸收波长更长的光子的钙钛矿材料。理论上来讲，当使用大的阳离子取代 MAPbI$_3$钙钛矿中的甲胺离子时，可以降低其禁带宽度。但是如果 A 位置的阳离子尺寸太大，会破坏 APbI$_3$钙钛矿的三维结构，形成的二维钙钛矿的禁带宽度反而会增大。N. G. Park 课题组[66]曾经尝试将 $CH_3CH_2NH_3^+$ 引入钙钛矿中，从而制备出 $CH_3CH_2NH_3PbI_3$ 钙钛矿，由于 A 位置的阳离子尺寸过大，得到的钙钛矿的三维结构被破坏，钙钛矿的禁带宽度反而增加到 2.2eV。甲脒离子 FA 具有合适的尺寸，因此可以取代甲胺离子 MA，形成的 $FAPbI_3$ 钙钛矿具有更窄的禁带宽度（$E_g \sim 1.48eV$）。理论上来讲，使用 $FAPbI_3$ 钙钛矿，可以获得更高的电流，但是，$FAPbI_3$ 钙钛矿的稳定性较差，限制了它的使用范围。G. Cui 课题组[67]首次合成并报道了 $FAPbI_3$ 钙钛矿，并将其应用到介孔型钙钛矿电池中。$FAPbI_3$ 钙钛矿的禁带宽度只有 1.43eV，吸收光的波长可以延伸到 870nm。当使用 P3HT 作为空穴传输材料时，电池的效率可以达到 7.5%。N. G. Park 课题组[68]将两步法制备的 $FAPbI_3$ 钙钛矿在 150℃条件下加热处理 15min，从而制备出黑色形态的 $FAPbI_3$ 钙钛矿。通过调节乙基纤维素和 TiO_2 的比例优化了介孔 TiO_2 层的形貌；同时在 $FAPbI_3$ 钙钛矿的表面生长一层很薄的 $MAPbI_3$ 钙钛矿。经过以上的优化处理后，电池的开路电压可以达到 1.032V，效率可以达到 16.01%。M. Grätzel 课题组[69]报道了混合阳离子钙钛矿 $MA_{1-x}FA_xPbI_3$ 作为吸光材料的介孔型钙钛矿电池。通过调节 MA 与 FA 的比例，可以对钙钛矿的吸光性能进行调节，最终可以获得 14.9% 的光电转化效率，该效率要优于单独的 $MAPbI_3$ 或者 $FAPbI_3$ 作为吸光材料时的性能。为了提高 $FAPbI_3$ 钙钛矿电池的稳定性，可以用少量的 Cs 离子来替换 FA 离子，从而调节钙钛矿电池的容忍因子，在室温条件下，将 $FAPbI_3$ 稳定到黑色的钙钛矿相。$MAPbBr_3$ 具有很大的禁带宽度（$E_g \sim 2.3eV$），使用 $MAPbBr_3$ 作为吸光层材料，钙钛矿电池可以提供更大的开路电压，因此，能够将其作为串联电池的前级电池使用。E. Edri 等[70]使用 $MAPbBr_3$ 作为吸光材料，通过选择合适的能级匹配的空穴传输层材料，在介孔型钙钛矿电池中获得了 1.30V 的开路电压。S. Seok 课题组[71]研究了混合阴离子型的钙钛矿 $MAPb(I_{1-x}Br_x)_3$，调节 Br 的含量，钙钛矿的禁带宽度可以从 $MAPbI_3$ 的 1.58eV 连续变化到 $MAPbBr_3$ 的 2.28eV，从而使合成的钙钛矿吸光层材料呈现出不同的色彩。当 Br 的含量 $x=0.2$ 时，电池的最佳效率可以达到 12.3%。调节卤族元素的含量同样适用于 $FAPb(I_{1-x}Br_x)_3$ 系列钙钛矿。H. J. Snaith 课题组[72]的研究表明，当 Br 的含量从 $x=0$ 变化到 $x=1$ 时，钙钛矿的禁带宽度可以从 1.48eV 增加到 2.23eV。T. J. Jacobsson 等[73]对 $MA_{1-x}FA_xPb(I_{1-y}Br_y)_3$ 系列钙钛矿吸光材料进行了详细而系统的研究。他们的研究结果表明，钙钛矿的成分对材料的性质以及器件的性能起到了决定性的作用。当钙钛矿成分为 $FA_{4/6}MA_{2/6}PbBr_{1/2}I_{5/2}$ 时，组装的介孔型钙钛矿电池的电压为 1.14V，电流为 23.71mA·cm^{-2}，填充因子为 0.76，最终的效率可以达到 20.65%。

Pb 是一种有毒的金属元素，为了发展低毒性的钙钛矿电池，科研人员投入了大量的精力来寻找无铅的有机无机混合型钙钛矿材料。Sn 和 Pb 属于同一主族元素，化学性质类似，所以 Sn 被认为是替代 Pb 的理想元素。H. J. Snaith 课题组[74] 报道了无铅的钙钛矿太阳电池。他们使用 $MASnI_3$ 作为吸光材料，在介孔 TiO_2 薄膜上制作出钙钛矿电池。电池的最高效率可以达到 6%。但是，该钙钛矿电池的重复性较差；同时在空气中，电池的性能会很快衰减。这是由于 Sn^{2+} 是不稳定的，在空气中很容易被氧化成 Sn^{4+}。Kanatzidis 等[75] 的研究表明，AMI_3（A＝MA 或 FA，M＝Pb 或 Sn）系列的钙钛矿材料，禁带宽度在 $1.1\sim1.7eV$，同时具有很强的光致发光性能，这意味着它们在太阳电池和光电探测器中有很大的应用前景。虽然将 Pb 完全用 Sn 替代，得到的钙钛矿化学性质不稳定，但是当用 Sn 部分取代 Pb 后，得到的钙钛矿却具有不错的稳定性。对于混合的 Pb/Sn 钙钛矿 $MASn_{1-x}Pb_xI_3$，当 x 从 0 变化到 1 时，原则上禁带宽度应该线性地从 $1.35eV$ 增加到 $1.55eV$，但是，实际上混合的 Pb/Sn 钙钛矿材料中可以获得小于 $1.3eV$ 的禁带宽度，从而将吸收光的波长延伸到 1050nm。

4.5.4　空穴传输层材料

理想的空穴传输层材料应该满足以下几点要求：①空穴传输层材料的价带能级应该与钙钛矿吸光材料的价带能级相匹配。空穴传输层材料的价带能级一般要略高于钙钛矿吸光材料的价带能级，从而保证钙钛矿吸光材料中的空穴能够顺利地注入空穴传输层材料中。同时，两者价带能级的差值不宜过大，以避免能量损失。②空穴传输材料应该具有优良的空穴传导能力，能够快速地将收集到的空穴输运到电极处。③空穴传输材料应该具有优异的稳定性。在太阳电池工作期间，空穴传输材料不能对电池的稳定性带来负面的影响。④在反型的 n-i-p 结构钙钛矿太阳电池中，为了降低对可见光和近红外光谱的衰减，空穴传输材料在该光谱范围内应该具有低的光学吸收。

Spiro-OMeTAD 是实验室范围内应用最为广泛和成功的空穴传输层材料。Spiro-OMeTAD 的价带能级大约为 $-5.22eV$，比 $MAPbI_3$ 钙钛矿材料的价带能级高 $0.18eV$。这种能级差异能够保证 Spiro-OMeTAD 对空穴的有效提取。Spiro-OMeTAD 能够溶解到氯苯中，通过旋涂的方法能够很容易地将 Spiro-OMeTAD 制备到钙钛矿薄膜的表面，同时不会对底层的钙钛矿薄膜产生破坏。使用 Spiro-OMeTAD 作为空穴传输层材料，能够将介孔型钙钛矿太阳电池或者平面异质结型钙钛矿太阳电池的光电转化效率提升到 20% 以上。虽然 Spiro-OMeTAD 是一种应用非常广泛的空穴传输材料，但是它并不满足商业化钙钛矿太阳电池应用的需求。首先，Spiro-OMeTAD 材料的合成步骤复杂，提纯难度较高，所以 Spiro-

OMeTAD 材料的价格高昂，会导致钙钛矿太阳电池的生产成本较高。其次，Spiro-OMeTAD 材料本身的空穴传输能力差，单独将其作为空穴传输层时，器件内部的串联电阻较大，电池的效率很低。为了提高 Spiro-OMeTAD 对空穴的传输能力，一般会使用锂盐或钴盐对 Spiro-OMeTAD 进行掺杂。但是，掺杂过程可能会降低钙钛矿太阳电池的稳定性。

无机半导体材料具有高的空穴迁移率、易于合成、成本低廉同时化学稳定性优异的特点，所以无机半导体材料能够作为一类很好的空穴传输材料。考虑到无机半导体材料和钙钛矿吸光材料能级的匹配性问题，仅仅只有少数几种无机半导体材料能够应用到钙钛矿太阳电池中。无机半导体材料很难溶解到常规溶剂中，同时钙钛矿材料很容易被极性溶剂分解破坏掉，所以无机半导体材料应用到钙钛矿太阳电池中面临的主要问题之一是如何在钙钛矿材料表面生长一层无机半导体材料。CuI 和 CuSCN 是常用的无机半导体空穴传输材料。P. V. Kamat 等[76]使用滴涂法在钙钛矿薄膜表面沉积了一层 CuI 空穴传输层。由于制备得到的 CuI 层厚度较大，达到了 $1\sim2\mu m$，电池中载流子复合严重。电池的开路电压仅仅只有 0.55V，光电转化效率只有 6%。S. Ito 等[77]采用类似的滴涂法，将 CuSCN 沉积到钙钛矿薄膜表面，制备得到的钙钛矿太阳电池的效率只有 4.9%。无机半导体空穴传输材料在反型的平面异质结钙钛矿太阳电池中能够获得更高的光电转化效率。在反型钙钛矿太阳电池中，可以通过溶液方法首先制备出无机空穴传输层，然后在无机空穴传输层表面制备钙钛矿薄膜，这样可以避免对钙钛矿薄膜的破坏，从而能够大幅度地提高电池的效率。Y. W. Chen 等[78]使用 CuI 作为空穴传输层，PCBM 作为电子传输层，组装出反型的平面异质结型钙钛矿电池。为了提高透光性能，CuI 薄膜的厚度只有 43nm，基于该结构的电池，开路电压可以达到 1.04V，效率为 13.58%。经过 14 天后，电池依然能够保持其初始性能的 90%，显示出优良的长期稳定性。S. Ye 等[79]报道的基于 CuSCN 作为空穴传输层的反型平面异质结型钙钛矿电池，最高效率可以达到 16.6%。

除了 CuI 和 CuSCN，NiO 也是一种可选的无机空穴传输材料。S. Yang 课题组[80]使用溶胶-凝胶法制备的 NiO 空穴传输层，应用到反型的平面异质结钙钛矿电池中时，可以获得 9.11% 的效率。T. F. Guo 等[81]使用低温溅射的 NiO 致密层和一层 NiO 的介孔层，组装的反型平面异质结电池的效率可以达到 11.6%。到目前为止，使用 NiO_x 作为空穴传输材料的反型结构的钙钛矿电池，最高效率可以达到 18.3%。同时，使用 NiO_x 作为空穴传输层的电池具有更好的稳定性。除以上提到的几种无机空穴传输层外，CuO，Cu_2O 和石墨烯的氧化物（GO）由于其具有合适的 HOMO 能级，也是研究的比较多的空穴传输材料。

4.5.5　电极材料

常用的电极材料通常是 Au、Ag 和 Al。其中 Au 和 Ag 属于贵金属，价格比较昂贵，Al 的价格相对来说比较便宜。这些电极材料通常采用热蒸镀的方法沉积到钙钛矿电池上。这个过程需要配合使用高真空的设备。从而增加了电池的制作成本。碳材料，包括石墨片、碳纳米管、炭黑和石墨烯材料等，具有化学性质稳定，成本低廉，功函数合适等优点，也是一种比较合适的钙钛矿电池的电极材料。碳材料广泛地应用于无空穴传输层型的钙钛矿电池中，能够获得大约 15% 左右的光电转化效率，并且同时具有优异的长期稳定性。F. Zhang 等[82] 使用酞菁铜（CuPc）作为空穴传输材料，低温的碳电极作为对电极，组装的介孔型钙钛矿电池的效率可以达到 16.1%，这是报道的使用碳材料作为对电极的最高效率之一。经过 600h 的稳定性测试后，使用 CuPc 和碳电极的钙钛矿电池的效率为 14.7%，和初始效率相比，仅下降了 8.5%。该研究表明，在使用合适的空穴传输材料的前提条件下，碳材料作为对电极的电池可以获得和 Au 作为对电极的电池相同的性能。使用 Ag 纳米线作为电极材料，可以制作出半透明的钙钛矿电池，该类型的电池可以应用到串联电池中。F. Guo 等[83] 组装了基于 Ag 纳米线的半透明钙钛矿电池，电池的结构为 ITO/PEDOT：PSS/$MAPbI_{3-x}Cl_x$/$PC_{60}BM$/Ag。其中，Ag 纳米线通过简单的溶液法制备得到。该电池的开路电压为 0.964V，基本和使用普通金属电极的电池的开路电压相同，但是电池的效率仅为 8.49%。随后，J. Zhang 等[84] 对 Ag 纳米线电极进行了进一步的研究，将电池的效率提高到了 9.21%。D. Bryant 等[85] 使用嵌入了 Ni 网的 PET 作为透明电极，电极的透光性为 86%。然后使用添加了 PEDOT 的透明导电黏结剂，将透明电极粘结在空穴传输层上，从而组装出可以双面进光的钙钛矿电池。当模拟太阳光从 FTO 玻璃面入射时，电池的效率为 13.3%；当模拟太阳光从透明电极入射时，电池效率为 9.8%。

4.6　钙钛矿材料合成制备方法

4.6.1　一步法

一步法是制备钙钛矿薄膜最常用的溶液方法之一。在一步法中，首先将卤化铅 PbX_2（X＝Cl，Br 或 I）和有机卤化物 AX（A＝MA，FA 或 Cs，X＝Cl，Br 或 I）按照一定的化学计量比例溶解到特定的溶剂中，在 60~70℃ 温度范围内加热搅拌使其形成均匀的钙钛矿前驱体溶液。然后将该溶液旋涂到衬底上，经过 100℃ 的加热干燥过程就可以得到所需的钙钛矿薄膜。一步法非常适合用来合成混合钙钛矿薄膜或者对钙钛矿材料进行掺杂研究，所以一步法得到了非常广泛的应用。

一步法制备钙钛矿薄膜的过程中，溶剂的挥发和钙钛矿的结晶过程在前驱体溶液旋涂过程和随后的加热干燥过程中都会不断地进行，从而很难对钙钛矿的生长过程进行控制。在研究一步法过程的最初一段时间内，制备得到的钙钛矿薄膜的质量都不是很高，钙钛矿薄膜中存在孔洞，对底层薄膜的覆盖率较差。为了改善一步法制备得到的钙钛矿薄膜的质量，科研人员提出了多种可行的方法。

降低钙钛矿晶体的生长速度是优化钙钛矿薄膜质量的一种有效方法。钙钛矿晶体的生长速率降低后，能够更好地控制薄膜的形貌，使得薄膜中的孔洞数目降低，薄膜的覆盖率提高。L. Ding 等[86] 研究了一步法过程中氯化物添加剂（NH_4Cl 和 MACl）对钙钛矿结晶性和形貌的影响。X 射线衍射结果表明氯化物添加剂有助于钙钛矿薄膜的结晶，而且 NH_4Cl 添加剂的效果更好。扫描电子显微镜观察的结果表明一步法过程中加入氯化物后得到的钙钛矿薄膜更加平整，薄膜中孔洞的数目减少甚至消失。在此基础上组装得到的钙钛矿太阳电池，填充因子可以达到 80.11%。

添加氯化物后，可能会形成 $PbCl_2$ 的中间相，从而能够减慢钙钛矿的结晶过程，提高一步法钙钛矿薄膜的质量。与此类似的，如果直接使用 $PbCl_2$ 作为钙钛矿前驱体的原料，也能够得到均匀的钙钛矿薄膜。通过使用 Cl 部分取代 I，可以导致晶格扭曲，从而延长钙钛矿的结晶过程。所以，使用 $3MAI+PbCl_2$ 的钙钛矿前驱体溶液制备得到的 $MAPbI_{3-x}Cl_x$ 钙钛矿薄膜的质量要远优于直接使用 $MAI+PbI_2$ 的钙钛矿前驱体溶液制备得到的纯 $MAPbI_3$ 钙钛矿薄膜，与此相对应的，$MAPbI_{3-x}Cl_x$ 钙钛矿薄膜具有更好的光电学性能。A. K. Jen 等[87] 研究了卤代烷添加剂对钙钛矿结晶性能的影响。他们选择 1，8-二碘辛烷作为添加剂加入到一步法钙钛矿的前驱体溶液中，1，8-二碘辛烷两端的卤族碘原子能够和 Pb^{2+} 形成配合物，从而可以提高 $PbCl_2$ 的溶解性。在随后的加热过程中，1，8-二碘辛烷缓慢地从薄膜中挥发出来，使得钙钛矿的结晶过程受到抑制。添加 1wt% 的 1，8-二碘辛烷后，得到的钙钛矿薄膜更加光滑平整。

溶剂工程也是抑制钙钛矿结晶过程的一种有效方法。在该方法中，中间相发挥着巨大的作用。例如，二甲基亚砜（DMSO）是溶剂工程中最常用的溶剂和添加剂。在一步法中，加入适量的 DMSO 后可以形成一种复杂的中间相 MAI-PbI_2-DMSO。该中间相能够形成致密、均匀的薄膜，在随后的加热处理过程中，中间相包含的 DMSO 会缓慢挥发离开薄膜，从而可以得到高质量的钙钛矿薄膜。

通过减慢一步法钙钛矿前驱体溶液中溶剂的蒸发速率也可以抑制钙钛矿晶体的生长。A. K. Jen 等[88] 对比研究了旋涂法和刮涂法制备得到的钙钛矿薄膜的性能。他们发现降低溶剂的蒸发速率有助于形成大尺寸的钙钛矿颗粒。在旋涂法中，经过高速的旋转，钙钛矿前驱体溶液中多余的溶剂在离心力作用下被甩离了衬底，留在衬底上薄膜中的钙钛矿是过饱和的，即使在室温条件下也会很快结晶成钙钛矿。在刮涂法中，钙钛矿前驱体溶液中的溶剂并不会发生太大的损失，通过将刮涂后得到的薄膜在室温条件下放置 40min，可以确保钙钛矿充分地自组装形成大颗粒。所以，使用刮涂法制备得到的钙钛矿薄膜中钙钛矿颗粒尺寸可以达到 30μm 以上，同时薄膜具有很好的均匀性。

　　N，N-二甲基甲酰胺（DMF）是一步法钙钛矿前驱体溶液中最常用的溶剂之一，它的沸点为 153℃，饱和蒸气压为 2.9mmHg[①]，在 100℃加热条件下，N，N-二甲基甲酰胺很容易挥发。为了降低溶剂的蒸发速率，可以选择具有更高沸点和更低饱和蒸气压的溶剂。N-环乙基吡咯烷酮（CHP）的沸点为 286℃，饱和蒸气压为 0.05mmHg，由于 DMF 和 CHP 化学结构上的相似性（图 4.22（b）），两者具有很好的相溶性。CHP 对 MAI 和 PbI$_2$ 的溶解度分别为 0.6g·mL^{-1} 和 0.25g·mL^{-1}，所以将少量的 CHP 添加到 DMF 中并不会影响到 MAI 和 PbI$_2$ 的溶解性。D. Kim 等[89]研究了 CHP 和 DMF 的混合溶剂对一步法制备钙钛矿薄膜结晶性和质量的影响。CHP 具有更高的沸点和更低的饱和蒸气压，加入 CHP 后，可以防止钙钛矿快速结晶（图 4.22（d））。扫描电子显微镜结果表明，使用 CHP 和 DMF 的混合溶剂

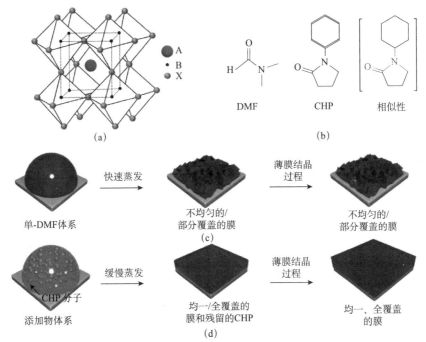

图 4.22　添加少量 CHP 后，钙钛矿薄膜的成膜过程示意图

---

① 1mmHg＝1.333×10^{2}Pa。

后，钙钛矿薄膜具有很高的均匀性，能够100％覆盖底层的空穴传输层。进一步的研究表明，其他高沸点和低饱和蒸气压的溶剂也能够起到类似的作用。

4.6.2 反溶剂处理法

反溶剂处理法属于改进的一步法。在通常的一步法过程中，为了保证钙钛矿颗粒均匀地结晶长大，需要控制溶剂缓慢挥发，从而避免钙钛矿颗粒异常的快速结晶长大。当溶剂挥发过程很快时，钙钛矿颗粒容易在少数地方优先形核长大，导致钙钛矿颗粒大小不均匀，钙钛矿薄膜中存在孔洞。为了避免溶剂挥发过程中钙钛矿颗粒形核不均匀的问题，可以在一步法中引入后续的反溶剂处理过程。反溶剂的选择需要满足两点基本要求：①反溶剂对钙钛矿材料的溶解度非常低，或者完全不溶解钙钛矿材料；②反溶剂需要和溶解钙钛矿的溶剂相互混溶。

图 4.23 给出了传统的一步法和反溶剂处理法制备钙钛矿薄膜的示意图。在反溶剂处理法中，首先将钙钛矿前驱体溶液旋涂到 TiO_2 电子传输层上，等待合适的时间后，将适量的反溶剂迅速滴加到尚未干燥的钙钛矿薄膜上。反溶剂能够迅速地降低钙钛矿的溶解度，从而使得钙钛矿快速地均匀形核长大。L. Spiccia 等[90]对12种溶剂进行了测试，当使用氯苯、苯、二甲苯和甲苯作为反溶剂时，能够得到钙钛矿颗粒尺寸达到微米尺度，钙钛矿薄膜覆盖均匀的高质量薄膜。为了研究反溶剂处理法中，钙钛矿颗粒的形核长大过程，研究人员在旋涂钙钛矿前驱体溶液开始后，分别延时 2s、4s 和 8s 后向尚未干燥的钙钛矿薄膜表面滴加反溶剂，并使用扫描电子显微镜对得到的钙钛矿薄膜的形貌进行了分析。根据实验结果，一步法旋涂制备钙钛矿的过程可以细分为三个阶段。第一个阶段为旋涂开始后的最初 3s，在这个阶段中，多余的钙钛矿前驱体溶液在高速离心下被甩离衬底。由于此时钙钛矿溶液还没有达到过饱和，在该阶段引入反溶剂处理并不会提高钙钛矿薄膜的质量。第二阶段为旋涂开始后的 4s 到 6s 时间内。在该阶段，由

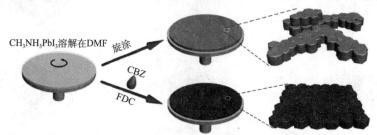

图 4.23 传统一步法和反溶剂处理法制备钙钛矿薄膜的示意图

图中上半图为传统一步法，得到的钙钛矿颗粒不均匀；下半图为反溶剂处理法，得到的钙钛矿颗粒尺寸更加均匀

于溶剂的挥发，钙钛矿溶液达到饱和，同时钙钛矿薄膜的非均匀形核过程尚未发生，引入反溶剂处理时，可以进一步提高钙钛矿溶液的过饱和度，从而使得钙钛矿颗粒快速均匀地形核长大。在实验中也可以发现，滴加反溶剂后，钙钛矿薄膜的颜色瞬间变成黑色；相反地，如果不滴加反溶剂，钙钛矿薄膜经过加热后才会缓慢变黑。第三阶段为旋涂开始 7s 以后。此时，由于溶剂进一步挥发减少，钙钛矿薄膜中的钙钛矿颗粒已经开始进行非均匀形核长大。在这个阶段加入反溶剂，并不能获得高质量的薄膜。通过以上讨论，可以得到反溶剂法中对滴加反溶剂的时间有比较严格的要求。

在传统的一步法中，为了促进溶剂的挥发和钙钛矿薄膜的结晶，通常需要在 100℃ 或更高温度下进行加热处理。通过使用反溶剂方法，钙钛矿薄膜在旋涂过程中就能够完全结晶。从而有可能避免后续的高温热处理过程，从而将钙钛矿电池制备到低温柔性电池中。A. K. Jen 等[91] 使用二甲基亚砜和 γ-丁内酯的混合溶剂作为钙钛矿前驱体溶液的溶剂，然后使用氯苯或者二氯苯作为反溶剂来诱导钙钛矿结晶。该过程可以避免中间相（MAI-PbI$_2$-DMSO）的形成，制备得到的钙钛矿薄膜不需要经过高温热处理过程。在加热处理温度为 70℃ 的条件下，制备得到的柔性钙钛矿电池的效率可以达到 9.4%。

4.6.3　两步法

两步法制备钙钛矿薄膜的流程图如图 4.24 所示。首先将 PbI$_2$ 的前驱体溶液旋涂到衬底上，经过加热干燥后得到黄色的 PbI$_2$ 薄膜；然后将 PbI$_2$ 薄膜浸入到 MAI 的异丙醇溶液中，PbI$_2$ 会和 MAI 发生反应生成黑色的 MAPbI$_3$ 钙钛矿。在两步法过程中，由于将钙钛矿薄膜的结晶和生长过程分离开，从而能够对薄膜的质量进行更好地控制。M. Grätzel 等[5] 首先在 *Nature* 杂志上对两步法制备钙钛矿薄膜的研究进行了报道。他们将 PbI$_2$ 的 DMF 溶液（462mg · mL^{-1}）旋涂到介孔 TiO$_2$ 骨架层上，然后将 TiO$_2$/PbI$_2$ 薄膜浸入到 MAI 的异丙醇溶液中（10mg · mL^{-1}），薄膜的颜色马上从黄色变成黑色，表明形成了钙钛矿相。制备

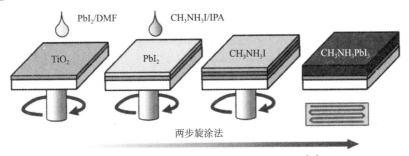

图 4.24　两步法制备钙钛矿薄膜的流程图[92]

得到的介孔型钙钛矿电池的开路电压为 0.993V，短路电流为 $20.0\text{mA} \cdot \text{cm}^{-2}$，填充因子为 0.73，光电转化效率为 15.0%。在当时，该效率是钙钛矿太阳电池获得的最高效率，也是溶液法制备的太阳电池所能获得的最高效率。

图 4.25 给出了两步法过程中 PbI_2 向钙钛矿的转变机制示意图。第一步旋涂得到的 PbI_2 薄膜通常由致密堆积的 PbI_2 颗粒组成，致密的形貌有助于后续得到的钙钛矿薄膜获得 100% 的覆盖率。将 PbI_2 薄膜浸入到 MAI 的异丙醇溶液后，MA 阳离子通过扩散和反应会插入到 PbI_2 的晶格中。由于 $MAPbI_3$ 钙钛矿的晶格常数要大于 PbI_2 的晶格常数，同时 MA 阳离子向 PbI_2 颗粒的扩散过程是由表面逐渐深入到颗粒内部的，PbI_2 表面生成的致密的 $MAPbI_3$ 钙钛矿层会阻碍 MA 阳离子的扩散。在衬底薄膜平面内，PbI_2 致密堆积，使得钙钛矿晶体沿着薄膜平面内的生长受到限制，所以钙钛矿主要的生长方向为垂直于薄膜的方向。这些因素会使得 PbI_2 向钙钛矿的转变过程不完全。根据 M. Grätzel 等[5] 的研究，当 PbI_2 旋涂沉积到平面衬底上时，PbI_2 和 MAI 溶液反应生成钙钛矿过程中，即使将反应时间延长到 45min，得到的钙钛矿薄膜中依然残留有大量未反应的 PbI_2。将 PbI_2 完全转变为钙钛矿可能需要几个小时，但是过长的反应时间会导致钙钛矿重新溶解到 MAI 溶液中，从而影响最终得到的钙钛矿薄膜的质量。在包含多孔骨架层的衬底上，由于 PbI_2 会渗透填充到多孔骨架层的孔洞中，PbI_2 的颗粒尺寸较小（大约 22nm），可以在短时间内和 MAI 反应生成钙钛矿。

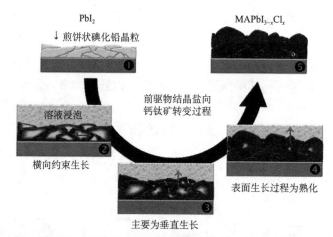

图 4.25　两步法中 PbI_2 向钙钛矿转变过程的示意图

由于在薄膜平面内钙钛矿晶体的生长受到限制，钙钛矿主要沿着垂直于薄膜的方向生长[93]

$MAPbI_3$ 钙钛矿材料通常需要在手套箱环境下合成，为了降低合成钙钛矿材料对实验室基础设施的要求，N. G. Park 等[94] 研究了普通大气环境相对湿度为 50% 条件下两步法制备钙钛矿材料的相关工艺。当环境湿度较高时，PbI_2 的形貌对钙钛矿电池的性能起到了决定性的作用。通过加热多孔骨架层衬底，可以对旋涂得到的

PbI$_2$薄膜的结晶性以及 PbI$_2$对多孔骨架层中孔隙率的填充率进行调控。多孔骨架层不经过加热过程得到的钙钛矿电池的光电转化效率仅为 11.16%；经过 50℃加热处理后，钙钛矿电池的光电转化效率提高到了 15.31%。对多孔骨架层进行加热可以提高 PbI$_2$的结晶性能，但是加热过程带来的副作用是两步法合成的钙钛矿中都存在一定含量未反应的 PbI$_2$。残留的 PbI$_2$可能会限制钙钛矿太阳电池能够获得的最高效率，所以如何降低两步法过程中残留 PbI$_2$的含量是一个亟须解决的难题。

4.6.4　改进的两步法

两步法被广泛地用来沉积高质量的钙钛矿薄膜。但是，如何降低两步法过程中残留的 PbI$_2$含量一直是一个困扰科研人员的难题。为了解决这个问题，科研人员提出了多种方法对传统的两步法进行改进。

T. Liu 等[95]通过控制 PbI$_2$薄膜中 PbI$_2$晶体的结晶和生长过程，制备出了多孔的 PbI$_2$薄膜，该薄膜可以迅速完全地转化为钙钛矿薄膜。图 4.26 (a) 给出了时间控制的生长多孔 PbI$_2$薄膜的示意图。在 2200rpm[①] 的转速下将 PbI$_2$的 DMF 溶液旋涂到衬底上，得到的湿润的 PbI$_2$薄膜放入到密封的玻璃培养皿中。由于 PbI$_2$薄膜尚未经过干燥，在 DMF 溶剂存在的情况下，PbI$_2$颗粒发生非均匀形核长大。控制 PbI$_2$薄膜放置的时间长短可以对 PbI$_2$颗粒的生长进行调控。经过合适的时间后，将 PbI$_2$薄膜在 70℃下加热干燥除去 DMF 溶剂，就可以终止多孔 PbI$_2$结构的生长。整个过程在充满氮气的手套箱中进行，PbI$_2$薄膜放置的时间分别是 0min、1min、3min、5min、7min 和 9min。从图 4.26 (b) 中可以看到，随着放置时间的增加，PbI$_2$薄膜的透明程度下降。这是由于形成了 PbI$_2$的多孔结构，使得光线的散射作用增强。从图 4.26 (c) 中的紫外可见光谱结果中可以看到，当 PbI$_2$薄膜的放置时间增加时，由于 PbI$_2$颗粒的长大，薄膜对紫外可见光的吸收能力提高。将多孔 PbI$_2$薄膜浸入 MAI 的异丙醇溶液中（溶液浓度为 8mg·mL^{-1}，反应时间为 30s）可以将 PbI$_2$薄膜转变为钙钛矿薄膜。从图 4.26 (d) 中钙钛矿薄膜的照片图中可以看到，当 PbI$_2$薄膜的放置时间增加时，得到的钙钛矿薄膜的颜色相应也会加深。钙钛矿薄膜对紫外可见光的吸收能力也得到增强，见图 4.26 (e)。通过形成多孔的 PbI$_2$薄膜，可以促进平面型结构的钙钛矿太阳电池中 PbI$_2$相钙钛矿的转变。组装的反型钙钛矿太阳电池的最高光电转化效率可以达到 15.7%。

H. Zhang 等[96]将适量的 4-叔丁基吡啶（TBP）加入到 PbI$_2$的 DMF 溶液中，TBP 作为一种含氮的配体，能够和 PbI$_2$形成配位化合物（PbI$_2$·xTBP）。在旋涂 PbI$_2$薄膜的过程中，随着 DMF 溶剂的挥发，会首先形成 PbI$_2$·xTBP；随后

---

① 1rpm＝1r·min。

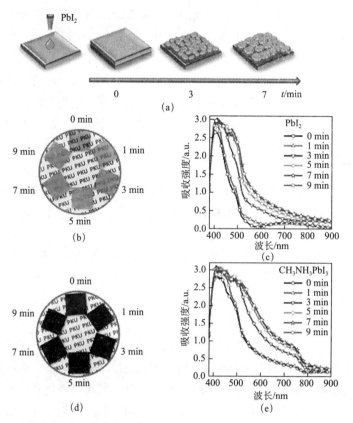

图 4.26 （a）生长多孔 PbI₂ 薄膜的示意图。生长不同时间后得到的多孔 PbI₂ 薄膜的（b）实物照片图和（c）紫外可见吸收光谱图。多孔 PbI₂ 和 MAI 反应后得到的 MAPbI₃ 钙钛矿薄膜的（d）实物照片图和（e）紫外可见吸收光谱图（后附彩图）

的加热过程中 $PbI_2 \cdot xTBP$ 会分解成 PbI_2 同时释放 TBP。在该过程中，原本被 TBP 占据的位置会形成小孔洞，从而形成多孔的 PbI_2 薄膜。通过对 TBP 的浓度进行调节可以控制小孔洞的大小和数目。X 射线衍射研究的结果表明，该多孔的 PbI_2 薄膜可以在短时间内完全反应生成钙钛矿。经过优化 TBP 浓度和 MAI 溶液浓度后，钙钛矿电池的最高效率可以达到 16.21%。

K. Zhu 等[97]研究了 $PbI_2 \cdot xMAI$（$x = 0.1 \sim 0.3$）前驱体溶液对两步法钙钛矿薄膜质量的影响。通过将少量的 MAI 加入到 PbI_2 的前驱体溶液中，可以将 PbI_2 转化为钙钛矿的速率提高 10 倍以上，同时钙钛矿薄膜中残留 PbI_2 的含量几乎可以忽略不计。进一步的研究表明，使用 $PbI_2 \cdot xMAI$ 前驱体溶液，可以降低得到的 PbI_2 薄膜的结晶性；同时 MAI 会预先插入到 PbI_2 的晶格中，使 PbI_2 薄膜发生预先膨胀，从而缓解 PbI_2 向钙钛矿转变过程中所需的过大的体积膨胀。通过调节 MAI 的含量（$x = 0.15$），钙钛矿电池的光电转化效率可以达到 15.62%，与此相反的，没有添加 MAI 的钙钛矿太阳电池的效率只有 6.11％。F. Huang 等[98]同样也研究了两步法过程中 PbI₂ 前驱体溶液中添加少量的 MAI 对钙钛矿电池性能的影响。当加入合适含量的 MAI 后（20％），钙钛矿电池的光电转化效率从原始的 11.13％提高到了 13.37％。

Y. Zhao 和 K. Zhu 合作[99]提出了三步法合成 MAPbI₃ 钙钛矿薄膜的方法。在第一步中，将 PbI₂ 和 MACl 的混合前驱体溶液旋涂到衬底上，得到 PbI₂·MACl 薄膜。由于 MACl 的热稳定较差，在高温加热时很容易挥发。第二步中，研究人员将 PbI₂·MACl 薄膜在 130℃条件下加热 30min，使得 PbI₂·MACl 薄膜分解得到黄色的 PbI₂ 薄膜。第三步中，将第二步得到的 PbI₂ 薄膜和 MAI 溶液反应得到 MAPbI₃ 钙钛矿。使用该方法，PbI₂ 能够在 30s 内完全转变为 MAPbI₃ 钙钛矿。

4.6.5　固相反应法

在两步法中，PbI₂ 和 MAI 溶液完全反应生成 MAPbI₃ 钙钛矿所需的时间较长，反应生成的 MAPbI₃ 钙钛矿有可能会重新溶解到 MAI 溶液中，从而使得钙钛矿薄膜的表面变得粗糙不平。如果钙钛矿颗粒发生脱落，钙钛矿薄膜中就会产生孔洞。为了避免长时间反应时，溶剂对钙钛矿薄膜的破坏，研究人员提出了固相反应法来制备钙钛矿薄膜。在固相反应法中，MAI 分子通过热扩散和 PbI₂ 反应生成 MAPbI₃ 钙钛矿，由于反应过程不包含任何液体溶剂，所以能够更好地控制 MAPbI₃ 钙钛矿薄膜的形貌和质量。

J. Huang 等[100]将 PbI₂ 和 MAI 分别溶解到 DMF 和异丙醇溶剂中，由于异丙醇对 PbI₂ 的溶解度极低，通过连续的旋涂法，可以得到 PbI₂ 和 MAI 的双层薄膜，如图 4.27（a）所示，其中 PbI₂ 薄膜位于 MAI 薄膜下层。虽然在 PbI₂ 薄膜表面旋涂 MAI 的异丙醇溶液时，PbI₂ 会和 MAI 反应生成 MAPbI₃，但是该过程依然不同于传统的两步法。主要是因为对于平面的 PbI₂ 薄膜，PbI₂ 和 MAI 反应生成钙钛矿是不完全的。在随后的加热过程中，薄膜表面的 MAI 会通过热扩散将残留的 PbI₂ 完全转化为 MAPbI₃ 钙钛矿。从图 4.27（c）中可以看到，通过固相反应法制备得到的钙钛矿为连续的没有孔洞的薄膜。相比较而言，使用一步法制备的钙钛矿薄膜中存在许多孔洞，薄膜覆盖率较差。通过对 PbI₂ 溶液和 MAI 溶液的浓度进行优化，制备得到的 ITO/PEDOT：PSS/MAPbI₃/PCBM/Al 钙钛矿电池的光电转化效率可以达到 15.4％。

为了避免旋涂的 MAI 溶液和 PbI₂ 薄膜反应对固相法中钙钛矿薄膜质量的影响，L. Chen 等[101]将 PbI₂ 和 MAI 分别旋涂制备到单独的衬底上，然后将 MAI 薄膜倒扣在 PbI₂ 薄膜上，经过 135℃加热处理后，PbI₂ 会和 MAI 通过固相扩散反应得到 MAPbI₃ 钙钛矿，如图 4.28 所示。X 射线衍射分析表明，加热 20min 后，

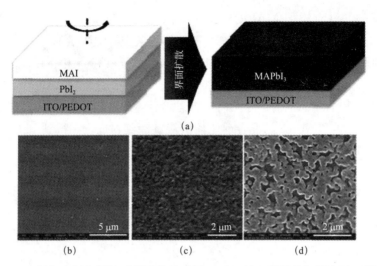

图 4.27   (a) 固相法制备钙钛矿薄膜的示意图；(b) PbI$_2$薄膜的扫描电子显微镜图片；
(c) 固相法制备的钙钛矿薄膜的扫描电子显微镜图片；(d) 一步法制备的钙钛矿薄膜的扫
描电子显微镜图片

PbI$_2$的衍射峰完全消失，说明 PbI$_2$被完全转变成了 MAPbI$_3$钙钛矿。在此基础上
制备的 ITO/PEDOT：PSS/MAPbI$_3$/PCBM/Al 钙钛矿太阳电池的光电转化效率
可以达到 10.0%。

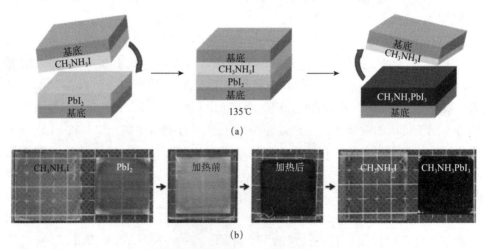

图 4.28   (a) 固相反应法制备钙钛矿薄膜的示意图；(b) 对应的不同阶段的 MAI 薄膜
和 PbI$_2$（或 MAPbI$_3$）薄膜的实物图照片

    Y. Song 等[102]通过电镀的方法在 FTO/致密 TiO$_2$层表面电镀了一层 PbO，然后
在 PbO 薄膜表面旋涂一层 MAI，将 PbO/MAI 薄膜在 150℃下加热 1h，PbO 会和
MAI 通过固相反应生成 MAPbI$_3$钙钛矿。制备得到的 FTO/c-TiO$_2$（～80nm）/

MAPbI$_3$（～350nm）/Spiro-OMeTAD（150nm）/Au（80nm）钙钛矿电池的光
电转化效率可以达到 14.59%。

4.6.6　气相-固相反应法

两步法过程中，MAI 需要通过液相或者固相的扩散过程才能和 PbI$_2$ 反应生
成钙钛矿。该过程中，受限于 MAI 与 PbI$_2$ 之间有限的接触反应面积，PbI$_2$ 转变
为钙钛矿所需的时间相对较长。为了提高 MAI 与 PbI$_2$ 之间的反应速率，可以使
用 MAI 的蒸气气氛来充分增加两者间的接触反应面积。气相-固相反应法的示意
图如图 4.29 所示。首先通过旋涂法制备得到 PbI$_2$ 薄膜，然后将 PbI$_2$ 薄膜与 MAI
蒸气反应得到 MAPbI$_3$ 钙钛矿。该方法充分结合了溶液法制备钙钛矿薄膜和真空
蒸发法制备钙钛矿薄膜的优点，又可以避免两步法过程中残留 PbI$_2$ 含量较高和真
空蒸发法制备过程复杂的缺点。Y. Yang 等[103]首先报道了气相-固相法制备钙钛
矿薄膜的相关工作。他们在 TiO$_2$ 致密层上旋涂得到 PbI$_2$ 薄膜，然后将 PbI$_2$ 薄膜
在 MAI 气氛下 150℃加热 2h，得到钙钛矿薄膜。扫描电子显微镜测试表明得到
的钙钛矿薄膜能够完全覆盖住底层的 TiO$_2$ 致密层，同时 MAPbI$_3$ 钙钛矿的颗粒尺
寸达到了微米尺度。组装的 FTO/compact TiO$_2$/MAPbI$_3$/Spiro-OMeTAD/Ag
钙钛矿电池的光电转化效率为 12.1%。M. G. Kanatzidis 等[104]使用气相-固相反
应法制备出高质量的钙钛矿薄膜，在此基础上组装的无空穴传输层钙钛矿太阳电
池的光电转化效率可以达到 10.6%。在一步法制备 MAPbI$_3$ 钙钛矿薄膜过程中，
通常会得到针状的形貌。这种针状形貌是由针状的中间相导致的。这些中间相可
以通过低角度的 X 射线衍射发现，但是它们具体的晶体结构并没有得到任何研
究。M. G. Kanatzidis 等认为这些中间相可能是 MAPbI$_3$ · H$_2$O 或者是 MAPbI$_3$ ·
DMF。这些中间相都具有针状的形貌，而且在加热过程中会丢失 H$_2$O 或者 DMF
从而形成针状的 MAPbI$_3$ 钙钛矿。使用气相-固相法制备 MAPbI$_3$ 钙钛矿，可以避
免这些中间相的形成以及随后的相转变过程，从而能够提供一个重复性良好的制
备高质量钙钛矿薄膜的方法。Z. Wang 等[105]对比研究了两步法制备的钙钛矿薄
膜和气相-固相法制备的钙钛矿薄膜的电学性能。在稳态光致发光谱中，两步法
制备的钙钛矿薄膜具有更高的光致发光强度，说明两步法制备的钙钛矿薄膜中缺
陷态的数目更多；在瞬态光致发光谱中，气相-固相法制备的钙钛矿薄膜的光致
发光强度衰减更快，拟合得到的光致发光寿命为 17.63ns，该数值要远低于两步
法制备的钙钛矿薄膜（光致发光寿命为 74.22ns）。这说明在气相-固相法制备的
钙钛矿薄膜中，载流子的分离和电子注入 TiO$_2$ 的速率更快。所以在相同的钙钛
矿太阳电池结构下，气相-固相法制备的太阳电池的效率（效率为 13.50%）要远
高于两步法制备的钙钛矿太阳电池（效率为 9.34%）。

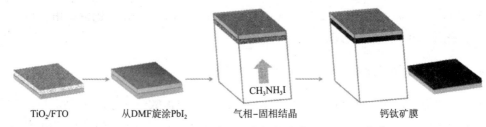

TiO₂/FTO   从DMF旋涂PbI₂   气相-固相结晶   钙钛矿膜

图 4.29　气相-固相反应法制备钙钛矿薄膜的示意图[103]

4.6.7　共蒸发法

2013 年，H. J. Snaith 课题组使用双源共蒸发的方法成功制备出高质量的钙钛矿薄膜。双源共蒸发法的原理如图 4.30（a）所示[106]。在高真空环境下，通过加热让有机 MAI 分子和无机 PbCl₂ 分子以 4：1 的摩尔比例沉积到衬底上。在蒸发过程中就可以得到黑色的钙钛矿薄膜。从图 4.30（b）中钙钛矿薄膜的截面图中可以看到，使用双源共蒸发法制备的钙钛矿薄膜表面非常平整，平均厚度为 330nm。与此相对应的，使用一步法制备的钙钛矿的表面呈现为波浪状，钙钛矿薄膜的厚度在 50~410nm 变化，如图 4.30（c）所示。使用双源共蒸发法制备的平面型钙钛矿太阳电池的光电转化效率为 15%，远高于使用一步法制备的钙钛矿太阳电池，后者的光电转化效率只有 8.6%。H. J. Bolink 等[107]通过在高真空环境下，将 MAI 和 PbI₂ 分别在 70℃和 250℃下加热，成功制备出 MAPbI₃ 钙钛矿。组装出的 ITO/PEDOT：PSS/MAPbI₃/PCBM/Au 钙钛矿太阳电池的光电转化效率可以达到 12.04%。Y. Yan 等[108]报道了完全基于真空热蒸发方法制备的钙钛矿太阳电池。通过共蒸发 PbI₂ 和 MAI 可以制备出 MAPbI₃ 钙钛矿，然后蒸发沉

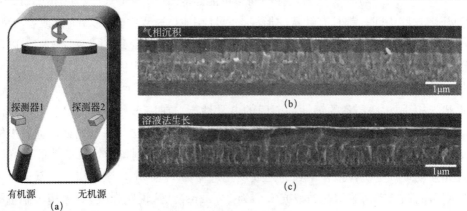

图 4.30　（a）双源热蒸发系统的示意图；（b）气相沉积的钙钛矿薄膜的 SEM 截面图；
（c）溶液法生长的钙钛矿薄膜的 SEM 截面图

积一层 CuPc 作为空穴传输层。对 CuPc 层的厚度进行优化后，组装出来的 FTO/PCBM/MAPbI₃/CuPc/Au 平面型钙钛矿太阳电池的光电转化效率可以达到 15.42%。

双源共蒸发法可以保证在不同的衬底上面制备出致密均匀的钙钛矿薄膜，同时可以对钙钛矿薄膜的形貌和厚度进行精确控制。这为系统地研究钙钛矿太阳电池的性能与钙钛矿吸光层厚度的关系提供了一种可行的途径。尽管双源共蒸发方法具有易于控制钙钛矿薄膜形貌和厚度，制备的钙钛矿薄膜的性能具有非常好的重复性等优点，但是，双源共蒸发方法需要使用到真空热蒸发设备，高的设备成本和复杂的薄膜沉积技术阻碍了该方法的广泛应用。

4.7 钙钛矿材料的应用

4.7.1 钙钛矿太阳电池光解水

太阳电池能够直接将太阳光转换为可利用的电能，为了避免白天和黑夜交替导致的太阳电池输出电能不连续的问题，通常都需要为太阳能发电装置搭配合适的能量存储设备。将太阳能直接转换为燃料，可以有效地避免使用笨重的能量存储设备，而且方便运输和使用。在自然界中，绿色植物通过光合作用可以将太阳能转换为化学燃料。受到大自然的启发，人工光合成越来越受到科研人员的重视。氢气，作为最简单的化学燃料之一，可以通过太阳光驱动的光电化学水解法或者太阳电池驱动的电解水法制备得到。

理论上电解水过程中需要提供 1.23V 的电压才能将水分解为氢气和氧气。在实际中，由于反应过程中伴随的过电位，商业应用的电解水装置通常运行电压为 1.8~2.0V。传统的硅基太阳电池，铜铟镓硒电池或者是碲化镉太阳电池，由于它们的开路电压较低并不适合直接驱动电解水装置。为了得到合适的工作电压，需要将三个或四个传统太阳电池串联起来或者使用 DC-DC 功率转化器，这无疑会增加系统的复杂程度或者降低整个系统的效率。钙钛矿太阳电池的开路电压较高，可以达到 1.0V 以上。通过串联两个钙钛矿太阳电池，就可以提供足够的电压来实现电解水应用。

在 2014 年，M. Grätzel 等[109] 在 *Science* 杂志上率先报道了钙钛矿太阳电池应用到光解水上的相关研究。他们首先使用两步法制备出高效的钙钛矿太阳电池，电池的开路电压为 1.06V，短路电流为 21.3mA·cm⁻²，填充因子为 0.76，光电转化效率为 17.3%。然后将两个钙钛矿太阳电池串联起来和双层的 NiFe 氢氧化物电极组装成太阳电池驱动的光解水装置，如图 4.31（a）所示。图 4.31（b）给出了整个装置的能级示意图。在标准模拟太阳光照射下，串联钙钛矿电池的电流-电压曲线如图 4.31（c）所示。串联钙钛矿电池的开路电压达到 2.00V，满足光解水过程所需的工作电压，同时整个串联电池依然能够实现 15.7% 的光电转化效率。整个光解水装置的工作电流为 10.0mA·cm^{-2}，在该工作电流下，钙钛矿太阳电池驱动的光解水效率为 12.3%。同时，整个光解水装置的工作点非常接近串联钙钛矿太阳电池的最大功率点（最大功率点位于 1.61V，对应电流为 9.61mA·cm^{-2}），表明整个过程中损失的能量非常小。

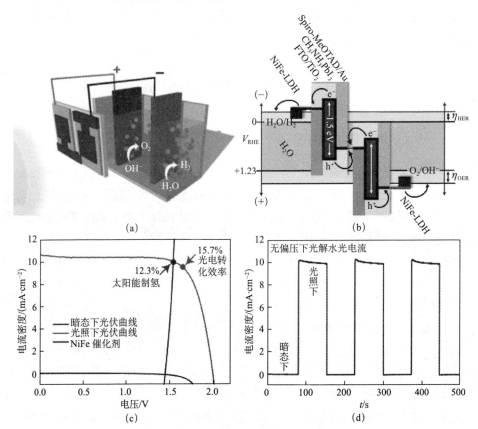

图 4.31　（a）钙钛矿太阳电池光解水装置示意图，（b）整个电解水装置的能级示意图，（c）钙钛矿太阳电池的电流密度-电压曲线和双层 NiFe 氢氧化物电极的电流密度-电压曲线，（d）在模拟光源照射下整个电解水装置的电流密度-时间曲线[109]（后附彩图）

Fe$_2$O$_3$ 是一种经济的水稳定的半导体化合物，同时它具有比较合适的禁带宽度，能够在可见光照射下催化分解水制备氧气。根据预测，使用 Fe$_2$O$_3$ 半导体，最大的光解水效率可以达到 16.8%。但是，Fe$_2$O$_3$ 中空穴的扩散长度较短，空穴的注入效率较差严重限制了它的性能。最关键的是 Fe$_2$O$_3$ 的导带位置并不适合氢气的还原过程，需要施加外部的电压才能完成整个光解水过程。为了选择和

Fe_2O_3 光电极相匹配的太阳电池，需要考虑以下两个指标：①太阳电池需要提供足够的工作电压；②太阳电池利用的太阳光谱需要不同于 Fe_2O_3 光电极。由于 Fe_2O_3 半导体的禁带宽度为 $2.1eV$，太阳电池必须能够利用低于 $2.1eV$ 的太阳光子，同时太阳电池的电压要足够高。考虑到经济性原则，太阳电池最好能够通过简单的溶液法制备得到。钙钛矿太阳电池能够满足以上两点要求。通过将 Fe_2O_3 光电极和钙钛矿电池堆叠到一起，可以实现不需要外部电压辅助的光解水过程，如图 4.32（a）所示[110]。在标准模拟太阳光照射下，太阳能光解水的效率可以达到 2.4%。与此类似的，P. V. Kamat 等[111]研究了 $BiVO_4$ 光电极和钙钛矿太阳电池组成的串联光解水系统，$BiVO_4$ 能够利用高能量的光子（波长小于 500nm），同时钙钛矿电池能够吸收低能量的光子（波长大于 500nm），如图 4.32（b）所示。从而实现对太阳能光谱利用的最大化。在标准模拟太阳光照射下，整个系统的光解水效率可以达到 2.5%。

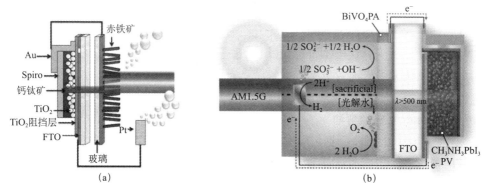

图 4.32　（a）钙钛矿太阳电池/Fe_2O_3 串联光解水装置示意图，
（b）钙钛矿太阳电池/$BiVO_4$ 串联光解水装置示意图

4.7.2　可穿戴电源

便携式电子设备的流行使得便携式电源和可穿戴电源的发展变得更加紧迫。柔性的重量较轻的薄膜太阳电池越来越受到大家的关注，它们能够在便携式充电器、柔性显示设备和可穿戴电子设备等领域发挥重要的作用。钙钛矿太阳电池能够通过水溶液方法制备，具有较低的生成成本，同时钙钛矿太阳电池兼容低温的卷-对-卷大规模印刷制备，这些优点使得柔性钙钛矿太阳电池成为可穿戴电源研究领域中的焦点。

在 2013 年，S. Jung 等[112]就尝试将 $MAPbI_{3-x}Cl_x$ 吸光材料引入到柔性钙钛矿太阳电池中。他们使用等离子体增强原子层沉积技术，在 80℃ 低温条件下将 TiO_x 电子传输层沉积到柔性的 ITO/PEN 衬底上，然后使用一步法制备

MAPbI$_{3-x}$Cl$_x$吸光材料，旋涂 Spiro-OMeTAD 作为空穴传输层，最后蒸镀一层银作为对电极。制备得到的柔性钙钛矿电池的效率可以达到 12.2％，远高于传统的有机柔性太阳电池。为了验证柔性钙钛矿太阳电池在可穿戴电源领域内应用的可行性，研究人员系统地研究了不同光照强度下钙钛矿太阳电池的光电转化效率以及柔性钙钛矿太阳电池在机械弯曲条件下的稳定性。图 4.33（a）给出了钙钛矿太阳电池在 0.4～1 个标准太阳光照射下的电流密度-电压曲线。当太阳光强度下降时，钙钛矿太阳电池的短路电流也会随之下降，但是钙钛矿电池的开路电压基本保持稳定不变。图 4.33（b）给出了太阳光入射角度不同时，钙钛矿太阳电池的电流密度-电压曲线。当入射角度增大时，钙钛矿太阳电池的短路电流下降，但是开路电压基本保持不变。考虑到光强和有效光照面积后，可以看到钙钛矿太阳电池的效率几乎不随光照强度和光线入射角度发生变化。为了验证柔性钙钛矿太阳电池在机械弯曲条件下的稳定性，研究人员对柔性钙钛矿太阳电池在不同弯曲半径和弯曲次数下电池的光电转化效率进行了研究。图 4.33（c）给出了柔性钙钛矿太阳电池经过不同半径的弯曲后电池的光电转化效率，可以看到，即使弯曲半径达到 1mm，电池的光电转化效率依然可以达到原始值的 93％，这表明柔性钙钛矿太阳电池对单次机械弯曲具有很好的抵抗性，经过单次机械弯曲后电池的效率基本保持不变。随后研究人员对不同弯曲半径（分别是 400mm，10mm 和 4mm）机械弯曲 1000 次条件下柔性钙钛矿太阳电池的性能进行了研究。从图 4.33（d）中可以看到，柔性钙钛矿太阳电池对多次的机械弯曲依然保持着很好的抵抗性。当弯曲半径为 400mm 时，经过 1000 次弯曲后，电池的效率保持不变；当弯曲半径为 10mm 时，经过 1000 次弯曲后，电池的效率可以达到原始效率的 95％；但是当弯曲半径减小到 4mm 时，经过 1000 次弯曲后，电池效率下降到了原始效率的 50％。这主要是因为弯曲半径过小时，导电的 ITO 层会破裂，从而使得钙钛矿电池的效率下降。

除了柔性钙钛矿太阳电池，纤维状钙钛矿太阳电池也有很大的潜力在可穿戴电源领域发挥重要作用。纤维状钙钛矿太阳电池不仅具有很好的柔性，而且可以通过编织方法得到各种形状的编织物。H. Peng 等[113]首先将钙钛矿吸光材料引入到纤维状太阳电池中，得到的电池结构示意图如图 4.34（a）所示。纤维状钙钛矿太阳电池主要由不锈钢纤维电极，TiO$_2$致密层，TiO$_2$多孔骨架层，MAPbI$_3$钙钛矿吸光层，Spiro-OMeTAD 空穴传输层和透明碳纳米管电极组成。通过对制备工艺进行优化，纤维状钙钛矿太阳电池的最佳效率可以达到 3.3％。纤维状钙钛矿太阳电池具有轴对称性，所以电池的光电转化效率对入射光的角度变化不明显，这无疑可以拓宽其应用范围；同时该结构的太阳电池具有很好的柔性，经过 50 次的弯曲后电池的效率依然能够达到初始效率的 95％。Q. Li 等[114]成功制备

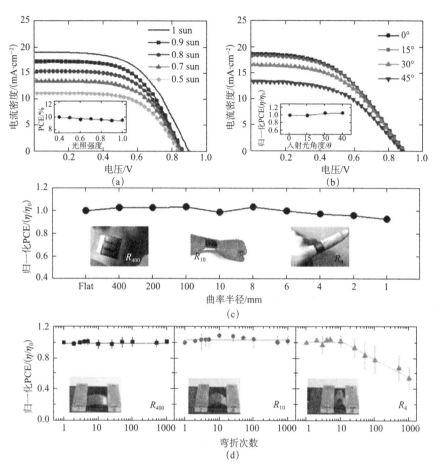

图 4.33 （a）柔性钙钛矿太阳电池在不同光照强度下的电流密度-电压曲线；（b）柔性钙钛矿太阳电池在不同入射光角度下的电流-电压曲线；（c）经过不同半径的弯曲测试后柔性钙钛矿太阳电池的归一化效率；（d）在 400mm、10mm 和 4mm 弯曲半径下柔性钙钛矿太阳能的归一化效率

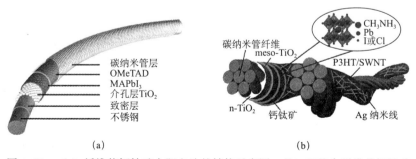

图 4.34 （a）纤维状钙钛矿太阳电池的结构示意图；（b）双绞合纤维状钙钛矿太阳电池的结构示意图

出可穿戴的双绞合纤维状钙钛矿太阳电池，结构示意图如图 4.34（b）所示。钙钛矿太阳电池的效率可以达到 3.03％。该结构的钙钛矿电池对机械弯曲具有优良的抵抗性，经过 1000 次的弯曲测试后，电池的效率保持不变；同时该结构的钙钛矿电池具有很好的柔韧性，能够缠绕在 0.3mm 的毛细管上，电池的效率不会发生任何下降。

4.7.3 光电探测器

光电探测器能够将捕获的光信号转化为电信号。钙钛矿材料具有长的载流子寿命和扩散长度。在 300～800nm 范围内，钙钛矿材料具有很高的外部量子效率。这些特点使得钙钛矿材料能够作为一种理想的光电探测半导体材料。Yang 等[115]制作出基于钙钛矿材料的光电探测器，器件的结构如图 4.35 所示。在室温条件下，该器件具有很大的探测范围，探测的低信号可以达到 $10^{14}\,cm\cdot Hz^{1/2}\cdot W^{-1}$，同时器件具有快速的光响应（3dB 带宽下为 3MHz）。J. Huang 等[116]通过对器件的界面进行优化，大幅降低了光电探测器件的噪声信号，使得光电探测器能够探测到 $1pW\cdot cm^{-2}$ 的弱可见光。最近，钙钛矿材料被成功用来探测 X 射线，表现出非常高的敏感性和响应性。

图 4.35 基于钙钛矿材料的光电探测器的结构示意图

参 考 文 献

[1] Weber D. CH₃NH₃PbX₃，ein Pb(II)-system mit kubischer perowskitstruktur/CH₃NH₃PbX₃，a Pb(II)-system with cubic perovskite structure. Zeitschrift Für Naturforschung B，1978，33 (12)：1443-1445.

[2] Kojima A，Teshima K，Shirai Y，et al. Organometal halide perovskites as visible-light sensitizers for photovoltaic cells. J. Am. Chem. Soc.，2009，131（17）：6050-6051.

[3] Kim H S，Lee C R，Im J H，et al. Lead iodide perovskite sensitized all-solid-state submicron thin film mesoscopic solar cell with efficiency exceeding 9％. Sci. Rep.，2012，2：591.

[4] Lee M M，Teuscher J，Miyasaka T，et al. Efficient hybrid solar cells based on meso-su-

perstructured organometal halide perovskites. Science，2012，338（6107）：643-647.

[5] Burschka J，Pellet N，Moon S J，et al. Sequential deposition as a route to high-perform-ance perovskite-sensitized solar cells. Nature，2013，499（7458）：316-319.

[6] Liu M，Johnston M B，Snaith H J. Efficient planar heterojunction perovskite solar cells by vapour deposition. Nature，2013，501（7467）：395-398.

[7] Stranks S D，Eperon G E，Grancini G，et al. Electron-hole diffusion lengths exceeding 1 micrometer in an organometal trihalide perovskite absorber. Science，2013，342（6156）：341-344.

[8] Xing G，Mathews N，Sun S，et al. Long-range balanced electron and hole-transport lengths in organic-inorganic $CH_3NH_3PbI_3$. Science，2013，342（6156）：344-347.

[9] Xu T，Chen L，Guo Z，et al. Strategic improvement of the long-term stability of perovs-kite materials and perovskite solar cells. Phys. Chem. Chem. Phys.，2016，18（39）：27026-27050.

[10] Bush K A，Palmstrom A F，Zhengshan J Y，et al. 23.6%-efficient monolithic perovs-kite/silicon tandem solar cells with improved stability. Nature Energy，2017，2：17009.

[11] Werner J，Barraud L，Walter A，et al. Efficient near-infrared-transparent perovskite so-lar cells enabling direct comparison of 4-terminal and monolithic perovskite/silicon tandem cells. Acs Energy Letters，2016，1（2）：474-480.

[12] Kieslich G，Sun S，Cheetham A K. An extended tolerance factor approach for organic-inorganic perovskites. Chem. Sci.，2015，6（6）：3430-3433.

[13] Green M A，Jiang Y，Soufiani A M，et al. Optical properties of photovoltaic organic-inorganic lead halide perovskites. J. Phys. Chem. Lett.，2015，6（23）：4774-4785.

[14] Lang L，Yang J H，Liu H R，et al. First-principles study on the electronic and optical properties of cubic ABX_3 halide perovskites. Phys. Lett. A，2014，378（3）：290-293.

[15] Giorgi G，Fujisawa J I，Segawa H，et al. Small photocarrier effective masses featuring ambipolar transport in methylammonium lead iodide perovskite：a density functional analy-sis. J. Phys. Chem. Lett.，2013，4（24）：4213-4216.

[16] Zhao Y，Nardes A M，Zhu K. Solid-state mesostructured perovskite $CH_3NH_3PbI_3$ solar cells：charge transport，recombination，and diffusion length. J. Phys. Chem. Lett.，2014，5（3）：490-494.

[17] Im J H，Lee C R，Lee J W，et al. 6.5% efficient perovskite quantum-dot-sensitized solar cell. Nanoscale，2011，3（10）：4088-4093.

[18] Zhao Y，Zhu K. Charge transport and recombination in perovskite $CH_3NH_3PbI_3$ sensitized TiO_2 solar cells. J. Phys. Chem. Lett.，2013，4（17）：2880-2884.

[19] Li W，Li J，Wang L，et al. Post modification of perovskite sensitized solar cells by alumi-num oxide for enhanced performance. J. Mater. Chem. A，2013，1（38）：11735-11740.

[20] Wang Q，Yun J H，Zhang M，et al. Insight into the liquid state of organo-lead halide perovskites and their new roles in dye-sensitized solar cells. J. Mater. Chem. A，2014，

2 (27): 10355.

[21] Leijtens T, Lauber B, Eperon G E, et al. The importance of perovskite pore filling in organometal mixed halide sensitized TiO_2-based solar cells. J. Phys. Chem. Lett., 2014, 5 (7): 1096-1102.

[22] Ball J M, Lee M M, Hey A, et al. Low-temperature processed meso-superstructured to thin-film perovskite solar cells. Energy Environ. Sci., 2013, 6 (6): 1739-1743.

[23] Zhou H, Chen Q, Li G, et al. Interface engineering of highly efficient perovskite solar cells. Science, 2014, 345 (6196): 542-546.

[24] Jeon N J, Noh J H, Yang W S, et al. Compositional engineering of perovskite materials for high-performance solar cells. Nature, 2015, 517 (7535): 476-480.

[25] Jeng J Y, Chiang Y F, Lee M H, et al. $CH_3NH_3PbI_3$ Perovskite/Fullerene planar-heterojunction hybrid solar cells. Adv. Mater., 2013, 25 (27): 3727-3732.

[26] Docampo P, Ball J M, Darwich M, et al. Efficient organometal trihalide perovskite planar-heterojunction solar cells on flexible polymer substrates. Nat. Commun., 2013, 4 (7):2761.

[27] You J, Hong Z, Yang Y M, et al. Low-temperature solution-processed perovskite solar cells with high efficiency and flexibility. Acs Nano, 2014, 8 (2): 1674-1680.

[28] Nie W, Tsai H, Asadpour R, et al. High-efficiency solution-processed perovskite solar cells with millimeter-scale grains. Science, 2015, 347 (6221): 522-525.

[29] Hu Q, Wu J, Jiang C, et al. Engineering of electron-selective contact for perovskite solar cells with efficiency exceeding 15%. Acs Nano, 2014, 8 (10): 10161-10167.

[30] Ke W, Fang G, Wan J, et al. Efficient hole-blocking layer-free planar halide perovskite thin-film solar cells. Nat. Commun., 2015, 6.

[31] Zhang Y, Liu M, Eperon G E, et al. Charge selective contacts, mobile ions and anomalous hysteresis in organic-inorganic perovskite solar cells. Materials Horizons, 2015, 2 (3): 315-322.

[32] Etgar L, Gao P, Xue Z, et al. Mesoscopic $CH_3NH_3PbI_3/TiO_2$ heterojunction solar cells. J. Am. Chem. Soc., 2012, 134 (42): 17396-17399.

[33] Laban W A, Etgar L. Depleted hole conductor-free lead halide iodide heterojunction solar cells. Energy Environ. Sci., 2013, 6 (11): 3249.

[34] Hao F, Stoumpos C C, Liu Z, et al. Controllable perovskite crystallization at a gas-solid interface for hole conductor-free solar cells with steady power conversion efficiency over 10%. J. Am. Chem. Soc., 2014, 136 (46): 16411-16419.

[35] Aharon S, Cohen B E, Etgar L. Hybrid lead halide iodide and lead halide bromide in efficient hole conductor free perovskite solar cell. J. Phys. Chem. C, 2014, 118 (30): 17160-17165.

[36] Liu X, Wang C, Lyu L, et al. Electronic structures at the interface between Au and $CH_3NH_3PbI_3$. Physical Chemistry Chemical Physics, 2015, 17 (2): 896-902.

[37] Liu Y, Ji S, Li S, et al. Study on hole-transport-material-free planar TiO_2/$CH_3NH_3PbI_3$ heterojunction solar cells: the simplest configuration of a working perovskite solar cell. J. Mater. Chem. A, 2015, 3 (28): 14902-14909.

[38] Ku Z, Rong Y, Xu M, et al. Full printable processed mesoscopic $CH_3NH_3PbI_3$/TiO_2 heterojunction solar cells with carbon counter electrode. Sci. Rep., 2013, 3 (11): 3132.

[39] Rong Y, Ku Z, Mei A, et al. Hole-conductor-free mesoscopic TiO_2/$CH_3NH_3PbI_3$ heterojunction solar cells based on anatase nanosheets and carbon counter electrodes. J Phys. Chem. Lett., 2014, 5 (12): 2160-2164.

[40] Mei A, Li X, Liu L, et al. A hole-conductor-free, fully printable mesoscopic perovskite solar cell with high stability. Science, 2014, 345 (6194): 295-298.

[41] Zhang F, Yang X, Wang H, et al. Structure engineering of hole-conductor free perovskite-based solar cells with low-temperature-processed commercial carbon paste as cathode. Acs Appl. Mater. Interfaces, 2014, 6 (18): 16140-16146.

[42] Wei Z, Chen H, Yan K, et al. Inkjet printing and instant chemical transformation of a $CH_3NH_3PbI_3$/nanocarbon electrode and interface for planar perovskite solar cells. Angew. Chem. Int. Ed., 2014, 53 (48): 13239-13243.

[43] Li H, Cao K, Cui J, et al. 14.7% efficient mesoscopic perovskite solar cells using single walled carbon nanotubes/carbon composite counter electrodes. Nanoscale, 2016, 8 (12): 6379-6385.

[44] Green M A, Ho-Baillie A, Snaith H J, et al. The emergence of perovskite solar cells. Nature Photonics, 2014, 8 (7): 506-514.

[45] Marchioro A, Teuscher J, Friedrich D, et al. Unravelling the mechanism of photoinduced charge transfer processes in lead iodide perovskite solar cells. Nature Photonics, 2014, 8 (3): 250-255.

[46] Lee J W, Lee T Y, Yoo P J, et al. Rutile TiO_2-based perovskite solar cells. J. Mater. Chem. A, 2014, 2 (24): 9251.

[47] Edri E, Kirmayer S, Henning A, et al. Why lead methylammonium tri-iodide perovskite-based solar cells require a mesoporous electron transporting scaffold (but not necessarily a hole conductor). Nano Lett., 2014, 14 (2): 1000-1004.

[48] Ball J M, Lee M M, Hey A, et al. Low-temperature processed meso-superstructured to thin-film perovskite solar cells. Energy Environ. Sci., 2013, 6 (6): 1739.

[49] Edri E, Kirmayer S, Mukhopadhyay S, et al. Elucidating the charge carrier separation and working mechanism of $CH_3NH_3PbI_{3-x}Cl_x$ perovskite solar cells. Nat. Commun., 2014, 5 (3): 3461.

[50] Zhou H, Shi Y, Wang K, et al. Low-temperature processed and carbon-based ZnO/$CH_3NH_3PbI_3$/C planar heterojunction perovskite solar cells. J. Phys. Chem. C, 2015, 119 (9): 4600-4605.

[51] Wei Z, Yan K, Chen H, et al. Cost-efficient clamping solar cells using candle soot for

hole extraction from ambipolar perovskites. Energy Environ. Sci. , 2014, 7 (10): 3326-3333.

[52] Yella A, Heiniger L P, Gao P, et al. Nanocrystalline rutile electron extraction layer enables low-temperature solution processed perovskite photovoltaics with 13.7% efficiency. Nano Lett. , 2014, 14 (5): 2591-2596.

[53] Liu D, Kelly T L. Perovskite solar cells with a planar heterojunction structure prepared using room-temperature solution processing techniques. Nature Photonics, 2014, 8 (2): 133-138.

[54] Song J, Zheng E, Bian J, et al. Low-temperature SnO_2-based electron selective contact for efficient and stable perovskite solar cells. J. Mater. Chem. A, 2015, 3 (20): 10837-10844.

[55] Ke W, Fang G, Liu Q, et al. Low-temperature solution-processed tin oxide as an alternative electron transporting layer for efficient perovskite solar cells. J. Am. Chem. Soc. , 2015, 137 (21): 6730-6733.

[56] Wang K, Shi Y, Dong Q, et al. Low-temperature and solution-processed amorphous WO_x as electron-selective layer for perovskite solar cells. J. Phys. Chem. Lett. , 2015, 6 (5): 755-759.

[57] Yang G, Tao H, Qin P, et al. Recent progress in electron transport layers for efficient perovskite solar cells. J. Mater. Chem. A, 2016, 4 (11): 3970-3990.

[58] Shao S, Chen Z, Fang H H, et al. N-type polymers as electron extraction layers in hybrid perovskite solar cells with improved ambient stability. J. Mater. Chem. A, 2016, 4 (7): 2419-2426.

[59] Sung S D, Ojha D P, You J S, et al. 50nm sized spherical TiO_2 nanocrystals for highly efficient mesoscopic perovskite solar cells. Nanoscale, 2015, 7 (19): 8898-906.

[60] Yang Y, Ri K, Mei A, et al. The size effect of TiO_2 nanoparticles on a printable mesoscopic perovskite solar cell. J. Mater. Chem. A, 2015, 3 (17): 9103-9107.

[61] Huang Y, Zhu J, Ding Y, et al. TiO_2 Sub-microsphere film as scaffold layer for efficient perovskite solar cells. Acs Appl. Mater. Interfaces, 2016, 8 (12): 8162-8167.

[62] Tian H, Xu B, Chen H, et al. Solid-state perovskite-sensitized p-type mesoporous nickel oxide solar cells. Chem. Sus. Chem. , 2014, 7 (8): 2150-2153.

[63] Wang K C, Jeng J Y, Shen P S, et al. p-type mesoscopic nickel oxide/organometallic perovskite heterojunction solar cells. Sci. Rep. , 2014, 4 (4756) .

[64] Bi D, Moon S J, Häggman L, et al. Using a two-step deposition technique to prepare perovskite ($CH_3NH_3PbI_3$) for thin film solar cells based on ZrO_2 and TiO_2· mesostructures. Rsc Adv. , 2013, 3 (41): 18762-18766.

[65] Hwang S H, Roh J, Lee J, et al. Size-controlled SiO_2 nanoparticles as scaffold layers in thin-film perovskite solar cells. J. Mater. Chem. A, 2014, 2 (39): 16429-16433.

[66] Im J H, Chung J, Kim S J, et al. Synthesis, structure, and photovoltaic property of a

nanocrystalline 2H perovskite-type novel sensitizer $CH_3CH_2NH_3PbI_3$. Nanoscale Res. Lett., 2012, 7 (1): 353.

[67] Pang S, Hu H, Zhang J, et al. $NH_2CH=NH_2PbI_3$: an alternative organolead iodide perovskite sensitizer for mesoscopic solar cells. Chem. Mater., 2014, 26 (3): 1485-1491.

[68] Lee J W, Seol D J, Cho A N, et al. High-efficiency perovskite solar cells based on the black polymorph of $HC(NH_2)_2PbI_3$. Adv. Mater., 2014, 26 (29): 4991-4998.

[69] Pellet N, Gao P, Gregori G, et al. Mixed-organic-cation perovskite photovoltaics for enhanced solar-light harvesting. Angew. Chem. Int. Ed., 2014, 53 (12): 3151-3157.

[70] Edri E, Kirmayer S, Cahen D, et al. High open-circuit voltage solar cells based on organic-inorganic lead bromide perovskite. J. Phys. Chem. Lett., 2013, 4 (6): 897-902.

[71] Noh J H, Im S H, Heo J H, et al. Chemical management for colorful, efficient, and stable inorganic-organic hybrid nanostructured solar cells. Nano Lett., 2013, 13 (4): 1764-1769.

[72] Eperon G E, Stranks S D, Menelaou C, et al. Formamidinium lead trihalide: a broadly tunable perovskite for efficient planar heterojunction solar cells. Energy Environ. Sci., 2014, 7 (3): 982.

[73] Jacobsson T J, Correa-Baena J P, Pazoki M, et al. Exploration of the compositional space for mixed lead halogen perovskites for high efficiency solar cells. Energy Environ. Sci., 2016, 9 (5): 1706-1724.

[74] Noel N K, Stranks S D, Abate A, et al. Lead-free organic-inorganic tin halide perovskites for photovoltaic applications. Energy Environ. Sci., 2014, 7 (9): 3061.

[75] Hao F, Stoumpos C C, Chang R P, et al. Anomalous band gap behavior in mixed Sn and Pb perovskites enables broadening of absorption spectrum in solar cells. J. Am. Chem. Soc., 2014, 136 (22): 8094-8099.

[76] Christians J A, Fung R C, Kamat P V. An inorganic hole conductor for organo-lead halide perovskite solar cells. Improved hole conductivity with copper iodide. J. Am. Chem. Soc., 2014, 136 (2): 758-764.

[77] Ito S, Tanaka S, Vahlman H, et al. Carbon-double-bond-free printed solar cells from $TiO_2/CH_3NH_3PbI_3/CuSCN/Au$: structural control and photoaging effects. Chem. Phys. Chem., 2014, 15 (6): 1194-1200.

[78] Chen W Y, Deng L L, Dai S M, et al. Low-cost solution-processed copper iodide as an alternative to PEDOT:PSS hole transport layer for efficient and stable inverted planar heterojunction perovskite solar cells. J. Mater. Chem. A, 2015, 3 (38): 19353-19359.

[79] Ye S, Sun W, Li Y, et al. CuSCN-based inverted planar perovskite solar cell with an average PCE of 15.6%. Nano Lett., 2015, 15 (6): 3723-3728.

[80] Zhu Z, Bai Y, Zhang T, et al. High-performance hole-extraction layer of sol-gel-processed NiO nanocrystals for inverted planar perovskite solar cells. Angew. Chem. Int.

Ed. , 2014, 53 (46): 12571-12575.

[81] Wang K C, Shen P S, Li M H, et al. Low-temperature sputtered nickel oxide compact thin film as effective electron blocking layer for mesoscopic $NiO/CH_3NH_3PbI_3$ perovskite heterojunction solar cells. Acs Appl. Mater. Interfaces, 2014, 6 (15): 11851-11858.

[82] Zhang F, Yang X, Cheng M, et al. Boosting the efficiency and the stability of low cost perovskite solar cells by using CuPc nanorods as hole transport material and carbon as counter electrode. Nano Energy, 2016, 20: 108-116.

[83] Guo F, Azimi H, Hou Y, et al. High-performance semitransparent perovskite solar cells with solution-processed silver nanowires as top electrodes. Nanoscale, 2015, 7 (5): 1642-1649.

[84] Zhang J, Li F, Yang K, et al. Low temperature processed planar heterojunction perovskite solar cells employing silver nanowires as top electrode. Appl. Surf. Sci. , 2016, 369: 308-313.

[85] Bryant D, Greenwood P, Troughton J, et al. A transparent conductive adhesive laminate electrode for high-efficiency organic-inorganic lead halide perovskite solar cells. Adv. Mater. , 2014, 26 (44): 7499-7504.

[86] Zuo C, Ding L. An 80.11% FF record achieved for perovskite solar cells by using the NH_4Cl additive. Nanoscale, 2014, 6 (17): 9935-9938.

[87] Liang P W, Liao C Y, Chueh C C, et al. Additive enhanced crystallization of solution-processed perovskite for highly efficient planar-heterojunction solar cells. Adv. Mater. , 2014, 26 (22): 3748-3754.

[88] Kim J H, Williams S T, Cho N, et al. Enhanced environmental stability of planar heterojunction perovskite solar cells based on blade-coating. Adv. Energy Mater. , 2015, 5 (4): 1401229.

[89] Jeon Y J, Lee S, Kang R, et al. Planar heterojunction perovskite solar cells with superior reproducibility. Sci. Rep. , 2014, 4 (6953) .

[90] Xiao M, Huang F, Huang W, et al. A fast deposition-crystallization procedure for highly efficient lead iodide perovskite thin-film solar cells. Angew. Chem. Int. Ed. , 2014, 53 (37): 9898-9903.

[91] Jung J W, Williams S T, Jen A K, et al. Low-temperature processed high-performance flexible perovskite solar cells via rationally optimized solvent washing treatments. Rsc Adv. , 2014, 4 (108): 62971-62977.

[92] Im J H, Kim H S, Park N G, et al. Morphology-photovoltaic property correlation in perovskite solar cells: one-step versus two-step deposition of $CH_3NH_3PbI_3$. Apl Mater. , 2014, 2 (8): 081510.

[93] Schlipf J, Docampo P, Schaffer C J, et al. A closer look into two-step perovskite conversion with X-ray scattering. J. Phys. Chem. Lett. , 2015, 6 (7): 1265-1269.

[94] Ko H S, Lee J W, Park N G, et al. 15.76% efficiency perovskite solar cells prepared un-

der high relative humidity: importance of PbI_2 morphology in two-step deposition of $CH_3NH_3PbI_3$. J. Mater. Chem. A, 2015, 3 (16): 8808-8815.

[95] Liu T, Hu Q, Wu J, et al. Mesoporous PbI_2 scaffold for high-performance planar heterojunction perovskite solar cells. Adv. Energy Mater. , 2016, 6 (3): 1501890.

[96] Zhang H, Mao J, He H, et al. A smooth $CH_3NH_3PbI_3$ film via a new approach for forming the PbI_2 nanostructure together with strategically high CH_3NH_3I concentration for high efficient planar-heterojunction solar cells. Adv. Energy Mater. , 2015, 5 (23): 1501354.

[97] Zhang T, Yang M, Zhao Y, et al. Controllable sequential deposition of planar $CH_3NH_3PbI_3$ perovskite films via adjustable volume expansion. Nano Lett. , 2015, 15 (6): 3959-3963.

[98] Xie Y, Shao F, Wang Y, et al. Enhanced performance of perovskite $CH_3NH_3PbI_3$ solar cell by using CH_3NH_3I as Additive in sequential deposition. Acs Appl. Mater. Interfaces, 2015, 7 (23): 12937-12942.

[99] Zhao Y, Zhu K. Three-step sequential solution deposition of PbI_2-free $CH_3NH_3PbI_3$ perovskite. J. Mater. Chem. A, 2015, 3 (17): 9086-9091.

[100] Xiao Z, Bi C, Shao Y, et al. Efficient, high yield perovskite photovoltaic devices grown by interdiffusion of solution-processed precursor stacking layers. Energy Environ. Sci. , 2014, 7 (8): 2619-2623.

[101] Yan K, Wei Z, Li J, et al. High-performance graphene-based hole conductor-free perovskite solar cells: schottky junction enhanced hole extraction and electron blocking. Small, 2015, 11 (19): 2269-2274.

[102] Huang J H, Jiang K J, Cui X P, et al. Direct conversion of $CH_3NH_3PbI_3$ from electrodeposited PbO for highly efficient planar perovskite solar cells. Sci. Rep. , 2015, 5: 15889.

[103] Zhou Z, Wang J, Nan F, et al. Upconversion induced enhancement of dye sensitized solar cells based on core-shell structured beta-$NaYF_4$: Er^{3+}, Yb^{3+} @ SiO_2 nanoparticles. Nanoscale, 2014, 6 (4): 2052-2055.

[104] Chen Q, Zhou H, Hong Z, et al. Planar heterojunction perovskite solar cells via vapor-assisted solution process. J. Am. Chem. Soc. , 2014, 136 (2): 622-625.

[105] Chen S, Lei L, Yang S, et al. Characterization of perovskite obtained from two-step deposition on mesoporous titania. Acs Appl. Mater. Interfaces, 2015, 7 (46): 25770-25776.

[106] Liu M, Johnston M B, Snaith H J. Efficient planar heterojunction perovskite solar cells by vapour deposition. Nature, 2013, 501 (7467): 395-398.

[107] Malinkiewicz O, Yella A, Lee Y H, et al. Perovskite solar cells employing organic charge-transport layers. Nature Photonics, 2013, 8 (2): 128-132.

[108] Ke W J, Zhao D W, Grice C R, et al. Efficient fully-vacuum-processed perovskite solar cells using copper phthalocyanine as hole selective layers. J. Mater. Chem. A, 2015,

3 (47): 23888-23894.

[109] Luo J, Im J H, Mayer M T, et al. Water photolysis at 12. 3% efficiency via perovskite photovoltaics and earth-abundant catalysts. Science, 2014, 345 (6204): 1593-1596.

[110] Sabba D, Kumar M H, Wong L H, et al. Perovskite-hematite tandem cells for efficient overall solar driven water splitting. Nano Lett. , 2015, 15 (6): 3833-3839.

[111] Chen Y S, Manser J S, Kamat P V, et al. All solution-processed lead halide perovskite-BiVO$_4$ tandem assembly for photolytic solar fuels production. J. Am. Chem. Soc. , 2015, 137 (2): 974-981.

[112] Kim B J, Kim D H, Lee Y Y, et al. Highly efficient and bending durable perovskite solar cells: toward a wearable power source. Energy Environ. Sci. , 2015, 8 (3): 916-921.

[113] Qiu L, Deng J, Lu X, et al. Integrating perovskite solar cells into a flexible fiber. Angew. Chem. Int. Ed. , 2014, 53 (39): 10425-10428.

[114] Li R, Xiang X, Tong X, et al. Wearable double-twisted fibrous perovskite solar cell. Adv. Mater. , 2015, 27 (25): 3831-3835.

[115] Dou L, Yang Y M, You J, et al. Solution-processed hybrid perovskite photodetectors with high detectivity. Nat. Commun. , 2014, 5: 5404.

[116] Fang Y, Huang J. Resolving weak light of sub-picowatt per square centimeter by hybrid perovskite photodetectors enabled by noise reduction. Adv. Mater. , 2015, 27 (17): 2804-2810.

第5章　染料敏化太阳电池

5.1　染料敏化太阳电池概述

随着世界人口持续增长，大规模工业化生产和人类生活水平逐渐提高，当今世界对能源的需求和依赖与日俱增。煤、石油、天然气等化石能源的日益消耗和伴随而来的环境问题，使得发展经济环保的可再生能源成为世界各国的迫切需要。作为传统能源的重要替代，太阳能具有绿色安全、清洁无污染且资源丰富等特点，开发潜力巨大。太阳电池能够有效实现光-电转换过程，是太阳能利用技术的重要组成部分。由于生产过程高耗能、部分原材料稀缺和环境污染等问题，硅基太阳电池和多元化合物薄膜太阳电池的发展受到了一定程度的限制。因此，发展第三代经济高效且环境友好的新型太阳电池成为学术界关注的主题。

第三代太阳电池是引入了有机半导体材料和无机纳米颗粒的新型薄膜太阳电池，包括有机太阳电池、量子点太阳电池、染料敏化太阳电池（dye-sensitized solar cells，DSCs）和钙钛矿太阳电池等。其中，由于低能耗、易制备、原料丰富且环境友好等优点，染料敏化太阳电池自诞生之日起便引起了各国科学家的广泛关注。在我国，第三代太阳电池的研究逐渐形成热潮，研究队伍迅速壮大。

5.1.1　染料敏化太阳电池的结构

1991 年，Grätzel 教授采用高比表面积的纳米多孔 TiO_2 电极，使染料敏化太阳电池的光电转换效率达到 7.1%，在该领域获得了突破性进展[1]。在众多研究团队的不懈努力下，电池的各项性能不断提高，其光电转换效率高达 13%[2]，新的电池效率也在不断刷新。染料敏化太阳电池主要由透明导电基底材料、纳米多孔半导体薄膜（光电阳极）、染料分子、电解质和对电极（光电阴极）构成，形成类似"三明治"的夹心结构，如图 5.1 所示[3]。与传统硅电池相比，染料敏化太阳电池的光吸收及载流子运输分别依靠不同的组分完成，其中，染料分子负责光吸收及电子注入，而半导体负责电荷的传输。

1) 导电基底材料

导电基底材料主要为透明导电玻璃、金属箔片、聚合物导电基底材料等（图 5.1，TCO），其作用是收集和传输从 TiO_2 光阳极传输过来的电子，并通过外部回路传输到对电极并将电子提供给电解质中的氧化还原电对[3]。

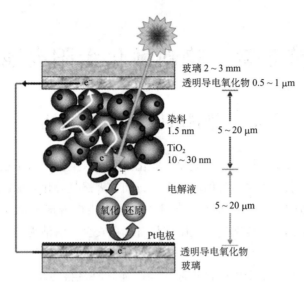

玻璃 2～3 mm
透明导电氧化物 0.5～1 μm
染料 1.5 nm
TiO₂ 10～30 nm
5～20 μm
电解液
5～20 μm
氧化 还原
Pt电极
透明导电氧化物
玻璃

图 5.1　染料敏化太阳电池的结构组成

2）纳米多孔半导体薄膜（TiO$_2$）

染料敏化太阳电池的半导体薄膜多采用纳米 TiO$_2$ 多孔薄膜，其作用是吸附染料分子，并将激发态染料注入的电子传输到导电基底。为能够更多地吸附单分子层染料分子，一般应具有较大的比表面积。

3）染料分子

作为染料敏化太阳电池的核心，染料分子应具有较宽的吸收光谱，能在尽可能宽的光谱范围内吸收太阳光，并牢固地吸附在 TiO$_2$ 纳晶表面上，以高的量子效率将光激发的电子注入到 TiO$_2$ 导带中去，其性能的优劣直接决定电池的光电转换效率。

4）电解质

染料敏化太阳电池常用液态电解质，由有机溶剂、氧化还原电对和添加剂三部分组成，其主要作用是在光阳极将处于氧化态的染料分子还原，同时自身在对电极接受电子并被还原，构成闭合循环回路。

5）对电极

对电极是在导电基底上沉积一层金属铂或碳等材料，其作用是收集从光阳极经外部回路传输过来的电子并将电子传递给电解质中的氧化还原电对，完成闭合回路。

5.1.2　染料敏化太阳电池的工作原理

染料敏化太阳电池的工作原理见图 5.2，吸附在 TiO$_2$ 表面上的染料分子受到太阳光的照射后，由电子基态跃迁到激发态，并迅速地将电子注入到 TiO_2 导带中去，染料分子（Dye）从氧化还原电对获得电子重新回到基态；TiO_2 导带中的电子从光阳极流出，经外部电路做功后流回到对电极；氧化还原电对扩散到对电极表面接受电子，完成整个回路。具体过程如下。

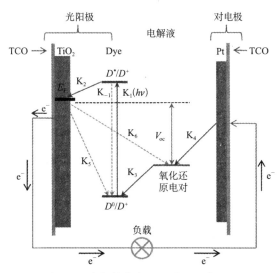

图 5.2　染料敏化太阳电池的工作原理

（1）染料分子受到太阳光照射后，由电子基态跃迁到激发态（图 5.2，过程 K_1）

$$Dye + h\nu \longrightarrow Dye^* \tag{5.1}$$

（2）处于激发态的染料分子将电子注入到 TiO_2 导带中去（图 5.2，过程 K_2）

$$Dye^* \longrightarrow Dye^+ + e^- (SC) \tag{5.2}$$

（3）染料分子从氧化还原电对获得电子并重新回到基态，即染料再生（图 5.2，过程 K_3）

$$Dye^+ + M =\!=\!= Dye + M^{ox} \tag{5.3}$$

（4）TiO_2 导带中电子与氧化态氧化还原电对之间的电荷复合过程（图 5.2，过程 K_6）

$$e^- (SC) + M^{ox} =\!=\!= M \tag{5.4}$$

（5）TiO_2 导带中电子与氧化态染料之间的电荷复合过程（图 5.2，过程 K_5）

$$e^- (SC) + Dye^+ =\!=\!= Dye \tag{5.5}$$

（6）氧化还原电对扩散到对电极表面获得电子被还原，最终完成整个回路（图 5.2，过程 K_4）

$$M^{ox} + e^- (CE) =\!=\!= M \tag{5.6}$$

5.1.3 染料敏化太阳电池的光电性能参数

染料敏化太阳电池的光电转换效率（ η ）由短路电流密度（ J_{sc} ）、开路电压（ V_{oc} ）和填充因子（FF）共同决定

$$\eta = \frac{P_{max}}{P_{in}} = \frac{J_{sc} \cdot V_{oc} \cdot FF}{P_{in}} \tag{5.7}$$

其中， P_{max} 表示最大输出功率密度； P_{in} 表示入射光强度。

短路电流密度（ J_{sc} ）表示为[4]

$$J_{sc} = q \int_{\lambda_{TiO_2}}^{\lambda_{dye}} IPCE(\lambda) \cdot \Phi_p(\lambda) d\lambda \tag{5.8}$$

其中， $\Phi_p(\lambda)$ 表示在 AM 1.5，1000mW·cm^{-2} 条件下的光子通量；λ 表示单色入射光波长；q 表示单位电荷。

入射单色光子-电子转化效率（IPCE（λ）），是测定在单波长光时入射光子转变成电极收集到的电子的数量，可表示为

$$IPCE(\lambda) = \eta_{LHE} \cdot \eta_{inj} \cdot \eta_{reg} \cdot \eta_{col} \tag{5.9}$$

其中，η_{LHE} 表示光子捕获效率；η_{inj} 表示电子注入效率；η_{reg} 表示染料再生效率；η_{col} 表示电荷收集效率，其表达式分别为

$$\eta_{LHE} = 1 - 10^{-A} \tag{5.10}$$

$$\eta_{inj} = \frac{k_{inj}}{k_{inj} + k_{deact}} \tag{5.11}$$

$$\eta_{reg} = \frac{k_{reg}}{k_{reg} + k_{rec}} \tag{5.12}$$

$$\eta_{col} = \frac{1}{1 + \tau_{tr}/\tau_n} \tag{5.13}$$

其中，A 表示光阳极薄膜的吸光率；k_{inj} 表示电荷注入的速率常数；k_{deact} 表示激发态染料衰减的速率常数；k_{reg} 表示染料再生的速率常数；k_{rec} 表示 TiO$_2$ 导带中电子与氧化态染料复合的速率常数；τ_{tr} 表示电子在 TiO$_2$ 纳米薄膜中的传输时间；τ_n 表示电子寿命。

开路电压（ V_{oc} ）定义为 TiO$_2$ 中电子的准费米能级与电解质的氧化还原电势之差[5]，可表示为

$$V_{oc} = \frac{E_{cb}}{q} + \frac{k_B T}{q} \ln\left(\frac{n}{N_{cb}}\right) - \frac{E_{redox}}{q} \tag{5.14}$$

其中，E_{cb} 表示 TiO$_2$ 导带底能级；n 表示 TiO$_2$ 导带中光电子个数；N_{cb} 表示 TiO$_2$ 导带中总的电子接受态密度；E_{redox}/q 表示电解质的氧化还原电势；k_B 表示玻尔兹曼常量；T 表示绝对温度；q 表示单位电荷。

填充因子（FF）是电池最大输出功率（ P_{max} ）与短路电流密度和开路电压

乘积（$J_{sc} \cdot V_{oc}$）的比值，表征电池内部电阻的存在而导致的能量损失，如图 5.3 所示。

$$\mathrm{FF} = \frac{P_{\max}}{J_{sc} \cdot V_{oc}} \tag{5.15}$$

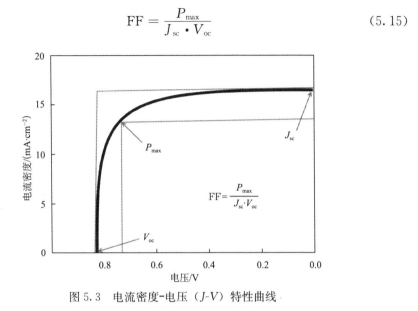

图 5.3　电流密度-电压（J-V）特性曲线

5.2　染料敏化太阳电池染料分子

染料敏化剂作为染料敏化太阳电池的核心部件，其性能的优劣直接决定电池的光电转换效率。近年来，大量的研究工作致力于提高染料敏化剂分子性能，并合成了许多具有新的化学性质及物理性质的染料敏化分子，其中部分染料分子被实验证实，确实有效地提高了染料敏化太阳电池的整体效率。染料分子根据其分子结构中是否含有金属可分为无机染料和有机染料两大类，其中，无机染料主要包括钌、锇等金属多吡啶配合物，金属-卟啉、酞菁等，有机染料包括天然染料和合成染料。

吸附于半导体表面的染料分子是染料敏化太阳电池的电子泵，是影响染料敏化太阳电池光电转化效率的关键组分。因此，探索并筛选性能更好的染料分子已成为染料敏化太阳电池的重点研究方向之一。好的染料分子需满足如下条件：①染料分子应具有高的摩尔消光系数，以及宽的光谱响应范围，以达到与太阳光谱的最佳重叠；②染料分子与半导体表面应有强的相互作用；③染料分子的激发态氧化电势（excited state oxidation potential，ESOP）应高于半导体导带边缘（电子注入驱动力，约需 0.1eV）[6]；④染料分子的基态氧化电势（ground state oxidation potential，GSOP）应低于氧化还原电对的氧化还原电势（染料再生驱动力，约 0.4eV)[6]；⑤为避免半导体表面的染料分子聚集，染料分子应具有良好的分子构型；⑥染料分子应具有足够的稳定性。

5.2.1 多吡啶钌染料

过渡金属配合物由中心金属离子和连接或不连接锚定基团的辅助配体（吡啶或异硫氰根）构成。常见的中心金属离子为 Ru（Ⅱ）和 Os（Ⅱ），锚定基团为磺酸基（—SO_3H）、磷酸基（—PO_3H_2）、羧基（—COOH）以及氰基丙烯酸。吸收可见及近红外区太阳光后，多吡啶过渡金属染料主要发生金属到配体的电荷转移（metal-ligand charge transfer，MLCT）以及配体到配体的电荷转移（ligand-ligand charge transfer，LLCT）。兼顾效率和长效稳定性的 Ru（Ⅱ）多吡啶羧基配合物（N719/N3、Z907 等）是目前较成功的多吡啶钌染料。

多吡啶钌染料通常具有较宽的吸收光谱和较长的激发态寿命，良好的氧化还原性以及较高的光化学稳定性，因此利用多吡啶钌染料组装而成的染料敏化太阳电池更容易获得较高的光电转换效率，其缺点是制备成本较高，化合物提纯过程复杂且吸光系数较低。此类染料通常以羧酸基或膦酸基吸附在 TiO_2 纳晶表面上，使激发态的染料能将其电子有效地注入到 TiO_2 导带中去。与羧酸基相比，磷酸基与 TiO_2 纳晶表面的结合能力更强，然而，由于磷酸基的中心 P 原子是 sp^3 杂化的，为非平面结构，不能和多吡啶配体很好地共轭，染料激发态寿命较短，不利于电子注入，因此，羧酸基得到了更广泛的应用。根据中心金属和锚定基团的不同，进一步地将多吡啶钌染料分为羧基多吡啶钌染料、磷酸基多吡啶钌染料和多核联吡啶钌染料。与单核钌染料相比，多核钌染料通常具有较高的吸光系数，但由于其基团体积过大，当吸附于 TiO_2 表面时，染料的吸附量反而降低，从而阻碍染料敏化太阳电池光电转换的提升，因此对于染料敏化太阳电池来说，多核钌染料通常被认为是无效的敏化剂。

1991 年，Grätzel 教授在该领域取得了突破性进展，利用高比表面积的纳米多孔 TiO_2 薄膜和三核钌染料获得了 7.1% 光电转换效率[1]。1993 年，Grätzel 课题组研究了一系列单核多吡啶钌配合物 cis-Ru（dc-bpy）$_2$ X_2（X＝Cl^-、Br^-、I^-、CN^- 和 SCN^-）的光电化学性质，其中红染料 N3（图 5.4）在 AM 1.5 G 模拟太阳光条件下，光电转换效率达到 10%[7]。经四丁基铵去质子化后，染料 N719 的氧化电势向负方向移动，电池的光电转换效率进一步提高[8]。N3 和它的去质子化染料 N719 是迄今较为成功的两个染料，后者更被誉为"打不败的染料"。为进一步增强染料的光吸收，Grätzel 课题组设计合成了三联吡啶钌染料（black dye），使其起始激发波长扩展到 920nm，具有比 N3 更好的光谱响应范围。黑染料的发现使得电池的光捕获扩展到近红外或红外区，提高了电池的光电转换效率[9,10]。

为有效阻止 TiO$_2$ 导带中电子与氧化还原电对之间的电荷复合过程，2005 年，Grätzel 等在联吡啶钌染料上引入了长的烷基链，设计合成了两亲型染料 Z907，烷基链的存在使染料 Z907 致密地吸附在 TiO$_2$ 纳晶表面上，同时由于疏水作用，电池的稳定性进一步提高[11-13]。为拓宽染料的吸收光谱，王鹏课题组在 Z907 染料的基础上引入噻吩单元，设计合成了 C106 染料，该染料具有较高的吸光系数，电池的光电转换效率进一步提高到 11.4 ％[14]。此外，为提高染料的摩尔吸光系数，Grätzel 等在多吡啶钌染料上并入 π 共轭单元，其中钌染料 RD-Cou 将噻吩单元作为延长的 π 共轭单元，将香豆素部分与吡啶基连接起来，拓宽了金属到配合物电荷转移光谱[15]。RD-Cou 染料主要在 498nm 处有吸收，其摩尔吸光系数为 16046 M^{-1} · cm^{-1}，与液体电解质组装而成的太阳电池光电转换效率为 4.24％。虽然该类电池的光电转换效率并不高，但是实验发现在 220℃时，RD-Cou 染料仍然具有较好的热稳定性，可满足将其组装成太阳电池放置于屋顶的条件。

硫氰酸配体（NCS$^-$）常作为多吡啶钌染料的电子给体，然而，由于其容易从染料上分离，所以在很大程度上制约了染料的稳定性。为克服这一缺点，科学家们开始设计合成不含硫氰酸配体的钌染料。2009 年，Grätzel 课题组利用染料 YE05 获得了 10.1 ％的光电转换效率[16]。之后，周必泰等设计合成了一系列不含硫氰酸配体的钌染料，其中以咪唑三齿化合物为配体的染料显示出良好的光电性质，染料 TF-3 在 AM 1.5 G 模拟太阳光条件下，获得了短路电流密度 21.39mA · cm^{-2}，开路电压 760mV，填充因子 0.66，光电转换效率达到 10.7％，且具有好的光电稳定性[17]。季昀等利用咪唑两齿化合物作为配体（染料 TFRS-4），获得了高达 10.2％的光电转换效率[18]。Hironobu Ozawa 等则设计了新型 TUS 系列钌染料，与 TUS-20 相比，TUS-28 在三吡啶配体邻位方向移除了一个苯环，缩短了电子从染料激发态注入至 TiO$_2$ 导带的路径，因此 TUS-28 获得了更高的光电转换效率（8.2％），而 TUS-20 的电池效率为 7.5％[19]。随后，又合成了 TUS-21 和 TUS-37，引入了更多的羧基基团，增强了染料吸附在 TiO$_2$ 表面的能力，其光电转换效率大幅提高，达到 10.2％[20]。Meyer 课题组则在多吡啶钌染料上引入三苯胺作为二级电子给体（染料 C5），成功实现了空穴从中心金属 Ru 原子向三苯胺的转移，增大了其与 TiO$_2$ 纳晶表面的空间距离，有效降低了 TiO$_2$ 导带中电子和氧化态染料之间的电荷复合[21,22]。上述染料分子的分子结构见图 5.4。

为进一步提高染料敏化太阳电池的光电转换效率，研究者们还采取了共敏化的方法，也就是将钌染料与其他染料混合吸附于 TiO$_2$ 表面，使钌染料的吸收光谱从近红外光区拓展至整个可见光区。共敏化染料通常应具备补偿钌染料吸收光

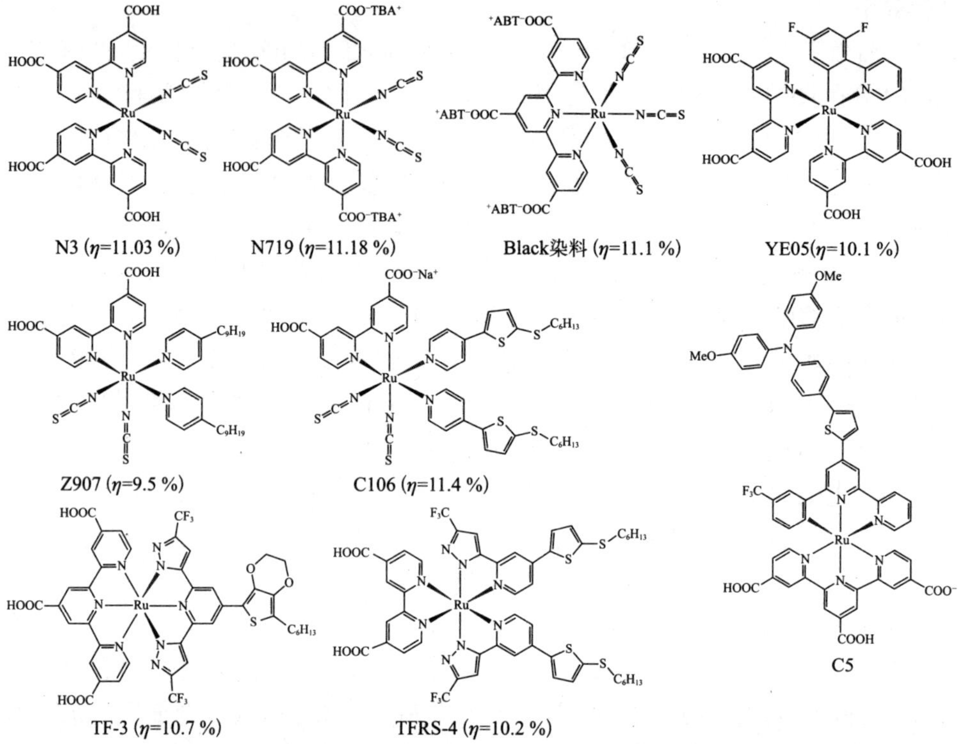

N3 (η=11.03 %) N719(η=11.18 %) Black染料(η=11.1 %) YE05(η=10.1 %)

Z907 (η=9.5 %) C106 (η=11.4 %)

TF-3 (η=10.7 %) TFRS-4 (η=10.2 %) C5

图 5.4　几种典型多吡啶钌染料的分子结构

谱的能力，文献报道[23]，将吲哚染料 D1 作为共敏化剂与 Black 染料混合吸附于 TiO$_2$ 表面时，可以有效拓宽染料的吸收谱带（Black 染料的吸收范围为 360～540nm），而混合染料的吸收范围则拓宽至 340～650nm。除此以外，混合染料可以获取更高的入射光子-电子转换效率。通过共敏化的方法，还可以克服电解液与染料之间吸收光谱的竞争，有助于提高染料敏化太阳电池整体的光电转换效率。例如，Lee 等将 0.25M 的三氮唑并喹啉有机染料添加在 N719 染料溶液中，发现共敏化染料有助于吸收太阳光谱中的蓝光部分，同时提高了入射光子-电子的转换效率（在 350～500nm 处，IPCE 从 52% 提高至 67%），共敏化电池的光电转换效率（7.84%）也比单独的 N719 染料电池效率（6.23%）提高了 26%[24]。而在 N719 染料中加入 2，6-二（亚氨基烷烃）吡啶染料，可以将 N719 染料的光谱响应拓宽至 750nm，并达到 7.0% 的光电转换效率，相对于单独的 N719 染料电池（6.23%），其效率提高近 29%。因此，利用共敏化的方法能够有效拓宽钌染料的吸收光谱，并提高染料敏化太阳电池的光电转换效率[25]。

利用其他过渡金属离子替换钌，设计并合成新的金属配合物染料也是染料敏化太阳电池研究的重要方向。Wu 等设计了 OsⅡ系列染料敏化剂（TF-51 和 TF-52），其最大吸收峰为 778nm，电池的光电转换效率分别为 7.40％和 8.85％，具备作为全色吸收染料的潜质[26]。与此同时，铼和铂也被用来替换钌染料并应用于染料敏化太阳电池，但研究发现，相应的电池效率非常低[27]，相关研究也较少。综上所述，将含金属的无机染料应用于染料敏化太阳电池中容易获得较高的电池效率，缺点是无机染料中的金属多为贵金属，在自然界储存量有限，使得这类染料生产成本较高，合成路线复杂，在一定程度上限制了染料敏化电池的产业化发展。

5.2.2　锌-卟啉染料

与多吡啶钌染料相比，卟啉和酞菁染料分子的合成成本较低，同时在近红外区的光吸收性能得到了较好的改善。其中，卟啉染料的吸收光谱表现出两个典型的 $\pi-\pi^*$ 跃迁吸收，其中一个在 400nm 附近，是近紫外区的 B 带，另一个在 550nm 附件，称为 Q 带。由于其类叶绿素结构，具有良好的光捕获能力和简单的合成路线，以及良好的光稳定性和热稳定性，所以，卟啉染料被广泛用于染料敏化太阳电池的研究中。研究表明，卟啉染料具有出色的光谱和电子性质，通过改变卟啉单元的数量或卟啉的核心结构，可进一步提高其光电性能，然而酞菁染料分子在近红外区较强的吸收并没有弥补其较差的溶解性和严重的分子聚集，尽管人们做了很多尝试，但该类分子单敏化的染料敏化太阳电池光电转化效率仍然很低。

当卟啉染料吸附于 TiO_2 表面时，有两个重要的吸附位点：meso 位点和 beta 位点，研究主要集中于修饰这两个吸附位点，文献报道，通过对卟啉染料 beta 位点进行修饰，其电池效率可达到 7.1％[28]。Imahor 等报道了两种卟啉染料：ZnQMA 和 ZnQDA，均是通过 beta 位吸附在 TiO_2 表面，电池转换效率分别为 5.2％和 4.0％，其中，ZnQMA 更容易附着在 TiO_2 表面，且具有较强的电荷收集能力，因此表现出较高的电池效率[29]。同样，Park 等利用 2-丙烯酸修饰卟啉染料的两个 beta 位点，发现丙烯酸与卟啉的核有较强的耦合作用，既可以拓宽卟啉染料的吸收光谱，又增加了电子从染料到 TiO_2 导带的注入，对提高电池的光电转换效率起到至关重要的作用，其电池效率为 5.18％[30]。

研究发现，对卟啉单元的 meso 位点进行优化能够更有效地提高电池的光电效率。Imahori 等在修饰锌-卟啉单元 beta 位点的同时，对 meso 位点也进行了修饰，以顺反异构的形式在 meso 位点上引入两个供电子基团，其染料结构类似于 Diau 课题组设计合成的 YD2 染料，增加的供电子基团使碘离子更容易附着在带正电的芳氨基团上，远离 TiO_2 界面，减少了氧化还原电对与 TiO_2 导带中电子的复合过程，同时提高了染料的光吸收性能，电池效率达到 6.8％[31]。Grätzel 等进一步修饰 YD2 染料的 meso 位点，并获得了 10.9％的效率[32]。此外，也可以通过在 meso 位点引入苯、咔唑苯及咔唑苯硫基等基团以及二苯硫基氰基丙烯酸来修饰锌-卟啉染料，其中效果最好的是引入咔唑苯单元，通过抑制染料聚集作用，加快电荷分离和电荷注入，获得较高的电池效率 6.24%[33]。

同时，研究者们通过改变卟啉染料的核心结构进一步提高了电池的光电转换效率。2009 年，Diau 课题组设计合成了一系列锌-卟啉染料，这些染料以三芳胺作为电子给体，并以炔基苯甲酸吸附在 TiO₂ 纳晶表面上。三芳胺供体增强了染料的光吸收，使得 B 带拓宽同时 Q 带红移，其中染料 YD2（图 5.5）表现出良好的光电性质，在 AM 1.5 G 模拟太阳光条件下，短路电流密度、开路电压和填充因子分别为 13.4mA·cm^{-2}、710mV 和 0.69，电池的光电转换效率达到 6.6%[34]。2011 年，Grätzel 课题组在 YD2 染料的基础上引入辛氧基长链，设计合成了 YD2-o-C8 染料。辛氧基长链的引入提高了染料的溶解性，同时降低了 TiO₂ 导带中电子与氧化还原电对之间的电荷复合。结合钴电对[Co(bpy)₃]$^{2+/3+}$ 并与 Y123 染料共敏化，染料 YD2-o-C8 获得了 12.3% 的光电转换效率，其中短路电流密度、开路电压和填充因子分别为 17.66 mA·cm^{-2}、935mV 和 0.74[35]。2014 年，Grätzel 课题组进一步优化 YD2-o-C8 的分子结构，在供体端引入己氧基苯以增强给电子能力，并在受体端引入苯并噻二唑增强拉电子能力，染料 SM315 结合钴电对 [Co(bpy)₃]$^{2+/3+}$ 获得了高达 13% 的光电转换效率，这也是目前染料敏化太阳电池获得的最高效率[36]。在此基础上，Wu 等通过优化染料结构拓宽吸收谱，采用氮环化的二萘嵌苯作为电子给体，并利用碳碳三键将电子给体与卟啉单元连接，设计合成了 WW-6 染料，不仅提高了电子在两个单元之间的流动，还降低了激发电子所需要的光子能量，使得染料具备出色的吸收红外光能力，其光电转换效率为 10.5%（17.69mA·cm^{-2}，809mV，0.735），在同样条件下，可与 YD2-o-C8 染料相媲美[37]。上述锌-卟啉染料的分子结构及其电池效率见图 5.5。

5.2.3 有机染料

除无机染料以外，有机染料是另一类重要的光敏化剂，由于其具有吸光系数高、成本低、易制备、方便进行结构设计且原材料丰富等特点，被广泛用于染料敏化太阳电池的研究中。有机染料通常具有推拉的电子结构，由电子给体、π-共轭桥和电子受体（D-π-A）构成，该类分子的最高占据分子轨道（highest occupied molecular orbital，HOMO）的电子云密度主要分布在电子给体及 π-共轭桥部分，最低未占据分子轨道（lowest unoccupied molecular orbital，LUMO）的电子云密度则主要分布在电子受体及锚定基团上，这样的电子云密度分布有利于光激发过程中电子和空穴的有效分离。通过 π-共轭桥将电子给体与电子受体连接

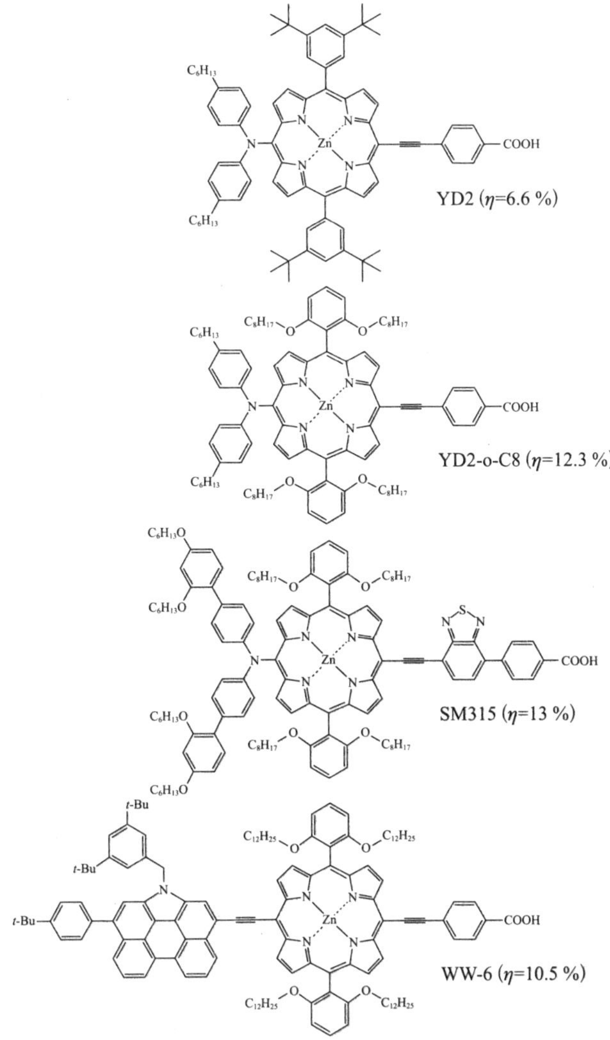

图 5.5　几种典型锌-卟啉染料的分子结构

起来，实现电子从给体至受体的转移，光照下，有机染料发生 π-π* 电子跃迁，其中 HOMO→LUMO 轨道的电子跃迁贡献较大。染料分子的吸收谱带多集中在 400~650nm，在波长大于 750nm 的区域只有较弱的光吸收或没有光吸收，导致近红外和红外区的太阳光利用率不高。若能使染料的吸收峰红移 100nm 而保持其他方面的效率不变，将明显提高短路电流密度，从而提高电池的光电转换效率。设计新染料的主要目的在于拓宽染料的吸收光谱，并综合考虑电子注入、染料再生和电荷复合等动力学过程。

对于 D-π-A 结构染料，电子给体主要有香豆素、吲哚啉、三苯胺、咔唑和吩噻嗪等，π-共轭桥主要有次甲基链、噻吩及其衍生物、呋喃、苯、蒽和吡咯等，电子受体主要有氰基乙酸、绕丹宁酸和苯甲酸等。染料分子的 π-共轭桥是电荷转移的载体，可灵活调节分子的 HOMO 和 LUMO 能级，从而改变染料分子的光电性能。π-共轭桥单元可以是富电子的噻吩（环戊二噻吩、二噻吩吡咯、二噻吩噻咯等）和呋喃，也可以是缺电子的嘧啶、喹啉、苯并喹喔啉及噻唑等单元。氮芘（ullazine）单元同时具有给电子和缺电子的双重特性，被作为高效的 π-共轭桥单元，Delcamp 等合成了基于该片段的 JD 系列染料，由相对分子质量低的 JD21 分子（$638g \cdot mol^{-1}$）敏化的染料敏化太阳电池光电转化效率可达到 8.4%[38]。电子受体为缺电子基团，通常也是锚定基团。2012 年，Troisi 等对具有多种锚定基团染料分子的光电性能和电子注入速率进行了系统的研究，结果表明，与羧基类似，酰亚胺可以与半导体表面发生强的耦合作用，基于该单元的染料分子具有较好的电子注入[39]，同时 Ooyama 等对于咔唑系列染料的研究表明，吡啶也可作为有效的锚定基团[40]。下面将分别介绍三苯胺类染料、吲哚啉类染料、方酸染料、吩噻嗪染料和二萘嵌苯类染料的研究进展。

三苯胺作为电子给体具备出色的给电子能力和空穴传导能力，其非平面的分子结构可以有效降低染料之间的聚集。2004 年，Yanagida 等合成了一系列三苯胺类染料，最高光电转换效率达到 6.6%，其中染料 1b、2b 以三苯胺为电子给体，乙烯为 π-共轭桥，氰基乙酸为电子受体，是最简单的三苯胺类染料[41]。为增强供体端的给电子能力，Nazeeruddin 等将己氧基引入三苯胺单元，合成了染料 G221，己氧基的给电子性使染料的吸收光谱明显红移，有效提高了电池的开路电压和短路电流[42]。Su 等以三苯胺为结构模型改造电子给体，合成了 IDB-1，IDB-2，ISB-1 和 ISB-2，在二氯甲烷溶液中，这些染料的吸收光谱分别为 422nm，470nm，467nm 和 498nm，其中 ISB-2 的吸收光谱红移 48nm，电池转换效率为 5.83%[43]。Jia 等设计了 Y 形结构的三苯胺染料，光电转换效率为 5.12%，同时，作者还研究了不同 π-共轭桥如呋喃、噻吩等对三苯胺给电子能力的影响，发现选用呋喃作为 π-共轭桥时，可有效拓宽染料的吸收光谱并提高入射光子-电子转化效率，利于电子注入，组装而成的染料敏化太阳电池光电转换效率达到 6.10%[44]。随后，Jia 等利用含氟的喹喔啉单元作为 π-共轭桥，合成了 FNE55、FNE56 染料，与不含氟的 FNE54 染料相比，其吸收光谱发生了明显的红移，这是因为引入的氟原子增强了喹喔啉的拉电子能力，从而提高了染料的光吸收，由 FNE56 组装的电池效率达到 8.2%[45]。

为探究 π-共轭桥对染料光电性能的影响规律，王鹏课题组利用噻吩及其衍生物作为 π-共轭桥合成了一系列三苯胺类染料，发现噻吩环的引入可使染料的吸收光谱明显红移，调节 π-共轭桥的结构将是进一步拓宽染料吸收光谱的有效方法[46-52]。2010 年，王鹏课题组合成了染料 T1，T2，T3，T4，发现随着噻吩环的增加，分子能隙逐渐减小，染料的吸收光谱明显红移[46]。2012 年，该课题组合成了染料 C239，C240，C218 和 C241，发现刚化 π-共轭桥也是拓宽染料吸收光谱的有效方法，其中 C218 以己基取代的环戊烷二噻吩作为 π-共轭桥，其光电转换效率达到 9.4%（13.01mA・cm^{-2}，950mV，0.76）[47]。随后，研究了并噻吩（C206，C211）[48]，乙烯二氧噻吩（C230）[49]，呋喃（C209），硒吩（C215）[50]等作为 π-共轭桥对染料光电性能的影响。综合考虑 π-共轭桥延长和刚化的效果，合成了染料 C217 和 C219，其光电转换效率分别为 9.8% 和 10%～10.3%，几乎可以与多吡啶钌染料相媲美[51,52]。

为进一步调节供体端的给电子能力和空间结构，Grätzel 课题组合成了染料 Y123，结合钴电对 [Co(bpy)$_3$]$^{2+/3+}$ 获得了 9.06% 的光电转换效率[53]。Frey 等以二甲基芴取代苯胺为电子给体，设计合成了 JF419 染料，其光电转换效率达到 10.3%[54]。2013 年，王鹏课题组在该领域取得了突破性进展，以二乙基芴取代苯胺为电子给体，苯并噻二唑-苯甲酸为电子受体，设计合成了 C259 染料，与 C239 染料共敏化，电池的光电转换效率达到 11.5%（17.85mA・cm^{-2}，891mV，0.722）[55]。Yu 等则研究了缺电子单元对三苯胺染料光电性能的影响，设计了五种染料 TPC，TPCC，TPEC，TPS 和 TPNO，其缺电子单元分别为 2-氰基丙烯酸，丙二酸，3-乙氧基-3-氧代丙酸，氰基甲磺酸和 3-（异亚硝基）-丙腈，结果表明，当氰基丙烯酸作为受体基团时，染料表现出最强的吸收光谱和最大的摩尔吸光系数，电池效率达到 4.93%[45]。因此，氰基丙烯酸被认为是较好的受体基团，被广泛应用于 D-π-A 染料的研究中。

吲哚啉是另一类常见的电子给体，具有比三苯胺更强的给电子能力。最早由 Uchida 等应用于染料敏化太阳电池，在 AM 1.5 G 模拟太阳光条件下，最高光电转换效率达到 6.1%[56,57]。Grätzel 课题组合成的 D149 和 D205 是迄今较为成功的吲哚啉类染料，其中 D205 以辛基取代的绕丹宁酸为电子受体，光电转换效率达到 9.52%[58,59]。田禾课题组在 LS-1 染料（D-π-A 型）的基础上[60]，将苯并噻二唑连接到电子给体吲哚啉上，合成了具有 D-A-π-A 型电子结构的吲哚啉类染料 WS-2，光电转换效率达到 6.78%[61]。与 LS-1 相比，WS-2 的最大吸收峰红移了 48nm，有效增强了电池在长波长区域的光利用效率[62]。为降低染料在 TiO$_2$ 纳晶表面上的聚集，田禾课题组以苯取代的喹喔啉替换 WS-2 染料中的苯并噻二唑，合成了 IQ4 染料，其光电转换效率达到 9.24%（17.55mA・cm^{-2}，740mV，0.71）[63]。在此基础上，进一步修饰电子给体吲哚啉，合成了 YA422 染料，光电转换效率达到 10.65%（16.25mA・cm^{-2}，890mV，0.737）[64]。此外，咔唑染料也取得了很大成功，在咔唑的 C3、C6 位点引入叔丁基，可有效提高咔唑的给电子能力，并抑制 TiO_2 导带中电子与氧化还原电对之间的复合反应。Yano 等合成了咔唑染料 ADEKA-1，光电转换效率达到 12.5%，并且开路电压超过 1000mV[65]，与 SFD-5 染料共敏化，光电转换效率进一步提升至 12.8%[66]。

方酸染料在近红外甚至远红外区有很强的光吸收，在 650nm 处的摩尔消光系数达到 $10^5 L \cdot mol^{-1} \cdot cm^{-1}$，高于卟啉类染料在 450nm 处的光吸收强度。如何对方酸染料的分子结构进行合理优化以使其成为全色染料是目前染料分子研究的重点之一。由非对称性方酸染料敏化的染料敏化太阳电池光电转化效率在 4%～5%[67,68]，在染料的 π-共轭桥分别引入噻吩、环戊二噻吩单元后，相应的电池效率提高到了 6.7%[69] 和 7.3%[70]。最近，Jradi 等设计合成了以二噻吩并噻咯为 π-共轭桥单元，氰基丙烯酸为受体基团的非对称性方酸染料 DTS-CA，其电池的光电转化效率高达 8.9%[71]。此外，近红外染料同时可作为共敏化染料或能量延迟染料，以使染料体系达到全光谱范围吸收的效果[72]，由于其与半导体表面绝缘，光照下通过非辐射跃迁的方式将能量传递到邻近的染料分子，从而提高电池的短路电流密度[73]。

吩噻嗪单元具有良好的给电子能力，其芳香环结构能有效地拓宽染料的吸收光谱。2010 年，Hua 等设计合成了三个吩噻嗪染料，其中 P2 染料的光电转换效率达到 4.41%[74]。2013 年，Wong 等合成了一系列烷基链修饰的吩噻嗪染料，其中染料 PT-C6 获得了最高的光电转换效率 8.18%（$15.32mA \cdot cm^{-2}$，775mV，0.689）[75]。另外，Grätzel 课题组合成了另一类具有 14 π-电子轮烯共振结构（14 π-electron annulene resonance structure）的小分子染料，其中染料 JD21 的光电转换效率达到 8.4%（$15.4mA \cdot cm^{-2}$，730mV，0.75）[76]。

二萘嵌苯及其衍生物具有共平面的电子结构和良好的光、热、化学稳定性，最早由 Gregg 等应用于染料敏化太阳电池[77]。长期以来，二萘嵌苯类染料获得的光电转换效率并不高[78]。直到最近，王鹏、田禾等利用氮环化的二萘嵌苯（N-annulated perylene，PNP）作为染料分子的电子给体或者是 π 共轭桥，在该领域取得了突破性进展[79-82]。2015 年，王鹏课题组以氮环化的二萘嵌苯为电子给体，苯并噻二唑-苯甲酸为电子受体，合成了 C272 染料，光电转换效率达到 10.4%[83]。在 C272 染料的基础上，进一步刚化电子给体端的芳香环，合成了以氮环化的茚并芘为电子给体的染料 C275，光电转换效率高达 12.5%（$17.03mA \cdot cm^{-2}$，956mV，0.77）[84]，单分子有机染料（C281）的最高效率为 13%[85]。几种典型有机染料的分子结构见图 5.6。

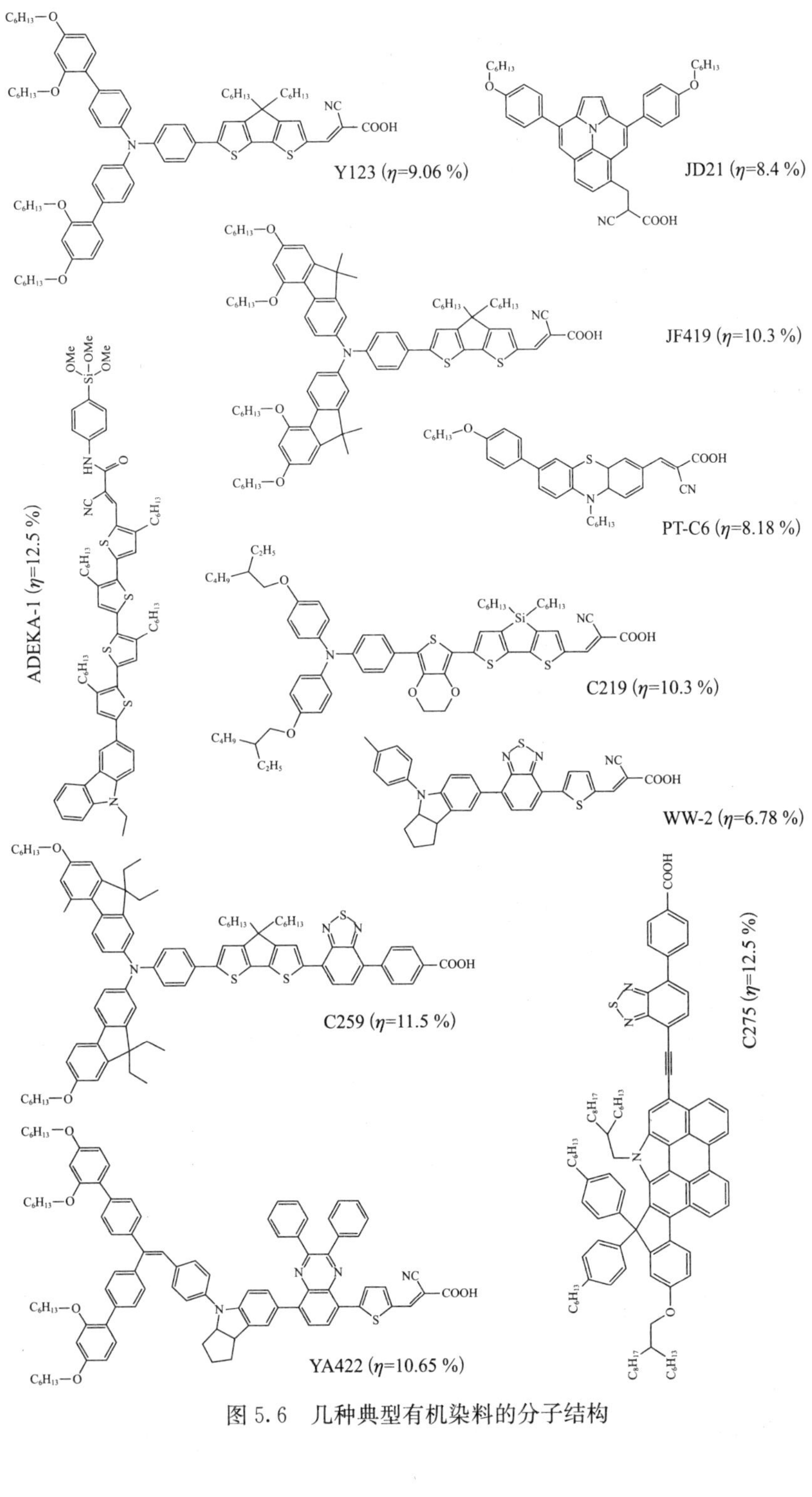

图 5.6　几种典型有机染料的分子结构

5.3 染料敏化太阳电池界面调控

如前所述,染料敏化太阳电池内部是由染料的光激发与失活、光诱导电荷转移、纳米晶半导体内部载流子的输运和复合、氧化还原对在电解质中的扩散、染料的再生以及对电极上的氧化还原反应等多个过程组合而成的。因此,电池内部的各个器件之间也存在较强的相互关联性,主要包括:①染料在半导体表面的吸附作用;②氧化还原电对与半导体间的电荷复合;③染料与氧化还原电对间的空穴传递;④染料与染料以及染料与共吸附剂间的相互作用,其中,染料在半导体表面的吸附对电池光电转换效率的提高至关重要,也是染料敏化太阳电池的研究热点之一。

5.3.1 光阳极和染料吸附

为提高染料敏化太阳电池的光电性能,实验上通常采取的策略是先优化单个组件的性能,再组装调控,进而达到提高电池效率的目的。染料敏化太阳电池的光阳极主要用于吸附单分子层染料,并将激发态染料注入的电子传递给导电基底,是染料敏化太阳电池的重要组件之一。染料敏化太阳电池的光阳极呈现多孔状,主要由宽禁带的金属氧化物半导体构成。染料敏化太阳电池的光阳极是单分子层染料吸附及电荷分离和传输的载体,常采用 TiO_2、ZnO、SnO_2 和 In_2O_3 等纳米颗粒。纳米 TiO_2 无毒,具有较高的光化学稳定性和耐腐蚀性。自然界中,TiO_2 多以锐钛矿、金红石、板钛矿等形态存在,其中,金红石具有较低的总自由能,是热稳定性最高的 TiO_2。锐钛矿由于较高的导带边缘能和较慢的电子-空穴复合速率,是太阳电池领域广泛使用的半导体材料。

多年来,TiO_2 纳米薄膜吸附多吡啶钌染料(N3,N719 等)组成的光阳极材料一直保持着较高的电池效率,是实验中常选用的光阳极材料。研究者们主要致力于提高 TiO_2 的比表面积,增大光散射效应和染料吸附,优化材料界面,加速电荷转移和收集能力。Mohammad 等通过可控相分离技术合成分层多孔结构,成功地将碳纳米管吸附在 TiO_2 表面上,不仅增加了光阳极的临界厚度,同时降低了电子注入的电阻,利于延长电子寿命,从而提高了电池的光电转换效率[86]。Satapathi 等将石墨烯-TiO_2纳米复合材料制成光阳极,增加了染料分子在光阳极表面上的吸附量,提高了电池效率[87]。除 TiO_2 纳米颗粒外,ZnO 纳米颗粒由于其与 TiO_2 相近的带隙,也作为光阳极材料被广泛应用于染料敏化太阳电池的研究中。

通常,染料敏化太阳电池中的染料分子通过化学吸附的方式与半导体表面发生强的耦合作用。性能良好的锚定基团能够将染料分子稳定地吸附在半导体表面上，利于增大激发态染料与半导体导带间的电子耦合作用，促进电子从染料分子注入到半导体导带中。准确预测染料分子在半导体表面的吸附构型是得到染料/半导体界面电子结构以及界面电荷转移性质的关键。目前，对染料分子在半导体表面吸附的研究多集中在锐钛矿（101）面，主要存在三种模式：①单齿吸附，染料锚定基团的羰基氧原子与钛原子配位，同时，羧羟基与表面氧原子形成氢键；②双齿螯合解离吸附，在这种模式下，羧基两个氧原子与同一个表面钛原子配位，而氢质子则发生解离与表面氧原子成键；③双齿桥连解离吸附，羧基去质子化后两个氧原子与两个不同的表面钛原子配位，而氢质子与表面氧原子成键。同时，孟胜等对 VB 系列有机染料在 TiO$_2$ 表面吸附的研究中，提出了三齿桥连的吸附模式，即当锚定基团为氰基丙烯酸时，羰基氧原子和腈基氮原子都可与表面钛原子配位，羧羟基与表面氧原子形成氢键[88]。

　　研究者常通过吸附能绝对值大小判断染料吸附在半导体表面的稳定模式，其中，染料吸附能定义为

$$E_{吸附能} = E_{染料/半导体} - E_{染料} - E_{半导体} \tag{5.16}$$

当 $E_{吸附能} < 0$ 时，吸附过程放热，其绝对值越大表明染料分子在半导体表面吸附构型越稳定。孟胜等的研究发现，染料分子以三齿桥连模式吸附于半导体表面的吸附能大于双齿桥连的吸附模式，是氰基丙烯酸类染料在半导体表面较稳定的吸附构型。需要指出，基于不同理论计算方法得到的染料分子在锐钛矿（101）表面的稳定吸附构型通常是不同的，如密度泛函 B3LYP 方法趋向于单齿吸附构型，而密度泛函紧束缚近似（density functional based tight binding method, DFTB）方法的计算结果则更趋向于双齿吸附构型。

　　de Angelis 等将羧基基团的非对称性伸缩（$\Delta\nu_{as}$）和对称性伸缩振动频率（$\Delta\nu_s$）的差（$\Delta\nu$）与含羧基染料分子在半导体表面的吸附模式相联系，得出染料吸附模式的经验规则：若分子吸附后的 $\Delta\nu$ 远小于吸附之前的 $\Delta\nu$，则分子主要以双齿模式吸附于表面，反之则为单齿吸附。$\Delta\nu$ 随分子吸附模式的变化规律为 $\Delta\nu_{单齿} > \Delta\nu_{双齿桥连} > \Delta\nu_{双齿螯合}$。傅里叶变换红外光谱（FTIR）和衰减全反射 FTIR（ATR-FTIR）是常用来测定 $\Delta\nu$ 的实验手段。通过分析光电子能谱（PES）可得到染料/半导体界面的电子结构信息。扫描隧道显微技术（STM）可将染料分子在半导体表面的吸附构型成像，而扫描电子显微技术（SEM）、透射电子显微技术（TEM）和原子力显微技术（AFM）可表征半导体表面的形态和组成染料敏化太阳电池电极的粒子尺寸。利用 X 射线光电子能谱（XPS）技术，研究者们发现钌染料的异硫氰根配体也可与 TiO$_2$ 表面发生相互作用。

　　吸附在半导体表面后，满足能级匹配的染料分子将电子注入到半导体的导带中。电子注入效率直接影响染料敏化太阳电池的短路电流密度，而注入电子与氧

化态染料分子以及氧化还原电对之间的复合则会减小导带内的电子密度，从而降低染料敏化太阳电池的开路电压。染料将电子注入到半导体导带中的机理有两种：①直接电子注入，即光照下，基态染料分子直接将电子注入到半导体的导带中。与孤立染料相比，发生直接电子注入的染料/半导体复合物的紫外可见吸收光谱红移，且在低能区出现新的电荷转移吸收谱（如邻苯二酚）。直接电子注入效率较高，但须染料分子与半导体间存在较强的耦合作用，缺点是直接的电子注入会使界面电荷复合更容易进行，从而产生暗电流；②间接电子注入，光诱导的激发态染料分子将电子注入到半导体的导带中（如 NKX 系列染料）。染料分子与半导体耦合作用较弱时通常会发生间接电子注入，该过程注入效率较低，但可有效抑制电荷复合过程。

此外，染料分子在半导体表面的吸附取向与排列方式也会影响染料敏化太阳电池的光电转化效率。在双齿桥连吸附模式下，含氰基丙烯酸的 D5L2A1 染料分子直立于 TiO_2 表面，而含罗丹明-3-乙酸的 D5L2A3 染料分子与 TiO_2 表面大约呈 43°的倾斜角，与 D5L2A1 分子相比，D5L2A3 分子较大的倾斜角加速了界面电荷复合，导致其敏化的电池效率降低到原来的 1/2[89]。含较少支链而平面性较好的染料分子吸附于半导体表面后容易发生分子间的 π-π 堆叠，会引起激发态染料分子的猝灭以及减少染料分子对光子的吸收。染料分子有 J-型和 H-型两种聚集方式，其中 J-型聚集会使体系吸收光谱红移，而 H-型聚集会使吸收光谱发生蓝移。实验中，有效抑制分子聚集的手段有：①π 单元连接较长烷基链或结构呈蝴蝶状的染料分子在半导体表面的聚集效应会减弱；②添加不含发色团的共吸附剂，虽然降低了染料分子在半导体表面的覆盖度，但可改善光电流和光电压，是提高电池效率的有效方法。常用的共吸附剂有鹅去氧胆酸（CHENO，CDCA）和去氧胆酸（DCA）等。Neale 等研究了 CHENO 影响染料敏化太阳电池开路电压的基本物理过程，结果表明，CHENO 的加入可使 Ru（II）敏化的染料敏化太阳电池光电压增加大约 40mV[90]，同时，Kusama 等解释了 CHENO 抑制 N749 染料聚集的机理[91]。

5.3.2 单分子染料吸附

随着量子化学理论方法和计算机技术的发展，大体系的材料计算已成为可能。通过对染料敏化太阳电池中的独立元器件（如染料分子、半导体纳米颗粒等），以及整个界面体系（染料/半导体/氧化还原电对）的性质进行理论模拟，可以有效地协助实验设计合成新的染料分子，并有效调控电池内部的各个物理化学过程。对染料敏化太阳电池进行理论模拟是一个逐步深入的过程，首先需要精确模拟染料敏化太阳电池中的各独立元器件的性质，然后再对体系间的相互作用进行模拟分析，最后综合这些计算模拟信息才能够对电池的整体功能形成一个完整深刻的认识。

理论模拟 TiO_2 纳米颗粒可使用团簇和周期性体系两种模型。团簇是有限的块状固体，其表面通常会被钝化或有单键悬挂。利用团簇模拟 TiO_2 纳米颗粒计算成本低，但团簇的带隙宽于真实 TiO_2 晶体的带隙，且计算结果很大程度上依赖于团簇尺寸大小。Persson 等研究发现，$(TiO_2)_{38}$ 团簇的最低激发能与实际测定的 TiO_2 纳米颗粒的带隙吻合得很好[21]，因此该团簇模型是现有计算条件下，使用较为广泛的 TiO_2 模型。在周期性 TiO_2 体系中，晶胞延选定方向周期性重复，TiO_2 的电子结构精确度随体系厚度的增加而提高。采用周期性边界条件可模拟较大尺寸的 TiO_2（如 $10\sim30nm$ 的 TiO_2 纳米颗粒），但须设定足够的真空层，因此，如何选择 TiO_2 的计算模型需综合考虑计算的可行性和对计算结果的期望值。

2005 年，De Angelis 等利用密度泛函理论方法研究了 N3 和 N719 染料的电子结构和光学性质，结果表明染料的 HOMO 轨道主要分布在中心金属 Ru 原子和两个 NCS^- 配体单元上，是由 Ru 原子的 t_{2g} 轨道和 NCS^- 配体的 π 轨道组成的反键轨道，而 LUMO 轨道则主要分布在联吡啶配体和羧酸基团上。染料的最大吸收峰主要由 Ru 原子到联吡啶配体的电子激发组成，称金属到配体的电荷转移（metal to ligand charge transfer，MLCT）[92]。2010 年，de Angelis 等分别采用 38 个 TiO_2 和 82 个 TiO_2 的团簇模型研究了 N719 染料吸附在 TiO_2 表面上的电子结构和能级排布，发现在染料-TiO_2 构型中，染料以 3 个羧酸基稳定地吸附在 TiO_2 表面上，同时羧酸基的 H 质子转移到 TiO_2 表面上[93]。2011 年，计算了染料-TiO_2 吸附构型的吸收光谱，分析指出 N719 染料的电子注入驱动力约为 $0.3eV$[94]，并进一步研究了染料质子化和染料的吸附模式对 TiO_2 导带底能量的影响[95,96]。

2010 年，de Angelis 等计算了一系列有机染料的基态氧化电势和激发态氧化电势，发现理论计算值与实验值的偏差在 $0.2\sim0.3eV$，B3LYP 和 MPW1K 杂化泛函给出了较好的计算结果[97]。2013 年，Vaissier 等计算了多种钌染料和有机染料的重组能，发现染料的内重组能在 $0.1\sim0.2eV$，而外重组能则随溶剂分子的不同表现出明显的差异[98]。为不断拓宽染料分子的吸收光谱，科学家们在设计新的染料分子方面付出了许多努力[99]，本课题组在这方面也做出了很多努力，通过在三苯胺电子给体上引入 sp^2 杂化的 N 原子，使得分子能隙有效减小，从而拓宽了染料的吸收光谱[100]，并且在 JD21 染料的基础上引入 Si 核单元，设计的 Y2 染料表现出良好的光电性质[101]。2012 年，de Angelis 等研究了氰基乙酸和饶丹宁酸在 TiO_2 表面上的吸附模式，结果表明羧酸基团以双齿桥连的模式稳定地吸附在 TiO_2 表面上，对于不同的吸附基团，染料与 TiO_2 之间的电子耦合明显不同，从而影响电子注入过程[102,103]。随后，de Angelis 等研究了染料吸附模式对

TiO$_2$导带能量的影响，并将导带的移动分解为静电势（约 40%）和电荷转移（约 60%）两部分的贡献[104]。2013 年，de Angelis 等采用多种杂化泛函计算了染料-TiO$_2$吸附构型的电子结构、能级排布和吸收光谱，结果表明对于有机染料，CAM-B3LYP 杂化泛函给出较准确的吸收光谱，B3LYP 杂化泛函给出准确的能级排布，而 MPW1K 杂化泛函的表现性能介于两者之间[105]。孟胜课题组研究发现氰基乙酸上的氰基基团对染料吸附构型有重要影响[106]。

　　电子注入过程是染料敏化太阳电池中基本的电子转移过程之一。对于大多数染料分子，估测注入驱动力小于 300mV，并要求电子注入速率应至少比染料激发态衰减速率快 100 倍[107]。2010 年，Troisi 等利用密度泛函理论方法，将染料-TiO$_2$体系分为三部分：TiO$_2$表面、染料与 TiO$_2$的相互作用界面和孤立的染料分子，分别采用团簇模型和周期性模型计算了染料的电子注入速率，得到了可靠的计算结果[108,109]。随后，Troisi 等分别研究了 TiO$_2$的不同晶面、不同模型体系大小和不同的染料吸附模式对电子注入速率的影响[110,111]。2012 年，Troisi 等利用密度泛函理论方法并结合相关的实验参数计算了 TiO$_2$导带中电子与氧化态染料分子之间的电荷复合速率，对 NKX 系列染料得出了可靠的计算结果，但对于更为复杂的 OH 系列染料，电荷复合速率的准确计算变得困难[112]。另外，LUMO展宽方法也是计算电子注入速率的常见方法[113]。

5.3.3 多个染料分子吸附

　　近年来，随着对单个染料分子吸附于 TiO$_2$界面性质研究的逐步深入，多个染料吸附以及染料聚集效应也逐渐成为研究者们关注的焦点。基于理论模拟得到的单个染料分子吸附于 TiO$_2$界面的优化构型，并假定敏化过程中，染料与 TiO$_2$界面之间的相互作用强于染料单分子层中染料分子间相互作用，利用简单的方法即可模拟染料覆盖在 TiO$_2$界面上的构型及性质。有文献指出染料与 TiO$_2$界面的相互作用是有机染料分子间相互作用能的三倍左右[114]，因此，假设五配位的 Ti原子为吸附位点时，染料与 TiO$_2$界面之间相互作用可以确定染料的吸附模式和吸附构型，而染料分子构型的差异则导致染料分子间相互作用存在不同。当染料吸附于 TiO$_2$表面时，其聚集倾向由染料分子间相互作用来确定，即通过染料分子间相互作用可以确定所有可能存在的二聚体中最稳定的聚集模式。

　　2010 年，de Angelis 等首先模拟了染料二聚体吸附于 TiO$_2$界面上的性质。通过模拟两种吲哚类染料（D102 和 D149[115]）在 TiO$_2$界面上所有可能的二聚体模型，利用 B3LYP 和 MP2 两种方法计算所有可能二聚体的单点能并进行比较，得到两种染料最稳定的二聚体吸附 TiO$_2$界面构型，同时，研究了染料分子结构与在 TiO$_2$界面形成聚集倾向的关系，发现染料分子构型不同其形成的聚集体构型亦不同，不同的聚集方式对光谱性质的影响也是不同。在此基础上，de Angelis 等利用吲哚染料的聚集模型，静态模拟电子注入和染料再生过程及相关的光谱响应，研究了实验上发现的 D149 染料 Stark 位移现象的本质[116]，能够合理地解释实验观测到的光谱移动，说明定域在染料分子中的正电荷，由于与相邻染料之间存在较强的分子间静电相互作用，导致其相邻中性染料的光谱发生蓝移，并推测染料的聚集模式及在光阳极界面上形成分子层的倾角在一定程度上会影响 Stark 位移的量级。

　　为说明理论研究半导体界面上染料聚集效应的意义，de Angelis 和 Planells 等在 π-共轭有机染料的基础上设计了一个新型的抗聚集染料 MP124[117]，引入一个较大体积的烷氧基链，大大降低了分子间相互作用，能够有效地抑制染料聚集现象，实验测得此染料的光谱性质不受聚集效应的影响。此外，de Angelis 等还报道了钌染料 Z907 在 TiO$_2$ 界面上的聚集效应，计算得到 Z907 染料分子间的电子耦合值为 0.005eV，由两个染料间邻近的 NCS 配体相互作用导致。Hitoshi Kusama 等则研究了黑染料在溶液中的聚集行为，认为由于黑染料中较多的羧基，锚定基团间在溶液中易形成氢键导致聚集，从而影响吸附过程。Jacqueline 等发现，增加吸附在 TiO$_2$ 表面上的染料分子个数，模拟的吸收光谱也随之发生变化，染料由单体增加至四聚体时，吸收光谱红移，但增加至五聚体时，吸收光谱反而出现蓝移并且吸光强度降低，这是由于第五个染料并没有吸附到 TiO$_2$ 表面的位点上。

5.3.4　染料分子间的相互作用

　　由于存在弱的分子间相互作用，染料会紧密堆积在 TiO$_2$ 的表面上，形成表面单分子层或多分子层。染料表面覆盖度值可以反映其紧密堆积程度，覆盖度值大小则可以通过光电子能谱（PES）和计算模拟得到，染料单分子构型及吸附条件（如溶剂、浸泡时间等）均会对覆盖度值产生影响。典型的 D-π-A 有机染料，当锚定基团为氰基丙烯酸时（如 C218、JK2、Y123 等），每 nm^2 就有两个染料分子，其表面覆盖度值较高。当改变染料的锚定基团时，染料吸附于半导体表面的吸附模式也随之改变。例如，吲哚类染料 D102 和 D149，其锚定基团为罗丹宁-3-羧基酸，当此类染料吸附在 TiO$_2$ 表面上时，染料分子几乎平行于 TiO$_2$ 表面或与 TiO$_2$ 表面呈约 45° 夹角[118]，因此其表面覆盖度值较低，大约每 nm^2 仅有 0.3～0.6 个染料分子。对典型的钌染料，如 N3、N719、C101 等，其表面覆盖度为每 nm^2 有 0.3～0.8 个染料分子。Z907 染料在联吡啶配体上引入了 9 个碳的烷基链，在 TiO$_2$ 表面上形成非常紧密的染料覆盖层，其空穴扩散率非常高，而 N3 染料中则没有出现这种现象[119]。主要原因是，Z907 吸附于 TiO$_2$ 表面上后，较强的分子间相互作用使其 NCS 配体紧密靠近，其 HOMO 主要定域于 NCS 配体上。

对于 N3、N719 染料，计算模拟发现分子间相互作用主要由分子间氢键作用引起。此外，钌染料在 TiO₂ 的（001）晶面和（101）晶面上的染料覆盖度值不同，这是由染料在这两个晶面上不同的吸附模式所导致的。

染料分子间相互作用是决定整个染料敏化太阳电池光电转换效率的重要因素之一。染料分子间相互作用使染料在 TiO₂ 表面形成紧密的单分子层，从而抑制电解液向 TiO₂ 表面靠近，因此染料分子间相互作用不仅促进染料再生，还抑制氧化还原电对与注入 TiO₂ 中的电子发生复合过程。综上所述，形成紧密均一的染料层对染料敏化太阳电池的性质起着至关重要的作用，但染料分子间相互作用同时也会制约染料敏化太阳电池获得较高的光电效率。例如，当染料吸附于 TiO₂ 界面时，一部分染料由于分子间相互作用而产生重叠，并未完全吸附于 TiO₂ 界面，虽然这部分染料可以吸收太阳光但并未产生光电流；另外染料的聚集效应也会导致分子间激发态猝灭，降低光电流。因此，通过设计合适的染料分子或利用抗聚集共吸附剂均能够有效地抑制染料聚集于 TiO₂ 表面，提高电池光电转换效率。抗聚集共吸附剂与染料分子共同吸附于 TiO₂ 表面，从而降低电荷复合和分子间猝灭现象。

染料共敏化的太阳电池是由两种不同的染料按照一定的比例共同吸附于 TiO₂ 表面上组装而成的，因此，染料分子间相互作用是影响共敏化效果的重要因素。尽管共敏化方法有潜力使染料获得全色的吸收光谱，但实验上能获得较高光电转换效率的电池仍然很少，其主要原因是在共吸附的两种染料之间有能量或电子/空穴的转移。传统的共敏化方法是两种染料共同将电子注入至 TiO₂ 导带中，而当前新的共敏化方法则利用 Förster 或 Dexter 机理，通过能量传递染料（ERD）将激发能传递至另一敏化染料（SD）上。当发生荧光共振能量转移（FRET）时，ERD 染料保持对 TiO₂ 表面电子绝缘，单纯地将其激发态能量转移至 SD 染料中，产生额外光电流，因此 ERD 供体与 SD 受体的构型是决定能量转移速率的关键，其方向因子 κ^2 决定 Föster 半径（即 FRET 的速率达到 50% 时，供体与受体的距离）。由此可见，参与荧光共振能量转移的分子间相互作用直接影响共敏化的效果，进而影响共敏化电池的光电转换效率。

5.4　染料敏化太阳电池电解液

目前，染料敏化太阳电池常用的电解质为基于有机溶剂的液态电解质，该电解质主要由有机溶剂、氧化还原电对和添加剂组成。常见的有机溶剂包括四氢呋喃（THF）、乙腈（ACN）和二氯甲烷（DCM）等，这些溶剂不参与电极反应，且具有较高的介电常数和较低的黏度，对许多无机物和有机物的溶解性好。电解质中氧化还原电对主要负责氧化态染料的再生，是电池产生持续电流的关键。经典的氧化还原电对为 I_3^-/I^-，与 Ru(Ⅱ) 染料敏化的染料敏化太阳电池表现出较高的光电转换效率，与有机染料敏化的染料敏化太阳电池光电转化效率超过了 10%。然而，I_3^-/I^- 复杂的双电子转移过程及对电池的腐蚀，限制了其在染料敏化太阳电池领域的大规模应用。作为传统电对 I_3^-/I^- 的替代体系，具有单电子转移过程的金属钴和镍配合物受到了人们的关注，目前光电性能较好的染料敏化太阳电池主要采用了 [Co(bpy)$_3$]$^{2+/3+}$ 和 [Co(phen)$_3$]$^{2+/3+}$ 电对。咪唑类阳离子和 Li$^+$ 添加剂可调控半导体导带边缘能级和改善激发态染料的电子注入效率，是染料敏化太阳电池电解质的必要组成成分。

5.4.1　氧化还原电对

　　氧化还原电对是染料敏化太阳电池的重要组成部分，还原态的电对给出电子使染料再生，同时氧化态的电对扩散到对电极获得电子被还原。传统的 I^-/I_3^- 电对具有良好的动力学特性（快速的染料再生和相对较慢的电荷复合），电池的光电转换效率超过 11%[14]。然而，I^-/I_3^- 电对也存在一些明显的不足之处，如易挥发、腐蚀高导电率金属、吸收可见光等，这些对光阳极半导体、染料分子等材料的选取以及电池的制造技术提出了限制。相对于标准氢电极（normal hydrogen electrode，NHE），I^-/I_3^- 的氧化电势为 0.35V，而染料分子的氧化电势约为 1V，染料再生的热力学驱动力超过 600mV，使得电池的开路电压一般在 0.7～0.8V[120]。由公式（5.14）可知，电池的开路电压决定于光阳极半导体的准费米能级与电解质氧化还原电势之间的差值，因此，选择具有较高氧化还原电势的氧化还原电对有利于减小染料再生过程中的能量损失，从而提高电池的开路电压。好的氧化还原电对一般应具有不吸收或少吸收太阳光，快速的染料再生和缓慢的电荷复合，氧化还原电势方便调节，在电解液中快速扩散以及无腐蚀等特性。下面主要介绍钴配合物氧化还原电对（钴电对）的研究进展。

　　2001 年，Grätzel 课题组首次将金属钴配合物作为氧化还原电对应用于染料敏化太阳电池，结合钴电对 [Co(dbbip)$_2$]$^{3+/2+}$（图 5.7）和钌染料 Z316 获得了 2.2% 的光电转换效率[121]。2003 年，该课题组设计合成了一系列钴电对，其中钴电对 [Co(dbbip)$_2$]$^{3+/2+}$ 结合钌染料 Z907 获得了最高的光电转换效率 4.2%[122]。2004 年，研究了钴电对 [Co(dbbip)$_2$]$^{3+/2+}$ 在对电极上的电化学性质，发现以 Au 作为对电极材料，其表现性能优于 Pt 电极[123]。2002 年，Sapp 等将一系列钴电对应用于染料敏化太阳电池，其中 [Co(dtb-bpy)$_3$]$^{3+/2+}$ 结合 N3 染料获得了最好的光电转换效率（1.3%）[124]。然而，由于氧化态钴电对与 TiO$_2$ 导带中电子之间快速的电荷复合以及钴电对在半导体薄膜中较慢的扩散过程，其光电转换效率一直不高。在 2003～2009 年只有少数的报道，其中 Yanagida 等于

2005 年研究了钴电对与 TiO_2 导带中电子之间的电荷复合过程，发现添加锂离子和叔丁基吡啶可有效提高电池的开路电压[125]。为阻隔钴电对的电荷复合过程，Klahr 等在 TiO_2 表面上覆盖了一层 Al_2O_3，但这种做法不利于染料的电子注入，电池的光电转换效率并未明显提高[126,127]。

直到 2010 年，Feldt 等利用高吸光系数的有机染料 D35 结合钴电对 $[Co(bpy)_3]^{3+/2+}$ 获得了高达 6.7% 的光电转换效率，并且开路电压超过 0.9V[128]。在 D35 染料的电子给体端引入多个烷氧基长链，有效地阻止了钴电对向 TiO_2 表面的靠近，从而降低了 TiO_2 导带中电子与氧化态钴电对之间的电荷复合。同时，采用高吸光系数的有机染料 D35，降低了 TiO_2 薄膜的厚度，这样既缓解了钴电对扩散的限制，又降低了电荷复合的风险。2010～2011 年，王鹏课题组利用有机染料 C218 和 C229，结合钴电对 $[Co(phen)_3]^{3+/2+}$，分别获得了 8.3% 和 9.4% 的光电转换效率[129,130]。2011 年，Grätzel 课题组结合有机染料 Y123 和钴电对 $[Co(bpy)_3]^{3+/2+}$ 获得了 9.6% 的光电转换效率，同年，该课题组利用钴电对 $[Co(bpy)_3]^{2+/3+}$ 和锌-卟啉染料 YD2-o-C8，并与 Y123 染料共敏化，电池的光电转换效率达到 12.3%，在该领域取得了突破性进展[35]。2012 年，报道了新型钴电对 $[Co(bpy-pz)_2]^{3+/2+}$，结合有机染料 Y123，电池的光电转换效率达到 10%，同时开路电压超过 1V[131]。2014 年，结合钴电对 $[Co(bpy)_3]^{2+/3+}$ 和锌-卟啉染料 SM315 获得了高达 13% 的光电转换效率[36]。2015 年，王鹏课题组利用二萘嵌苯染料 C275 和钴电对 $[Co(phen)_3]^{3+/2+}$ 获得了 12.5% 的光电转化效率[84]。此外，Xie 等报道了一种还原态为低自旋态稳定的钴电对 $[Co(ttcn)_2]^{3+/2+}$，Kashif 等则报道了新型钴电对 $[Co(PY5Me_2)(MeCN)]^{3+/2+}$，其氧化电势可根据电解液中叔丁基吡啶的浓度而方便地调节[132]。Kim，Ondersma，Koh，Tsao 等则结合钴电对分别优化了光阳极半导体薄膜、电解质组成和对电极等材料[133]。几种典型钴电对的分子结构见图 5.7。

5.4.2 染料再生

染料再生过程是染料敏化太阳电池中基本的电子转移过程之一，处于氧化态的染料分子从氧化还原电对获得电子并重新回到基态。传统的 I^-/I_3^- 电对与钌染料和有机染料相结合，其光电转换效率分别达到 11.4%[134] 和 10%[52]。然而，由于存在吸收可见光、易挥发和腐蚀高导电率金属等不利因素，I^-/I_3^- 电对的使用受到了一定程度的限制。科学家们设计合成了许多新型氧化还原电对，其中钴电对由于其良好的表现性能得到了广泛应用，结合锌-卟啉染料，其光电转换效率达到 13%[36]，与有机染料相结合，光电转换效率达到 12.5%[84]。下面分别介绍 I^-/I_3^- 电对和钴电对染料再生过程的研究进展。

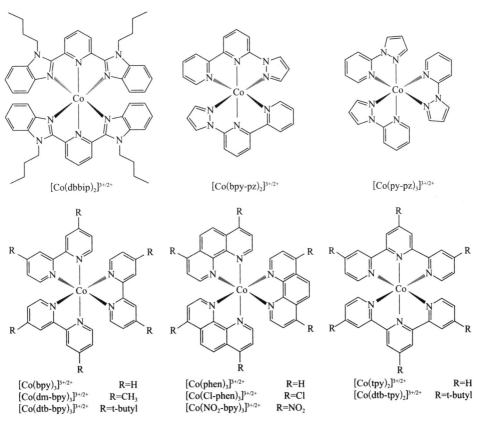

图 5.7　几种典型钴电对的分子结构

2007 年，Clifford 等利用瞬态吸收光谱等实验技术研究了 N3 染料和 I^-/I_3^- 电对之间的染料再生过程，从实验上测得了氧化态染料 Dye^+ 与碘负离子 I^- 的中间结合物 $[Dye^+ \cdots I^-]$，并认为反应过程（2）是整个染料再生反应的限制性步骤，染料再生反应的热力学驱动力为 $0.7eV^{[135]}$。反应过程如下：

$$Dye^+ + I^- \Longrightarrow [Dye^+ \cdots I^-] \qquad 过程（1） \qquad (5.17)$$

$$[Dye^+ \cdots I^-] + I^- \Longrightarrow Dye^0 + I_2^- \qquad 过程（2） \qquad (5.18)$$

$$I_2^- + I_2^- \Longrightarrow I_3^- + I^- \qquad 过程（3） \qquad (5.19)$$

2011 年，Anderson 等研究了 N719 染料和 I^-/I_3^- 电对之间的染料再生过程，测得染料再生速率为 $7.8 \times 10^5 \ M^{-1} \cdot s^{-1}$，这远低于 I^-/I_3^- 电对在电解液中的扩散速率，同样认为反应过程（2）是整个染料再生反应的限速步骤[136]。2011 年，Asaduzzaman 等利用密度泛函理论方法研究了 N3 染料和 I^-/I_3^- 电对之间的染料再生过程，计算了中间结合物 $[Dye^+ \cdots I^-]$ 和染料再生反应的过渡态结构，从理论上证明了反应过程（2）是染料再生过程的限速步骤[137]。2013 年，Jeon 等提出了内球电子转移（inner-sphere electron transfer）的染料再生反应机制[138]，

认为氧化态染料 Dye^+ 与碘负离子 I^- 的中间结合物 $[Dye^+\cdots I^-]$ 可以直接生成中性态染料 Dye^0 和碘自由基 $I\cdot$，反应过程如下：

$$Dye^+ + I^- === [Dye^+\cdots I^-] \qquad 过程（1） \qquad (5.20)$$

$$[Dye^+\cdots I^-] === Dye^0 + I\cdot \qquad 过程（2） \qquad (5.21)$$

$$I\cdot + I^- === I_2^- \qquad 过程（3） \qquad (5.22)$$

2013 年，Troisi 等利用密度泛函理论方法比较研究了上述染料再生反应过程，结果表明上述两种反应过程可能同时发生，反应过程（2）按哪种方式进行取决于中间结合物 $[Dye^+\cdots I^-]$ 的结合构型。de Angelis 等则分别研究了钌染料、香豆素染料和咔唑染料与 I^-/I_3^- 电对的结合构型，并计算了染料-电对结合构型的吸收光谱[139]。

2010 年，Feldt 等利用有机染料 D35 和钴电对 $[Co(bpy)_3]^{3+/2+}$ 获得了高达 6.7% 的光电转换效率[128]，这一成果使得该研究领域重新获得重视并取得了突破性进展。然而，与 I^-/I_3^- 电对相比，基于钴电对的染料再生过程的研究只有少数报道。2011 年，Feldt 等研究了 D35 染料和一系列钴电对之间的染料再生过程，结果表明，当再生驱动力为 390mV（$[Co(Cl-phen)_3]^{3+/2+}$）时，染料能够有效再生，再生效率为 80%，而 260mV（$[Co(NO_2-phen)_3]^{3+/2+}$）的再生驱动力则不能使染料有效再生，再生效率仅为 60%[140]。2013 年，该课题组利用 L0、D35、Y123 和 Z907 染料研究了基于钴电对的染料再生过程和电荷复合过程，研究表明染料再生反应的重组能在（0.8 ± 0.1）eV，要使染料有效再生，再生驱动力应大于 0.4eV，同时指出染料再生效率依赖于染料的分子结构和电解液中钴电对的浓度，染料再生反应发生在 Marcus 正常区，当钴电对的氧化电势大于 0.55V（NHE）时，电子复合反应发生在 Marcus 反转区[141]。Yamashita 等则利用密度泛函理论方法计算了一系列钴电对的重组能和氧化电势[142]。

2011 年，Grätzel 课题组利用 N719、Z907 染料和钴电对 $[Co(bpy)_3]^{3+/2+}$ 分别获得了 1.8% 和 6.5% 的光电转换效率[143]。2012 年，de Angelis 等模拟了钴电对 $[Co(bpy)_3]^{3+/2+}$ 与染料 N719 吸附在 TiO_2 表面上的动力学过程，结果表明带负电荷的染料与带正电荷的钴电对之间存在强的库仑吸引作用，这使得氧化态钴电对在 TiO_2 薄膜中的浓度增大，加快了电荷复合过程，而 Z907 染料上长的烷基链有效地阻隔了钴电荷向 TiO_2 表面靠近，表现出较高的光电转换效率（6.5%），同时计算了染料再生反应的重组能，发现高自旋反应路径的重组能（1.34eV）明显大于低自旋反应路径的重组能（0.61eV）[144,145]。

5.5　染料敏化太阳电池对电极

对电极是染料敏化太阳电池的重要组成部分，当氧化还原电对到达对电极后，对电极将会催化还原氧化还原电对。传统的导电玻璃对电极，如铟掺杂氧化锡（ITO）或者氟掺杂氧化锡（FTO）对氧化还原电对的还原效率非常低。在导电的 FTO 对电极中，I_3^-/I^- 的电荷扩散阻抗较大（约 $10^6\,\Omega\cdot cm^{-2}$），通常在对电极上镀一层 Pt 来加速该还原反应。Pt 是广泛应用于催化工业中的催化剂，在催化过程中 Pt 的共价电子主要来自 s 和 d 电子轨道，d 轨道中某些能级未被充满，因此 Pt 的 d 轨道既有接收电子的能力，又有给出电子的能力。其他过渡金属如 Fe、Co、Ni、Pd 和 Ir 等也是较稳定的和应用较广泛的金属催化剂。近些年来，对电极方面的研究明显增加，但是与染料敏化太阳电池其他组分研究相比，发展速度仍然较慢。以下详细介绍对电极的研究进展情况。

表面催化反应的第一个过程就是分子或原子在催化剂表面吸附。此反应中，碘在表面既有可能以分子的形态发生吸附，也有可能以原子的形态发生吸附，研究碘和对电极表面之间的相互作用，对于对电极催化反应有很大的指导意义。分子或原子在固体表面的吸附，可分为物理吸附和化学吸附两大类。发生物理吸附时，吸附质主要靠范德瓦耳斯力进行吸附，吸附能在 $10\sim100\,meV$，发生吸附后分子的结构变化不大。发生化学吸附时，吸附质与衬底表面之间发生了化学反应，它们之间存在电荷的转移，改变了吸附质的化学结构。吸附质与衬底原子之间形成的化学键可以是离子键、金属键，也可以是共价键。发生化学吸附时，分子或原子的位置通常比物理吸附更靠近表面。

碘分子的还原反应与两个因素有关，即 I_2 的解离能垒与 I^* 的脱附能垒。Hou 等指出这两个能垒均与 I 原子的吸附能有关，即 I 原子在催化剂表面的吸附能可以作为判断催化剂对 I_3^-/I^- 还原反应催化活性的评价标准[146]。Wang 等估算出在乙腈溶剂中，I 原子吸附能的最佳范围为 $0.33\sim1.02\,eV$[147]。铂对电极是染料敏化太阳电池最常用的对电极催化材料，主要是因为其较低的超电势和较高的催化活性。铂催化剂暴露的表面不同，碘原子在其表面的吸附能也不同。Zhang 等计算了乙腈溶剂中 I 原子在 Pt（100）、（111）和（411）表面的吸附能和 I^- 的解离能[148]。I 原子在这三个表面上的吸附能分别为：1.56eV、0.52eV 和 1.38eV，其中，I 原子在 Pt（100）、（411）表面的吸附能在理论计算的最佳范围之外，因此推测 Pt（100）、（411）表面的催化活性不高。在随后的解离能计算中，I^- 在 Pt（100）、（111）和（411）表面的解离能分别为：0.63eV、0.39eV 和 0.74eV，I^- 最易从 Pt（111）面上解离。通过吸附能和解离能的计算，表明 Pt（111）面的催化活性最高，这与实验结果一致。

目前为止，表面吸附的理论研究大多还局限于分子或原子在完整金属表面的吸附和解离。但实际情况中，金属通常是带有缺陷的，而且缺陷处金属原子可用来参与相互作用的未配对电子数，也通常比表面中其他金属原子要多，所以其化学活性比表面中其他金属原子要大。当存在缺陷的表面吸附分子或原子时，吸附质与表面缺陷处原子相互作用的几率更高。铂对电极虽然催化活性比较高，但其较高的成本和较低的储藏量限制了其大规模的应用，同时铂电极易被电解液氧化，从而影响电池的寿命，因此，寻找廉价、高效、储藏量丰富的对电极材料来代替铂电极是非常重要的。通常采用的低成本替代材料主要包括：碳材料、导电聚合物材料、金属化合物和复合物材料等。

5.5.1 碳对电极材料

碳材料既有良好的导电性和催化活性，又有很好的抗腐蚀性，适合用来催化还原 I_3^-，此外碳材料较低的价格也有利于降低电池的制备成本。1996 年，Grätzel 等第一次使用石墨烯和炭黑的混合物作为染料敏化太阳电池的对电极催化材料，电池的光电转换效率达到 6.7%[149]。随后，研究者们尝试把各种碳材料用在染料敏化太阳电池的对电极材料中。炭黑作为对电极催化材料时，染料敏化太阳电池的光电转换效率和填充因子随着碳层厚度的增加而增大，碳层厚度为 14.47μm 时，电池的效率最高达到 9.1%，填充因子为 0.685[150]。Chen 等使用旋涂的方法，把 0.2 mm 的炭黑涂抹在石墨上作为染料敏化太阳电池的对电极材料，电池效率为 6.46%，相同条件下，使用 Pt 涂抹在导电玻璃上作为对电极所组装电池的光电转换效率为 6.37%[151]。Veerappan 等使用无定形碳作为对电极材料，组装的电池效率也很高，把无定形碳分别喷涂在透明的导电玻璃和塑料基底上后，电池效率均超过了 6%[152]。随后，他们研究了喷射时间对电池性能的影响，当喷射时间为 420s 时，电池的光电转换效率最高[153]。Wang 等合成了一种氮掺杂的介孔碳材料（NMC），使用 NMC 作为对电极的电池光电转换效率达到 7.02%，相同条件下，Pt 对电极电池的光电效率为 7.26%，表明 NMC 也可作为替代 Pt 的低成本材料[154]。纳米尺寸的碳也是常用的对电极材料，Lee 等使用纳米尺寸的碳作为染料敏化太阳电池的对电极获得 7.56% 的光电转换效率，且有良好的稳定性[155]。Sebastián 等在 550～750℃ 的温度范围内合成碳纳米纤维，结果表明，在 550℃ 的条件下合成的碳纳米纤维组装电池效率最高[156]。Wu 等采用多种碳材料作为对电极催化剂，包括活性炭、炭黑、有序纳米介孔碳、色素碳、碳纳米管、导电炭粉、碳纤维、废弃的打印机油墨和富勒烯，所有这些碳材料对 I_3^- 的还原反应都表现出良好的催化活性[157]。

石墨烯已成为纳米材料中冉冉升起的新星，因其独特的电子性质和较大的表面积（2600m² · g⁻¹），在众多领域中得到广泛的应用。石墨烯是一种二维的碳材料，只有一层原子的厚度，组成石墨烯的每个碳原子以 sp² 的形式杂化，构成类似蜂窝状的六边形结构。研究发现，石墨烯膜的电荷传输阻抗为11.7Ω · cm⁻²，与 Pt 接近[158]，是一种良好的对电极材料。石墨烯的形貌与它的催化活性密切相关，形貌不同，所组装电池的光电效率也不同。完整的石墨烯由于活性位点较少，对 I_3^-/I^- 还原反应的催化活性很低。增加石墨烯的表面缺陷可以增加催化过程中的活性位点，从而增强石墨烯的催化活性[159]。此外，文献报道增加含氧官能团的数量也可以增强石墨烯的催化活性[72,73]。但由于过多的含氧官能团会降低石墨烯的导电性，进而导致电池的光电转换效率降低，因此只能增加有限个数的含氧官能团[74,75]，还需要在寻找石墨烯的导电性和催化活性两者之间的平衡点方面做更多的研究。2016 年，Zhang 等研究了三种不同 N 掺杂石墨烯对 I_3^-/I^- 还原反应的催化活性，并与纯净石墨烯的催化活性进行比较，计算了 I_2 在吡啶型 n 掺杂石墨烯、吡咯型 n 掺杂石墨烯、石墨型 n 掺杂石墨烯和纯石墨烯表面的吸附能，以及 I^- 在掺杂石墨烯和纯石墨烯表面的解离能，发现当石墨烯含有 4.0％的石墨型 n 掺杂和 3.0％的吡啶型 n 掺杂时，对 I_3^-/I^- 还原反应的催化活性最高[160]。

当铂负载在石墨烯表面（Pt/石墨烯）作为染料敏化太阳电池的对电极材料时，Pt/石墨烯表现出良好的催化性能，电池的光电转换效率达到 7.88％，由于 Pt/石墨烯既有较高的导电性，又有很小的电荷阻抗，所以在相同条件下，铂对电极的电池效率仅为 6.51％[161]。Pt 团簇与石墨烯的质量比不同时，对电极材料对 I_3^-/I^- 还原反应的催化活性也不同。Yeh 等研究了 Pt 团簇与石墨烯不同质量比（10％～60％）对 I_3^-/I^- 还原反应的催化活性，发现当质量比为 20％时，电池的光电转换效率最高，达到了 8.79％[162]。研究表明，当金属团簇的体积减小到原子尺寸时可以有效地增加催化剂的活化表面积，从而提高催化活性。尽管实验上使用原子沉积法成功地将 Pt 原子嵌入到石墨烯表面，但在控制金属团簇大小方面仍然十分困难。虽然碳材料具有成本低、效率高的优点，但其在导电衬底上的稳定性不好，易于剥离，容易引起电池短路，进而影响电池的使用寿命，因此提高碳对电极的稳定性将是今后碳催化材料的研究重点。

5.5.2　聚合物对电极材料

导电聚合物的导电性良好，且具有柔软、透明和稳定等性能，是发展多用途染料敏化太阳电池的可用材料之一。常见的聚合物材料有聚苯胺（PANI）、聚吡咯（PPy）和聚（3，4-乙烯二氧噻吩）（PEDOT）等。

聚苯胺是研究较多的导电聚合物，Li 等发现，增加聚苯胺电极的表面积可有效增强其催化活性，由于较低的电荷传输阻抗，聚苯胺组装的电池效率达到 7.15％，同样条件下，纯铂对电极组装电池的光电转换效率为 6.90％[163]。为进一步增强聚苯胺的催化活性，Ameen 等用氟代乙酸钠掺杂聚苯胺（SFA-PANI）作对电极材料，与纯的聚苯胺和铂电极相比，SFA-PANI 表现出更好的导电性和催化活性，电池效率也高于其他两种材料[164]。另一种聚苯胺衍生物（多孔的聚苯胺樟脑磺酸）也表现出良好的电化学性能，用它作对电极材料组装的电池效率达到 6.23%，高于相同条件下铂对电极的光电转换效率（6.1%）[165]。此外，聚苯胺纳米纤维对 I_3^-/I^- 还原反应也具有较好的催化活性。Li 等采用 SO_4^{2-}、ClO_4^-、BF_4^-、Cl^- 和 TsO^-（Ts＝甲苯磺酰基）等阴离子掺杂聚苯胺，研究发现，SO_4^{2-} 掺杂的聚苯胺对电极对 I_3^-/I^- 还原反应的催化活性最高，且具有较低的电荷传输阻抗[166]。

聚吡咯也是常用的导电聚合物，其较高的催化活性和较低的价格使它成为代替贵金属铂的理想材料之一。Wu 等制备出聚吡咯纳米颗粒对电极，电池的光电转换效率为 7.66%，高于纯铂对电极的电池效率（6.90%）[167]。聚吡咯纳米管是一种新型的对电极材料，Peng 等用它作对电极材料，电池效率为 5.27%，略低于铂对电极的效率（6.25%）[168]。分别将 Cl^-、SO_4^{2-}、TsO^- 和 DBS^-（十二烷基苯磺酸根）等阴离子掺杂在聚吡咯中时，其催化活性显著不同，其中掺杂 DBS^- 的对电极材料获得最高的光电转换效率（5.4%）[169]。

PEDOT 是常用的柔性催化材料，它易于合成、导电性高、性能稳定且透明度高。Sudhagar 等制备了一种新型的无机有机纳米复合材料，将 CoS 分散掺杂于聚磺苯乙烯的 PEDOT（PEDOT：PSS）中，纯的 PEDOT：PSS 对电极材料的光电转换效率为 3.8%，加入 CoS 后电池效率提高到 5.4%[170]。Yue 等发现，PEDOT：PSS：PPy 也是一种良好的对电极材料，因其较低的电荷传输阻抗，利用 PEDOT：PSS：PPy 制备的电池效率达到 7.60%[171]。碳负载的 PEDOT：PSS 对电极材料既有较大的表面积，又有较低的电荷传输阻抗，对 I_3^-/I^- 还原反应表现出良好的催化活性，也可作为取代铂的对电极材料之一[172]。

5.5.3 金属化合物对电极材料

近年来，已有多种无机金属化合物被研究者用作染料敏化太阳电池的对电极材料，如 TiN、NiS 和 NiN 等。实验证实，过渡金属的碳化物、氮化物、硫化物和氧化物等具有许多优良的特性，如耐热性、稳定性和良好的导电/导热性等。过渡金属碳化物和氮化物在航天通信、氢氧化和甲醇氧化等方面有广泛应用，过渡金属氧化物在气体传感器方面也有广泛的应用，而在太阳电池研究领域的应用则相对较少。2012 年，Wu 等合成了第四、第五、第六副族的碳化物、氮化物和氧化物，并将其作为染料敏化太阳电池的对电极材料，其中，TiC、TiC（N）、VC（N）、VC、Cr_3C_2、Mo_2C、TiN、VN、Mo_2N、V_2O_3 和 Nb_2O_5 对 I_3^-/I^- 还原反应都表现出良好的催化活性[173]。当高催化活性的 VC 负载在导电性良好的介孔碳（VC/碳）上时，材料的催化活性显著提高。理论计算方面，Hou 等计算了一系列金属化合物对电极材料，包括纯金属、金属氧化物、金属碳化物、金属硫化物等，结果表明，乙腈溶剂中 I 原子在 CoS、FeS、MoC、NiS、Fe_2O_3（012）、Fe_2O_3（104）和 WO_3 表面的吸附能在 $0.33\sim1.02eV$，其中，I 原子在 Fe_2O_3（104）和 Fe_2O_3（012）表面的吸附能与 Pt（111）表面的吸附能相近。为筛选最合适的对电极材料，Hou 等同时计算了 I^- 在 Pt（111）、Fe_2O_3（104）和 Fe_2O_3（012）表面的解离能，分别为 0.4eV、0.08eV 和 0.18eV，表明 I^- 最易从 Fe_2O_3（104）表面解离，即 Fe_2O_3（104）对 I_3^-/I^- 还原反应的催化活性最高[174]。研究者们尝试采用低成本的过渡金属碳化物、氮化物、硫化物和氧化物等材料作为染料敏化太阳电池对电极，以促进了染料敏化太阳电池的产业化发展。

1）金属硫化物对电极材料

Wang 等用电化学方法把 CoS 沉积在铟锡氧化物/聚萘二甲酸乙二醇酯（CoS/ITO/PEN）的导电基底上，制备的对电极对 I_3^-/I^- 还原反应表现出良好的催化活性[175]，电池效率达到 6.5%，在长时间的光照下，CoS/ITO/PEN 对电极表现出很好的稳定性。Yang 等研究了 NiS 作为对电极材料的催化活性，用水热合成法成功制备出不同相的纳米状 α-NiS 和 β-NiS，结果表明，α-NiS 对电极的光电转换效率为 5.2%，高于 β-NiS 对电极的电池效率（4.2%）[176]。此外，还有许多硫化物对电极材料也获得了较高的电池效率，如 CoS、CuS 和 CdS 等[177,178]。最近，研究者们也在尝试采用三元金属硫化物材料作为电池对电极，如 $NiCo_2S_4$[179]、$CoMoS_4$ 和 $NiMoS_4$[180] 等。把 $CoMoS_4$ 和 $NiMoS_4$ 负载在石墨烯上后，电池效率高于单独的 $CoMoS_4$ 和 $NiMoS_4$ 对电极，说明石墨烯可以提高这两种材料的催化活性。除三元硫化物外，四元硫化物也成为对电极材料研究的热点，Cu_2ZnSnS_4（CZTS）被认为是最有前途的光伏半导体材料之一。CZTS 包含的四种元素在地壳中储量丰富、价格低廉、对环境无害且具有较高的光吸收系数（$>10^4\ cm^{-1}$）。Xin 等使用四元硫化物 Cu_2ZnSnS_4 作为对电极材料，电池效率达到 7.37%，相同条件下，Pt 对电极的电池效率为 7.04%[181]。采用纯的 CZTS 作为对电极材料制备的电池效率较低，当把 CZTS 硒化后，电池效率明显提高。近年来，研究者们不断对 CZTS 材料进行改造，发现当 Cu_2ZnSnS_4 中每种元素的质量比不同时，组装电池的效率也不同，当 Cu、Zn、Sn、S 的质量比为 24.45%、11.86%、13.44%、50.24% 时，电池效率最高（7.94%）[182]。2014 年，Chen 等制备了大颗粒的 $Cu_2ZnSnS_xSe_{4-x}$ 对电极，所组装的电池效率比纯的 Pt 对电极电池效率高 13%[183]。

2）金属氧化物对电极材料

金属氧化物也是常用的对电极材料。ZnO 具有良好的催化活性，但其导电性不好，当把 ZnO 与 PEDOT：PSS 聚合物薄膜结合在一起后，电池效率达到

$8.17\%^{[184]}$。$TaO^{[185]}$、$SnO_2^{[186]}$、WO_2 和 $WO_3^{[187]}$ 也是常用的氧化物催化材料，其中 TaO 作为对电极，电池效率达到 6.48%，高于参比电极 Pt 的电池效率$^{[185]}$。Pan 等发现锡氧化物催化活性也很好，δ 相的 SnO_2 电荷传输阻抗低，极化电流密度较大，用其组装的电池效率为 $4.81\%^{[186]}$。Cheng 等报道了 WO_3 和经氢处理后的 WO_3 作为对电极对 I_3^-/I^- 还原反应的催化性能，结果显示，用氢处理后的 WO_3 对 I_3^-/I^- 还原反应的催化活性明显增加$^{[188]}$。

3）金属氮化物、金属碳化物对电极材料

金属氮化物和金属碳化物具有稳定、耐磨、导电性良好等优点，被广泛应用于材料化学研究中。WC 和 Mo_2C 具有与 Pt 相似的电子结构，被认为是替代 Pt 催化剂的最佳材料之一。Wu 等制备出几种金属氮化物和碳化物的对电极材料，当把 VC 负载在介孔碳上时，电池效率为 7.63%，高于纯铂对电极的效率。TiC 的厚度对电池效率影响很大，随着膜厚度的增加，电池效率也增加，当厚度为 $20\,\mu m$ 时电池效率最高达到 $6.46\%^{[189]}$。MoN、TiN 和 VN 作为对电极材料时，所组装的电池效率都很低，当把它们负载在 n 掺杂的石墨烯上时，电池的光电转换效率有了明显提高，分别为 6.27%、7.49% 和 $7.91\%^{[190]}$。金属氮化物和碳化物材料结构多样、价格低廉、催化活性高且易于合成，有可能作为铂的替代品用于染料敏化太阳电池的对电极。

5.5.4 复合物对电极材料

前面介绍的几种对电极材料，都有其优点和不足之处，因此越来越多的人开始关注复合材料。复合材料是将两种或两种以上的材料复合为对电极的催化材料，可以发挥每种材料的优势，互相弥补不足，以达到最好的效果。

1）铂基复合材料

目前，研究最多的复合材料为铂基复合材料，如 Pt/碳纳米管、Pt/石墨烯、Pt/聚合物等的催化活性要高于纯的铂对电极$^{[191,192]}$。金属化合物如 TiC、WO_2 和 VN 与 Pt 复合后，相应电池的效率也得到明显的提高$^{[193]}$。2014 年，Wan 等比较了 I 原子在 Pt、Pt_3Ni、PtNi 和 $PtNi_3$ 材料表面的吸附能，以及 I^- 在相应材料表面的解离能和绝对能，其中，绝对能的大小顺序为：Pt_3Ni（1.21eV）< Pt（1.28eV）< PtNi（1.39eV）< $PtNi_3$（1.59eV），即 I 在 Pt_3Ni 表面的绝对能最小，最容易扩散$^{[194]}$。2016 年，Chang 等制备了 Pt_9Fe_1 和 Pt_7Fe_3 的多面体、凹立方体和纳米立方体结构的对电极材料，结果表明由多面体结构 Pt_9Fe_1 所组装的电池效率最高为 $(8.01\pm0.09)\%$，相同条件下，Pt 电池的效率为 $(7.24\pm0.05)\%^{[195]}$。随后，他们计算模拟了 Pt_9Fe_1（111）、Pt（111）和 Pt_9Fe_1（100）表面对 I_3^-/I^- 还原反应的催化性能。I_2 在每个表面都解离为两个碘原子，I^- 在 Pt_9Fe_1（111）和 Pt_9Fe_1（100）

表面分别与 Fe 原子成键。通过吸附能、解离能的计算，可知 Pt_9Fe_1（111）表面最利于 I_3^-/I^- 离子对的扩散，催化活性最高（见图 5.8）。

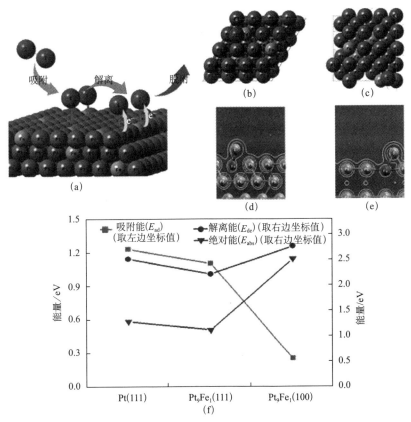

图 5.8 （a）I_2 在 Pt_9Fe_1（111）表面吸附、解离、脱附示意图；（b）I^- 在 Pt_9Fe_1（111）表面吸附构型俯视图；（c）I^- 在 Pt_9Fe_1（100）表面吸附构型俯视图；（d）和（e）分别为 I^- 在 Pt_9Fe_1（111）和 Pt_9Fe_1（100）表面的电荷密度等值线图；（f）I 的吸附能绝对值、I^- 的解离能绝对值和绝对能（绝对能为吸附能和解离能的差值）[195]

2）石墨烯复合材料

为降低电池成本，研究者们开始寻找非铂的复合材料。自 Stankovich 首次报道石墨烯/聚合物复合材料以来，以石墨烯为基底的复合材料受到人们越来越多的关注。在石墨烯/聚合物复合材料制备的对电极中，聚合物主要负责导电，石墨烯主要负责催化，石墨烯均匀地分布在导电聚合物表面。石墨烯/PEDOT：PSS 复合材料对电极在电极/电解液界面的电荷传输阻抗较小，同时对 I_3^- 表现出很高的催化活性。

碳纳米管一直是材料领域研究的热点，在染料敏化太阳电池中，单壁碳纳米管（SWCNT）和多壁碳纳米管（MWCNT）对电极材料都表现出很高的催化活性。Choi 等用气相沉淀法制备出石墨烯和 MWCNT 的复合材料对电极，电池效率达到 3%，高于同样条件下多壁碳纳米管的电池效率[196]。随后，Zhu 等用电泳沉积法制备出石墨烯和单壁碳纳米管复合材料，当碳纳米管的含量达到 60% 时，电池的光电转换效率最高[197]。Kim 等分别采用石墨烯、单壁碳纳米管和石墨烯/单壁碳纳米管的混合物作为染料敏化太阳电池的对电极材料，结果表明，石墨烯/单壁碳纳米管的混合物材料制备的电池效率最高，达到 5.87%[198]。

参 考 文 献

[1] O'regan B，Grätzel M. A low-cost，high-efficiency solar cell based on dye-sensitized colloidal TiO₂ films. Nature，1991，353 (6346)：737-740.

[2] Mathew S，Yella A，Gao P，et al. Dye-sensitized solar cells with 13% efficiency achieved through the molecular engineering of porphyrin sensitizers. Nature Chemistry，2014，6 (3)：242-247.

[3] 马廷丽，云斯宁. 染料敏化太阳能电池——从理论基础到技术应用. 北京：化学工业出版社，2013.

[4] Hamann T W，Ondersma J W. Dye-sensitized solar cell redox shuttles. Energy & Environmental Science，2011，4 (2)：370-381.

[5] Stergiopoulos T，Falaras P. Minimizing energy losses in dye-sensitized solar cells using coordination compounds as alternative redox mediators coupled with appropriate organic dyes. Adv. Energy Mater.，2012，2 (6)：616-627.

[6] Vougioukalakis G C，Philippopoulos A I，Stergiopoulos T，et al. Contributions to the development of ruthenium-based sensitizers for dye-sensitized solar cells. Coordination Chemistry. Reviews，2011，255 (21)：2602-2621.

[7] Nazeeruddin M K，Kay A，Rodicio I，et al. Conversion of light to electricity by cis-X2bis (2，2'-bipyridyl-4，4'-dicarboxylate) ruthenium (Ⅱ) charge-transfer sensitizers (X = Cl⁻，Br⁻，I⁻，CN⁻，and SCN⁻) on nanocrystalline titanium dioxide electrodes. Journal of the American Chemical Society，1993，115 (14)：6382-6390.

[8] Nazeeruddin M K，Zakeeruddin S M，Humphry-Baker R，et al. Acid-base equilibria of (2，2'-bipyridyl-4，4'-dicarboxylic acid) ruthenium (Ⅱ) complexes and the effect of protonation on charge-transfer sensitization of nanocrystalline titania. Inorganic Chemistry，1999，38 (26)：6298-6305.

[9] Nazeeruddin M K，Pechy P，Grätzel M. Efficient panchromatic sensitization of nanocrystalline TiO₂ films by a black dye based on a trithiocyanato-ruthenium complex. Chemical Communications，1997，(18)：1705，1706.

[10] Nazeeruddin M K，Pechy P，Renouard T，et al. Engineering of efficient panchromatic sensitizers for nanocrystalline TiO₂-based solar cells. Journal of the American Chemical So-

ciety，2001，123 (8)：1613，1624.

[11] Wang P，Zakeeruddin S M，Exnar I，et al. High efficiency dye-sensitized nanocrystalline solar cells based on ionic liquid polymer gel electrolyte. Chemical Communications，2002，(24)：2972，2973.

[12] Wang P，Zakeeruddin S M，Moser J E，et al. A stable quasi-solid-state dye-sensitized solar cell with an amphiphilic ruthenium sensitizer and polymer gel electrolyte. Nature Materials，2003，2 (6)：402-407.

[13] Wang P，Wenger B，Humphry-Baker R，et al. Charge separation and efficient light energy conversion in sensitized mesoscopic solar cells based on binary ionic liquids. Journal of the American Chemical Society，2005，127 (18)：6850-6856.

[14] Cao Y，Bai Y，Yu Q，et al. Dye-sensitized solar cells with a high absorptivity ruthenium sensitizer featuring a 2- (hexylthio) thiophene conjugated bipyridine. The Journal of Physical Chemistry C，2009，113 (15)：6290-6297.

[15] Giribabu L，Singh V K，Vijay Kumar C，et al. Organic-ruthenium (II) polypyridyl complex based sensitizer for dye-sensitized solar cell applications. Advances in OptoElectronics，2011，(1)：8.

[16] Bessho T，Yoneda E，Yum J H，et al. New paradigm in molecular engineering of sensitizers for solar cell applications. Journal of the American Chemical Society，2009，131 (16)：5930-5934.

[17] Chou C C，Wu K L，Chi Y，et al. Ruthenium (II) Sensitizers with heteroleptic tridentate chelates for dye-sensitized solar cells. Angewandte Chemie International Edition，2011，50 (9)：2054-2058.

[18] Wang S W，Wu K L，Ghadiri E，et al. Engineering of thiocyanate-free Ru (II) sensitizers for high efficiency dye-sensitized solar cells. Chemical Science，2013，4 (6)：2423-2433.

[19] Ozawa H，Fukushima K，Sugiura T，et al. Ruthenium sensitizers having an ortho-dicarboxyl group as an anchoring unit for dye-sensitized solar cells：synthesis，photo-and electrochemical properties，and adsorption behavior to the TiO_2 surface. Dalton Transactions，2014，43 (35)：13208-13218.

[20] Ozawa H，Sugiura T，Shimizu R，et al. Novel ruthenium sensitizers having different numbers of carboxyl groups for dye-sensitized solar cells：effects of the adsorption manner at the TiO_2 surface on the solar cell performance. Inorganic Chemistry，2014，53 (17)：9375-9384.

[21] Hu K，Robson K C D，Johansson P G，et al. Intramolecular hole transfer at sensitized TiO_2 interfaces. Journal of the American Chemical Society，2012，134 (20)：8352-8355.

[22] Hu K，Robson K C D，Beauvilliers E E，et al. Intramolecular and lateral intermolecular hole transfer at the sensitized TiO_2 interface. Journal of the American Chemical Society，2014，136 (3)：1034-1046.

[23] Ludin N A, Mahmoud A M A A, Mohamad A B, et al. Review on the development of natural dye photosensitizer for dye-sensitized solar cells. Renewable and Sustainable Energy Reviews, 2014, 31: 386-396.

[24] Lee C L, Lee W H, Yang C H. Triazoloisoquinoline-based/ruthenium-hybrid sensitizer for efficient dye-sensitized solar cells. International Journal of Photoenergy, 2013, 2013 (4): 1-5.

[25] Wei L, Yang Y, Fan R, et al. Enhance the performance of dye-sensitized solar cells by co-sensitization of 2, 6-bis (iminoalkyl) pyridine and N719. RSC Advances, 2013, 3 (48): 25908-25916.

[26] Wu K L, Ho S T, Chou C C, et al. Engineering of osmium (Ⅱ) -based light absorbers for dye-sensitized solar cells. Angewandte Chemie International Edition, 2012, 51 (23): 5642-5646.

[27] Wong H L, Mak C S K, Chan W K, et al. Efficient photovoltaic cells with wide photo-sensitization range fabricated from rhenium benzathiazole complexes. Applied Physics Letters, 2007, 90 (8): 081107.

[28] Campbell W M, Jolley K W, Wagner P, et al. Highly efficient porphyrin sensitizers for dye-sensitized solar cells. The Journal of Physical Chemistry C, 2007, 111 (32): 11760-11762.

[29] Eu S, Hayashi S, Umeyama T, et al. Quinoxaline-fused porphyrins for dye-sensitized solar cells. The Journal of Physical Chemistry C, 2008, 112 (11): 4396-4405.

[30] Park J K, Lee H R, Chen J, et al. Photoelectrochemical properties of doubly β-functionalized porphyrin sensitizers for dye-sensitized nanocrystalline-TiO$_2$ solar cells. The Journal of Physical Chemistry C, 2008, 112 (42): 16691-16699.

[31] Imahori H, Matsubara Y, Iijima H, et al. Effects of meso-diarylamino group of porphyrins as sensitizers in dye-sensitized solar cells on optical, electrochemical, and photovoltaic properties. The Journal of Physical Chemistry C, 2010, 114 (23): 10656-10665.

[32] Bessho T, Zakeeruddin S M, Yeh C Y, et al. Highly efficient mesoscopic dye-sensitized solar cells based on donor-acceptor-substituted porphyrins. Angewandte Chemie International Edition, 2010, 49 (37): 6646-6649.

[33] Sirithip K, Prachumrak N, Rattanawan R, et al. Zinc-porphyrin dyes with different meso-Aryl substituents for dye-sensitized solar cells: experimental and theoretical studies. Chemistry-An Asian Journal, 2015, 10 (4): 882-893.

[34] Hsieh C P, Lu H P, Chiu C L, et al. Synthesis and characterization of porphyrin sensitizers with various electron-donating substituents for highly efficient dye-sensitized solar cells. Journal of Materials Chemistry, 2010, 20 (6): 1127-1134.

[35] Yella A, Lee H W, Tsao H N, et al. Porphyrin-sensitized solar cells with cobalt (Ⅱ/ Ⅲ) -based redox electrolyte exceed 12 percent efficiency. Science, 2011, 334 (6056): 629-634.

[36] Mathew S, Yella A, Gao P, et al. Dye-sensitized solar cells with 13% efficiency achieved through the molecular engineering of porphyrin sensitizers. Nature Chemistry, 2014, 6 (3): 242-247.

[37] Luo J, Xu M, Li R, et al. N-annulated perylene as an efficient electron donor for porphyrin-based dyes: enhanced light-harvesting ability and high-efficiency Co (II/III) - based dye-sensitized solar cells. Journal of the American Chemical Society, 2013, 136 (1): 265-272.

[38] Delcamp J H, Yella A, Holcombe T W, et al. The molecular engineering of organic sensitizers for solar-cell applications. Angewandte Chemie International Edition, 2013, 52 (1): 376-380.

[39] Ambrosio F, Martsinovich N, Troisi A. What is the best anchoring group for a dye in a dye-sensitized solar cell? The Journal of Physical Chemistry Letters, 2012, 3 (11): 1531-1535.

[40] Ooyama Y, Inoue S, Nagano T, et al. Dye-sensitized solar cells based on donor-acceptor π-conjugated fluorescent dyes with a pyridine ring as an electron-withdrawing anchoring group. Angewandte Chemie, 2011, 123 (32): 7567-7571.

[41] Kitamura T, Ikeda M, Shigaki K, et al. Phenyl-conjugated oligoene sensitizers for TiO₂ solar cells. Chemistry of Materials, 2004, 16 (9): 1806-1812.

[42] Gao P, Kim Y J, Yum J H, et al. Facile synthesis of a bulky BPTPA donor group suitable for cobalt electrolyte based dye sensitized solar cells. Journal of Materials Chemistry A, 2013, 1 (18): 5535-5544.

[43] Wang C, Li J, Cai S, et al. Performance improvement of dye-sensitizing solar cell by semi-rigid triarylamine-based donors. Dyes and Pigments, 2012, 94 (1): 40-48.

[44] Jia J, Zhang Y, Xue P, et al. Synthesis of dendritic triphenylamine derivatives for dyesensitized solar cells. Dyes and Pigments, 2013, 96 (2): 407-413.

[45] Jia X, Zhang W, Lu X, et al. Efficient quasi-solid-state dye-sensitized solar cells based on organic sensitizers containing fluorinated quinoxaline moiety. Journal of Materials Chemistry A, 2014, 2 (45): 19515-19525.

[46] Liu J, Li R, Si X, et al. Oligothiophene dye-sensitized solar cells. Energy & Environmental Science, 2010, 3 (12): 1924-1928.

[47] Xu M, Zhang M, Pastore M, et al. Joint electrical, photophysical and computational studies on D-π-A dye sensitized solar cells: the impacts of dithiophene rigidification. Chemical Science, 2012, 3 (4): 976-983.

[48] Zhang G, Bai Y, Li R, et al. Employ a bisthienothiophene linker to construct an organic chromophore for efficient and stable dye-sensitized solar cells. Energy & Environmental Science, 2009, 2 (1): 92-95.

[49] Liu J, Zhang J, Xu M, et al. Mesoscopic titania solar cells with the tris (1, 10-phenanthroline) cobalt redox shuttle: uniped versus biped organic dyes. Energy & Environmental

Science, 2011, 4 (8): 3021-3029.

[50] Li R, Lv X, Shi D, et al. Dye-sensitized solar cells based on organic sensitizers with different conjugated linkers: furan, bifuran, thiophene, bithiophene, selenophene, and biselenophene. The Journal of Physical Chemistry C, 2009, 113 (17): 7469-7479.

[51] Zhang G, Bala H, Cheng Y, et al. High efficiency and stable dye-sensitized solar cells with an organic chromophore featuring a binary π-conjugated spacer. Chemical Communications, 2009, (16): 2198-2200.

[52] Zeng W, Cao Y, Bai Y, et al. Efficient dye-sensitized solar cells with an organic photosensitizer featuring orderly conjugated ethylenedioxythiophene and dithienosilole blocks. Chemistry of Materials, 2010, 22 (5): 1915-1925.

[53] Tsao H N, Yi C, Moehl T, et al. Cyclopentadithiophene bridged donor-acceptor dyes achieve high power conversion efficiencies in dye-sensitized solar cells based on the tris-cobalt bipyridine redox couple. Chemsuschem, 2011, 4 (5): 591-594.

[54] Yella A, Humphry-Baker R, Curchod B F E, et al. Molecular engineering of a fluorene donor for dye-sensitized solar cells. Chemistry of Materials, 2013, 25 (13): 2733-2739.

[55] Zhang M, Wang Y, Xu M, et al. Design of high-efficiency organic dyes for titania solar cells based on the chromophoric core of cyclopentadithiophene-benzothiadiazole. Energy & Environmental Science, 2013, 6 (10): 2944-2949.

[56] Horiuchi T, Miura H, Uchida S. Highly-efficient metal-free organic dyes for dye-sensitized solar cells. Chemical Communications, 2003 (24): 3036-3037.

[57] Horiuchi T, Miura H, Uchida S. Highly efficient metal-free organic dyes for dye-sensitized solar cells. Journal of Photochemistry and Photobiology A: Chemistry, 2004, 164 (1): 29-32.

[58] Ito S, Zakeeruddin S M, Humphry-Baker R, et al. High-efficiency organic-dye-sensitized solar cells controlled by nanocrystalline-TiO_2 electrode thickness. Advanced Materials, 2006, 18 (9): 1202-1205.

[59] Ito S, Miura H, Uchida S, et al. High-conversion-efficiency organic dye-sensitized solar cells with a novel indoline dye. Chemical Communications, 2008, (41): 5194-5196.

[60] Li W, Wu Y, Zhang Q, et al. DA-π-A featured sensitizers bearing phthalimide and benzotriazole as auxiliary acceptor: effect on absorption and charge recombination dynamics in dye-sensitized solar cells. Acs Applied Materials & Interfaces, 2012, 4 (3): 1822-1830.

[61] Wu Y, Zhang X, Li W, et al. Hexylthiophene-featured D-A-π-A structural indoline chromophores for coadsorbent-free and panchromatic dye-sensitized solar cells. Advanced Energy Materials, 2012, 2 (1): 149-156.

[62] Wu Y, Zhu W. Organic sensitizers from D-π-A to D-A-π-A: effect of the internal electron-withdrawing units on molecular absorption, energy levels and photovoltaic performances. Chemical Society Reviews, 2013, 42 (5): 2039-2058.

［63］ Pei K，Wu Y，Islam A，et al. Constructing high-efficiency D-A-π-A-featured solar cell sensitizers：a promising building block of 2，3-diphenylquinoxaline for antiaggregation and photostability. Acs Applied Materials & Interfaces，2013，5（11）：4986-4995.

［64］ Yang J，Ganesan P，Teuscher J，et al. Influence of the donor size in D-π-A organic dyes for dye-sensitized solar cells. Journal of the American Chemical Society，2014，136（15）：5722-5730.

［65］ Kakiage K，Aoyama Y，Yano T，et al. An achievement of over 12 percent efficiency in an organic dye-sensitized solar cell. Chemical Communications，2014，50（48）：6379-6381.

［66］ Kakiage K，Aoyama Y，Yano T，et al. Fabrication of a high-performance dye-sensitized solar cell with 12.8% conversion efficiency using organic silyl-anchor dyes. Chemical Communications，2015，51（29）：6315-6317.

［67］ Yum J H，Walter P，Huber S，et al. Efficient far red sensitization of nanocrystalline TiO_2 films by an unsymmetrical squaraine dye. Journal of the American Chemical Society，2007，129（34）：10320-10321.

［68］ Geiger T，Kuster S，Yum J H，et al. Molecular design of unsymmetrical squaraine dyes for high efficiency conversion of low energy photons into electrons using TiO_2 nanocrystalline films. Advanced Functional Materials，2009，19（17）：2720-2727.

［69］ Shi Y，Hill R，Yum J H，et al. A high-efficiency panchromatic squaraine sensitizer for dye-sensitized solar cells. Angewandte Chemie，2011，123（29）：6749-6751.

［70］ Delcamp J H，Shi Y，Yum J H，et al. The role of π bridges in high-efficiency DSCs based on unsymmetrical squaraines. Chemistry-A European Journal，2013，19（5）：1819-1827.

［71］ Jradi F M，Kang X，O'Neil D，et al. Near-infrared asymmetrical squaraine sensitizers for highly efficient dye sensitized solar cells：the effect of π-bridges and anchoring groups on solar cell performance. Chemistry of Materials，2015，27（7）：2480-2487.

［72］ Hardin B E，Snaith H J，McGehee M D. The renaissance of dye-sensitized solar cells. Nature Photonics，2012，6（3）：162-169.

［73］ Hardin B E，Sellinger A，Moehl T，et al. Energy and hole transfer between dyes attached to titania in cosensitized dye-sensitized solar cells. Journal of the American Chemical Society，2011，133（27）：10662-10667.

［74］ Wu W，Yang J，Hua J，et al. Efficient and stable dye-sensitized solar cells based on phenothiazine sensitizers with thiophene units. Journal of Materials Chemistry，2010，20（9）：1772-1779.

［75］ Hua Y，Chang S，Huang D，et al. Significant improvement of dye-sensitized solar cell performance using simple phenothiazine-based dyes. Chemistry of Materials，2013，25（10）：2146-2153.

［76］ Delcamp J H，Yella A，Holcombe T W，et al. The molecular engineering of organic sensitizers for solar-cell applications. Angewandte Chemie International Edition，2013，52（1）：376-380.

[77] Ferrere S, Zaban A, Gregg B A. Dye sensitization of nanocrystalline tin oxide by perylene derivatives. The Journal of Physical Chemistry B, 1997, 101 (23): 4490-4493.

[78] Li C, Yum J H, Moon S J, et al. An improved perylene sensitizer for solar cell applications. Chemsuschem, 2008, 1 (7): 615-618.

[79] Yan C, Ma W, Ren Y, et al. Efficient triarylamine-perylene dye-sensitized solar cells: influence of triple-bond insertion on charge recombination. Acs Applied Materials & Interfaces, 2014, 7 (1): 801-809.

[80] Yang L, Zheng Z, Li Y, et al. N-annulated perylene-based metal-free organic sensitizers for dye-sensitized solar cells. Chemical Communications, 2015, 51 (23): 4842-4845.

[81] Yao Z, Yan C, Zhang M, et al. N-annulated perylene as a coplanar π-linker alternative to benzene as a low energy-gap, metal-free dye in sensitized solar cells. Advanced Energy Materials, 2014, 4 (12): 1400244.

[82] Zhang M, Yao Z, Yan C, et al. Unraveling the pivotal impacts of electron-acceptors on light absorption and carrier photogeneration in perylene dye sensitized solar cells. Acs Photonics, 2014, 1 (8): 710-717.

[83] Yao Z, Wu H, Ren Y, et al. A structurally simple perylene dye with ethynylbenzothiadiazolebenzoic acid as the electron acceptor achieves an over 10% power conversion efficiency. Energy & Environmental Science, 2015, 8 (5): 1438-1442.

[84] Yao Z, Zhang M, Wu H, et al. Donor/acceptor indenoperylene dye for highly efficient organic dye-sensitized solar cells. Journal of the American Chemical Society, 2015, 137 (11): 3799-3802.

[85] Yao Z, Wu H, Li Y, et al. Dithienopicenocarbazole as the kernel module of low-energy-gap organic dyes for efficient conversion of sunlight to electricity. Energy & Environmental Science, 2015, 8 (11): 3192-3197.

[86] Golobostanfard M R, Abdizadeh H. Hierarchical porous titania/carbon nanotube nanocomposite photoanode synthesized by controlled phase separation for dye sensitized solar cell. Solar Energy Materials and Solar Cells, 2014, 120: 295-302.

[87] Satapathi S, Gill H S, Das S, et al. Performance enhancement of dye-sensitized solar cells by incorporating graphene sheets of various sizes. Applied Surface Science, 2014, 314: 638-641.

[88] Feng J, Jiao Y, Ma W, et al. First principles design of dye molecules with ullazine donor for dye sensitized solar cells. The Journal of Physical Chemistry C, 2013, 117 (8): 3772-3778.

[89] Anselmi C, Mosconi E, Pastore M, et al. Adsorption of organic dyes on TiO_2 surfaces in dye-sensitized solar cells: interplay of theory and experiment. Physical Chemistry Chemical Physics, 2012, 14 (46): 15963-15974.

[90] Neale N R, Kopidakis N, van de Lagemaat J, et al. Effect of a coadsorbent on the performance of dye-sensitized TiO_2 solar cells: shielding versus band-edge movement. The

Journal of Physical Chemistry B，2005，109（49）：23183-23189.

[91] Kusama H，Sayama K. Theoretical study on the intermolecular interactions of black dye dimers and black dye-deoxycholic acid complexes in dye-sensitized solar cells. The Journal of Physical Chemistry C，2012，116（45）：23906-23914.

[92] de Angelis F，Fantacci S，Selloni A. Alignment of the dye's molecular levels with the TiO$_2$ band edges in dye-sensitized solar cells：a DFT-TDDFT study. Nanotechnology，2008，19（42）：424002.

[93] de Angelis F，Fantacci S，Selloni A，et al. First-principles modeling of the adsorption geometry and electronic structure of Ru（Ⅱ）dyes on extended TiO$_2$ substrates for dye-sensitized solar cell applications. The Journal of Physical Chemistry C，2010，114（13）：6054-6061.

[94] de Angelis F，Fantacci S，Mosconi E，et al. Absorption spectra and excited state energy levels of the N719 dye on TiO$_2$ in dye-sensitized solar cell models. The Journal of Physical Chemistry C，2011，115（17）：8825-8831.

[95] de Angelis F，Fantacci S，Selloni A，et al. Time-dependent density functional theory investigations on the excited states of Ru（Ⅱ）-dye-sensitized TiO$_2$ nanoparticles：the role of sensitizer protonation. Journal of the American Chemical Society，2007，129（46）：14156-14157.

[96] de Angelis F，Fantacci S，Selloni A，et al. Influence of the sensitizer adsorption mode on the open-circuit potential of dye-sensitized solar cells. Nano letters，2007，7（10）：3189-3195.

[97] Pastore M，Fantacci S，de Angelis F. Ab initio determination of ground and excited state oxidation potentials of organic chromophores for dye-sensitized solar cells. The Journal of Physical Chemistry C，2010，114（51）：22742-22750.

[98] Vaissier V，Barnes P，Kirkpatrick J，et al. Influence of polar medium on the reorganization energy of charge transfer between dyes in a dye sensitized film. Physical Chemistry Chemical Physics，2013，15（13）：4804-4814.

[99] Feng J，Jiao Y，Ma W，et al. First principles design of dye molecules with ullazine donor for dye sensitized solar cells. The Journal of Physical Chemistry C，2013，117（8）：3772-3778.

[100] Chen S L，Yang L N，Li Z S. How to design more efficient organic dyes for dye-sensitized solar cells? Adding more sp2-hybridized nitrogen in the triphenylamine donor. Journal of Power Sources，2013，223：86-93.

[101] Yang L N，Chen S L，Li Z S. How does the silicon element perform in JD-dyes：a theoretical investigation. Journal of Materials Chemistry A，2015，3（16）：8308-8315.

[102] Pastore M，de Angelis F. Computational modelling of TiO$_2$ surfaces sensitized by organic dyes with different anchoring groups：adsorption modes，electronic structure and implication for electron injection/recombination. Physical Chemistry Chemical Physics，2012，

14 (2): 920-928.

[103] Sun P P, Li Q S, Yang L N, et al. Theoretical investigation on structural and electronic properties of organic dye C258 on TiO₂ (101) surface in dye-sensitized solar cells. Physical Chemistry Chemical Physics, 2014, 16 (39): 21827-21837.

[104] Ronca E, Pastore M, Belpassi L, et al. Influence of the dye molecular structure on the TiO₂ conduction band in dye-sensitized solar cells: disentangling charge transfer and electrostatic effects. Energy & Environmental Science, 2013, 6 (1): 183-193.

[105] Pastore M, Fantacci S, de Angelis F. Modeling excited states and alignment of energy levels in dye-sensitized solar cells: successes, failures, and challenges. The Journal of Physical Chemistry C, 2013, 117 (8): 3685-3700.

[106] Zhang F, Ma W, Jiao Y, et al. Precise identification and manipulation of adsorption geometry of donor-π-acceptor dye on nanocrystalline TiO₂ films for improved photovoltaics. Acs Applied Materials & Interfaces, 2014, 6 (24): 22359-22369.

[107] Haque S A, Palomares E, Cho B M, et al. Charge separation versus recombination in dye-sensitized nanocrystalline solar cells: the minimization of kinetic redundancy. Journal of the American Chemical Society, 2005, 127 (10): 3456-3462.

[108] Jones D R, Troisi A. A method to rapidly predict the charge injection rate in dye sensitized solar cells. Physical Chemistry Chemical Physics, 2010, 12 (18): 4625-4634.

[109] Martsinovich N, Troisi A. High-throughput computational screening of chromophores for dye-sensitized solar cells. The Journal of Physical Chemistry C, 2011, 115 (23): 11781-11792.

[110] Martsinovich N, Jones D R, Troisi A. Electronic structure of TiO₂ surfaces and effect of molecular adsorbates using different DFT implementations. The Journal of Physical Chemistry C, 2010, 114 (51): 22659-22670.

[111] Martsinovich N, Troisi A. How TiO₂ crystallographic surfaces influence charge injection rates from a chemisorbed dye sensitiser. Physical Chemistry Chemical Physics, 2012, 14 (38): 13392-13401.

[112] Maggio E, Martsinovich N, Troisi A. Evaluating charge recombination rate in dye-sensitized solar cells from electronic structure calculations. The Journal of Physical Chemistry C, 2012, 116 (14): 7638-7649.

[113] Agrawal S, Pastore M, Marotta G, et al. Optical properties and aggregation of phenothiazine-based dye-sensitizers for solar cells applications: a combined experimental and computational investigation. The Journal of Physical Chemistry C, 2013, 117 (19): 9613-9622.

[114] Pastore M, de Angelis F. Aggregation of organic dyes on TiO₂ in dye-sensitized solar cells models: an ab initio investigation. Acs Nano, 2009, 4 (1): 556-562.

[115] Horiuchi T, Miura H, Sumioka K, et al. High efficiency of dye-sensitized solar cells based on metal-free indoline dyes. Journal of the American Chemical Society, 2004, 126

(39)：12218，12219.

[116] Cappel U B, Feldt S M, Schöneboom J, et al. The influence of local electric fields on photoinduced absorption in dye-sensitized solar cells. Journal of the American Chemical Society, 2010, 132 (26)：9096-9101.

[117] Planells M, Pellejà L, Clifford J N, et al. Energy levels, charge injection, charge recombination and dye regeneration dynamics for donor-acceptor π-conjugated organic dyes in mesoscopic TiO$_2$ sensitized solar cells. Energy & Environmental Science, 2011, 4 (5)：1820-1829.

[118] Fattori A, Peter L M, Wang H, et al. Fast hole surface conduction observed for indoline sensitizer dyes immobilized at fluorine-doped tin oxide-TiO$_2$ surfaces. The Journal of Physical Chemistry C, 2010, 114 (27)：11822-11828.

[119] Wang Q, Zakeeruddin S M, Nazeeruddin M K, et al. Molecular wiring of nanocrystals：NCS-enhanced cross-surface charge transfer in self-assembled Ru-complex monolayer on mesoscopic oxide films. Journal of the American Chemical Society, 2006, 128 (13)：4446-4452.

[120] Boschloo G, Hagfeldt A. Characteristics of the iodide/triiodide redox mediator in dye-sensitized solar cells. Accounts of Chemical Research, 2009, 42 (11)：1819-1826.

[121] Nusbaumer H, Moser J E, Zakeeruddin S M, et al. CoII (dbbip)$_2$$^{2+}$ complex rivals triiodide/iodide redox mediator in dye-sensitized photovoltaic cells. The Journal of Physical Chemistry B, 2001, 105 (43)：10461-10464.

[122] Nusbaumer H, Zakeeruddin S M, Moser J E, et al. An alternative efficient redox couple for the dye-sensitized solar cell system. Chemistry-A European Journal, 2003, 9 (16)：3756-3763.

[123] Cameron P J, Peter L M, Zakeeruddin S M, et al. Electrochemical studies of the Co(III)/Co(II) (dbbip)$_2$ redox couple as a mediator for dye-sensitized nanocrystalline solar cells. Coordination Chemistry Reviews, 2004, 248 (13)：1447-1453.

[124] Sapp S A, Elliott C M, Contado C, et al. Substituted polypyridine complexes of cobalt (II/III) as efficient electron-transfer mediators in dye-sensitized solar cells. Journal of the American Chemical Society, 2002, 124 (37)：11215-11222.

[125] Nakade S, Makimoto Y, Kubo W, et al. Roles of electrolytes on charge recombination in dye-sensitized TiO$_2$ solar cells (2)：the case of solar cells using cobalt complex redox couples. The Journal of Physical Chemistry B, 2005, 109 (8)：3488-3493.

[126] Nelson J J, Amick T J, Elliott C M. Mass transport of polypyridyl cobalt complexes in dye-sensitized solar cells with mesoporous TiO$_2$ photoanodes. The Journal of Physical Chemistry C, 2008, 112 (46)：18255-18263.

[127] Klahr B M, Hamann T W. Performance enhancement and limitations of cobalt bipyridyl redox shuttles in dye-sensitized solar cells. The Journal of Physical Chemistry C, 2009, 113 (31)：14040-14045.

[128] Feldt S M, Gibson E A, Gabrielsson E, et al. Design of organic dyes and cobalt poly-pyridine redox mediators for high-efficiency dye-sensitized solar cells. Journal of the American Chemical Society, 2010, 132 (46): 16714-16724.

[129] Zhou D, Yu Q, Cai N, et al. Efficient organic dye-sensitized thin-film solar cells based on the tris (1, 10-phenanthroline) cobalt (II/III) redox shuttle. Energy & Environmental Science, 2011, 4 (6): 2030-2034.

[130] Bai Y, Zhang J, Zhou D, et al. Engineering organic sensitizers for iodine-free dye-sensitized solar cells: red-shifted current response concomitant with attenuated charge recombination. Journal of the American Chemical Society, 2011, 133 (30): 11442-11445.

[131] Yum J H, Baranoff E, Kessler F, et al. A cobalt complex redox shuttle for dye-sensitized solar cells with high open-circuit potentials. Nature Communications, 2012, 3: 631.

[132] Kashif M K, Axelson J C, Duffy N W, et al. A new direction in dye-sensitized solar cells redox mediator development: in situ fine-tuning of the cobalt (II) / (III) redox potential through Lewis base interactions. Journal of the American Chemical Society, 2012, 134 (40): 16646-16653.

[133] Kim H S, Ko S B, Jang I H, et al. Improvement of mass transport of the [Co(bpy)₃] II / III redox couple by controlling nanostructure of TiO₂ films in dye-sensitized solar cells. Chemical Communications, 2011, 47 (47): 12637-12639.

[134] Han L, Islam A, Chen H, et al. High-efficiency dye-sensitized solar cell with a novel co-adsorbent. Energy & Environmental Science, 2012, 5 (3): 6057-6060.

[135] Clifford J N, Palomares E, Nazeeruddin M K, et al. Dye dependent regeneration dynamics in dye sensitized nanocrystalline solar cells: evidence for the formation of a ruthenium bipyridyl cation/iodide intermediate. The Journal of Physical Chemistry C, 2007, 111 (17): 6561-6567.

[136] Anderson A Y, Barnes P R F, Durrant J R, et al. Quantifying regeneration in dye-sensitized solar cells. The Journal of Physical Chemistry C, 2011, 115 (5): 2439-2447.

[137] Robson K C D, Hu K, Meyer G J, et al. Atomic level resolution of dye regeneration in the dye-sensitized solar cell. Journal of the American Chemical Society, 2013, 135 (5): 1961-1971.

[138] Jeon J, Goddard III W A, Kim H. Inner-sphere electron-transfer single iodide mechanism for dye regeneration in dye-sensitized solar cells. Journal of the American Chemical Society, 2013, 135 (7): 2431-2434.

[139] Lobello M G, Fantacci S, de Angelis F. Computational spectroscopy characterization of the species involved in dye oxidation and regeneration processes in dye-sensitized solar cells. The Journal of Physical Chemistry C, 2011, 115 (38): 18863-18872.

[140] Feldt S M, Wang G, Boschloo G, et al. Effects of driving forces for recombination and regeneration on the photovoltaic performance of dye-sensitized solar cells using cobalt

polypyridine redox couples. The Journal of Physical Chemistry C，2011，115（43）：21500-21507.

[141] Feldt S M，Lohse P W，Kessler F，et al. Regeneration and recombination kinetics in cobalt polypyridine based dye-sensitized solar cells，explained using Marcus theory. Physical Chemistry Chemical Physics，2013，15（19）：7087-7097.

[142] Jono R，Sumita M，Tateyama Y，et al. Redox reaction mechanisms with non-triiodide mediators in dye-sensitized solar cells by redox potential calculations. The Journal of Physical Chemistry Letters，2012，3（23）：3581-3584.

[143] Liu Y，Jennings J R，Huang Y，et al. Cobalt redox mediators for ruthenium-based dye-sensitized solar cells: a combined impedance spectroscopy and near-IR transmittance study. The Journal of Physical Chemistry C，2011，115（38）：18847-18855.

[144] Vargas A，Zerara M，Krausz E，et al. Density-functional theory investigation of the geometric，energetic，and optical properties of the cobalt（Ⅱ）tris（2，2′-bipyridine）complex in the high-spin and the Jahn-Teller active low-spin states. Journal of Chemical Theory and Computation，2006，2（5）：1342-1359.

[145] Mosconi E，Yum J H，Kessler F，et al. Cobalt electrolyte/dye interactions in dye-sensitized solar cells: a combined computational and experimental study. Journal of the American Chemical Society，2012，134（47）：19438-19453.

[146] Hou Y，Wang D，Yang X H，et al. Rational screening low-cost counter electrodes for dye-sensitized solar cells. Nature Communications，2013，4：1583.

[147] Wang L，Al-Mamun M，Liu P，et al. The search for efficient electrocatalysts as counter electrode materials for dye-sensitized solar cells: mechanistic study，material screening and experimental validation. Npg Asia Materials，2015，7（11）：e226.

[148] Zhang B，Wang D，Hou Y，et al. Facet-dependent catalytic activity of platinum nanocrystals for triiodide reduction in dye-sensitized solar cells. Scientific Reports，2013，3：1836.

[149] Kay A，Grätzel M. Low cost photovoltaic modules based on dye sensitized nanocrystalline titanium dioxide and carbon powder. Solar Energy Materials and Solar Cells，1996，44（1）：99-117.

[150] Murakami T N，Ito S，Wang Q，et al. Highly efficient dye-sensitized solar cells based on carbon black counter electrodes. Journal of the Electrochemical Society，2006，153（12）：A2255-A2261.

[151] Chen J，Li K，Luo Y，et al. A flexible carbon counter electrode for dye-sensitized solar cells. Carbon，2009，47（11）：2704-2708.

[152] Veerappan G，Bojan K，Rhee S W. Sub-micrometer-sized graphite as a conducting and catalytic counter electrode for dye-sensitized solar cells. Acs Applied Materials & Interfaces，2011，3（3）：857-862.

[153] Veerappan G，Bojan K，Rhee S W. Amorphous carbon as a flexible counter electrode for

low cost and efficient dye sensitized solar cell. Renewable Energy, 2012, 41: 383-388.

[154] Wang G, Kuang S, Wang D, et al. Nitrogen-doped mesoporous carbon as low-cost counter electrode for high-efficiency dye-sensitized solar cells. Electrochimica Acta, 2013, 113: 346-353.

[155] Lee W J, Ramasamy E, Lee D Y, et al. Performance variation of carbon counter electrode based dye-sensitized solar cell. Solar Energy Materials and Solar Cells, 2008, 92 (7): 814-818.

[156] Sebastián D, Baglio V, Girolamo M, et al. Carbon nanofiber-based counter electrodes for low cost dye-sensitized solar cells. Journal of Power Sources, 2014, 250: 242-249.

[157] Wu M, Lin X, Wang T, et al. Low-cost dye-sensitized solar cell based on nine kinds of carbon counter electrodes. Energy & Environmental Science, 2011, 4 (6): 2308-2315.

[158] Kaniyoor A, Ramaprabhu S. Thermally exfoliated graphene based counter electrode for low cost dye sensitized solar cells. Journal of Applied Physics, 2011, 109 (12): 124308.

[159] Kavan L, Yum J H, Grätzel M. Optically transparent cathode for dye-sensitized solar cells based on graphene nanoplatelets. Acs Nano, 2010, 5 (1): 165-172.

[160] Zhang Y, Hao J, Li J, et al. Theoretical study of triiodide reduction reaction on nitrogen-doped graphene for dye-sensitized solar cells. Theoretical Chemistry Accounts, 2016, 135 (1): 23.

[161] Yue G, Wu J, Xiao Y, et al. Platinum/graphene hybrid film as a counter electrode for dye-sensitized solar cells. Electrochimica Acta, 2013, 92: 64-70.

[162] Vajda S, Pellin M J, Greeley J P, et al. Subnanometre platinum clusters as highly active and selective catalysts for the oxidative dehydrogenation of propane. Nature Materials, 2009, 8 (3): 213-216.

[163] Li Q, Wu J, Tang Q, et al. Application of microporous polyaniline counter electrode for dye-sensitized solar cells. Electrochemistry Communications, 2008, 10 (9): 1299-1302.

[164] Ameen S, Akhtar M S, Kim Y S, et al. Sulfamic acid-doped polyaniline nanofibers thin film-based counter electrode: application in dye-sensitized solar cells. The Journal of Physical Chemistry C, 2010, 114 (10): 4760-4764.

[165] Cho S, Hwang S H, Kim C, et al. Polyaniline porous counter-electrodes for high performance dye-sensitized solar cells. Journal of Materials Chemistry, 2012, 22 (24): 12164-12171.

[166] Li Z, Ye B, Hu X, et al. Facile electropolymerized-PANI as counter electrode for low cost dye-sensitized solar cell. Electrochemistry Communications, 2009, 11 (9): 1768-1771.

[167] Wu J, Li Q, Fan L, et al. High-performance polypyrrole nanoparticles counter electrode for dye-sensitized solar cells. Journal of Power Sources, 2008, 181 (1): 172-176.

[168] Peng T, Sun W, Huang C, et al. Self-assembled free-standing polypyrrole nanotube membrane as an efficient FTO-and Pt-free counter electrode for dye-sensitized solar cells.

Acs Applied Materials & Interfaces，2013，6（1）：14-17.

[169] Zhang X，Wang S，Lu S，et al. Influence of doping anions on structure and properties of electro-polymerized polypyrrole counter electrodes for use in dye-sensitized solar cells. Journal of Power Sources，2014，246：491-498.

[170] Sudhagar P，Nagarajan S，Lee Y G，et al. Synergistic catalytic effect of a composite (CoS/PEDOT：PSS) counter electrode on triiodide reduction in dye-sensitized solar cells. Acs Applied Materials & Interfaces，2011，3（6）：1838-1843.

[171] Yue G，Wu J，Xiao Y，et al. Application of poly（3，4-ethylenedioxythiophene）：poly-styrenesulfonate/polypyrrole counter electrode for dye-sensitized solar cells. The Journal of Physical Chemistry C，2012，116（34）：18057-18063.

[172] Yue G，Wu J，Xiao Y，et al. Application of poly（3，4-ethylenedioxythiophene）：poly-styrenesulfonate/polypyrrole counter electrode for dye-sensitized solar cells. The Journal of Physical Chemistry C，2012，116（34）：18057-18063.

[173] Wu M，Lin X，Wang Y，et al. Economical Pt-free catalysts for counter electrodes of dye-sensitized solar cells. Journal of the American Chemical Society，2012，134（7）：3419-3428.

[174] Hou Y，Wang D，Yang X H，et al. Rational screening low-cost counter electrodes for dye-sensitized solar cells. Nature Communications，2013，4：1583.

[175] Wang M，Anghel A M，Marsan B，et al. CoS supersedes Pt as efficient electrocatalyst for triiodide reduction in dye-sensitized solar cells. Journal of the American Chemical Society，2009，131（44）：15976-15977.

[176] Yang X，Zhou L，Feng A，et al. Synthesis of nickel sulfides of different phases for counter electrodes in dye-sensitized solar cells by a solvothermal method with different solvents. Journal of Materials Research，2014，29（8）：935-941.

[177] Balis N，Dracopoulos V，Bourikas K，et al. Quantum dot sensitized solar cells based on an optimized combination of ZnS，CdS and CdSe with CoS and CuS counter electrodes. Electrochimica Acta，2013，91：246-252.

[178] Boix P P，Larramona G，Jacob A，et al. Hole transport and recombination in all-solid Sb_2S_3- sensitized TiO_2 solar cells using CuSCN as hole transporter. The Journal of Physical Chemistry C，2011，116（1）：1579-1587.

[179] Lin J Y，Chou S W. Highly transparent $NiCo_2S_4$ thin film as an effective catalyst toward triiodide reduction in dye-sensitized solar cells. Electrochemistry Communications，2013，37：11-14.

[180] Zheng X，Guo J，Shi Y，et al. Low-cost and high-performance $CoMoS_4$ and $NiMoS_4$ counter electrodes for dye-sensitized solar cells. Chemical Communications，2013，49（83）：9645-9647.

[181] Xin X，He M，Han W，et al. Low-cost copper zinc tin sulfide counter electrodes for high-efficiency dye-sensitized solar cells. Angewandte Chemie International Edition，

2011, 50 (49): 11739-11742.

[182] Fan M S, Chen J H, Li C T, et al. Copper zinc tin sulfide as a catalytic material for counter electrodes in dye-sensitized solar cells. Journal of Materials Chemistry A, 2015, 3 (2): 562-569.

[183] Chen H, Kou D, Chang Z, et al. Effect of crystallization of $Cu_2ZnSnS_xSe_{4-x}$ counter electrode on the performance for efficient dye-sensitized solar cells. Acs Applied Materials & Interfaces, 2014, 6 (23): 20664-20669.

[184] Wang H, Wei W, Hu Y H. Efficient ZnO-based counter electrodes for dye-sensitized solar cells. Journal of Materials Chemistry A, 2013, 1 (22): 6622-6628.

[185] Yun S, Wang L, Guo W, et al. Non-Pt counter electrode catalysts using tantalum oxide for low-cost dye-sensitized solar cells. Electrochemistry Communications, 2012, 24: 69-73.

[186] Pan J, Wang L, Jimmy C Y, et al. A nonstoichiometric $SnO_{2-\delta}$ nanocrystal-based counter electrode for remarkably improving the performance of dye-sensitized solar cells. Chemical Communications, 2014, 50 (53): 7020-7023.

[187] Wu M, Lin X, Hagfeldt A, et al. A novel catalyst of WO2 nanorod for the counter electrode of dye-sensitized solar cells. Chemical Communications, 2011, 47 (15): 4535-4537.

[188] Cheng L, Hou Y, Zhang B, et al. Hydrogen-treated commercial WO3 as an efficient electrocatalyst for triiodide reduction in dye-sensitized solar cells. Chemical Communications, 2013, 49 (53): 5945-5947.

[189] Wang Y, Wu M, Lin X, et al. Optimization of the performance of dye-sensitized solar cells based on Pt-like TiC counter electrodes. European Journal of Inorganic Chemistry, 2012, 2012 (22): 3557-3561.

[190] Zhang X, Chen X, Zhang K, et al. Transition-metal nitride nanoparticles embedded in N-doped reduced graphene oxide: superior synergistic electrocatalytic materials for the counter electrodes of dye-sensitized solar cells. Journal of Materials Chemistry A, 2013, 1 (10): 3340-3346.

[191] Huang K C, Wang Y C, Chen P Y, et al. High performance dye-sensitized solar cells based on platinum nanoparticle/multi-wall carbon nanotube counter electrodes: the role of annealing. Journal of Power Sources, 2012, 203: 274-281.

[192] Yen M Y, Teng C C, Hsiao M C, et al. Platinum nanoparticles/graphene composite catalyst as a novel composite counter electrode for high performance dye-sensitized solar cells. Journal of Materials Chemistry, 2011, 21 (34): 12880-12888.

[193] Wang Y, Zhao C, Wu M, et al. Highly efficient and low cost Pt-based binary and ternary composite catalysts as counter electrode for dye-sensitized solar cells. Electrochimica Acta, 2013, 105: 671-676.

[194] Wan J, Fang G, Yin H, et al. Pt-Ni Alloy nanoparticles as superior counter electrodes

for dye-sensitized solar cells: experimental and theoretical understanding. Advanced Materials,2014，26（48）：8101-8106.

[195] Chang P J，Cheng K Y，Chou S W，et al. Tri-iodide reduction activity of shape-and composition-controlled PtFe nanostructures as counter electrodes in dye-sensitized solar cells. Chemistry of Materials，2016，28（7）：2110-2119.

[196] Choi H，Kim H，Hwang S，et al. Dye-sensitized solar cells using graphene-based carbon nano composite as counter electrode. Solar Energy Materials and Solar Cells，2011，95（1）：323-325.

[197] Zhu G，Pan L，Lu T，et al. Electrophoretic deposition of reduced graphene-carbon nanotubes composite films as counter electrodes of dye-sensitized solar cells. Journal of Materials Chemistry，2011，21（38）：14869-14875.

[198] Kim H，Choi H，Hwang S，et al. Fabrication and characterization of carbon-based counter electrodes prepared by electrophoretic deposition for dye-sensitized solar cells. Nanoscale Research Letters，2012，7（1）：53.

第 6 章　有机太阳电池

　　随着世界经济的快速发展，能源问题始终是世界发展的重要议题。人们现在所利用的能源主要是不可再生能源如煤、石油、天然气之类。对能源需求的逐渐增加和化石燃料使用对环境造成的污染问题是未来人类面临的重大挑战。太阳能作为一种清洁可再生能源，吸引了科研界和产业界的广泛关注。将太阳能转化成为可以直接应用的电能是太阳能应用的一个重要方向，高效、经济的光伏技术也成为当前学术研究和产业发展的热点之一。当今主流的太阳电池是硅基等无机太阳电池，它们的性能稳定，使用寿命长。但是无机太阳电池在生产过程中需要使用高温高真空设备，原料昂贵，增加了制造成本，而且生产工艺中强碱强酸的使用也会带来一定的环境污染，这些缺点限制了太阳能产业的进一步发展。

　　21 世纪以来，一种新型薄膜电池—有机太阳电池（organic solar cells）获得了迅速发展。有机太阳电池是一种由聚合物或小分子有机物组成的薄膜太阳电池，其使用有机物半导体实现了光吸收和电荷的转移。相比无机太阳电池制备，有机太阳电池所使用的光吸收材料为有机物，来源广泛，而且有机物的分子结构和性质很容易调控。同时，有机太阳电池制备工艺非常简单，可以采用喷涂、旋涂、打印或者卷-对-卷大规模生产，可大幅度地降低电池器件的制备成本。有机太阳电池还可以制备成半透明和柔性的产品，一旦实现产业化，将具有非常广泛的应用前景[1,2]。经过了多年的发展（表 6.1），有机太阳电池器件的光电转换效率逐渐提高，尤其是近年来，随着新型给体和受体材料的发展，有机太阳电池的文献报道效率已经突破 13%[3]。但有机太阳电池在实现真正的大规模产业化之前仍有很多基础理论、材料研发以及制备工艺方面的问题需要突破。高效、稳定的有机太阳电池仍然是当前世界范围研究的热点之一。

表 6.1　有机太阳电池发展历程

时间	事件	研究者
1958	第一个有机光电转换器件制备	Kearns 等[4]
1986	双层膜异质结有机半导体太阳电池	邓青云等[5]
1992	有机半导体向 C_{60} 的超快电子注入	Sariciftci[6]
1995	体异质结太阳电池	Heeger[7] 和 Friend[8]
2012	单结有机太阳电池转换效率达到 9.2%	曹镛[9]
2017	单结有机太阳电池转换效率突破 13%	侯剑辉[10]

　　有机太阳电池的发展历史与硅基太阳电池的历史相差不远。第一个硅基太阳电池是 1954 年在贝尔实验室制造出来的；而首个有机光电转换器件产生于 1958

年[4]，由 Kearns 和 Calvin 制备。他们采用镁酞菁（MgPc）染料为光吸收材料，将光吸收材料直接夹在两个具有不同功函数的电极之间制备成器件。这就是最早的有机太阳电池器件结构，其工作原理为：在一定的光照下，半导体有机物中的电子吸收能量，从其最高占据轨道能级（HOMO）激发跃迁到其最低非占据轨道能级（LUMO），在原来位置留下空穴，从而产生电子-空穴对，即单线态激子，而电子和空穴分别被不同功函数的电极所提取，在外电路形成回路从而形成光电流。由于半导体有机膜与电极之间形成的是肖特基结，该类电池又被称为"肖特基型有机太阳电池"。随后的研究中，科研人员主要集中在对该类电池更换不同的半导体有机材料。但有机半导体材料的相对介电常数一般比较低，而激子结合能比较大，从而导致在太阳电池中受光激发产生的激子大部分都被复合掉，无法产生光电流，此类有机太阳电池的光电转换效率都非常低。

异质结太阳电池的出现是有机太阳电池发展的一个重大突破。1986 年，柯达公司的邓青云博士同时使用四羧基苝的一种衍生物（PV）和酞氰铜（CuPc）材料制备了双层平面异质结太阳电池，该电池的光电转换效率（PCE）可以达到 1% 左右[5]。虽然与硅基太阳电池的光电转换效率还有很大的差距，但其为有机太阳电池提供了新的研究方向和发展可能。该类型器件性能提升的主要原因是促进了激子的有效解离。异质结电池中同时具有不同电子亲和势的给体材料和受体材料，受体材料具有较高的电子亲和势，可以快速提取扩散到给体/受体界面的激子中的电子，而将空穴留在具有较高电离势的给体材料中，该机制极大地提高了激子解离的效率。但是，只有激子到达受体/给体界面时才能发生有效解离。而半导体有机材料中激子扩散长度只有约 10nm，而为了保证充足的光吸收，光吸收层厚度通常需要达到约 100nm，这将导致给体中产生的激子大部分在未到达受体/给体界面处就已经发生复合。而为了解决此种问题，新的电池结构——体异质结电池概念被提出。

1992 年，Sariciftci[6] 课题组发现半导体有机材料 MEH-PPV 在吸光后产生激子中的电子可以极快地转移给 C_{60}，而相反的过程非常慢。进而发现激子在有机材料与 C_{60} 的界面可以实现电子-空穴对的超快解离，电子-空穴对解离的效率几乎接近 100%，而且解离后的电子和空穴也不易在界面处重新发生复合。这一发现被称为"超快光诱导电子转移现象"。其中光诱导电子转移速率非常快，分离后的电子和空穴的稳定，寿命长，极大地减少电子和空穴的复合几率。1995 年，Heeger[7] 课题组将共轭聚合物聚苯撑乙烯材料（MEH-PPV）和一种 C_{60} 的衍生物 PCBM 混合在一起，制备了体异质结（bulk heterojunction，BHJ）有机太阳电池，此类有机太阳电池光电转化效率可以达到 2.9%，是真正意义上第一个有效率的有机太阳电池。此后，基于富勒烯作为受体的异质结有机太阳电池获得快速发展。此类电池中，光吸收层是一种混合薄膜，给体材料和受体材料之间相互贯穿从而形成了一种可称为"互穿网络"的结构，给体/受体界面均匀分布在整个光吸收层，大大提高了激子分离的效率。体异质结器件结构为此后有机太阳电池的研发开辟了一条重要路径。该类结构电池中给体材料和受体材料在混合膜中形成一个个单一聚集的区域，在任何位置产生的激子，都可以很快地到达给体与受体的界面，从而使电荷分离的效率得到极大提高。而为了保证每一个激子都能扩散到给体/受体界面处，对该类电池光吸收层的形貌控制提出了很高的要求。早期研究中对光吸收层形貌调控的方法主要有，给受体比例、溶剂选择、退火方法和添加剂等[10,11]。目前有机太阳电池中的最高效率仍由体异质结型电池保持。

近年来，随着研究人员开发出的新型给体和受体材料，有机太阳电池的光电转换效率稳步提升；为了最大效率地利用太阳光，叠层结构的有机太阳电池也正被研究开发，该结构太阳电池有利于降低载流子注入势垒，提高电池开路电压，从而提高光电转换效率。2017 年，文献报道的单结有机太阳电池的光电转换效率已经突破 13%[3]，而叠层有机太阳电池的效率同样达到 13%的效率[12]，有机太阳电池距离实际应用和产业化已经越来越近。

6.1 有机太阳电池的光物理过程与性能参数

6.1.1 有机太阳电池的光电转化过程

有机太阳电池结构主要包括透明导电氧化物薄膜、光吸收层和金属电极（或其他导电电极）。光吸收层主要包含给体材料（donor，简写为 D）和受体材料（acceptor，简写为 A）。

有机太阳电池吸光材料主要为半导体有机物，与无机半导体材料相比，有机材料的相对介电常数在 3～4，当光吸收层吸收入射光后，常温下无法生成可自由移动的载流子，而是会形成电子-空穴对，这种电子-空穴对又被称为激子。激子扩散到给体和受体之间的界面，电子在界面处被受体提取出去而在给体中留下空穴，从而发生电荷的分离形成自由载流子，生成的自由载流子通过光吸收层中的受体或给体相分别传输到电池两端电极处并被电极收集，最后在外电路形成电流。

简单来讲，有机太阳电池的光电转化过程（图 6.1）一般包含以下的物理机制：

（1）光子的吸收：半导体有机材料对光的吸收系数通常大于 10^7 m^{-1}，光吸收层的有机材料厚度达到 100～300nm 就可以将入射光中绝大多数光子吸收。而硅基太阳电池同等能力则需要至少 100μm 的硅材料，这极大地节省了电池的原料成本[13]。入射光照射到太阳电池并被吸收时，光吸收层中给体位于 HOMO 能级的电子吸收光子发生跃迁，跃迁到其 LUMO 能级，在原来位置形成空穴，但电子和空穴由于受到很强的结合能作用形成激子束缚态（即束缚能为 0.2～1.4eV 的电子空穴对，即激子）。激子是具有有限寿命的受激中性态，根据自旋数的不同划分，单线态激子寿命约有 300ps，而三线态激子具有约 10μs 量级的寿命[14,15]。

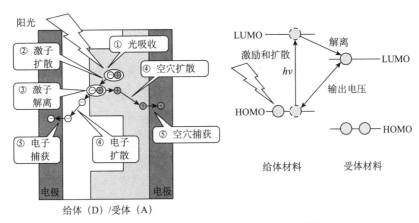

图 6.1　有机太阳电池的光电转化过程[20]

（2）激子的扩散：对有机半导体材料，光激发产生的激子由于较大的激子结合能在室温下不能分离成自由的电子和空穴，激子通过扩散作用在光吸收层体相中移动。对典型的共轭聚合物来说，激子的扩散长度约为 10nm。只有当激子通过扩散作用移动到给体和受体的界面发生解离，才能形成自由的载流子（电子和空穴）。如果在激子的扩散长度范围中激子没有运动到给体/受体界面，激子就会发生复合，从而以荧光发射或者其他形式将能量耗散。体异质结有机太阳电池中的光吸收层形成了互穿网络的结构，既保证了电池对太阳光的利用吸收，又保证了产生的激子可以更多地到达给体和受体的界面[7]。

（3）激子的解离：激子通过扩散作用移动到给体和受体的界面，只有激子在其扩散长度范围内遇到给体/受体界面时，才会发生电荷转移。而在给体与受体之间可以发生电子转移，电子从给体材料中转移到受体材料[16]。经验研究发现，只有当给体材料与受体材料的 LUMO 能级之差达到 0.3eV 以上才能发生有效的电子转移[17]。但是此时转移后的电子与原给体中的空穴仍然受到库仑力的作用，形成一种亚稳态的形式，通常被称为束缚的极化子对或者电荷转移复合物。这种亚稳态的复合物可能直接复合回基态或者在给体/受体界面处的内建电场作用下解离成自由的载流子。

（4）载流子的传输：对有机半导体材料而言，激子在给体/受体界面处分离产生的电子和空穴载流子在内建电场的作用下按照经典的跳跃传输机制在给体或者受体材料中扩散传输[18,19]。在体相异质结电池传输过程中载流子会发生双分子复合或者被陷阱捕获会导致载流子迁移率降低。为了提高载流子传输效率，避免电子空穴在传输过程中的复合，需要在给体和受体材料之间构筑出尽量理想的双连续互穿网络通道。

载流子的捕获收集并形成电流：当太阳电池阴极的费米能级小于受体的 LU-MO 能级以及阳极的费米能级大于给体的 HOMO 能级时，未复合的光生载流子可以被阴极和阳极收集产生光电流和光电压，完成光伏发电。

6.1.2 有机太阳电池的等效电路

可以用图 6.2 的等效电路来揭示有机太阳电池的工作原理[21]，图中：

I_{ph} 表示光生电流源，由入射光通量决定。当光照恒定时，其不随工作状态变化而变化，可以看作是一个恒流源。

I_d 表示暗电流，光电流经过负载，在负载两端形成电压 V，它会对 pn 结形成一股与光电流方向相反的暗电流。

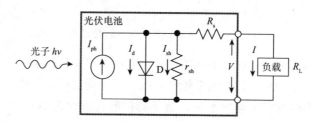

图 6.2 有机太阳电池的等效电路图

I 表示输出电流，V 表示输出电压

电流 I 和电压 V 的关系可以由下式表示：

$$I = I_{ph} - I_d - I_{sh} = I_{ph} - I_0 \left(e^{\frac{q(V - IR_s)}{nk_BT}} - 1 \right) - \frac{I(R_s + R_L)}{R_{sh}} \tag{6.1}$$

式（6.1）中，n 表示理想因子；R_s 表示串联电阻，主要代表光吸收层和电极之间界面接触产生的电阻和光吸收层本身所具有的电阻等，电流在它们之间经过会产生损耗。采用一定的方式减小串联电阻可以有效提高太阳电池的性能。R_{sh} 表示并联电阻，它主要由耗尽区内的复合电流和电池边缘的漏电流或电极制备中的金属桥漏电流等决定。并联电阻越大，电池器件的漏电流就越小[22]。

6.1.3 有机太阳电池的性能参数

衡量太阳电池的性能通常用特定太阳辐照强度下的电流密度-电压曲线来表

示。器件性能主要包括开路电压（V_{oc}），短路电流密度（J_{sc}），填充因子（FF）和能量转化效率（PCE）四个参数。如图 6.3 所示，就是典型的光照下太阳电池的 J-V 曲线[20]。

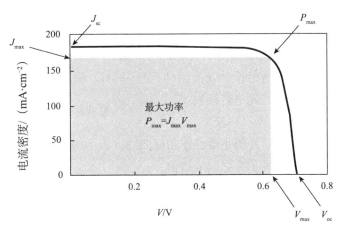

图 6.3　光照下太阳电池的 J-V 曲线图

6.1.3.1　开路电压（V_{oc}）

有光照情况下，如果太阳电池的外电路处于开路状态，此时电池最大的输出电压就是开路电压。从 J-V 曲线图中可以直接得到开路电压值。对有机太阳电池来说，开路电压的大小主要与电极之间的功函，给体受体之间的 HOMO 与 LU-MO 能级差等因素有关[23,24]，同时又受到温度、光照强度和器件电池界面结构[25]等的影响。开路电压可以由经验公式（6.2）估算

$$V_{oc} = \frac{1}{q}(E_A^{LUMO} - E_D^{HOMO}) - 0.3 \qquad (6.2)$$

6.1.3.2　短路电流密度（J_{sc}）

当太阳电池 J-V 曲线中电压为 0 时，对应的电流就是短路电流，电池在短路状态时回路中产生的最大输出电流。短路电流密度与电池器件的有效面积有关。有机太阳电池中，短路电流的大小与器件的载流子迁移率，光吸收层对光吸收的效率，光吸收层的形貌以及器件界面结构等有关[26-29]。

6.1.3.3　填充因子（FF）

如 J-V 曲线图中所示，P_{max} 表示电池的最大输出功率，它等于电流与电压乘积的最大值。V_{max} 和 J_{max} 分别对应最大输出功率时的电压和电流密度。填充因子 FF 是表示器件性能的一个重要参数，代表器件对外持续输出功率的能力大小。填充因子定义为太阳电池的最大输出功率与开路电压、短路电流乘积的比值。

有机太阳电池中填充因子与光吸收层的形貌，电池载流子迁移率，电极与光吸收层界面、电池的并联电阻和串联电阻等相关[30-32]。

6.1.3.4 光电转换效率（PCE）

太阳电池的光电转换效率定义为 P_{max} 最大输出功率与入射光的光照强度 P_{in} 的比值，表示如下：

$$\text{PCE} = \frac{P_{max}}{P_{in}} = \frac{J_{max} \cdot V_{max}}{P_{in}} = \frac{J_{sc} \cdot V_{oc} \cdot \text{FF}}{P_{in}} \tag{6.3}$$

PCE 是太阳电池性能最重要的指标之一，表示太阳能对入射光的有效利用率。有机太阳电池中，通过设计新的给体/受体材料，提高材料纯度，优化器件结构等，可以提高器件的光电转换效率。

6.1.3.5 外量子效率（EQE）

外量子效率是电池器件的主要性能指标之一，表示为电池光生载流子被外部收集到的数值与注入的光子数之间的比值。

有机太阳电池中外量子效率可以表示为

$$\text{EQE}(\lambda) = \eta_A \cdot \eta_{ED} \cdot \eta_{CD} \cdot \eta_{CT} \cdot \eta_{CC} \tag{6.4}$$

其中，η_A 表示光吸收层的光子吸收效率；η_{ED} 表示激子的扩散效率；η_{CD} 表示激子的分离效率；η_{CT} 表示电荷传输效率；η_{CC} 表示电荷收集效率。

6.2 有机太阳电池的制备方法与形貌控制

传统有机太阳电池器件的实验室制备方法通常包括以下步骤：

（1）将 ITO 或者其他透明导电基底图案化，清洗干净，烘干。

（2）对于正型结构的有机太阳电池通常需要将 ITO 进行紫外臭氧处理，然后在 ITO 表面旋涂空穴传输层，对于反型结构电池通常不需要。

（3）旋涂光吸收层前驱体溶液，然后进行退火等处理。

（4）在光吸收层表面制备相对应的界面层材料。

（5）蒸镀电极，对器件性能进行测试。

在正型结构的电池器件制备中通过紫外臭氧清洗器处理 ITO 玻璃，可以利用臭氧的强氧化作用去除 ITO 表面的残留有机物。同时，紫外臭氧处理还可以改善 ITO 表面的亲水性，使空穴传输层材料溶液更好地在 ITO 表面铺展。另外，紫外臭氧处理可以提高 ITO 的表面功函，降低界面势垒，提高电荷收集能力。

光吸收层薄膜的制备：将给体和受体材料按一定的质量比称量加入样品瓶中，根据光吸收层的不同选用不同的溶剂搅拌促使光吸收层材料溶解制备成光吸收层溶液。然后旋涂成膜，光吸收层膜的厚度通过台阶轮廓仪来确定，通过旋涂速率控制厚度在 100nm 左右，对于不同体系，光吸收层的最佳旋涂速率和厚度需要通过优化获得。对光吸收层进行热退火或者溶剂退火可以调控光吸收层形貌。

　　界面传输层材料的制备：根据材料特性，将材料本身或将其前驱体溶液溶解于相应溶剂中，如水、甲醇、异丙醇等。然后再将其涂在光吸收层表面，根据不同的工艺控制其厚度。

　　电极制备：实验室中一般采用真空热蒸发的方法制备。旋涂完光吸收层和界面层材料的电池片子放入样品掩模板，在腔体真空度达到 $10^{-4} \sim 10^{-3}$ Pa 后，将金属蒸发沉积在光吸收层或界面层上。制备的电极厚度通常控制在 100nm 左右。

　　器件的封装：为隔绝空气中的水氧，提高器件的稳定性，还可以采用环氧树脂等材料对器件进行封装，得到封装的电池器件。

　　光吸收层薄膜形貌的优化是提高有机太阳电池光电转换效率的关键因数之一。薄膜的光吸收、载流子扩散、电荷的传输和复合等许多光电特性都会受到光吸收层薄膜形貌的直接影响。因此，许多的成膜方法都被开发应用于高效有机太阳电池的制备。光吸收层微观形貌的研究包括体相共混薄膜中的相分离尺度、相区之间形状和排列的规整度、相区之间的纯度等特性，其研究逐渐深入。

　　对于光吸收层有机半导体材料，长程有序、规整的分子排列有助于获得较高的载流子迁移率，从而获得较高的光电流和光电转换效率，但具有较强结晶性的高分子易于在光吸收层聚集，从而形成尺寸很大的相区，反而不利于载流子的扩散和传输。因此要求研究人员从分子结构设计以及光吸收层成膜方法上协同研究调节光吸收层的形貌。对于分子结构设计，目前研究主要包括扩大有机材料的 π 共轭体系、增强分子的平面性、使共轭有机物中的烷基侧链为直链、增加聚合物材料的分子量等方法，这些方法对改善薄膜微观形貌的有序性有一定的帮助[33]。

　　有机太阳电池的主要优点是采用溶液加工的方法直接制备，这也是影响太阳电池器件光吸收层微观形貌的另一种重要因素。目前改善薄膜形貌的策略主要包括溶剂及添加剂的选择、溶液浓度、溶剂挥发速率、给受体比例、后处理方式等[10,11]。

　　对于选定的给/受体光吸收层体系，选择不同比例的给受体比例会对光吸收层形貌产生很大影响。在富勒烯衍生物作为受体材料的异质结太阳电池中，若 PCBM 含量过高，就会在制备的薄膜中产生不同尺寸的 PCBM 团聚，从而影响薄膜的相分离结构。van Duren[34] 课题组采用氚标记 PCBM，采用二次离子质谱法分析光吸收层中 PCBM 的分布情况，发现当 PCBM 质量分数低于 50% 时，光吸收层中给受体材料均匀共混，未发生明显相分离；当 PCBM 质量分数大于 67% 时，大量 PCBM 聚集体在薄膜中形成；太阳电池光电转换效率在 PCBM 质量分数达到 80% 时达到最优。合适的给体和受体比例对太阳电池薄膜形貌的形成有重要作用，从而影响有机太阳电池的光电转换效率。

　　近年来，在一个电子给体和一个电子受体的基础上，加入一定比例的功能性第三组分成为了一种新的改善光吸收层形貌的方法。2014 年，占肖卫[35]课题组使用小分子受体 PDI-2DTT 作为第三组分加入到 PBDTTT-C-T/PPDIDTT 全聚合物太阳电池中，有效抑制了聚合物受体 PPDIDTT 的过度聚集，将全聚合物太阳电池的光电转换效率提高到 3.45%，这是当时全聚合物太阳电池的最高效率之一。进一步地，他们[36]还将富勒烯受体 ICBA 作为第三组分加入 PTB7/PC$_{71}$BM 有机太阳电池中，来增加器件的开路电压以及提高激子解离效率，基于 PTB7/ICBA/PC$_{71}$BM 器件的光电转换效率可以达到 8.24%，是当时报道的三元共混太阳电池的最高值。2016 年，为了验证 ICBA 作为第三组分的普适性，他们将其加入到基于五种不同给体材料的有机太阳电池中（图 6.4）[37]，发现所有含第三组分 ICBA 的有机太阳电池的光电转换效率都有 12%～14% 的提高，最高可以达到 10.5%，同时，所有含第三组分 ICBA 的有机太阳电池的稳定性都有很大的提高。此外，他们研究了另外一种有机物 4，4'-二羟基联苯作为第三组分加入到含氟聚合物或小分子给体/富勒烯受体的有机太阳电池中[38]。4，4'-二羟基联苯上的羟基可以和给体材料上的氟原子形成氢键来锁定给体材料的网络，从而可以同时提高有机太阳电池的光电转换效率和稳定性。

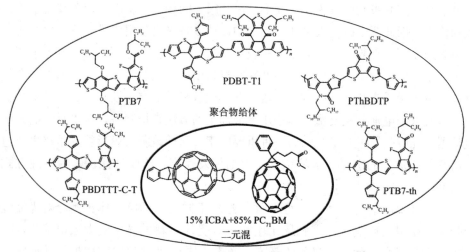

图 6.4　ICBA/PC$_{71}$BM 受体与五种不同给体的分子结构[37]

　　采用溶液法制备光吸收层，溶剂的选择对薄膜形貌的影响同样至关重要。溶剂本身的特性如沸点、蒸气压、极性以及给/受体材料在其中的溶解度等都对光吸收层成膜及其相结构产生重要作用。2001 年，Shaheen[39]课题组采用不同溶剂制备 MDMO-PPV：PCBM 体系光吸收层薄膜，发现当采用氯苯替代甲苯制备太阳电池时，由于氯苯比甲苯对于 PCBM 具有更好的溶解性，光吸收层的相分离尺度从几百纳米降到了几十纳米，电池器件的短路电流得到了很大提高，光电转换效率从 0.9% 提高到 2.5%。

2006 年，Olle Inganäs[40] 课题组采用二元混合溶剂制备光吸收层，在低沸点、对材料溶解性好的溶剂中加入少量高沸点溶剂作为添加剂，通过两种溶剂沸点和对给受体材料溶解性的差异，在成膜过程中诱导控制光吸收层的形貌。2007年 Bazan[41] 课题组创造性地提出了添加剂的概念，他们发现将微量的 1，8-辛二硫醇与氯苯共混，极大地改善了 PCPDTBT：PCBM 共混膜的形貌，电池效率从 2.8% 提高到 5.5%。进一步，他们采用 1，8 二碘辛烷等作为溶剂添加剂对光吸收层形貌进行研究，发现溶剂添加剂对提高有机太阳电池器件光电效率方面有巨大的潜力[28]，当应用 1，8 二碘辛烷作为溶剂添加剂时，基于 PCPDTBT：PC_{71}BM 体系的电池器件，其光电转换效率从 3.35% 提高到 5.12%。2012 年，李永舫和侯剑辉[42] 课题组在 P3HT：IC_{70}BA 体系的太阳电池器件中加入 1，8 二碘辛烷（DIO）、氯萘（CN）、1，8-辛二硫醇（OT）等作为溶剂添加剂（图 6.5），研究它们对光吸收层薄膜形貌和器件的影响，结果表明，当加入 3% 的氯萘时，该体系光吸收层薄膜形成较好的互穿网络结构和较高的结晶性，器件效率也提高到 7.4%。目前，采用溶剂添加剂调节制备光吸收层相分离尺度薄膜形貌已经成为高效有机太阳电池制备的一种重要途径。

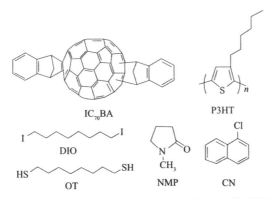

图 6.5　IC_{70}BA、P3HT、CN、NMP、OT 和 DIO 的分子结构[42]

另一种重要的有机太阳电池光吸收层形貌优化方法是退火。采用溶液法制备光吸收层过程中，由于溶剂挥发，给受体两相在成膜过程中处于一种非平衡态，通过热退火或者溶剂退火，可以使光吸收层形成一定的晶相结构，诱导给受体材料形成纳米尺度的相分离结构，从而提高光伏器件性能。

2003 年，Sariciftci[43] 课题组首次对 P3HT：PCBM 体系太阳电池进行了热退火处理，电池效率提高了 6 倍以上；2005 年，Heeger[44] 课题组对 P3HT：PCBM 体系太阳电池的退火温度和时间进行优化，发现在 150℃ 条件下退火 30min，电池器件给受体相分离尺度达到 20nm 以下，电荷传输效率得到有效提高，该器件在 80 mW·cm^{-2} 的光强照射下，效率达到 5%，在有机太阳电池发展历史上是一次重大突破。

2005 年，杨阳[45]课题组发展了一种慢生长和溶剂退火的新方法，并系统地研究了该方法对 P3HT：PCBM 体系有机太阳电池性能的影响[46]。他们发现，在溶剂缓慢挥发过程中，光吸收层中给体和受体可以更好地完成自组装过程，获得的相结构更利于电荷传输。通过该方法制备的 P3HT：PCBM 体系电池器件，光电转换效率提高到 4.4%。

目前，随着有机太阳电池加工工艺的不断发展，通常用热退火和溶剂退火相结合来协同优化光吸收层的形貌，从而提高有机太阳电池器件的效率。近年来，在有机小分子太阳电池和其他体系聚合物太阳电池中，热退火和溶剂退火也都是改善光吸收层形貌的一种重要方式。

6.3　有机太阳电池的结构优化

有机太阳电池，其主要由含有有机光伏材料的光吸收层、阳极和阴极组成。按照透明基底电极（一般为 ITO）收集空穴或者收集电子的性质，可以将有机太阳电池划分为传统正型结构或者反型结构（图 6.6（c）和（d)）[47,48]。传统正型结构电池中，空穴被基底电极收集，而在反型结构中，空穴被顶部电极收集。体相异质结结构的有机太阳电池的光吸收层在理想情况下，给体/受体材料均匀分

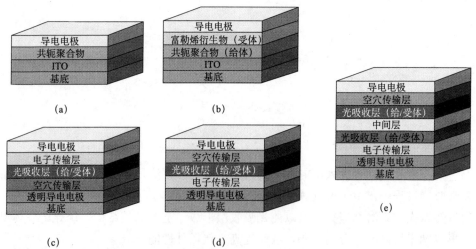

图 6.6　有机太阳电池结构图

（a）肖特基型单层电池；（b）双层 D/A 异质结电池；（c）D/A 体异质结电池（正型）；

（d）D/A 体异质结电池（反型）；（e）叠层电池

布于光吸收层薄膜中，不会倾向于向某一个方向传输空穴或者电子。此时，有机太阳电池的极性取决于电池电极的功函数，具有高功函的电极作为电池阳极，低功函的电极作为阴极。而通过在电极表面用界面材料修饰，可以改变电极的本来功函数，从而决定有机太阳电池的极性和结构。例如，在基底 ITO 上用高功函的PEDOT：PSS作为界面修饰层，Ca，Al 等低功函的金属作对电极，则电池结构为正型结构；如果选择 ZnO，TiO$_x$，PFN 等低功函数材料修饰 ITO，采用Ag，Au 等高功函数的金属作对电极，则电池结构为反型结构。界面修饰材料决定了电池的极性并独立于电极材料。

而根据有机太阳电池中核心的光吸收层部分，可以将有机太阳电池分为肖特基型单层器件（单种材料）、双层异质结器件、体异质结器件和叠层器件电池等类型。

6.3.1　肖特基型单层器件结构

这类器件的结构如图 6.6（a）所示，其光吸收层是单一的共轭聚合物半导体材料。其光吸收层夹在不同功函数的电极之间，构成"三明治"结构的器件。这类器件的电极与聚合物半导体在界面处形成肖特基势垒，因此称为肖特基型结构电池。在这类器件中，一方面由于激子的扩散长度只有约 10nm，大量激子在到达界面前就已经复合，对光电转变无贡献，而另一方面在聚合物/电极界面处，很高的肖特基结势垒造成了激子在界面解离效率很低。所以，此类电池光电转换效率都非常低（远低于 0.1%）[4]。

6.3.2　双层 D/A 异质结器件结构

1986 年[5]，柯达公司邓青云博士首次报道了双层异质结结构太阳电池。这种电池以铜酞菁为给体，芘为受体形成双层结构，此有机光伏器件在模拟太阳光下达到接近 1% 的光电转换效率。这是有机太阳电池的一座里程碑。图 6.6（b）为 Sariciftci[49] 课题组在 1993 年报道的以 MEH-PPV 为共轭聚合物半导体给体材料，以 C$_{60}$ 为受体材料制备的双层有机太阳电池示意图。这类电池的给体层和受体层界面之间形成 D/A 异质结，所以称为"双层 D/A 异质结太阳电池"。此类电池相比于"肖特基型太阳电池"，加入了一层电子受体层，尤其是电子受体 C$_{60}$ 的引入导致的给体/C$_{60}$ 界面间超快光诱导电子转移现象，极大地促进了激子的电子解离效率，从而使电池器件的能量转化效率大大提高。

6.3.3　D/A 体相异质结太阳电池

尽管双层异质结太阳电池在给/受体界面上的激子电荷解离效率很高，但受到共轭聚合物中激子扩散长度较短的限制（一般在 10nm 左右），超过界面距离

10nm 的光吸收层薄膜吸收光产生的激子都会因复合而损失掉，导致这类电池器件的光电转换效率受到限制。为解决这类问题，在 1995 年，Yu[7]等报道了将受体材料和给体材料混合在一起，形成受体和给体的互穿网络结构的体相异质结太阳电池。此类结构中，光吸收层在给体和受体之间形成 20nm 左右的微相分离，从而解决了在电荷的转移和分离效率中聚合物材料激子扩散长度不足的难题。同时，由于采用了可溶性的 C_{60} 衍生物 PCBM 和 MEH-PPV 共混制备光吸收层，此类体相异质结太阳电池结构的光吸收层可以通过简单的湿法旋涂制备，极大地节约了太阳电池制备的成本和步骤。目前，通过器件结构的优化和新型给受体材料的开发，此种结构的有机太阳电池的效率已经突破 13％[3]。由于 D/A 共混体相异质结太阳电池具备制备简单、高的激子解离效率和高的能量转化效率等优点，已成为有机太阳电池制备的主流，并展现出了光明的前景。

6.3.4　叠层有机太阳电池器件

叠层结构电池器件是将两个或多个电池结构通过串联或并联上下叠加制备组成的，器件结构如图 6.6（e）所示。叠层电池的优点是可以提高太阳光的利用率，将吸收波段不同的聚合物通过合理的优化组合进行匹配，可以有效实现对太阳辐射的大范围利用，从而使太阳电池器件的能量转化效率得到进一步提高。通过串联方式连接起来的电池，其开路电压是各叠加电池的开路电压之和，但其短路电流会受到单电池最低短路电流的限制。而并联方式连接制备的叠层电池，其短路电流为各叠加电池的短路电流之和，而开路电压要受单电池最低开路电压的限制。目前文献报道的叠层有机太阳电池大部分是以串联方式制备的。2006 年，首个聚合物/有机小分子杂化叠层太阳电池由 Dennler[50]课题组报道，其首次使用了两种具有互补吸收光谱的不同材料来作两个单电池的光吸收层。此串联电池的开路电压是上下两个串联单电池的开路电压之和，达到 1.02V，但由于受到单电池填充因子和短路电流的限制，其能量转化效率与单电池相比没有体现出优势。同年，日本的 Kawano[51]课题组通过采用溶液旋涂方法制备了叠层有机太阳电池，这种叠层有机太阳电池采用相同的两个单电池串联组成。他们将以 MDMO-PPV/PCBM 为光吸收层的两个相同单电池通过 ITO 作为中间层串联起来，得到的串联电池的开路电压（1.34V）只有单电池（0.84V）的 1.6 倍，这被归因于中间层 ITO 的使用。同时此电池光电转换效率达到 3.1％，相比单电池的 2.3％光电转换效率有一定的提高。

上面提到的都是基于相同光吸收层材料单电池串联组成的叠层有机太阳电池。为了更好地吸收太阳光，2007 年，Heeger[52]课题组报道了以具有不同吸光范围的两种光吸收层单电池串联制备的叠层有机太阳电池。此叠层电池中将采用吸光范围在 750～800nm 和 440nm 以下的 PCPDTBT/PCBM 光吸收层的单电池作为前电池；将采用吸光范围在 400～650nm 的 P3HT/PCBM 光吸收层的单电池作为后电池。此两种光吸收层材料吸收光谱互补，从而起到提高电池的光电转换效率的作用。此叠层电池的开路电压实现了两个单电池的开路电压之和，虽然受到单个电池短路电流的限制，但是叠层电池的光电转换效率达到了 6.5%，与单个电池的光电转换效率有很大的提高。

　　杨阳课题组[53]在 2012 年报道了光转换效率达到 8.6% 的反型结构叠层太阳电池。在此研究基础上，2013 年，他们课题组[54]使用 P3HT/ICBA 和 PDTP-DFBT/PCBM 为光吸收层制备的叠层结构有机太阳电池的光电转换效率达到了 10.6%。2014 年，杨阳课题组[55]使用 LBG/PC$_{71}$BM 和 PTB/PC$_{71}$BM 及 P3HT/ICBA 作为光吸收层制备了二结叠层有机太阳电池（图 6.7），效率突破了 11%。

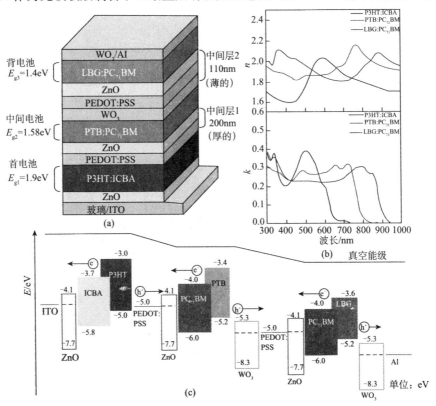

图 6.7　叠层太阳电池器件结构（a）和不同光吸收层材料光学模拟
（b）及能级图（c）[55]（后附彩图）

　　近两年，叠层有机太阳电池的研究获得巨大突破，使用具有不同光谱吸收范围的活性材料制备叠层光伏器件是进一步提高光电转化效率的有效策略之一。基于该思路，2016 年，陈永胜[56]课题组以在可见和近红外区域具有良好互补吸收的 BDT 类寡聚分子和卟啉类小分子材料分别作为前电池和后电池的给体材料，采用与工业化生产兼容的溶液加工方法，制备得到了高效的有机太阳能器件。经过工艺优化，最终实现了 12.7% 的验证效率。2017 年，侯剑辉[57]课题组设计优化叠层电池前后电池中的光吸收层材料和界面层制备工艺，制备得到一种高性能非富勒烯串联有机太阳电池（图 6.8）。界面层由 ZnO、中性自掺杂导电聚合物、PCP-Na 组成，这些材料在近红外区域具有高透光系数。通过优化界面层材料的厚度实现高效的电荷收集和减少界面电子空穴复合并保证高的透光率，制备得到的串联有机太阳电池的光电转换效率在 0.02～1 个太阳光强度的照射下可达13%～14%。该研究工作证实了优异的太阳电池结构可以实现优异的光电性能，同时表明非富勒烯有机半导体材料在串联有机太阳电池中具有的巨大潜力。

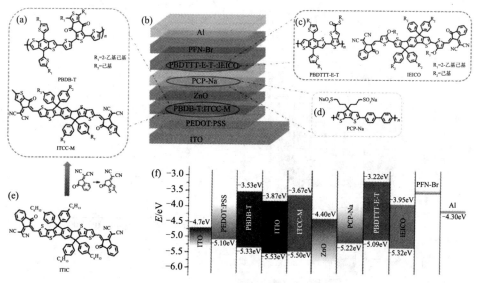

图 6.8　叠层太阳电池器件结构（b）和所用材料化学结构（a），（c）～（e）及能级图（f）[57]

　　串联电池光电转换效率的快速发展主要受益于新型光吸收层给体和受体材料及高性能中间界面层材料的开发制备[55-57]。要实现高效的叠层串联电池，最关键的是：①选取具有吸收互补的给体材料和适当的受体材料；②选取高性能和高透光性的中间界面层材料，高效地收集前后单电池的电子或空穴。从目前发展趋势表明，叠层太阳电池在光电性能上仍然具有很大的提升空间[57]。

6.4　有机半导体材料

　　提高光电转换效率是有机太阳电池的研究核心，而有机太阳电池的关键材料是有机光伏材料，包括受体材料和给体材料，所以对有机光伏材料的性质和分子设计有很高的要求。

太阳电池要把光转换为电能，光伏材料的吸光范围要和太阳辐射光谱匹配。众所周知，90%左右的太阳光辐射能量主要集中在光谱波长在 300～1300nm 范围，而在 550nm 左右（绿光区）光子流能量最大。因此，能否有效俘获可见-近红外区的光子是器件光电转换效率提高的关键。为提高太阳光利用率，给体和受体应当在这一光谱范围具有强而宽的吸收性能。同时减少有机光吸收层中载流子在传输过程中的复合损失，提高光生载流子的传输效率，给体材料需要具有高的空穴迁移率和受体材料需要具有高的电子迁移率；为避免载流子在电极附近聚集，给体的空穴迁移率需要能够和受体材料的电子迁移率相平衡。为满足溶液加工成膜的需要，保证有机太阳电池的制备优势，给体和受体材料在保证光吸收和高的载流子迁移率的前提下，还需要有好的成膜性和溶解性，并具有可以两相分离形成互穿网络结构的性能。

6.4.1　共轭聚合物给体材料

对于有机聚合物给体材料，其需要具有以下特点：在可见-近红外区具有宽和强的吸收、高的空穴迁移率，电子能级与受体匹配，并且适当低的 HOMO 能级、好的可溶性以及在共混光吸收层中能够与受体形成纳米尺度相分离的互穿网络结构[58]。其中，较低的 HOMO 能级可以使制备的太阳电池得到较高的开路电压，因为有机太阳电池的开路电压主要决定于受体的 LUMO 能级与给体的 HOMO 能级之差。紫外可见光吸收宽且强、空穴迁移率高、能级匹配以及具有理想的互穿网络结构有利提高器件短路电流，同时，较高的空穴迁移率以及好的光吸收层形貌对提高器件的填充因子也有一定的帮助。因此，目前高效共轭聚合物给体光伏材料的研究主要集中于设计和合成兼具上述性能的共轭高分子材料。拓宽吸收、降低 HOMO 能级和提高空穴迁移率，高效共轭聚合物给体材料已经取得了一系列有影响的研究成果。

近年来，基于同时具有给电子（D）和受电子（A）结构基团的 D-A 共聚物材料作为有机太阳电池给体光吸收材料成为研究的主流对象。由于引入的给电子单元（D）和吸电子单元（A）之间推拉电子的作用，此类共聚物通常具有很窄的带隙，可以具有更宽的吸光范围。而共聚物的 LUMO 和 HOMO 能级可以通过选取适当的给电子单元和吸电子单元方便调节。目前的研究中，D-A 共聚物给电子（D）基团常用的有噻吩、咔唑、芴、苯并二噻吩和二噻吩并吡咯等；而吸电子基团（A）通常为苯并噻二唑、噻吩并吡咯二酮、并吡咯二酮和苯并吡嗪等[58]。李永舫[59]课题组提出可以通过共轭支链来扩大聚噻吩的共轭程度，并合成了一系列具有共轭侧链的二维共轭聚噻吩衍生物（图 6.9）。该类聚合物具有宽的可见区吸收区域、较低的 HOMO 能级和比较高的空穴迁移率，采用该类聚合物作为给体材料有助于太阳电池性能的提高。该课题组合成的一种带二（噻吩乙烯）共轭侧链的聚噻吩衍生物比 P3HT 在 350～500nm 光谱范围具有更强的吸收，用该聚合物制备的光伏器件效率达到 3.18%，比同样条件下基于 P3HT 的太阳电池效率提高了 38%。

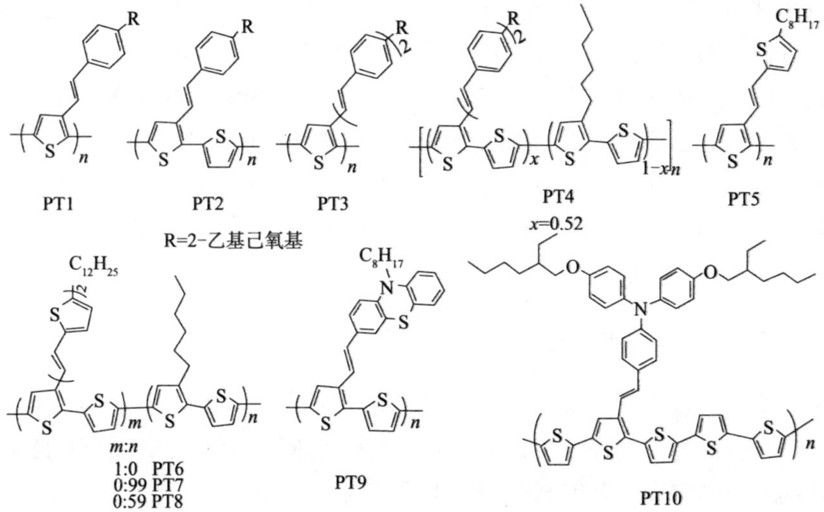

图 6.9 带共轭侧链的二维共轭聚噻吩衍生物的分子结构[59]

Leclerc 课题组报道了引入咔唑和苯并噻二唑基团的 D-A 共聚物 PCDTBT[60]作为给体材料的有机太阳电池。PCDTBT 具有很好的热稳定性，较大的分子量和较窄的光学带隙（1.88eV），其薄膜吸光范围在 300～700nm，吸收边在660nm。基于 PCDTBT/PCBM 作为光吸收层的电池器件效率达到 3.6%。而Heeger[61]课题组通过使用 $PC_{71}BM$ 作为受体和 TiO_x 界面层修饰的方法将其效率提高到 6.1%。杨上峰课题组采用界面优化的方法进一步将该体系太阳电池效率提高到 7% 以上[62]。

2011 年，侯剑辉课题组采用苯并二噻吩（BDT）作为给体单元和苯并噻二唑作为受体单元制备了一系列具有 D-A 结构的共聚物体系[63]，他们在 BDT 给体单元上下两边分别引入两个噻吩基团的共轭侧链，从而使得到的聚合物材料具有更宽的吸收范围、更高的空穴迁移率和更好的给体材料性能。进一步地，他们发现扩大共轭可以有效调节聚合物材料的聚集态结构，引入吸电子基团可以有效调节分子能级，李永舫课题组与他们合作，用噻吩共轭侧链将窄带隙共聚物 PB-DTTT 中的 BDT 单元上的烷氧基团替换掉，合成了一系列二维共轭 PBDTTT 类共聚物给体材料[64-66]。其中，二维共轭聚合物 PBDTTT-C-T[64]比烷氧基取代聚合物 PBDTTT-C 具有更高的空穴迁移率、更宽的吸收光谱和更低的 HOMO 能级，以 PBDTTT-C-T 为给体材料制备的有机太阳电池性能获得了显著提高。基于 PBDTTT-C-T 的太阳电池光电转换效率达到 7.59%，这是当年新型聚合物给体材料的最高效率之一。在上述工作基础上，侯剑辉课题组将线性烷硫基取代的噻吩作为官能团引入苯并二噻吩类聚合物中，设计和合成了另一种二维共轭聚合物 PBDT-TS1（图 6.10（a））[67]。在最优条件下，基于 PBDT-TS1：PC$_{71}$BM 的正向结构聚合物太阳电池能量转化效率高达 9.48%，这在当时是同类结构的聚合物太阳电池器件的文献报道最高值。

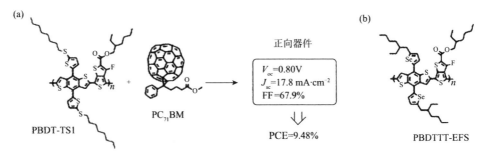

图 6.10　新型二维共轭聚合物 PBDT-TS1 的分子结构及其器件性能[68]

而李永舫课题组将烷硫基引入到二维共轭聚合物 PBDTTT 的噻吩共轭侧链上，将烷硫基取代噻吩共轭侧链，合成了二维共轭聚合物 PBDTTT-S-TT[69]；并同时用烷氧基取代噻吩共轭侧链，合成了另外一种聚合物 PBDTTT-O-TT 作为对比。该工作中，与烷基取代聚合物 PBDTTT-TT 相比，PBDTTT-O-TT 和 PBDTTT-S-TT 的吸收光谱范围相对都有一定的拓宽，但是 PBDTTT-O-T 的 HOMO 能级比 PBDTTT-TT 增加了 0.12eV，而 PBDTTT-S-TT 的 HOMO 能级较 PBDTTT-TT 降低了 0.11eV。采用 PC$_{71}$BM 作为受体，已合成的三类共轭聚合物为给体制备电池器件，其中基于 PBDTTT-S-TT 材料电池与基于 PBDTTT-TT 材料的电池相比，开路电压从 0.78V 提高到 0.84V，相应的光电转换效率也从 7.38% 提高到 8.42%[69]。

基于高效二维共轭聚合物光伏材料的研究表明，在聚合物中添加吸电子基团可以降低聚合物的 HOMO 能级，有助于提高有机太阳电池的开路电压，采用吸电子基团取代的方法已经成为高效共轭聚合物设计合成的一种有效策略。李永舫课题组采用具有吸电子能力的酯基取代合成了一类聚噻吩乙烯（PTV）衍生物，其 HOMO 能级比以烷基取代的衍生物的 HOMO 能级下移了 0.21eV，将它们与 PCBM 受体共混制备的电池器件的开路电压和光电转换效率分别从 0.54V 和 0.2% 提高到 0.86V 和 2.01%[70]。受此合成策略启发，李永舫课题组在聚噻吩衍生物 P3HT 的聚噻吩主链上引入具有吸电子能力的酯基，将聚噻吩衍生物的

HOMO 能级降低到 $-5.1eV$，制备的电池器件的开路电压相比于 P3HT 的 0.6V 左右提高到了 $0.78V^{[71]}$。李永舫课题组将氟取代应用于二维 D-A 共聚物上，合成了一种噻吩取代 BDT 与二氟取代苯并三唑的共聚物 J51[72]，J51 与无氟取代的聚合物 J50 相比，吸收光谱范围没有太大变化，但是 HOMO 能级降低了 0.13eV，空穴迁移率提高了 1/3。采用 N2200 作为受体材料制备电池器件，氟取代聚合物给体材料的开路电压和光电转换效率比无氟取代器件从 0.6V 和 4.9% 提高到 083V 和 8.27%[73]。

2010 年，Yu[74] 等合成了一系列新型的给体聚合物 PTB 族，其中基于 PTB7/PC$_{71}$BM 作为光吸收层的太阳电池经过在这种共混的光吸收层溶液中加入一些新型的添加剂，使此体系的有机太阳电池的光电转换效率提高到 7.4%。进一步，通过结构优化和选取适当的界面修饰层材料，此类体系的反型结构电池器件效率可以达到 9.2%[9]，引导了新一轮的有机太阳电池研究热潮。目前，基于 PTB 系列的新型 D-A 共聚物 PTB7-Th 和 PC$_{71}$BM 作为光吸收层的有机太阳电池光电转换效率已经突破 10%[75]，是目前单结有机太阳电池的最高效率的给体材料之一。

6.4.2　小分子给体材料

与聚合物材料相比，小分子给体材料因其结构确定、分子量确定、纯度高、无批次问题等优点受到大家的青睐。不仅如此，小分子给体材料可以通过前期设计合成出吸收光谱宽、空气稳定性好、预想能级结构以及光电性质的材料。

2012 年，陈永胜课题组设计合成了一系列寡聚噻吩小分子给体材料[76]，它们的主链设计是以七个噻吩单元为主体，两端分别键接了对称的强吸电子基团，如罗丹宁、绕丹宁等。通过更换不同的末端染料基团可以拓宽并增强目标分子的吸收，有效地调节了分子的能级结构和带隙，并且末端基团还影响了整个分子在固体膜中的排列形式，可以通过更换来增强空穴迁移率。最终，器件效率最好的是小分子 DERHD7T，有 6.1%。2015 年，它们在此基础上又比较分析了分子中噻吩单元的个数变化以及是否对称对最终分子性能的影响[77]，如图 6.11 所示。其中，小分子 DRCN5T，DRCN7T，DRCN9T 这几个轴对称小分子跟中心对称分子 DRCN6T，DRCN8T 相比都有较高的短路电流，这主要归功于它们形成了相尺度低于 20nm 的纤维网状结构。小分子 DRCN5T 与 PC$_{71}$BM 共混后制备的器件效率有 10.10%。跟其他众多分子相比，DRCN5T 的分子结构相当简单，对将来要商业化生产有机太阳电池提供了可操作性。这一系列小分子的对比表明了化学结构需要合适的设计和修饰才能有效地改变器件性能。小分子 DR3TBDT 制得的器件短路电流有 $12.21mA \cdot cm^{-2}$，开路电压有 0.93V，最后的器件效率有

7.38%。之后,他们将中心单元 BDT 上键接的烷基链换成了不同的连有噻吩桥键的枝化烷基链,器件效率再一次提升到了 8.12%[78]。2015 年,他们又将 BDT 单元上下的烷氧基链替代成了硫醚烷基链,经过优化器件效率可以达到 9.95%[79]。

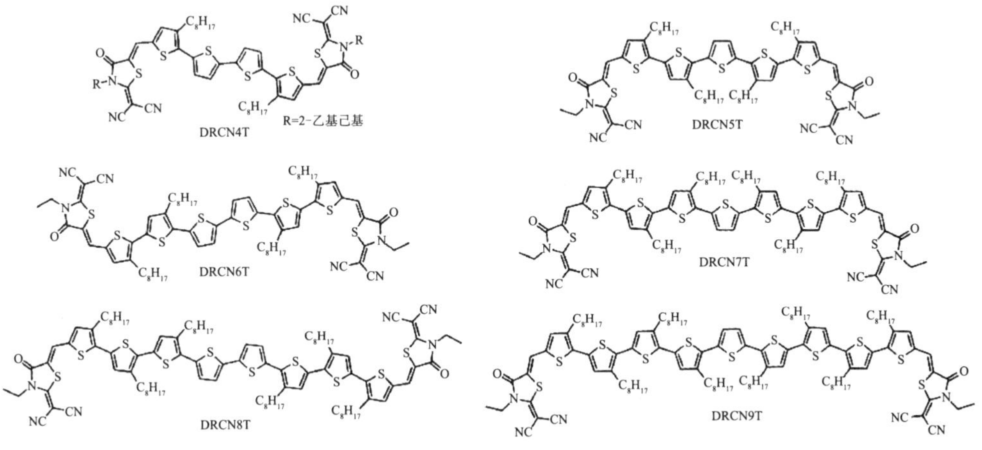

图 6.11 DRCN4T-DRCN9T 的分子结构[77]

Bazan 课题组以噻吩并噻咯为核心,吡啶噻二唑,联噻吩桥键,烷基链作末端的小分子材料-DTS (PTTh$_2$)$_2$[80]。这个小分子材料与 PC$_{71}$BM 受体具有很匹配的能级,吸收范围也比较宽,溶解性非常好,形成的光吸收层薄膜形貌相分离尺度适宜,制备的太阳电池效率达到了 6.7% 的效率。从此之后,许多课题组开始致力于小分子的设计合成与研究。之后,他们将这个分子中的吡啶噻二唑基团换成了氟代苯并噻二唑合成了一种新的小分子材料 p-DTS (FBTTh$_2$)$_2$,发现氟代苯并噻二唑具有更强的吸电子能力,用这个小分子作为给体制备的器件效率提高到 7%[81]。2015 年,吴宏斌课题组将这个小分子材料引入到三元共混太阳电池器件中[82],为了增加二元体系 PTB7-Th/PC$_{71}$BM 器件的填充因子,优化器件薄膜的形貌,他们在光吸收层中混入了一定比例的小分子 p-DTS (FBTTh$_2$)$_2$。他们发现加入了小分子这个第三组分后,在没有损失器件开路电压的情况下,提高了短路电流和填充因子,从而增强了器件的效率,得到了 10.5% 的高效器件。

6.4.3 受体材料

有机太阳电池的发展离不开富勒烯衍生物受体材料。富勒烯具有很好的接受转移电子和传输电子的能力,其与聚合物之间存在超快电荷转移,早期双层异质结有机太阳电池中使用的受体材料为富勒烯[49]。富勒烯(又称足球烯,球碳)是一类完全由碳原子组成的中空球形分子,其本身溶解性较差,不能用溶液法制备薄膜。后来，可溶性的富勒烯衍生物 $PC_{61}BM$ 被开发出来并应用于有机太阳电池中作为受体。富勒烯衍生物 $PC_{61}BM$（包括 $PC_{71}BM$[83]）在有机太阳电池发展中扮演了重要角色。$PC_{61}BM$ 具有电子迁移率高、溶解性好、接受电子能力较强、与有机给体材料相容性好及在光吸收层中可以形成纳米尺度相分离从而形成互穿网络结构等优点。但 $PC_{61}BM$ 在可见光范围内对光的吸收较弱，其 LUMO 能级相对较低，这限制了其在有机太阳电池提高效率的应用。近年来，具有更宽光吸收范围的 $PC_{71}BM$ 更多地被应用于与高效的窄带隙聚合物给体材料共混制备光吸收层。

为了进一步提高基于富勒烯衍生物器件的光电转换效率，研究人员又设计并合成了一系列类 PCBM 的富勒烯衍生物。类 PCBM 的富勒烯衍生物可大致分成两种类型：一种类型是改变烷基链的长度或者末端烷基。李永舫课题组[84]通过改变酯基上中间烷基链长度合成了一系列类 PCBM 富勒烯衍生物 [6，6]-苯基-C_{61}-丙酸甲酯（F1）、[6，6]-苯基-C_{61}-戊酸甲酯（[F2]、[6，6]-苯基-C_{61}-己酸甲酯（F3）和 [6，6]-苯基-C_{61}-庚酸甲酯（F4）（图6.12)），并对酯基中间碳链长度对其器件性能的影响进行了研究。研究结果发现，该类 PCBM 衍生物的 LUMO 能级相差非常小，其光伏性能却相差较大，其中，F1 和 F3 表现出了与 PCBM 类似的光伏性能，但是 F2 和 F4 相较于 PCBM 光伏性能有所下降。

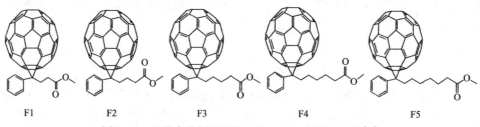

图6.12   五种富勒烯衍生物（F1～F5）的分子结构[84]

曹镛课题组[85]通过改变 PCBM 酯基上末端烷基链，也合成了一系列类 PCBM 富勒烯衍生物 PCBB、PCBO、PCBD 和 PCBC。烷基链的增长使溶解度有所增加，但 LUMO 能级及吸收光谱与 PCBM 相近。在以聚 [2-甲氧基-5-（2-乙基己氧基）-1，4-苯撑乙烯撑]（MEH-PPV）为给体的体系中，末端取代烷基为丁基的 PCBB 的光伏性能稍优于 PCBM。

Mikroyannidis 等[86]把末端烷基改变为一种染料基团合成了 F5。由于末端染料基团的吸收作用，F5 在紫外-可见光区拥有比 PCBM 更强的吸收，并且 LUMO 能级也有所提高，上移了 0.20eV。以氯仿为溶剂制备的 P3HT：F5 光伏器件光电转换效率高于同等条件下的 P3HT：PCBM 器件，并且更高的 LUMO 能级使得开路电压也更高。

另一种类型是对苯基进行修饰[87]、将苯基换成噻吩基或者硒吩基。

Hummelen 等[88] 将 PCBM 的苯基替换为噻吩基，合成了 ThCBM。它具有和 PCBM 相近的电化学性质，基于 P3HT：ThCBM 的光伏器件的光电转换效率可以达到 3.03%。

Chuang 等[89] 将苯基改变为硒吩基，合成了 SeCBM。与 ThCBM 类似，SeCBM 的 LUMO 能级和溶解性都与 PCBM 基本一样。以 P3HT 为给体，SeCBM 为受体的光伏器件的光电转换效率可以达到 3.26%，略低于基于 PCBM 的器件效率。

Blom 等[90,91] 对 PCBM 双加成物 bis-PCBM，三加成物 tris-PCBM 作为受体材料在有机太阳电池中的性能进行了研究。碳笼上加成基团越多，LUMO 能级越高。在同等条件下，以 tris-PCBM，bis-PCBM，PCBM 为受体材料的器件的短路电压分别为 0.81V，0.73V 和 0.61V，其变化的趋势与 LUMO 能级变化趋势相一致，但是短流电流随着加成基团的增多而下降。基于双加成物 bis-PCBM 和 PCBM 的光伏器件的光电转换效率相同，而基于三加成物 tris-PCBM 的光伏器件的填充因子和光电转换效率严重下降，分别只有 0.37 和 0.21%。

Fukuzumi 等[92] 合成了 ThCBM 的双加成物 bis-ThCBM、三加成物 tris-ThCBM 和四加成物 tetra-ThCBM，研究发现 ThCBM，bis-ThCBM，tris-ThCBM 和 tetra-ThCBM 的 LUMO 能级依次升高。随着加成基团的增多，基于这些 ThCBM 多加成物的太阳电池的短路电流和填充因子均发生大幅下降，开路电压保持相对稳定，光电转换效率也大幅降低，基于 ThCBM 的器件光电转换效率可以达到 3.97%，而基于 tetra-ThCBM 的器件光电转换效率仅有 0.09%。

富勒烯双加成衍生物相比于单加成衍生物拥有更少的共轭 π 电子，因而具有更高的 LUMO 能级[93]，同时相比于三加成甚至四加成衍生物，双加成基团并不会导致产生过大的位阻效应而影响分子有序排布，双加成衍生物在高 LUMO 能级和位阻效应中取得了最佳平衡，使得双加成衍生物表现出了比单加成衍生物及多加成衍生物优异的光伏性能。这引起了许多科学研究者的兴趣，近年出现了很多富勒烯双加成衍生物并被用作受体材料应用于有机太阳电池中。2010 年，李永舫课题组首次合成了另一种新型的富勒烯受体材料茚双加成的衍生物 $IC_{60}BA$[94]，相比于 $PC_{61}BM$ 具有更高的 LUMO 能级，在可见光区域的吸收更强。使用 $IC_{60}BA$ 与 P3HT 共混制备的体相异质结太阳电池，其开路电压可以达到 0.84V，光电转换效率可以达到 6.48%，远远超越了 P3HT：PCBM 体系。通过对材料的纯化，对器件的制作过程和结构的优化和加入添加剂的方法，基于 IC-BA 的光伏器件光电转换效率可以进一步得到提高，最高能达到 8.13%[36]。用 C_{70} 替代 C_{60} 的茚双加成衍生物 $IC_{70}BA$[42] 作为电池受体材料，通过添加剂优化的电池器件开路电压可以达到 0.87V，光电转换效率可以提高到 7.4%。此后，该课题组又合成了 PCBM 加成苷的富勒烯双加成衍生物 IPCBM[95]。IPCBM 的 LUMO 能级比 PCBM 提高了 0.12eV，得益于高的 LUMO 能级。以 IPCBM 为受体材料的光伏器件的开路电压可以提高到 0.72V，光电转换效率达到了 4.39%，相比于同条件下的基于 PCBM 器件的光电转换效率（3.49%）提高了 26%。

2012 年，王春儒等[96]设计合成了一种结构与 ICBA 十分相似的富勒烯双加成衍生物，氢萘-C_{60}双加成物（NCBA）。NCBA 的 LUMO 能级为 $-3.76eV$，比 PCBM 的 LUMO 能级（$-3.92eV$）高约 0.16eV。以 P3HT 为给体，NCBA 为受体的太阳电池器件的光电转换效率可以达到 5.37%，开路电压、短路电流密度和填充因子分别为 0.82V、9.88mA·cm^{-2}和 0.67，其中，开路电压相比于同等条件下基于 PCBM 的器件高出 0.23V。此后，该课题组[97]又设计合成了一系列烷氧基团修饰的 NCBA 衍生物（C_n-NCBA，n 为直链烷氧基团的碳原子数目（图 6.13），以研究烷氧基团对 NCBA 光伏性能的影响。这一系列 NCBA 衍生物在紫外-可见光区的吸收几乎完全一致，说明修饰基团对于其光学属性并没有影响；但是其电化学研究发现烷氧基修饰的 NCBA 的 LUMO 能级比 NCBA 提高了约 0.2eV，说明给电子基团可以有效地提高富勒烯衍生物的 LUMO 能级。虽然不同烷氧基团修饰的 NCBA 的吸收光谱和电化学性质几乎一致，但是它们的光伏性能却有着很大的差异。随着侧链烷氧基长度的增加，其光伏性能表现依次增强，以 C_3-NCBA 为受体的器件能量转换效率达到 4.1%，但是随着侧链烷氧基长度的进一步增长，光伏性能表现逐渐变差，说明侧链基团对 NCBA 的光伏性能的影响很大。

同年，丁黎明课题组[98]又设计合成了一系列富勒烯单衍生物 TOQC 和

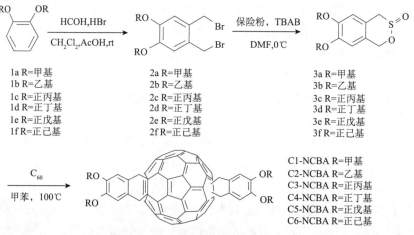

图 6.13 C_n-NCBA 的合成过程[97]

TOQC-H，以及对应的双加成衍生物 bis-TOQC 和 bis-TOQC-H，并研究了它们的光伏性能。在可见光区域，bis-TOQC 的吸收强度比单 TOQC 和 PCBM 都强，并且单 TOQC 和 PCBM 在 440nm 左右都有一个明显的吸收峰。单 TOQC 和单 TOQC-H 的 LUMO 能级比 PCBM 略有提高，而 bis-TOQC 和 bis-TOQC-H 的 LUMO 能级比 PCBM 提高了约 0.15eV，达到 -0.53eV。基于单 TOQC 光伏器件的光电转换效率为 1.7%（开路电压为 0.63 V，短路电流密度为 4.1 mA·cm^{-2}，填充因子为 0.57），以 bis-TOQC 为受体材料的光伏器件的开路电压达到了 0.86V，光电转换效率达到了 5.1%（短路电流密度为 7.7mA·cm^{-2}，填充因子为 0.66），但是有酮基修饰的 bis-TOQC-H 的光伏性能却表现十分不理想，基于 bis-TOQC-H 的光伏器件的光电转换效率只有 0.9%（开路电压为 0.67 V，短路电流密度为 2.8mA·cm^{-2}，填充因子为 0.39），而以其对应的单加成物 TOQC-H 为受体材料的光伏器件的光电转换效率却可以达到 3.9%（开路电压为 0.63V，短路电流密度为 8.7mA·cm^{-2}，填充因子为 0.61）。

对于单加成物而言，侧链基团可以有效地提高材料的溶解度，从而获得较好的光伏性能。然而对于双加成物，更长的碳链却阻碍了分子的有序堆积，降低了电子迁移率，从而导致了非常低的短路电流密度和填充因子，进而影响了光电转换效率。

2014 年，Kim 等[99]对 ICBA 进行了进一步修饰，设计了一系列 ICBA 衍生物分子并将其应用于有机太阳电池中。这三种 ICBA 衍生物的 LUMO 能级与 ICBA 有所差异，拥有吸电子基的 FICBA 和 BICBA 的 LUMO 能级相比于 ICBA（LUMO 能级为 -3.71eV）有所下降，分别为 -3.75eV 和 -3.80eV；而拥有给电子基团的 MICBA 的 LUMO 能级比 ICBA 有所提高，达到 -3.69eV。但是以这三种 ICBA 衍生物为受体的光伏器件的性能表现均不如 ICBA，其中表现最好的为 FICBA，以 FICBA 为受体材料的光伏器件的光电转换效率为 4.64%。

虽然富勒烯衍生物类受体材料具有很多的优点，但是目前研究发现其存在 LUMO 能级低、可见光区吸收弱、容易形成聚集、价格昂贵、稳定性能差等缺点。全有机太阳电池概念的引入使研究人员对 n 型共轭聚合物受体材料产生了广泛兴趣。非富勒烯（n 型有机半导体）受体材料由于具有能级和吸收易于调控、形貌稳定性好等优点引起了研究人员的广泛关注。最近几年，基于非富勒烯受体的有机太阳电池性能得到迅速提升，光电转换效率已经超过了基于富勒烯受体的有机太阳电池，展示了良好的发展前景。

目前研究比较广泛的非富勒烯电子受体材料主要包括酰胺类电子受体材料，芴及其衍生物类电子受体材料和苯并噻二唑类电子受体材料。2009 年，Yan[100]等首先制备了一种基于萘四酰亚二胺的 n 型共轭聚合物电子受体材料 N2200（图

6.14)，Jung[101]等使用 DTP-DPP 作为给体材料，分别与 PC$_{71}$BM 和 N2200 混合制备成有机太阳电池，器件的光电转换效率分别达到 6.88% 和 4.82%，这是当时全有机太阳电池的最高效率。李永舫课题组采用氟取代的二维共轭聚合物为给体、N2200 为受体制备有机太阳电池，将太阳电池的光电转换效率提高到8.27%[73]。该电池较高的效率主要是利用了受体聚合物和给体聚合物在可见-近红外区吸收互补的特点提高了光吸收以及它们能级匹配性好的优势。

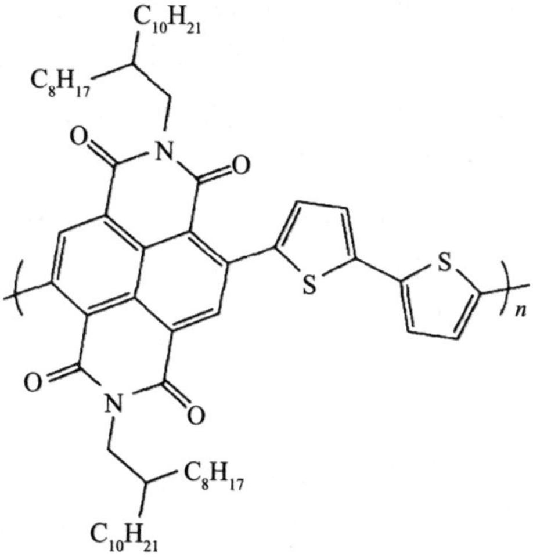

图 6.14　N2200 的分子结构

2015 年，Nuckolls 等[102]开发了一种基于苝四酰亚二胺的 n 型共轭聚合物受体材料 h-PDI。将其与 PTB7-Th 给体材料共混制备体异质结太阳电池，优化条件后得到的最高光电转化效率值可以达到 8.30%。该效率得益于该分子良好的溶解性能和扭曲的共轭平面限制了其堆积方式，使其与 PTB7-Th 可以形成较好的共混，从而有利于激子的产生和分离。

近两年，大多光电转换效率超过 11% 的电池是基于聚合物给体材料和非富勒烯受体材料体系获得的。值得一提的是，通过分子设计策略可以实现超过12% 光电转换效率的电池，因此，在高效率体系的基础上，进一步设计和合成新材料对进一步提高光电转换效率具有重要意义。陈永胜[103]课题组以二辛基芴为核心设计了一类受体-给体-受体（A-D-A）骨架结构小分子电子受体类材料DICTF，该类材料具有良好的溶解性和电子结构。将 DICTF 和给体材料 PTB7-Th 混合制成体异质结有机太阳电池，其光电转换效率达到 7.93%。在此基础上，陈永胜课题组与陆燕课题组合作设计出了一种含有稠环的梯形骨架结构小分子受体材料 FDICTF[104]，该类材料能够调节分子几何体的刚度和其光电特性。基于受体 FDICTF 和给体 PBDB-T 制备的太阳电池所获得的光电换效率超过了

10％（图 6.15）。

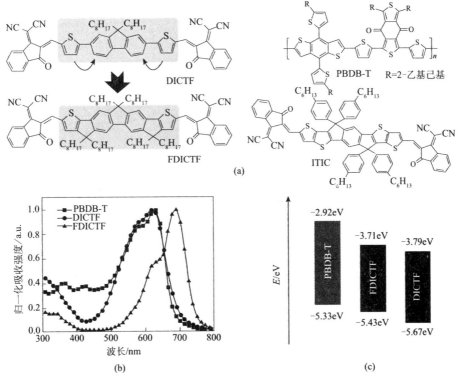

图 6.15　DICTF、FDICTF、PBDB-T 和 ITIC 的分子结构（a）；
薄膜吸收光谱图（b）及能级图（c）[104]

　　此外，另一类重要的新型小分子受体材料是占肖卫课题组基于芴类化合物设计发展的 IEIC 和 ITIC 类受体材料[105,106]。其中 ITIC 具有较好的电子传输性能和光电子性能、良好的溶解性和较宽的光谱吸收范围。2015 年，占肖卫课题组使用 PTB7-Th 作为给体分别与 IEIC 和 ITIC 制备有机太阳电池，得到的器件的光电转换效率分别达到了 6.31％ 和 6.8％。侯剑辉课题组将其开发的聚合物 PB-DB-T 作为给体和 ITIC 作为受体共混制备有机太阳电池，得到的光电转换效率超过了 11％。2017 年，侯剑辉[3]课题组将烷硫基和氟原子引入聚合物给体材料 PBDB-T，得到新的优化聚合物给体材料 PBDB-T-SF（图 6.16），同时他们也对小分子材料 ITIC 进行了氟化优化，得到新的非富勒烯小分子受体材料 IT-4F。与 PBDB-T 和 ITIC 相比，PBDB-T-SF 和 IT-4F 能级同时降低，受体 IT-4F 的吸收光谱拓宽，两者的消光系数和迁移率均有提高。将两种材料共混作为光吸收层制备有机太阳电池，该电池可以获得 13％ 的光电转换效率。经过中国计量科学研究院第三方验证，最终该电池光电转换效率达到 13.1％，这是目前报道的有机太阳电池的最高效率。此外，基于 PBDB-T-SF：IT-4F 的电池表现出较好的膜厚容忍性，他们的研究同时表明该类器件有较好的稳定性。该工作为有机太阳电池的发展提供了新的机遇。

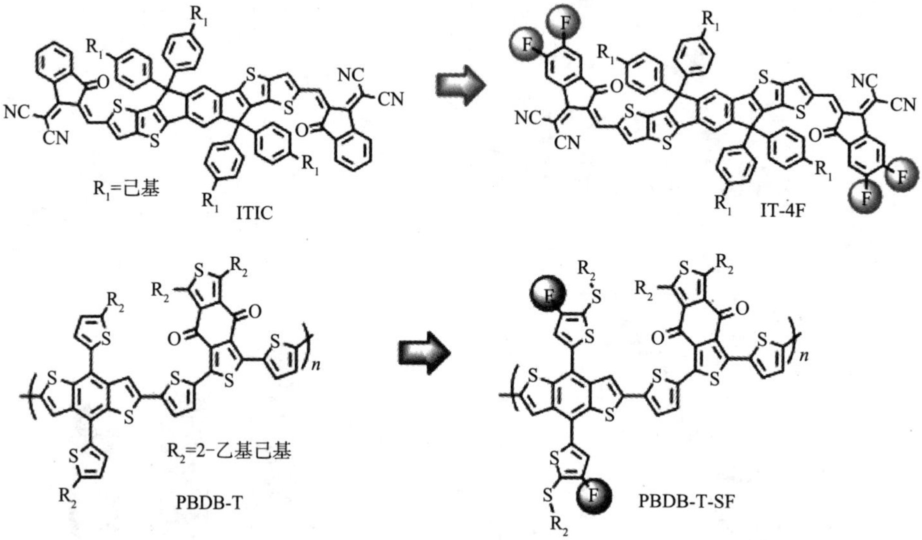

图 6.16　ITIC、IT-4F、PBDB-T、PBDB-T-SF 的分子结构[3]

6.5　界　面　工　程

　　为了提高体相异质结有机太阳电池的效率以满足其商业应用的要求，对光活性材料和器件结构的设计都必须进行深入研究。随着近年来具有更低 HOMO 能级的新型共轭给体材料和新型受体材料的开发应用，有机太阳电池效率取得了令人瞩目的发展。同时，对给体（受体）/电极之间界面缓冲层的结构优化也是电池器件性能提高的关键性因素之一，其在载流子的有效传输和抽取方面发挥的作用非常重要。有机太阳电池中常用的界面修饰材料主要有以下几个方面的功能[47,107]：①在电极和光吸收层之间进行调节能级。在有机光吸收层和电极之间有合适的能级结构，就能在提高电子收集性能的同时保障器件开路电压。想要最大化开路电压，就要和电极形成欧姆接触，与此同时，界面材料的运用可以在界面形成偶极子，进而不同程度地降低了金属功函。②改善电子传输和电极的选择。界面材料可以影响电极的费米能级，器件的极性和电极都可以通过选择合适的界面材料来调节。附加的有合适能级的界面层的引入可以阻止对电荷与要收集电荷的复合以及载流子在有机光吸收层与电极之间界面上的淬灭，从而为相应的电极提高对电荷的选择性，进而提高器件的填充因子以及其他性能。③引入光学影响也就是提高器件对光的捕捉。介于较低的电荷迁移率和较短的激子扩散长度，光吸收层厚度通常控制在 100～200nm 以防止电荷复合带来的能量损失。受光吸收层厚度的限制，器件薄膜就面临着光子传输的消散和光吸收层对光吸收的不充分，最后阻碍了短路电流的提升。引入界面层可以在器件中形成光学微腔来改变器件中的光分配，调节光吸收层内光场分布。通过界面层对器件中光密度的加强，器件短路电流得以提升。④提高体异质结形貌并且提高器件的稳定性。界面材料的恰当选择可以增溶和完善体异质结顶部的形貌，与此同时，界面层的引入可以使光吸收层和电极之间连接地更稳固紧密，提高器件的长期稳定性，尤其对于柔性太阳电池来说至关重要。大量的研究表明，对提高有机太阳电池的效率有效的界面修饰材料非常广泛，包括有机材料、无机半导体和有机无机杂化材料等[47]。按照收集载流子能力的不同，界面缓冲层可以分为阳极缓冲层或空穴传输层、阴极缓冲层或电子传输层[47]。空穴传输层收集空穴而阻挡电子，电子传输层收集电子而阻挡空穴，分别起激子阻挡层的作用。界面缓冲层的引入还会起到隔绝金属电极和光吸收层的作用，防止金属原子扩散到聚合物光吸收层中发生化学反应。设计选取合适的界面层材料应用于有机太阳电池，对于提高电池器件的光电转换效率作用巨大，值得深入研究和关注。

6.5.1　空穴传输层材料

传统型结构太阳电池器件中一般选择 ITO 透明导电膜作为阳极，而在 ITO 电极和光吸收层材料之间加入一层空穴传输层材料，可以起到平滑 ITO 表面和提高空穴抽取效率的作用。由于 ITO 的功函数约为 4.7eV，跟富勒烯衍生物受体的 LUMO 能级和大部分聚合物给体的 HOMO 能级不匹配，无法形成欧姆接触，对载流子的收集效率低[23,108]。另外，ITO 对载流子的提取没有选择性，增加了载流子复合损失。因此，为了提高电池性能，对传统结构有机太阳电池，需要引入空穴传输层。空穴传输层材料的选择一般需要满足以下条件：①高空穴迁移率；②易于直接制备在阳极表面，如通过旋涂、真空沉积或自组装方法；③材料厚度可控；④具有好的透光性。

6.5.1.1　聚（3，4-乙撑二氧噻吩）：聚（苯乙烯磺酸）（PEDOT：PSS）

聚（苯乙烯磺酸）掺杂的聚（3，4-乙撑二氧噻吩）（图 6.17）在 20 世纪 90 年代被引入有机太阳电池中用作空穴传输层材料以提高电池效率。PEDOT 的结构如图 6.17 所示，乙撑二氧基的引入使聚合物分子链更规整，同时也使聚合物分子的氧化掺杂电位降低，此聚合物导电掺杂状态非常稳定。PEDOT 本身不溶于绝大多数溶剂，但是通过一定比例的 PSS 掺杂可以形成稳定的悬浮液 PEDOT：PSS 分散在水溶液中。

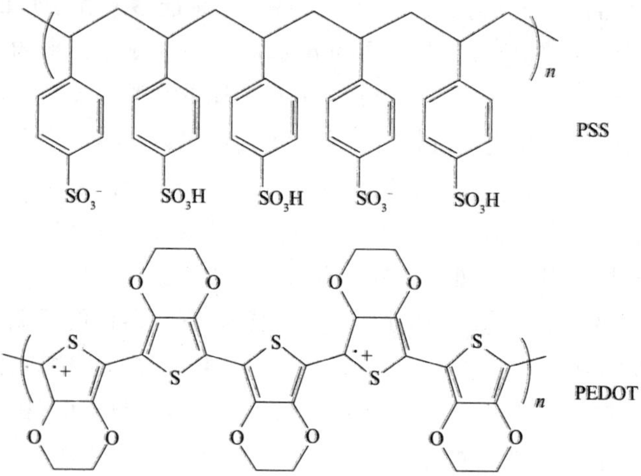

图 6.17　PEDOT：PSS 结构示意图

　　作为应用最广泛的导电透明材料，PEDOT：PSS 早已实现商品化。根据 PEDOT：PSS 固态物含量和 PSS 添加比例的不同，PEDOT：PSS 具有不同的导电性。PEDOT：PSS 薄膜具有透光率高、机械延展性和热稳定性好、易于采用溶液湿法制备成膜等优点。而且它还可以制备成具有增加光吸收层的光强度作用的纳米结构。PEDOT：PSS 薄膜功函数很高（文献报道在 $4.8 \sim 5.2 \mathrm{eV}$）[109]，可以和绝大多数给体材料形成有效的欧姆接触，使空穴更高效地被阳极收集。PEDOT：PSS薄膜具有优异的性能，是最广泛应用于有机太阳电池中作为空穴传输层的材料之一。

　　但是，PEDOT：PSS 薄膜在实际应用中具有以下缺点：①其水溶液为强酸性（pH＝1～2），会导致器件电极如 ITO 中铟的损失而破坏电极；②亲水性好，导致其容易受到大气环境湿度的影响；③一般用于空穴传输层材料的 PEDOT：PSS 导电性较差。目前，研究人员主要通过物理方法和化学方法（主要为添加物）来对 PEDOT：PSS 进行改性，以提高其性能。

　　其中，对其改性的物理方法主要包括：①热退火，即用不同温度处理，可以优化 PEDOT：PSS 薄膜的导电性、功函数和表面粗糙度；②紫外或紫外臭氧处理，可以提高 PEDOT：PSS 薄膜表面的功函数；③氧气等离子体处理，同样可以提高 PEDOT：PSS 收集空穴的性能。

　　近来对 PEDOT：PSS 的大量研究表明，通过在 PEDOT：PSS 溶液中添加添加物的方法可以提高 PEDOT：PSS 薄膜的性能尤其是导电性。通常使用的添加物主要有：①醇类（乙醇、甲醇、乙二醇等）；②极性溶剂 N，N-二甲基甲酰胺（DMF）、二甲亚砜（DMSO）等；③纳米颗粒如石墨烯、金纳米颗粒等；④离子液体、表面活性剂、无机或有机酸类等。Kim[110]课题组将甲醇、丙酮和 DMF 掺杂入 PEDOT：PSS 溶液中制备成膜，发现经过 DMF（50wt％）掺杂的 PEDOT：PSS 薄膜表现出最优异的性能，其电阻率相比于未掺杂的 PEDOT：PSS 薄膜降低了 100 倍，导电性获得了提升（图 6.18）。同时掺杂后的 PEDOT：PSS 薄膜形貌发生变化，粗糙度增加，应用于有机太阳电池中作为缓冲层材料，电池器件光电转换效率从 2.1％提高到 3.47％。

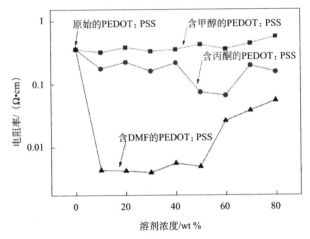

图 6.18　不同浓度（0～80wt％）的不同极性溶剂处理的电阻率
极性溶剂：甲醇、丙酮和 DMF[110]

　　杨上峰[62]课题组提出通过将溴化铜直接掺杂到 PEDOT：PSS 溶液中以提高其薄膜的导电性，并将其作为空穴传输层应用于聚合物太阳电池，显著地提高了电池的光电转换效率。在优化的掺杂浓度下，$CuBr_2$ 改性的 PEDOT：PSS 薄膜的导电率相比于未掺杂的 PEDOT：PSS 薄膜提高了近 300 倍。将 $CuBr_2$ 掺杂的 PEDOT：PSS 薄膜作为空穴传输层应用于基于 PCDTBT：PC_{71}BM 体系的体异质结有机太阳电池中，电池光电转换效率提高到 7.05％，相比于以未掺杂的 PEDOT：PSS 作为空穴传输层的电池效率（5.84％）提高了约 20.7％。PEDOT：PSS 薄膜电导率的显著提高主要是引入 $CuBr_2$ 导致 PEDOT 组分与 PSS 组分之间的结构重排导致的，而 $CuBr_2$ 的引入还使薄膜表面的功函数发生改变，使电池的开路电压获得了一定的提高。进一步地，该课题组[20]将一种两性离子化合物 3-吗啉基-2-羟基丙磺酸（MOPSO）直接掺杂到 PEDOT：PSS 溶液中，在优化的 MOPSO 掺杂浓度 20 mmol·L^{-1} 下，MOPSO 改性的 PEDOT：PSS 薄膜的电导率比未掺杂的 PEDOT：PSS 薄膜提高了大约两个数量级，电导率的提高主要是 MOPSO 的掺杂导致 PEDOT 组分与 PSS 组分之间的库仑作用力减弱造成的。将 MOPSO：PEDOT：PSS 作为空穴传输层应用于基于不同光吸收层 P3HT：

$PC_{61}BM$、$PCDTBT$：$PC_{71}BM$ 和 $PTB7$：$PC_{71}BM$ 体系的聚合物太阳电池，相比于以未掺杂的 PEDOT：PSS 作为空穴传输层的参比电池而言，其光电转换效率均得到了明显的提高，最高的电池光电转换效率分别达到了 3.62%、7.03% 和 7.56%。

6.5.1.2 金属氧化物

随着对有机太阳电池器件结构的研究，许多半导体金属氧化物也被应用于正型或反型结构电池器件中作为空穴传输层材料。研究表明，采用金属氧化物作为空穴传输层材料，电池器件可以达到与 PEDOT：PSS 作为空穴传输材料相似甚至更好的性能。目前常见的空穴传输层氧化物材料有氧化钼（MoO_3/MoO_x），氧化钨（WO_3/WO_x）和氧化钒（V_2O_5/VO_x）等。另外，由于 p 型金属氧化物如氧化镍的价带比较低，与大多数光吸收层聚合物的 HOMO 能级非常匹配，非常适合用来作为空穴传输层材料。

典型的半导体金属氧化物通常需要通过真空蒸镀方法蒸镀到阳极或光吸收层表面，这些工艺都需要高温处理，丧失了有机太阳电池溶液加工工艺制备的优势。所以，开发低温溶液法制备金属半导体氧化物成为各个课题组研究的重要方向。Choy[111] 课题组采用一步低温溶液方法制备 MoO_x 和 V_2O_x，实现了在 80～100℃ 下形成具有氧空位缺陷的 MoO_3^- 和 $V_2O_5^-$ 薄膜空穴传输层材料（图 6.19）。将其用于基于光吸收层材料 PBDTTT-C-T/$PC_{71}BM$ 的有机太阳电池，器件的光电转换效率分别达到了 7.75% 和 7.62%，均高于基于 PEDOT：PSS 空穴传输层电池器件的效率（7.24%）。

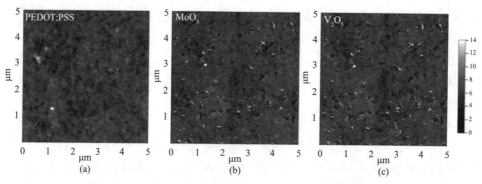

图 6.19 PEDOT：PSS、MoO_3^- 和 $V_2O_5^-$ 薄膜 AFM 图[111]

李永舫[112] 课题组采用乙酰丙酮铜为原料，旋涂在 ITO 表面，然后通过低温 80℃ 热处理，得到 CuO_x 薄膜。这种 CuO_x 薄膜具有很好的光透过性、高的功函数和空穴抽取性能。采用此种氧化物薄膜作为阳极界面修饰层，可以与光吸收层材料形成更好的欧姆接触从而降低器件的串联电阻。基于此种氧化物的电池器件

（光吸收层为 PBDTTT-C：PC$_{71}$BM）效率达到了 7.14%。

6.5.1.3　有机材料

许多有机材料由于其本身的特性，也可以被用于有机太阳电池中作为空穴传输层。Heeger[113] 和 Bazan[114] 课题组设计合成了一类导电窄带隙阴离子共轭聚合物 CPE-K，该类聚合物具有平面的自掺杂性能。与 PEDOT：PSS 相比，该聚合物的能级更有利于空穴的抽取，同时它还具有相对高的电导率以及透光率等优点。而且 CPE-K 是中性材料，不会像 PEDOT：PSS 一样引入酸性腐蚀器件电极。将此材料应用到 PTB7：PC$_{71}$BM 体系后（图 6.20），优化的器件开路电压达 0.71V，短路电流为 16.29mA·cm^{-2}，填充因子为 0.69，光电转换效率提高到 8.2%。

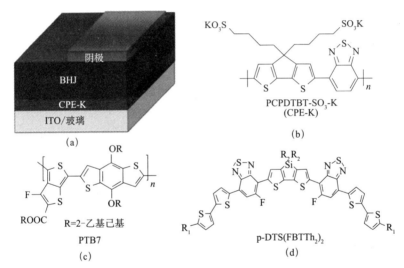

图 6.20　器件结构（a）和 CPE-K（b）、PTB7（c）和 p-DTS（FBTTh$_2$）$_2$（d）的分子结构[113]

除了引入新的界面材料，通过对电极进行一些特定方式处理，如氧气等离子体刻蚀、紫外臭氧处理以提高电极表面功函，或者采用一些单层小分子如 —CH$_3$，—CF$_3$，—NH$_2$ 等在电极表面自组装，提高界面性能，从而使有机太阳电池的性能得到提高。

石墨烯材料具有优越的电导、热导、透光率和柔韧性等优点，其在有机电子器件中具有很好的应用潜质[115]。实际应用中，规整的大块单层石墨烯的制备是非常困难的。目前有机太阳电池中常用的石墨烯多为化学法制备的含有羟基、羧基等多种基团的氧化石墨烯。这些功能化的氧化石墨烯在水中可以有很好的分散性，通过溶液工艺简单地制备成膜，而且氧化石墨烯表面官能团易于调控，可以方便地调节氧化石墨烯的能级。因此，氧化石墨烯也是一种非常适合作为有机太阳电池界面层的材料[47]。

6.5.2　电子传输层材料

传统正型异质结有机太阳电池器件中，多选用低功函数金属铝电极作为阴极来收集电子。但是铝电极的功函数（一般为 4.3eV）与有机电池中的受体尤其是富勒烯衍生物的 LUMO 能级（如 PCBM：-4.0eV）之间存在比较高的能级差，对电子的抽取具有较强的阻碍，从而造成载流子在电极处复合，导致器件性能降低。因此，优化光吸收层/阴极界面，减少界面能级势垒是提高有机太阳电池器件性能的一项重要工作。近年来，在光吸收层和阴极之间引入电子传输层已被认为是提高阴极抽取和收集电子效率的有效方法。早期研究中，低功函数金属钙被作为一种有效电子传输层材料，但是钙元素非常活泼，不利于器件的稳定性。近年来，一批新的电子传输层材料涌现出来，如 n 型半导体氧化物材料如 TiO_2、ZnO 等，LiF、Cs_2CO_3、小分子有机材料、水/醇溶性共轭聚合物、自组装小分子、石墨烯等[58,116]。选择合适的电子传输层材料，除了需要材料本身性质比较稳定，还需要具备以下性质：①可以与受体材料如富勒烯衍生物形成比较好的欧姆接触；②具有高的电子迁移率；③具有阻挡空穴的特性。

6.5.2.1　低功函数金属

Brabec[23]等将 Ca 引入有机太阳电池中作为 Al 阴极和有机光吸收层之间的界面层，成功地提高了电池器件的效率。Ca 界面层的引入与光吸收层形成了理想的欧姆接触并提高了器件的开路电压。研究表明，阴极的功函数会影响有机太阳电池器件的开路电压。进一步地，Chen 和 Wu[117]等采用紫外和 X 射线光电子能谱（UPS 和 XPS）方法研究光吸收层（P3HT/$PC_{61}BM$）/Ca 界面发生的化学反应，结果表明 P3HT 的 HOMO 能级降低了 0.8eV，而 $PC_{61}BM$ 的 LUMO 能级没有变化，从而导致了电池器件开路电压得到提升。Ca 引入还有利于降低器件串联电阻和漏电流，提高有机太阳电池器件性能。虽然 Ca 的功函数很低（2.9eV）这一特点使其非常合适用于有机太阳电池中作电子传输层，但是其活泼的化学性质导致其容易受到大气环境中水和氧的影响，最终导致电池器件稳定性非常差。

6.5.2.2　n 型金属氧化物材料

n 型金属半导体氧化物的费米能级一般比较接近于受体材料尤其是富勒烯衍生物的 LUMO 能级和低功函阴极电极的功函数，有利于电子的抽取。特别地，二氧化钛（TiO_2）等氧化物薄膜可以通过溶胶凝胶的方法制备，工艺简单，能级可调，便于通过其他方式掺杂，稳定性好。溶胶凝胶法制备的二氧化钛薄膜既可以起电子传输/空穴阻挡层和氧气隔离层的作用，还可以起光学空间层的作用，从而提高有机太阳电池电池器件的光电转换效率和稳定性。Park 等报道将 TiO_x

引入 PCDTBT：PC$_{71}$BM 体系的有机太阳电池中作为电子传输层（图 6.21），电池器件的光电转换效率提高到 6% 以上[61]。氧化钛薄膜可以采用溶胶凝胶法低温制备，还可以方便地对其进行掺杂改性以提高性能。Park 等将 Cs$_2$CO$_3$ 掺杂进入氧化钛的前驱体溶液中制备 Cs 掺杂 TiO$_x$ 薄膜，其功函数比纯的 TiO$_x$ 薄膜更低。将其应用于有机太阳电池中，制备的器件效率比基于 TiO$_x$ 界面层的器件电池具有更好的性能[118]。

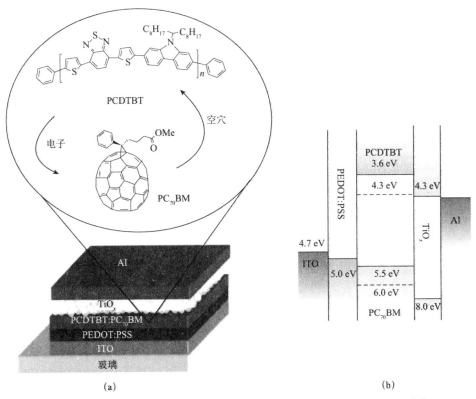

图 6.21　电池结构和吸收层分子结构示意图（a）和电池的能级图（b）[61]

氧化锌是另一种常用的 n 型半导体氧化物，氧化锌具有价格低廉、原料来源广泛、易于采用溶液法制备、光电性能优异等特点，是一类非常重要的功能材料。Jen[119]等采用溶液法制备氧化锌纳米颗粒薄膜并将其作为电子传输层应用于有机太阳电池，从而使基于 P3HT：PC$_{61}$BM 体系的有机太阳电池的性能获得提高。氧化锌的费米能级一般在 4.3eV 左右，与 PC$_{61}$BM 的 LUMO 能级（4.3eV）非常匹配，可以有效地将光吸收层中产生的电子抽取到电极。同时氧化锌价带很低，可以很好地起到阻挡空穴传输作用。而且，氧化锌薄膜具有很高的载流子迁移率，对其进行简单修饰可以方便地调控氧化锌薄膜的性能，这为优化氧化锌薄膜与不同电极或光吸收层材料界面接触提供了一种优越的方法。因此，氧化锌薄膜是一种非常适宜于应用在有机太阳电池中作电子传输层的材料，其应用潜力和竞争实力不容忽视。

6.5.2.3 碱金属化合物

金属氟化物通常作为电子传输层被应用于有机发光二极管和有机太阳电池中。在这些氟化物中，氟化锂（LiF）是最常用的材料之一。研究发现，LiF 膜的厚度只有在约 1nm 时才可以起到很好的电子传输层作用，超过 1nm 厚的 LiF 膜反而会阻碍电子的有效收集。LiF 在有机太阳电池中的作用主要是可以在光吸收层界面处形成界面偶极层，调控电极和光吸收层界面的功函数。Brabec[120] 等发现在有机太阳电池中插入 LiF 材料，有机太阳电池的光电转换效率可以提高约 20%。其他氟化物 NaF，KF，CsF 和碱金属化合物 Cs_2CO_3 也可以被应用于有机太阳电池中作为电子传输层来提高电池器件的光电转换效率（表 6.2）。

表 6.2 一部分基于碱性电子传输层材料的正型和反型结构太阳电池[20]

阴极缓冲层	电池结构	P_{in} / $(mW \cdot cm^{-2})$	J_{sc} / $(mA \cdot cm^{-2})$	V_{oc}/V	FF/%	PCE/%
LiF	ITO/PEDOT：PSS/ MDMOPPV：PCBM/CBL/Al	80	5.25	0.82 (0.76)	61 (53)	3.30
CsF	ITO/PEDOT：PSS /MEHPPV：PCBM/CBL/Al	100	5.26	0.72	37	2.20 (1.40)
Cs_2CO_3	ITO/PEDOT：PSS/ P3HT：PCBM/CBL/Al	130	5.95 (7.44)	0.52 (0.42)	66 (52)	1.55 (1.25)
Cs_2CO_3	ITO/PEDOT：PSS/ P3HT：PCBM/CBL/Al	100	9.50 (11.20)	0.56 (0.41)	60 (50)	3.10 (2.30)

6.5.2.4 有机材料

近年来，随着有机太阳电池的发展，许多新的有机材料也被发现可以用于有机太阳电池中作为电子传输层提高器件效率。有机材料包括有机小分子、非共轭聚合物和水溶/醇溶性共轭聚合物、富勒烯衍生物等，都已经被成功应用于有机太阳电池中。

目前有机小分子材料如 BCP，PBD，Alq_3 和 Zn $(BTZ)_2$ 等均已被成功应用在有机太阳电池中作为电子传输层。谭占鳌课题组[121] 将 TIPD 作为电子传输层分别应用于 PBDTTT-C/PC_{71}BM 光吸收层体系电池中，电池能量效率分别提高了 51.8% 和 16%，达到了 2.52% 和 7.4%。杨上峰课题组[122] 将缩二脲、二聚氰胺和尿素等引入 P3HT/PC_{61}BM 体系的有机太阳电池中作为电子传输层，器件效率分别提高了 ~15%，~27% 和 ~31%，达到 3.84%，4.25% 和 4.39%。这些小分子的引入在光吸收层和金属电极之间形成了一层界面偶极层，降低了金属电极与光吸收层中 PC_{61}BM 受体 LUMO 能级的能级差，提高了电子传输的能力。此外，表面活性剂如油酸酰胺[123] 也可以被应用于有机太阳电池，通过自组装可以在光吸收层表面形成电子传输层，可使电池器件效率提高约 28%。他们还将聚乙烯吡咯烷酮旋涂到 P3HT/PC$_{61}$BM 光吸收层表面作为电子传输层，电池器件效率提高了 29%，达到 3.9%[124]。

一些非共轭绝缘聚合物也可以被用在有机太阳电池中作为电子传输层材料。Zhang[125] 等首次将非共轭聚合物物聚环氧乙烯（PEO）通过旋涂方法引入电池器件光吸收层和金属电极之间作为电子传输层。该电池器件的开路电压提高了 0.2V，器件的光电转换效率提高了 50%。PEO 界面层在电池器件中起到了增强界面处内建电场的作用，从而提高界面处的电子传输能力。Chen[126] 等报道了将聚乙二醇（PEG）掺入光吸收层，然后 PEG 通过扩散到达光吸收层表面与电极材料发生化学反应形成电子传输层，减少了电池中的串联电阻，提高了电子收集效率和器件的光电转换效率。非共轭聚合物作为有机太阳电池的电子传输层是一类非常合适的材料。

非富勒烯寡聚物，如 PDI 类两性盐，三苯胺和芴的偶联产物，其他单元和芴的偶联产物等也可以被用来作为电子传输层材料。这类材料中的氨基基团容易和铝电极中铝原子发生相互作用，调节氨基基团的密度可以影响光吸收层与铝电极之间界面偶极子的形成，从而降低铝电极的功函，提高电池器件的性能。还有一类常用的阴极界面层材料，主要包括聚氨基芴 PFN，聚咔唑类衍生物 PC，聚醚酰亚胺 PEI 类中性聚合物。该类材料可以在光吸收层与电极界面形成良好的欧姆接触，调节金属电极功函，还具有突出的电荷传输性能，对膜厚具有高容忍性，在极性溶剂中具有良好的溶解性和可以很好地调控薄膜形貌等优点，是目前高效器件必用的一类阴极界面材料。

最近，水溶/醇溶性共轭聚合物引起了有机太阳电池领域的广泛关注。此类共轭聚合物可以溶于水或极性溶剂，可以通过简单的溶液湿法旋涂成膜，从而避免在电池器件制备过程中引起多层膜界面之间的污染。另外此类聚合物可以通过改变其内部基团方便地调节能级，从而与电池的光吸收层之间形成良好的欧姆接触，降低接触势垒，提高电荷注入（抽取）能力，从而提高电池器件性能。2011 年，吴宏斌[127] 课题组将胺基取代的醇溶性聚芴衍生物 PFN 应用于有机太阳电池中作为阴极修饰层，使电池器件效率提高到 8.37%。进一步地，2012 年，曹镛[9] 课题组采用 PFN 作为电子传输层修饰 ITO 电极，基于 PTB7/PC$_{71}$BM 光吸收层体系制备了反型结构器件电池（图 6.22），电池效率进一步提高，达到了 9.2%，是当时的最高效率。2015 年，吴宏斌[75] 课题组采用新型窄带隙给体 PTB7-Th，通过优化受体 PC$_{71}$BM 的比例，制备的基于 PFN 电子传输层的反型结构电池效率达到了 10.6%。

6.5.2.5　富勒烯类衍生物和自组装层

富勒烯衍生物也可以作为提高有机太阳电池器件效率的一种有效的电子传输

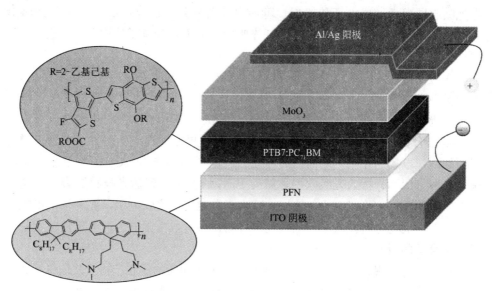

图 6.22 有机太阳电池结构示意图和 PFN 分子结构[9]

层材料。富勒烯类电子传输层材料可以大致分为两类：功能团修饰的 C_{60}/C_{70}，富勒烯吡咯烷类。无论是功能团修饰的 C_{60}/C_{70} 类还是富勒烯吡咯烷类，目前研究大多是在富勒烯上修饰氨基基团、烷氧基链、磷酸基团等极性侧链，从而使光吸收层与电极之间形成界面偶极子、降低金属电极的功函、修饰薄膜形貌，从而达到提高器件性能的目的。Wei[128]等合成了一种新型的 F—C 链的富勒烯衍生物 $F\text{-}PC_{61}BM$ 并应于 $P3HT/PC_{61}BM$ 体异质结太阳电池。在这个富勒烯衍生物中，C_{60} 基团起到了电子受体和传输电子的作用，而 F 烷基基团起到调节材料能级的作用，使富勒烯衍生物的能级更低，降低光吸收层与电极之间的接触势垒。制备的基于 $P3HT/PC_{61}BM$ 体系的电池效率达到 3.79%，远高于没有界面缓冲层电池器件的光电转换效率（3.09%）。最近，Li[129,130]课题组报道了一系列新型的功能化富勒烯衍生物如 [6,6]-phenyl-C_{61}-butyricacid 2-((2-(dimethylamino) ethyl) (methyl) amino) ethyl ester （PCBDAN）、胺基功能化的富勒烯衍生的 DMAPA-C_{60} 等作为电子传输层材料应用于有机太阳电池中。这些富勒烯衍生物表现出很好的普适性，基于不同光吸收层体系 $P3HT/PC_{61}BM$，$P3HT/IC_{60}BA$ 和 $PBDTTT\text{-}C\text{-}T/PC_{71}BM$ 有机太阳电池，加入这些富勒烯衍生物电子传输层后，器件效率相比于没有电子传输层的都获得很大的提高。

除了将缓冲层材料直接制备在光吸收层表面，近年来，在氧化锌层表面通过自组装层制备复合电子传输层提高电池器件性能是有机太阳电池领域的一种新的技术。Jen[131]等将具有偶极性和带有不同基团的饱和脂肪酸 R—COOH （R= —$C_{11}H_{22}SH$，—$C_{11}H_{23}$ 或—$C_{14}F_{29}$）制备在氧化锌表面形成一层自组装电子传输层。这些羧酸可以将氧化锌与金属电极连接起来。通过选择合适的自组装阴极修饰层，有机太阳电池器件的效率可以得到明显的提高。具有不同锚基团（磷酸基、羧基、羟基等）的 C_{60} 的衍生物已经作为自组装分子被用来在氧化锌表面形成自组装电子传输层[132]。研究发现，这些 C_{60} 的衍生物可以通过溶液浸泡或者旋涂的方法很轻易地在氧化锌表面形成自组装层。基于羧酸基、羟基和磷酸基的 C_{60} 衍生物电子传输层有机太阳电池（P3HT/PC$_{61}$BM）光电转换效率分别提升了2倍、75%和30%。

Chen[133] 等将富勒烯衍生物掺杂入氧化锌中作为电子传输层制备反型结构有机太阳电池器件，使电池性能得到很大的提升。近年来，其课题组通过将铟和富勒烯衍生物（BisNPC$_{60}$-OH）同时掺杂到氧化锌中制备电子传输层（图6.23），基于 PTB7-Th/PC$_{71}$BM 的电池器件光电转换效率提高到 10.31%（未掺杂的氧化锌电池器件效率为 8.25%）。

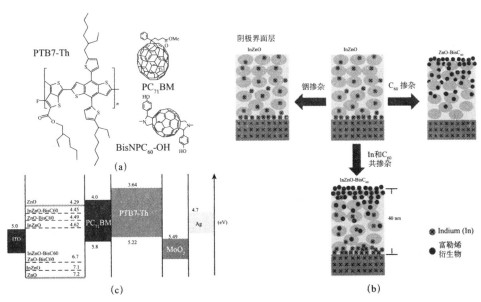

图 6.23　（a）有机太阳电池器件中使用材料的分子结构；（b）电子传输层的模拟示意图；（c）ZnO，InZnO，ZnO-BisC$_{60}$ 和 InZnO-BisC$_{60}$ 能级图[133]

6.5.2.6　石墨烯材料

石墨烯衍生物作为电子传输层相对于氧化石墨烯空穴传输层材料在有机太阳电池中的应用报道较少。Dai[134] 通过将 Cs$_2$CO$_3$ 和石墨烯通过简单的混合制备了铯掺杂的氧化石墨烯（GO-Cs），其作为电子传输层在有机太阳电池中表现出优异的性能，基于 P3HT/PC$_{61}$BM 体相异质结电池器件效率可以提高到 3.65%。杨上峰课题组[135] 报道了一种新的石墨烯富勒烯复合材料（rGO-pyrene-PC$_{61}$BM），

此材料通过将 $PC_{61}BM$ 和还原氧化石墨烯通过非共价结合形成。将这种材料作为电子传输层引入到 P3HT: $PC_{61}BM$ 体系有机太阳电池中，电池效率提高到 3.89%。值得提出的是，当采用单独的纯氧化还原石墨烯或 pyrene-$PC_{61}BM$ 作为电子传输层时，电池器件转换效率都会有明显的降低，这表明了这种复合材料对提高电池性能的重要性。

无论是空穴传输层还是电子传输层，其功能都包括：选择性传输空穴或电子，阻挡相反方向载流子的收集，避免载流子复合；修饰电极或光吸收层表面；调节光吸收层与电极界面的功函数，保证形成欧姆接触。此外，合适的界面缓冲层还可以提高电池器件的稳定性或者起到光学空间层增加光吸收层吸收光子的能力。所以，界面缓冲层在有机太阳电池领域的应用是非常关键的，发展和研究界面缓冲层材料对提高有机太阳电池的性能至关重要。

6.6   电极材料

在太阳电池中，为了将光吸收层吸收光产生的载流子收集，需要采用阴极或者阳极电极，电极材料也被分为阴极材料和阳极材料。在正型结构有机太阳电池中，太阳光通常从阳极进入光吸收层被吸收，同时阳极主要的作用是收集空穴，为增加收集空穴的效率，阳极材料需要选用高功函数的透明导电薄膜材料。目前有机太阳电池中主要选择 ITO 导电玻璃作为阳极材料。ITO 是铟氧化物和锡氧化物的混合掺杂物，通常比例为 90wt% 的 In_2O_3 和 10wt% 的 SnO_2。但是铟的价格昂贵，同时 ITO 薄膜层脆性大，柔韧性差，制备需要昂贵的真空沉积设备，限制了其发展前景。因此，寻找其他的 ITO 的替代物是科学界的一大研究课题。目前报道的 ITO 替代物主要有金属氧化物、银纳米线、碳纳米管、石墨烯和导电聚合物等[20]。导电聚合物具有导电性好、透光率高、稳定性好等优点，已经成为替代 ITO 的一类很有前景的透明导电氧化物薄膜材料。导电聚合物材料中，高导电性的 PEDOT: PSS 由于具有在可见光区的透光率高，可溶液制备和柔韧性好等优点，被认为是有机光电器件下一代柔性透明电极的潜力材料之一。近年来，很多研究报道通过对 PEDOT: PSS 薄膜进行后处理改性，可以将 PEDOT: PSS 薄膜的电导率提高到与 ITO 相当的程度。采用添加极性溶剂或者有机化合物如 DMSO、PEG 等，可以将 PEDOT: PSS 薄膜导电率提高到 $1000S \cdot cm^{-1}$ 以上，从而达到可以应用在 ITO-free 器件中作电极的要求。2013 年，Kim[136] 等通过采用浓 H_2SO_4 处理 PEDOT: PSS 薄膜，得到了电导率达到 $4380S \cdot cm^{-1}$ 的 PEDOT: PSS 纳米纤维薄膜电极，方阻为 $46\Omega \cdot sq^{-1}$，可见光区透光率达到 90%。采用此高导电率的 PEDOT: PSS 薄膜替代 ITO 制备的基于 PTB7: PC_{71}

BM 光吸收层体系有机太阳电池，光电转换效率达到了 6.6％，与基于 ITO 电极的电池器件效率相当。

有机太阳电池器件中，阴极主要起收集电子作用。而电池器件中光吸收层电子受体 LUMO 能级比较高，为了减少能级势垒和形成良好的欧姆接触，一般选择低功函数的材料来作为电池器件的阴极材料。目前在传统结构电池中，常用的阴极电极材料有 Ca、Mg、Al 和 Ag 等，而 Al 由于其低廉的价格、低的功函数和相对较好的稳定性，被普遍应用于电池器件。而通过共蒸方法将低功函金属和稳定性更好的高功函金属制备成合金电极作为阴极材料（如 Mg∶Ag＝10∶1 或者 0.6％ LiF 掺杂 Al 电极），可以提高有机太阳电池器件性能和稳定性。

6.7　小　　结

有机太阳电池作为一类新兴的薄膜太阳电池，得益于材料设计与制备、器件结构优化、界面修饰和机理分析的不断完善，其效率近年来不断攀升。但目前的效率与传统硅电池和钙钛矿电池相比仍然偏低，而且其低的稳定性是阻碍有机太阳电池能够真正实现产业化应用的关键难题。目前的研究结果表明，器件的效率和稳定性主要受到有机半导体材料和器件结构的设计等因素的影响。而新型的聚合物给体和小分子非富勒烯受体的出现大大促进了有机太阳电池效率的突破。通过器件结构的优化，选择合适的疏水性界面材料避免了有机光吸收材料受到周围环境的影响从而可以在一定程度上提高有机太阳电池器件的寿命。因此，设计新型有机光吸收材料，结合界面工程对有机太阳电池进行优化，从而提高有机太阳电池的效率和稳定性具有很大希望。有机太阳电池优异的机械弯曲性、低成本、大面积卷-对-卷制备等优势也将促进薄膜太阳电池产业焕发新的魅力。

参 考 文 献

[1] Hu X T, Chen L, Zhang Y, et al. Large-scale flexible and highly conductive carbon transparent electrodes via roll-to-roll process and its high performance lab-scale indium tin oxide-free polymer solar cells. Chem. Mater., 2014, 26: 6293.

[2] You J B, Chen C C, Hong Z R, et al. 10.2％ Power conversion efficiency polymer tandem solar cells consisting of two identical sub-cells. Adv. Mater., 2013, 25: 3973-3978.

[3] Zhao W, Li S, Yao H, et al. Molecular optimization enables over 13％ efficiency in organic solar cells. J. Am. Chem. Soc., 2017, 139 (21): 7148.

[4] Kearns D, Calvin M. Photovoltaic effect and photoconductivity in laminated organic systems. J. Chem. Phys., 1958, 29: 950.

［5］ Tang C W. Two-layer organic photovoltaic cell. Appl. Phys. Lett. , 1986, 48: 183.

［6］ Sariciftci N S, Smilowitz L, Heeger A J, et al. Photoinduced electron-transfer from a conducting polymer to buckminsterfullerene. Science, 1992, 258 (5087): 1474-1476.

［7］ Yu G, Gao J, Hummelen J C, et al. Polymer photovoltaic cells - enhanced efficiencies via a network of internal donor-acceptor heterojunctions. Science, 1995, 270: 1789.

［8］ Halls J J M, Walsh C A, et al. Efficient photodiodes from interpenetrating polymer networks. Nature, 1995, 376: 498.

［9］ He Z, Zhong C, Su S, et al. Enhanced power-conversion efficiency in polymer solar cells using an inverted device structure. Nature Photon. , 2012, 6: 591.

［10］ Chen H Y, Hou J H, Zhang S Q, et al. Polymer solar cells with enhanced open-circuit voltage and efficiency. Nature Photon. , 2009, 3: 649.

［11］ Hou J, Chen H Y, Zhang S, et al. Synthesis of a low band gap polymer and its application in highly efficient polymer solar cells. J. Am. Chem. Soc. , 2009, 131: 15586.

［12］ Li G, Zhu R, Yang Y. Polymer solar cells. Nature Photon. , 2012, 6: 153-161.

［13］ Deibel C, Dyakonov V. Polymer-fullerene bulk heterojunction solar cells. Rep. Prog. Phys. , 2010, 30 (1): 096401.

［14］ Kim Y, Bradley D D C. Bright red emission from single layer polymer light-emitting devices based on blends of regioregular P3HT and F8BT. Curr. Appl. Phys. , 2005, 5: 222.

［15］ Scully S R, Mcgehee M D. Effects of optical interference and energy transfer on exciton diffusion length measurements in organic semiconductors. J. Appl. Phys. , 2006, 100: 10.

［16］ Cook S, Katoh R, Furube A. Ultrafast studies of charge generation in PCBM: P3HT blend films following excitation of the fullerene PCBM. J. Phys. Chem. C. , 2009, 113: 2547.

［17］ Thompson B C, Frechet J M J. Organic photovoltaics-polymer-fullerene composite solar cells. Angew. Chem. Int. Edit. , 2008, 47: 58.

［18］ Marcus R A. On the theory of oxidation-reduction reactions involving electron transfer. J. Chem. Phys. , 1956, 24: 966.

［19］ Marcus R A. Electron-transfer reactions in chemistry - theory and experiment. Rev. Mod. Phys. , 1993, 65: 599-610.

［20］ 赵志强. 改性 PEDOT: PSS 薄膜及其在聚合物太阳能电池中的应用研究. 中国科学技术大学博士学位论文, 2015.

［21］ 方荣生, 项立成, 李亭寒. 太阳能应用技术. 北京: 中国农业机械出版社, 1985.

［22］ Rand B P, Burk D P, Forrest S R. Offset energies at organic semiconductor heterojunctions and their influence on the open-circuit voltage of thin-film solar cells. Phys. Rev. B, 2007, 75: 115327.

[23] Brabec C J, Cravino A, Meissner D, et al. Origin of the open circuit voltage of plastic solar cells. Adv. Funct. Mater., 2001, 11: 374-380.

[24] Dennler G, Scharber M C, Ameri T, et al. Design rules for donors in bulk-heterojunction tandem solar cells-towards 15% energy-conversion efficiency. Adv. Mater., 2008, 20: 579.

[25] Mihailetchi V D, Blom P W M, Hummelen J C, et al. Cathode dependence of the open-circuit voltage of polymer: fullerene bulk heterojunction solar cells. J. Appl. Phys., 2003, 94: 6849-6854.

[26] Mihailetchi V D, Xie H X, de Boer B, et al. Charge transport and photocurrent generation in poly (3-hexylthiophene): methanofullerene bulk-heterojunction solar cells. Adv. Funct. Mater., 2006, 16: 699-708.

[27] Zhang F L, Perzon E, Wang X J, et al. Polymer solar cells based on a low-bandgap fluorene copolymer and a fullerene derivative with photocurrent extended to 850nm. Adv. Funct. Mater., 2005, 15: 745-750.

[28] Lee J K, Ma W L, Brabec C J, et al. Processing additives for improved efficiency from bulk heterojunction solar cells. J. Am. Chem. Soc., 2008, 130: 3619-3623.

[29] Gilot J, Wienk M M, Janssen R A J. Double and triple junction polymer solar cells processed from solution. Appl. Phys. Lett., 2007, 90: 143512.

[30] Ray B, Ashraful M. Achieving fill factor above 80% in organic solar cells by charged interface. IEEE J. Photovolt., 2013, 3: 310.

[31] Gupta D, Bag M, Narayan K S. Correlating reduced fill factor in polymer solar cells to contact effects. Appl. Phys. Lett., 2008, 92: 093301.

[32] Liu Z, Ju H, Lee E C. Improvement of polycarbazole-based organic bulk-heterojunction solar cells using 1, 8-diiodooctane. Appl. Phys. Lett., 2013, 103: 133308.

[33] 张少青. 聚合物光伏材料主链和侧链结构优化与聚集态结构调控. 北京科技大学博士学位论文, 2017.

[34] van Duren J, Yang X, Loos J, et al. Relating the morphology of poly (p-phenylene vinylene) /methanofullerene blends to solar-cell performance. Adv. Func. Mater., 2004, 14 (5): 425-434.

[35] Cheng P, Ye L, Zhao X, et al. Binary additives synergistically boost the efficiency of all-polymer solar cells up to 3.45%. Energy Environ. Sci., 2014, 7 (4): 1351-1356.

[36] Cheng P, Li Y, Zhan X. Efficient ternary blend polymer solar cells with indene-C_{60} bisadduct as an electron-cascade acceptor. Energy Environ. Sci., 2014, 7 (6): 2005-2011.

[37] Cheng P, Yan C, Wu Y, et al. Alloy acceptor: superior alternative to PCBM toward efficient and stable organic solar cells. Adv. Mater., 2016, 28 (36): 8021-8028.

[38] Cheng P, Yan C, Lau T K, et al. Molecular lock: a versatile key to enhance efficiency and stability of organic solar cells. Adv. Mater., 2016, 28 (28): 5822.

[39] Shaheen S E, Brabec C J, Sariciftci N S, et al. 2.5% efficient organic plastic solar cells. Appl. Phys. Lett., 2001, 78 (6): 841-843.

[40] Zhang F, Jespersen K, Björström C, et al. Influence of solvent mixing on the morphology and performance of solar cells based on polyfluorene copolymer/fullerene blends. Adv. Funct. Mater., 2006, 16 (5): 667-674.

[41] Peet J, Kim J Y, Coates N E, et al. Efficiency enhancement in low-bandgap polymer solar cells by processing with alkane dithiols. Nature Mater., 2007, 6: 497-500.

[42] Guo X, Cui C, Zhang M, et al. High efficiency polymer solar cells based on poly (3-hexylthiophene)/indene-C_{70} bisadduct with solvent additive. Energy Environ. Sci., 2012, 5 (7): 7943-7949.

[43] Padinger F, Rittberger R S, Sariciftci N S. Effects of postproduction treatment on plastic solar cells. Adv. Funct. Mater., 2003, 13 (1): 85-88.

[44] Ma W, Yang C, Gong X, et al. Thermally stable, efficient polymer solar cells with nanoscale control of the interpenetrating network morphology. Adv. Funct. Mater., 2005, 15 (10): 1617-1622.

[45] Gang L I, Shrotriya V, Huang J, et al. High-efficiency solution processable polymer photovoltaic cells by self-organization of polymer blends. Nature Mater., 2005, 4 (11): 864-868.

[46] Li G, Yao Y, Yang H, et al. "Solvent annealing" effect in polymer solar cells based on poly (3-hexylthiophene) and methanofullerenes. Adv. Funct. Mater., 2007, 17 (10): 1636-1644.

[47] Po R, Carbonera C, Bernardi A, et al. The role of buffer layers in polymer solar cells. Energy Environ. Sci., 2011, 4: 285-310.

[48] Steim R, Kogler F R, Brabec C J. Interface materials for organic solar cells. J. Mater. Chem., 2010, 20: 2499-2512.

[49] Sariciftci N S, Braun D, Zhang C, et al. Semiconducting polymer-buckminsterfullerene heterojunctions - diodes, photodiodes, and photovoltaic cells. Appl. Phys. Lett., 1993, 62: 585-587.

[50] Dennler G, Prall H J, Koeppe R, et al. Enhanced spectral coverage in tandem organic solar cells. Appl. Phys. Lett., 2006, 89: 073502.

[51] Kawano K, Ito N, Nishimori T, et al. Open circuit voltage of stacked bulk heterojunction organic solar cells. Appl. Phys. Lett., 2006, 88: 073514.

[52] Kim J Y, Lee K, Coates N E, et al. Efficient tandem polymer solar cells fabricated by all-solution processing. Science, 2007, 317: 222-225.

[53] Dou L T, You J B, Yang J, et al. Tandem polymer solar cells featuring a spectrally matched low-bandgap polymer. Nature Photon., 2012, 6: 180-185.

[54] You J B, Dou L T, Yoshimura K, et al. A polymer tandem solar cell with 10.6% power conversion efficiency. Nat. Commun., 2013, 4: 1446.

[55] Chen C C, Chang W H, Yoshimura K, et al. An efficient triple-junction polymer solar cell having a power conversion efficiency exceeding 11%. Adv. Mater. , 2014, 26: 5670.

[56] Li M M, Gao K, Wan X J, et al. Solution-processed organic tandem solar cells with power conversion efficiencies >12%. Nature Photon. , 2017, 11: 85.

[57] Cui Y, Yao H, Gao B, et al. Fine tuned photoactive and interconnection layers for achieving over 13% efficiency in a fullerene-free tandem organic solar cell. J. Am. Chem. Soc. , 2017, 139 (21): 7302.

[58] 李永舫, 何有军, 周祎. 聚合物太阳电池材料和器件. 北京: 化学工业出版社, 2013.

[59] 李永舫. 从导电聚吡咯到共轭聚合物光伏材料——我在中科院化学所 30 年共轭高分子研究历程. 高分子通报, 2016, (9): 10-26.

[60] Blouin N, Michaud A, Leclerc M. A low-bandgap poly (2, 7-carbazole) derivative for use in high-performance solar cells. Adv. Mater. , 2007, 19: 2295.

[61] Park S H, Roy A, Beaupre S, et al. Bulk heterojunction solar cells with internal quantum efficiency approaching 100%. Nature Photon. , 2009, 3: 297.

[62] Zhao Z, Wu Q, Xia F, et al. Improving the conductivity of PEDOT: PSS hole transport layer in polymer solar cells via copper (II) bromide salt doping. Acs Appl. Mater. Interfaces, 2015, 7 (3): 1439.

[63] Huo L, Zhang S, Guo X, et al. Replacing alkoxy groups with alkylthienyl groups: a feasible approach to improve the properties of photovoltaic polymers. Angew. Chem. Int. Ed. Angew. Chem. Int. Ed. , 2011, 50 (41): 9697.

[64] Huang Y, Huo L, Zhang S, et al. Sulfonyl: a new application of electron-withdrawing substituent in highly efficient photovoltaic polymer. Chem. Commun. , 2011, 47 (31):8904.

[65] Chen J D, Cui C, Li Y Q, et al. Single-junction polymer solar cells exceeding 10% power conversion efficiency. Adv. Mater. , 2015, 27 (6): 1035.

[66] Zhang S, Ye L, Zhao W, et al. Side chain selection for designing highly efficient photovoltaic polymers with 2D-Conjugated structure. Macromolecules, 2014, 47 (14): 4653-4659.

[67] Ye L, Zhang S, Zhao W, et al. Highly efficient 2D-conjugated benzodithiophene-based photovoltaic polymer with Linear Alkylthio Side Chain. Chem. Mater. , 2014, 26 (12): 3603-3605.

[68] http: //www. cas. cn/ky/kyjz/201409/t20140903 _ 4196780. shtml.

[69] Cui C, He Z, Wu Y, et al. High-performance polymer solar cells based on a 2D-conjugated polymer with an alkylthio side-chain. Energy Environ. Sci. , 2016, 9 (3): 885-891.

[70] Huo L, Chen T L, Yi Z, et al. Improvement of photoluminescent and photovoltaic properties of poly (thienylene vinylene) by carboxylate substitution. Macromolecules, 2009, 42 (13): 4377-4380.

[71] Zhang M, Guo X, Yang Y, et al. Downwards tuning the HOMO level of polythiophene by carboxylate substitution for high open-circuit-voltage polymer solar cells. Poly. Chem. , 2011, 2 (12): 2900-2906.

[72] Min J, Zhang Z G, Zhang S, et al. Conjugated side-chain-isolated D-A copolymers based on Benzo [1, 2-b: 4, 5-b′] dithiophene-alt-dithienylbenzotriazole: synthesis and photovoltaic properties. Chem. Mater. , 2012, 24 (16): 3247-3254.

[73] Gao L, Zhang Z G, Xue L, et al. All-polymer solar cells based on absorption-complementary polymer donor and acceptor with high power conversion efficiency of 8.27%. Adv. Mater. , 2016, 28 (9): 1884.

[74] Liang Y Y, Xu Z, Xia J B, et al. For the bright future-bulk heterojunction polymer solar cells with power conversion efficiency of 7.4%. Adv. Mater. , 2010, 22: E135.

[75] He Z, Xiao B, Liu F, et al. Single-junction polymer solar cells with high efficiency and photovoltage. Nature Photon. , 2015, 9: 174-179.

[76] He G. Impact of dye end groups on acceptor-donor-acceptor type molecules for solution-processed photovoltaic cells. J. Mater. Chem, 2012, 22 (18): 9173-9180.

[77] Bin K. , Miaomiao L, Qian Z, et al. A Series of simple oligomer-like small molecules based on oligothiophenes for solution-processed solar cells with high efficiency. J. Am. Chem. Soc. , 2015, 137 (11): 3886-3893.

[78] Zhou J, Zuo Y, Wan X, et al. Solution-processed and high-performance organic solar cells using small molecules with a benzodithiophene unit. J. Am. Chem. Soc. , 2013, 135 (23):8484.

[79] Kan B, Zhang Q, Li M, et al. Solution-processed organic solar cells based on dialkylthiol-substituted benzodithiophene unit with efficiency near 10%. J. Am. Chem. Soc. , 2014, 136 (44): 15529.

[80] Sun Y, Welch G C, Wei L L, et al. Solution-processed small-molecule solar cells with 6.7% efficiency. Nature Mater. , 2012, 11 (1): 44.

[81] Ts V D P, Love J A, Nguyen T Q, et al. Non-basic high-performance molecules for solution-processed organic solar cells. Adv. Mater. , 2012, 24 (27): 3646.

[82] Zhang J, Zhang Y, Fang J, et al. Conjugated polymer-small molecule alloy leads to high efficient ternary organic solar cells. J. Am. Chem. Soc. , 2015, 137 (25): 8176.

[83] Wienk M M, Kroon J M, Verhees W J H, et al. Efficient methano [70] fullerene/MDMO-PPV bulk heterojunction photovoltaic cells. Angew. Chem. Int. Ed. , 2003, 42 (29):3371.

[84] Zhao G, He Y, Xu Z, et al. Effect of carbon chain length in the substituent of PCBM-like molecules on their photovoltaic properties. Adv. Funct. Mater. , 2010, 20 (9): 1480-1487.

[85] Zheng L, Zhou Q, Deng X, et al. Methanofullerenes used as electron acceptors in polymer photovoltaic devices. Journal of Physical Chemistry B, 2004, 108 (32): 11921.

[86] Mikroyannidis J A, Kabanakis A N, Sharma S S, et al. A simple and effective modification of PCBM for use as an electron acceptor in efficient bulk heterojunction solar cells. Adv. Funct. Mater., 2015, 21 (4): 746-755.

[87] Yang C, Kim J Y, Cho S, et al. Functionalized methanofullerenes used as n-type materials in bulk-heterojunction polymer solar cells and in field-effect transistors. J. Am. Chem. Soc., 2008, 130 (20): 6444.

[88] Popescu L M, Patrick V T H, Sieval A B, et al. Thienyl analog of 1- (3-methoxycarbonyl) propyl-1-phenyl- [6, 6] -methanofullerene for bulk heterojunction photovoltaic devices in combination with polythiophenes. Appl. Phys. Lett., 2006, 89 (21):213507.

[89] Chuang S C, Chiu C W, Chien S C, et al. 1-(3methoxycarbonyl) propyl-2selenyl [6, 6]-methanofullerene as an-Type material for organic solar cells. Synthetic Metals, 2011, 161 (13): 1264-1269.

[90] Lenes M, Wetzelaer G A H, Kooistra F B, et al. Fullerene bisadducts for enhanced open-circuit voltages and efficiencies in polymer solar cells. Adv. Mater., 2010, 20 (11): 2116-2119.

[91] Lenes M, Shelton S W, Sieval A B, et al. Electron trapping in higher adduct fullerene-based solar cells. Adv. Funct. Mater., 2009, 19 (18): 3002-3007.

[92] Choi J H, Son K I, Kim T, et al. Thienyl-substituted methanofullerene derivatives for organic photovoltaic cells. J. Mate. Chem., 2009, 20 (3): 475-482.

[93] Li C Z, Chien S C, Yip H L, et al. Facile synthesis of a 56π-electron 1, 2-dihydrometha-no-[60] PCBM and its application for thermally stable polymer solar cells. Chem. Commun., 2011, 47 (36): 10082.

[94] Zhao G J, He Y J, Li Y F. 6.5% Efficiency of polymer solar cells based on poly (3-hexylthiophene) and indene-C_{60} bisadduct by device optimization. Adv. Mater., 2010, 22: 4355.

[95] He Y, Peng B, Zhao G, et al. Indene Addition of [6, 6]-phenyl-C_{61}-butyric acid methyl ester for high-performance acceptor in polymer solar cells. J. Phys. Chem. C, 2011, 115 (10):4340-4344.

[96] Meng X, Zhang W, Tan Z, et al. Dihydronaphthyl-based [60] fullerene bisadducts for efficient and stable polymer solar cells. Chem. Commun., 2012, 48 (3): 425.

[97] Meng X, Xu Q, Zhang W, et al. Effects of alkoxy chain length in alkoxy-substituted dihydronaphthyl-based [60] fullerene bisadduct acceptors on their photovoltaic properties. Acs Appl. Mater. Interfaces, 2012, 4 (11): 5966.

[98] Zhang C, Chen S, Xiao Z, et al. Synthesis of mono- and bisadducts of thieno-o-quinodimethane with C_{60} for efficient polymer solar cells. Org. Lett., 2012, 14 (6): 1508.

[99] Cho H H, Cho C H, Kang H, et al. Molecular structure-device performance relationship in polymer solar cells based on indene-C_{60}, bis-adduct derivatives. Korean J. Chem. Eng., 2015, 32 (2): 261-267.

[100] Yan H, Chen Z, Zheng Y, et al. A high-mobility electron-transporting polymer for printed transistors. Nature, 2009, 457 (7230): 679.

[101] Jung J W, Russell T P, Jo W H. A small molecule composed of dithienopyran and diketopyrrolopyrrole as versatile electron donor compatible with both fullerene and nonfullerene electron acceptors for high performance organic solar cells. Chem. Mater. , 2015, 27 (13): 4865-4870.

[102] Zhong Y, Trinh M T, Chen R, et al. Molecular helices as electron acceptors in high-performance bulk heterojunction solar cells. Nat. Commun. , 2015, 6: 8242.

[103] Li M, Liu Y, Ni W, et al. A simple small molecule as an acceptor for fullerene-free organic solar cells with efficiency near 8%. J. Mater. Chem. A, 2016, 4 (27): 10409.

[104] Qiu N, Zhang H, Wan X, et al. A new nonfullerene electron acceptor with a ladder type backbone for high-performance organic solar cells. Adv. Mater. , 2017, 29 (6): 1604964.

[105] Lin Y, Zhang Z G, Bai H, et al. High-performance fullerene-free polymer solar cells with 6.31% efficiency. Energy Environ. Sci. , 2015, 8 (2): 610.

[106] Lin Y, Wang J, Zhang Z G, et al. An electron acceptor challenging fullerenes for efficient polymer solar cells. Adv. Mater. , 2015, 27 (7): 1170.

[107] Kim J Y, Kim S H, Lee H H, et al. New architecture for high-efficiency polymer photovoltaic cells using solution-based titanium oxide as an optical spacer. Adv. Mater. , 2006, 18: 572.

[108] Park Y, Choong V, Gao Y, et al. Work function of indium tin oxide transparent conductor measured by photoelectron spectroscopy. Appl. Phys. Lett. , 1996, 68: 2699-2701.

[109] Jeong J, Woo S, Park S, et al. Wide range thickness effect of hole-collecting buffer layers for polymer: fullerene solar cells. Org. Electron. , 2013, 14: 2889-2895.

[110] Yang J S, Oh S H, Kim D L, et al. Hole transport enhancing effects of polar solvents on poly (3, 4-ethylenedioxythiophene): poly (styrene sulfonic acid) for organic solar cells. Acs Appl. Mater. Interfaces, 2012, 4: 5394-5398.

[111] Xie F X, Choy W C H, Wang C D, et al. Low-temperature solution-processed hydrogen molybdenum and vanadium bronzes for an efficient hole-transport layer in organic electronics. Adv. Mater. , 2013, 25: 2051-2055.

[112] Xu Q, Wang F Z, Tan Z A, et al. High-performance polymer solar cells with solution-processed and environmentally friendly CuO$_x$ anode buffer layer. Acs Appl. Mater. Interfaces, 2013, 5: 10658.

[113] Zhou H Q, Zhang Y, Mai C K, et al. Conductive conjugated polyelectrolyte as hole-transporting layer for organic bulk heterojunction solar cells. Adv. Mater. , 2014, 26 (5): 780-785.

[114] Mai C K, Zhou H Q, Zhang Y, et al. Facile doping of anionic narrow-band-gap conjugated polyelectrolytes during dialysis. Angew. Chem. Int. Ed. , 2013, 52 (49): 12874-12878.

[115] Li S S, Tu K H, Lin C C, et al. Solution-processable graphene oxide as an efficient hole

transport layer in polymer solar cells. Acs Nano, 2010, 4: 3169-3174.

[116] Pang S, Hernandez Y, Feng X, et al. Graphene as transparent electrode material for organic electronics. Adv. Mater., 2011, 23: 2779-2795.

[117] Tseng W H, Chen M H, Wang J Y, et al. Investigations of efficiency improvements in poly (3-hexylthiophene) based organic solar cells using calcium cathodes. Sol. Energy Mater. Sol. Cells, 2011, 95: 3424-3427.

[118] Park M H, Li J H, Kumar A, et al. Doping of the metal oxide nanostructure and its influence in organic electronics. Adv. Funct. Mater., 2009, 19: 1241-1246.

[119] Hau S K, Yip H L, Ma H, et al. High performance ambient processed inverted polymer solar cells through interfacial modification with a fullerene self-assembled monolayer. Appl. Phys. Lett., 2008, 93: 233304.

[120] Brabec C J, Shaheen S E, Winder C, et al. Effect of LiF/metal electrodes on the performance of plastic solar cells. Appl. Phys. Lett., 2002, 80: 1288-1290.

[121] Tan Z A, Zhang W Q, Zhang Z G, et al. High-performance inverted polymer solar cells with solution-processed titanium chelate as electron-collecting layer on ITO electrode. Adv. Mater., 2012, 24: 1476-1481.

[122] Zhao X M, Xu C H, Wang H T, et al. Application of biuret, dicyandiamide, or urea as a cathode buffer layer toward the efficiency enhancement of polymer solar cells. Acs Appl. Mater. Interfaces, 2014, 6: 4329-4337.

[123] Zhang W F, Wang H T, Chen B X, et al. Oleamide as a self-assembled cathode buffer layer for polymer solar cells: the role of the terminal group on the function of the surfactant. J. Mater. Chem., 2012, 22: 24067-24074.

[124] Wang H T, Zhang W F, Xu C H, et al. Efficiency enhancement of polymer solar cells by applying poly (vinylpyrrolidone) as a cathode buffer layer via spin coating or self-assembly. Acs Appl. Mater. Interfaces, 2013, 5: 26-34.

[125] Zhang F, Ceder M, Inganas O. Enhancing the photovoltage of polymer solar cells by using a modified cathode. Adv. Mater., 2007, 19: 1835.

[126] Chen F C, Chien S C. Nanoscale functional interlayers formed through spontaneous vertical phase separation in polymer photovoltaic devices. J. Mater. Chem., 2009, 19: 6865-6869.

[127] He Z C, Zhong C M, Huang X, et al. Simultaneous enhancement of open-circuit voltage, short-circuit current density, and fill factor in polymer solar cells. Adv. Mater., 2011, 23: 4636.

[128] Wei Q S, Nishizawa T, Tajima K, et al. Self-organized buffer layers in organic solar cells. Adv. Mater., 2010, 20 (11): 2211-2216.

[129] Li S S, Lei M, Lv M L, et al. [6, 6] -phenyl-C_{61}-butyric acid dimethylamino ester as a cathode buffer layer for high-performance polymer solar cells. Adv. Energy Mater., 2013, 3 (12): 1569-1574.

[130] Zhang Z G, Li H, Qi B Y, et al. Amine group functionalized fullerene derivatives as cathode buffer layers for high performance polymer solar cells. J. Mater. Chem. A, 2013, 1: 9624-9629.

[131] Yip H L, Hau S K, Baek N S, et al. Self-assembled monolayer modified ZnO/metal bi-layer cathodes for polymer/fullerene bulk-heterojunction solar cells. Appl. Phys. Lett. , 2008, 92: 193313.

[132] Hau S K, Cheng Y J, Yip H L, et al. Effect of chemical modification of fullerene-based self-assembled monolayers on the performance of inverted polymer solar cells. Acs Appl. Mater. Interfaces, 2010, 2: 1892-1902.

[133] Liao S H, Jhuo H J, Yeh P N, et al. Single junction inverted polymer solar cell reaching power conversion efficiency 10.31% by employing dual-doped zinc oxide nano-film as cathode interlayer. Sci. Rep. , 2014, 4: 6813.

[134] Liu J, Xue Y H, Gao Y X, et al. Hole and electron extraction layers based on graphene oxide derivatives for high-performance bulk heterojunction solar cells. Adv. Mater. , 2012, 24: 2228-2233.

[135] Qu S X, Li M H, Xie L X, et al. Noncovalent functionalization of graphene attaching 6, 6 -phenyl-C_{61}-butyric acid methyl ester (PCBM) and application as electron extraction layer of polymer solar cells. Acs Nano, 2013, 7: 4070-4081.

[136] Kim N, Kee S, Lee S H, et al. Highly conductive PEDOT: PSS nanofibrils induced by solution-processed crystallization. Adv. Mater. , 2014, 26: 2268-2272.

第7章 太阳电池发展趋势

太阳能是可再生能源中最炙热的"新宠",开发和利用太阳能是人类进步的迫切需要。长期以来,地球所接收的太阳能只占太阳表面发出全部能量的二十亿分之一左右,然而却相当于全球所需总能量的3万~4万倍,可见太阳能是取之不尽,用之不竭的。为扩大太阳能利用的应用领域,我们必须开发各种光电新技术和光电新型材料。2016年11月国务院印发的"十三五"国家战略性新兴产业发展规划中也明确强调光电技术和新型材料的研发重要地位。在能源危机和环境污染双重夹击下,我们所期盼的"太阳能时代"即将全面到来。

太阳能光伏发电最核心部件就是太阳电池,具体就是利用半导体光伏效应制成的光电转换器件,可以直接把太阳辐射能量转换成电能。从1839年法国物理学家安托石-贝克发明制造出最早的光伏电池以来,经历了近170年。总地来说,随着基础物理研究和技术应用研究的不断进步,太阳电池的基本结构和机制没有明显的变化,然而太阳电池材料却发生了几次变革,大体可分为三个阶段:第一代太阳电池,包括单晶硅太阳电池和多晶硅太阳电池,硅材料是目前电池的主要材料,占整个太阳电池产量的90%以上;第二代太阳电池,主要是基于薄膜太阳电池,包括非晶硅薄膜电池、多晶硅薄膜电池、铜铟镓硒薄膜电池、砷化镓薄膜电池、碲化镉薄膜电池、有机薄膜太阳电池、染料敏化薄膜太阳电池和钙钛矿薄膜太阳电池等。薄膜结构所需材料少,易于大面积生成,并易于集成器件,是一种降低成本的有效方法;第三代太阳电池,主要是具有高转换效率、薄膜化、环境友好型的新型太阳电池,包括叠层太阳电池、量子点太阳电池、纳米晶太阳电池等。

各类型太阳电池最高转换效率发展历史如图7.1所示[1],是经美国国家可再生能源实验室认证的各类太阳电池能量转换效率。从图中可以看出各种不同电池的转换效率都是在逐年提升,但是每种电池仅具有各自的优势,只能在相应特定领域应用,其不可避免的短板阻碍了这些电池的广泛推广。例如,非晶硅太阳电池受限于器件本身的光致衰退现象;砷化镓、碲化镉等薄膜电池虽具有很高的光电转换效率,但砷和镉元素都具有毒性且地球上资源有限;铜铟镓硒薄膜电池本身有转换效率高、稳定性好、带隙可调、吸收系数高的优点,但部分元素稀有、成本高且合成困难,进而在取代硅基电池的过程中仍处于劣势;利用锌和锡取代铜铟镓硒薄膜中的稀有元素铟和镓制备铜锌锡硫薄膜太阳电池,既能降低成本又能获取较高效率,但复杂五元化合物在热力学图中成相区间很窄,并且缺陷也是

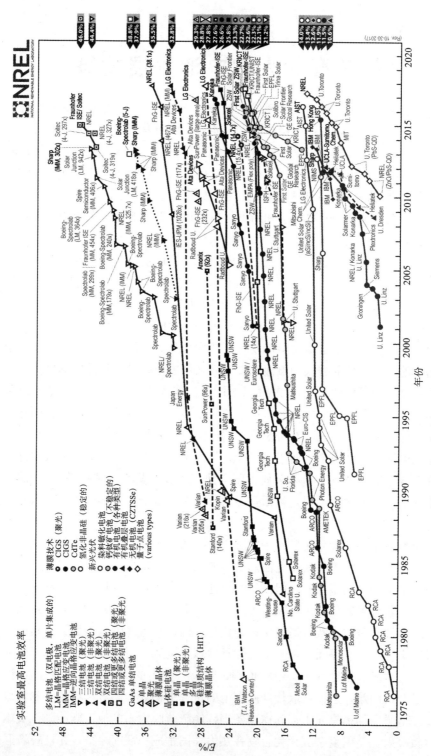

图7.1 太阳电池最高转换效率发展示意图[1]（后附彩图）

制约其发展的一个主要因素；对于染料敏化太阳电池和有机太阳电池由于技术不够成熟、效率不够高、材料不够稳定等问题仍处在实验室研究阶段，暂时没有推向市场化、商业化的前景；最近热门的钙钛矿薄膜电池转换效率几乎和铜铟镓硒相当，但易水解、严重的不稳定性、铅有毒等问题阻碍了这种材料大规模使用。

随着新型太阳电池的不断涌现，以及传统硅基电池的不断革新，新的思路或概念已经开始在电池材料及技术中显现，如纳米线太阳电池、局域表面等离子体激元共振效应、量子阱太阳电池、铁电薄膜太阳电池等，这在某种意义下，预示着太阳电池技术的发展趋势。基于上述太阳电池的发展现状分析，当前太阳电池发展趋势正沿着新概念和新方向前进，大体可归纳为薄膜电池、柔性电池、叠层电池以及新型概念太阳电池。所以我们可以认为光伏电池器件的发展日趋薄层化、柔性化、叠层化。薄层化可以从原料上节省成本，同时又能够提高效率，也使器件制备更为简便；柔性化使器件更加方便实用，从根本上解决器件的便携问题；叠层化能提高器件整体的光电转换效率。

7.1 薄膜电池

薄膜太阳电池是目前市场占有量仅次于晶体硅太阳电池的第二代太阳电池。目前研制生产的薄膜电池有两大类：一类是硅基薄膜太阳电池，另一类是多元化合物电池。

硅基薄膜电池研究之所以受到广泛关注是因为其具有丰富的储备、安全无毒，制备温度低，易于大面积自动化生产，且生产成本低，可应用在不同衬底上，轻便安全等。但是其低效率和严重光致衰减效应这两大主要问题，制约其快速发展。硅基薄膜太阳电池根据薄膜的晶化程度可以细分为非晶硅薄膜电池、微晶硅薄膜电池和多晶硅薄膜电池。从第一次制备出微晶硅薄膜到现在，硅基薄膜太阳电池的发展还不到 50 年，所以其还有很大的发展空间。为促进我国电池产业化发展，实现太阳能行业降本增效目标，2015 年初，发改委等八部委也曾推出"光伏领跑者计划"。如果说大规模扩大再生产是降本增效的量变，那么高效电池结构的产业化就是降本增效的质变。所以寻求高效率的硅基薄膜太阳电池仍是未来的发展趋势。目前提升硅基薄膜电池效率的方法有钝化技术、异质结、减反射膜等，新的研究方向有双面钝化电池、晶硅-非晶硅异质结电池等。值得提及的是，组成太阳能板的硅单元已被证明具有一个理论效率极限为 29%，所以效率可以达到 20% 的产品就被认为是非常好的太阳电池板。然而，2017 年 3 月，日本化学制造公司 Kaneka 的研究人员开发了一种光线转化率 26.3% 的太阳电池，打破之前 25.6% 的纪录，这个结果已经被国家可再生能源实验室认可，相

关研究成果发表在 *Nature Energy* 杂志上[2]。研究人员就是通过制备高质量薄膜
异质结层硅单元，并在表面涂上一层非晶硅和一层抗反射膜用于保护单元内的组
件，以及更有效地收集光子。据有关报道，2016 年 11 月，德国 Fraunhofer ISE
与 EVGroup 共同研发的三五族多结合太阳电池实现了 30.2% 的转换效率，突破
了硅晶太阳电池的理论效率天花板 29.4%，并由 Fraunhofer 实验室验证完成。

多元化合物电池通常包括砷化镓、碲化镉、铜铟镓硒、铜锌锡硫薄膜电池等
（图 7.2 为各种化合物半导体电池的结构示意图[3]），铜铟镓硒太阳能薄膜电池是
其中最重要的一员，已成为全球光伏领域研究热点之一。其优点有：①通过掺入
适量 Ga 替代部分同族的 In 可以调节禁带能隙，调整范围为 $1.04\sim1.68eV$，适
合制备最佳带隙的半导体化合物材料；②铜铟镓硒材料的吸收系数高，达到
$105cm^{-1}$，具有较大范围的太阳光谱响应；③利用 CdS 作为缓冲层与吸收层可以
形成良好的晶格匹配，失配率不到 2%；④作为直接能隙半导体材料，铜铟镓硒
薄膜的厚度可以很小，这样可以在辐射复合过程中出现光子再循环效应；⑤铜铟
镓硒半导体可直接由其化学组成的调节得到 p 型或 n 型不同的导电形式，因此不
会产生硅系太阳电池很难克服的光致衰退效应，使用寿命可以长达 30 年以上；

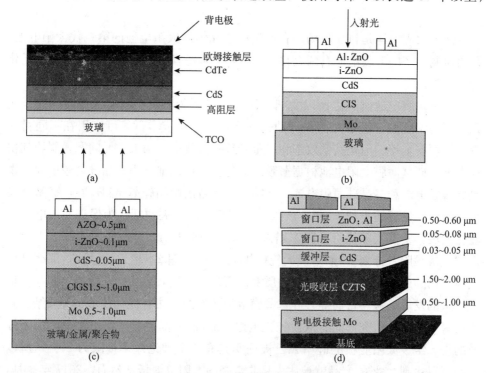

图 7.2 化合物半导体电池的结构示意图[3]

(a) 碲化镉薄膜电池；(b) 铜铟硒薄膜电池；(c) 铜铟镓硒薄膜电池；(d) 铜锌锡硫薄膜电池

⑥铜铟镓硒薄膜的制备过程具有一定的环境宽容性，使电池在选择衬底时，具有较大的选择空间。铜铟镓硒薄膜太阳电池的转换效率是各种薄膜太阳电池中最高的，并且具有材料来源广泛、生产成本低、污染小、无光衰、弱光性能好的显著特点，已成为新一代有竞争力的商业化薄膜太阳电池。

2016 年，全国最大单体铜铟镓硒薄膜光伏电站并网，电站装机容量达3MW，安装在山东邹城工业园区内五座厂房的屋顶上，总面积超过 3 万 m^2。该电站使用的铜铟镓硒薄膜电池组件由汉能的德国子公司 Solibro 制造，这种组件具有转化率高、高温及弱光条件下表现优异、无衰减、外形美观、安装便捷、易于维护等突出优势。经德国弗劳恩霍夫太阳能系统研究院认证，Solibro 铜铟镓硒组件的研发转化率最高达到 21%，量产转化率达到 17%[4]。在铜铟镓硒薄膜组件产业方面，吸收层的制备是最关键步骤，必须克服许多技术难关，其主要方法目前有共蒸发法、溅射后硒化法、电化学沉积法、喷涂热解法和丝网印刷法等。共蒸发和溅射后硒化是当前最广泛采用的技术，这些技术可以满足大面积生产，同时又能保证产品效率。研究发现，本征缺陷、杂质、错配等均可影响铜铟镓硒薄膜材料的性能。要想制备性能突出的铜铟镓硒薄膜电池，需要提高电池器件短路电流、开路电压、填充因子等；决定短路电流的主要是电池组件的串联电阻，包括上下电极的体电阻和各层之间的接触电阻；提升器件的开路电压就需要提升器件的并联电阻，就要考虑电池内部缺陷、晶粒小、导致晶界过多、晶粒排列不紧密、层间晶格不匹配、复合中心多、电池周界的漏电流等主要因素。可见，未来铜铟镓硒薄膜电池的发展趋势更多关注的是器件的制备，主要有控制铜铟镓硒吸收层化学成分比，制备晶粒大、排列紧密、表面平整的吸收层；优化过渡层 CdS、缓冲层高阻 ZnO 的制备工艺；避免杂质、缺陷引起的复合等。

太阳能如果想同化石燃料竞争，就需要更便宜、高效的材料作"帮手"。科学家们发现，钙钛矿太阳电池的光电转换效率可能高达 50%，是市场上现有太阳电池效率的 2 倍[5]。这种拥有独特晶体结构的钙钛矿有望改变太阳能产业的面貌，2009 年首次被报道，到 2013 年被 *Science* 评为十大科技进展之一，再到 2017 年实现 22.1% 光电效率，仅花了 6 年时间钙钛矿太阳电池的光电效率就已经与商业化多年的硅基电池、多晶硅电池、铜铟镓硒、碲化镉等化合物薄膜电池相当。最近，韩国蔚山国立科技研究所发明了一种制造无机-有机混合物钙钛矿太阳电池的新型低成本方案，该技术的关键是在有机阳离子溶液中添加碘离子，并通过一种分子内的交换过程，能够修复"钙钛矿-卤化物"中的会降低光电转换效率的主要缺陷。经过缺陷设计的钙钛矿层制造出的钙钛矿薄膜太阳电池，能量效率在小型电池中可达 22.1%，在 $1cm^2$ 的电池中可达 19.7%[6]。可见，制造高性能太阳电池的关键就是降低材料中的缺陷。

　　钙钛矿太阳电池的迅猛发展得益于染料敏化太阳电池和有机太阳电池多年的基础，并从中衍生出两种常见的钙钛矿电池介孔结构和平面异质结结构。尽管钙钛矿太阳电池具有高效率，但使用的钙钛矿材料含有铅，而铅有毒性，易污染环境，且钙钛矿结构极不稳定，很容易与水和氧气作用使其分解，这些问题减慢了钙钛矿太阳电池走向商业化的进程。因此，寻找新型钙钛矿材料便是当前研究的重要方向之一。近一年来，$Science$ 期刊连续报道了多篇有关钙钛矿太阳电池的研究，其中通过 $CsPbI_3$ 量子点制备纯无机钙钛矿太阳电池，可以实现 10.77% 的电池效率[7]，表明无铅钙钛矿电池是未来重要的发展趋势之一。另外，聚焦于钙钛矿电池界面层和钙钛矿层形貌的研究是近年来研究的热点，如调控电子传输层或空穴传输层，常用的手段有 SnO、ZnO、Nb_2O_5、Cu_2O、NiO、PbS、纳米粒子或者量子点等，例如，将铜锌锡硫纳米粒子作为一种新型廉价的空穴传输材料应用于钙钛矿太阳电池中，能够实现 12.75% 的能量转换效率；利用离子液体（1-乙基-3-甲基咪唑六氟磷酸盐）作为电子传输层制备电池器件实现 18.42% 的器件效率[3]。图 7.3 为部分作为传输层材料的能级表[8]。总之，目前钙钛矿薄膜太阳电池的研究思路一方面是提升电池能量转换效率并降低制备成本，另一方面是提升钙钛矿电池器件的稳定性，延长器件使用寿命。

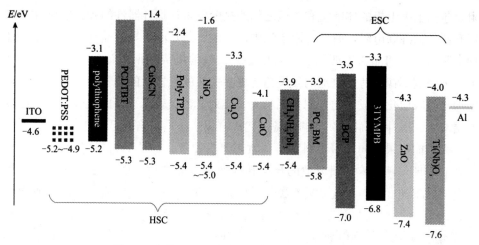

图 7.3　钙钛矿电池中部分传输层材料的能级表[8]

7.2　柔　性　电　池

　　柔性太阳电池，是薄膜太阳电池的一种。之所以为柔性，是因为这种光电池利用的是柔性衬底。柔性太阳电池可以根据需要制成各种大小、形状，广泛应用于太阳能衣服、背包、帐篷、汽车、帆船甚至飞机上。更重要的是，柔性太阳电池也可以实现光伏建筑一体化，将其集成在窗户、屋顶或外墙上，既增加了建筑物的美感，又可以获得清洁能源。

新兴光伏技术层出不穷，种类繁多。然而目前大多光伏技术发展都是朝着低成本、高转换率、柔性方向。柔性电池是世界太阳能产业的新兴技术，它具有柔软、尺寸随意、轻薄、安全、环保等优势。其中柔性电池比较有成就的是有机太阳电池和染料敏化太阳电池。国外从事有机太阳电池开发并拥有自主技术的较成功企业有三家，Konarka 和 Solarmer 的技术路线是高分子型，而 Heliatek 的技术路线是不溶性小分子型。这些公司都已经建立起了较大规模的中试线，能够生产一定面积的电池组件。目前国内也有许多科研机构正在进行有机太阳电池的研究，但国内机构更偏向于基础技术研究，暂时还不具备走产业化方向的能力。厦门惟华光能是全国第一家进行有机太阳电池研发的企业，该公司主要进行可溶性小分子有机太阳电池的研究。可溶性小分子电池技术的稳定性好于高分子有机太阳电池，因为后者的工作寿命实测值为 3～5 年，而前者不需要考虑高分子太阳电池中的相分离、高分子光致交联等问题，只需进行有效的隔氧封装，就可以实现 10～20 年的工作寿命。随着诸多创新型企业介入有机太阳电池研究，电池的光电转化效率将提升得更快。除了有机太阳电池之外，目前有许多公司致力于染料敏化太阳电池的产业化开发，如 Solaronix，Dyesol 等。1991 年，瑞士化学家迈克尔·格兰泽尔教授运用纳米技术，推动了染料敏化电池的实质性发展[9]。染料敏化太阳电池中必须使用电解质，转化效率在 10％以上的电池大多采用液态电解质，从而有较大的环保性问题，采用固态或者凝胶态电解质的染料敏化太阳电池是近年来的主要研究趋势。2014 年，瑞士洛桑联邦理工学院的研究小组、英国牛津大学和日本桐荫横滨大学的研究小组，分别独立开发出转换效率超过 15％的固体型染料敏化太阳电池[10]。

高效钙钛矿太阳电池主要采用典型的三明治构型（阴极/电子传输层/钙钛矿吸光层/空穴传输层/阳极）。通常界面层材料需要高温处理（如高于 450℃），此过程不仅增加了能量损耗，也限制了高效柔性钙钛矿太阳电池的应用。低温制备高效柔性钙钛矿太阳电池成为研究者关注的焦点，于是也成为太阳电池主要的发展趋势之一。图 7.4 是基于 ITO/PEN 衬底的高效柔性钙钛矿太阳电池结构、实物图以及转换效率。利用原子层沉积技术（ALD）在 80℃下沉积 20nm 厚的 TiO_2 传输层，之后利用一步法 CH_3NH_3I 和 $PbCl_2$ 以 3：1 制备 $CH_3NH_3PbI_{3-x}Cl_x$ 钙钛矿层，最后加上 Spiro-OMeTAD 层和银电极。器件获得了 12.2％的转化效率，并且具有高的光电流密度，这可能与 TiO_2 传输层有关，能有效地组织电子空穴的复合。进一步利用以上技术制造了由四块太阳电池组成的 $8cm^2$ 柔性钙钛矿光伏组件，具有 3.1％的光电转换效率[11]。2016 年，中国科学院大连化学物理研究所洁净能源国家实验室研究员刘生忠团队与陕西师范大学合作，运用固态离子液体作为电子传输材料，制备出效率达到 16.09% 的柔性钙钛矿太阳电池，实现了柔性器件的最高效率[12]。这种固态离子液体作为钙钛矿太阳电池的电子传输材料可以有效提高器件的效率，同时很好地抑制器件中的电流-电压滞后效应，其原因是该离子液体具有很好的光增透作用、较高的电子迁移率和合适的能级，同时离子液体可以减少钙钛矿薄膜的缺陷。其研究成果为实现低成本、大面积柔性钙钛矿太阳电池推广提供了切实可行的途径。具体的柔性器件结构如图 7.5 所示。

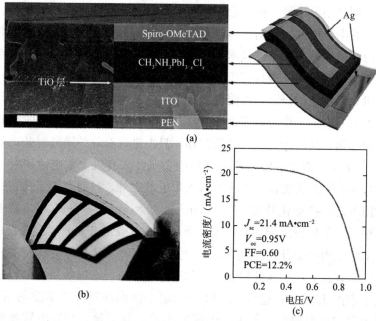

图 7.4　基于 ITO/PEN 衬底的高效柔性钙钛矿太阳电池结构（a）、实物图（b）以及 J-V 曲线（c）[11]

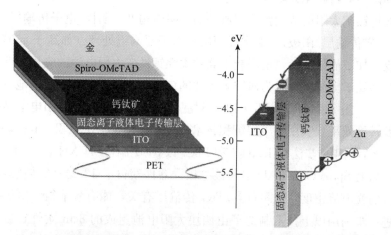

图 7.5　具有固态离子液体电子传输层的柔性钙钛矿太阳电池的结构示意图及能级图[12]

　　大多数太阳电池的设计都是针对紫外光/可见光吸收，对占太阳光52％的近红外光并没有得到高效利用。增强在近红外区域的太阳光吸收和利用，成为一个关键科学问题，并对器件类型的设计提出了新要求。中国科学技术大学熊宇杰教授课题组基于半导体硅材料，采用金属纳米结构的热电子注入方法，设计出一种可在近红外区域进行光电转换且具有力学柔性的太阳电池，近红外波段光电转换效率提高59％，远超目前太阳电池转换效率[13]。这项工作通过纳米制造和纳米合成两种纳米技术的有效结合，发展了一种简便有效的近红外柔性太阳电池制造方法，将有望用于发展智能温控型太阳电池及可穿戴太阳电池。图7.6为未来可能的柔性器件实例。

图7.6　未来可能的柔性器件实例

　　在杭州未来科技城内，有一家叫作"尚越光电"的企业，正逐步打破发达国家对柔性薄膜太阳电池的技术垄断。该企业研发的柔性薄膜太阳电池就像一张纸，可以任意折叠，贴在物体表面，接收到太阳光后就可发电蓄电，并在员工自行车棚上进行测试。车棚长21m、宽2.5m，每日所发的电量直接供员工电瓶车充电使用，多余的电量还可并入园区电网使用。这样的柔性薄膜电池，可以解决大部分场馆、大型公建设施用于承重问题不能铺设晶体硅太阳电池的推广困境，还可以贴到私家车车顶，可以为空调提供源源不断的电源；或者贴到书包外面，既可以给手机充电，还有防盗功能和GPS卫星定位功能。还有高速公路、汽车、电子摄像头、城市景观照明、无人飞机的电源等，它们将会悄悄改变我们的生活。

7.3　叠层电池

　　单结太阳电池很难充分利用太阳光谱，于是科学家设计出叠层太阳电池。叠层结构既能拓宽对太阳光谱的响应范围，又有利于提高电池的稳定性，从而成为进一步提升薄膜太阳电池性能的重要途径。硅基薄膜叠层电池是一种可实现稳定、高效和低成本太阳能转换的光伏器件，其结构特征一般由两个或三个 pn 结子电池串联而成。一般单结电池不能吸收能量小于带隙宽度的光子，只能吸收能量大于带隙宽度的光子，而吸收高能量光子产生的处于高能态的热电子需要依靠热弛豫"降温"回落到导带边。对于多结硅基叠层电池，窄带隙的底电池可使吸收波长红移，从而拓展电池的吸收光谱，同时宽带隙的顶电池吸收高能量的光子，减少高能量电子热损失，进而提高光电转换效率。采用多带隙叠层结构，可减薄各子电池的吸光层厚度，增强内建电场，减少光致衰减和载流子复合几率。图 7.7 所示为非晶硅/微晶硅双结叠层太阳电池和非晶硅/非晶硅锗/非晶硅锗三结叠层太阳电池。各类双结、三结及多结硅基薄膜及硅基薄膜合金材料的叠层结构逐渐成为目前国内外研究高效、低成本硅基薄膜电池的热点。

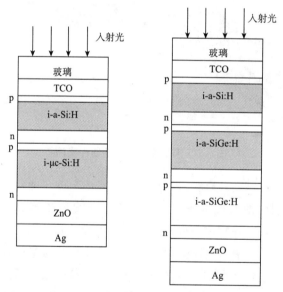

图 7.7　非晶硅/微晶硅双结叠层太阳电池和非晶硅/非晶硅锗/非晶硅锗三结叠层太阳电池

多带隙硅基叠层太阳电池由不同带隙的硅基薄膜或硅基薄膜合金子电池叠加制备而成，这种叠层结构既能拓宽电池的光谱响应范围，提高太阳光谱的利用率，又能降低不稳定的非晶硅顶电池的厚度，减少光致衰减率和载流子复合几率，从而在提高太阳电池转换效率的同时改善其整体稳定性。在研究叠层电池过程中，需要关注两方面主要问题：各子电池的最大电流须尽量匹配；各子电池之间的连接界面应具有较小的电学损失与光学损失。为了提高子电池的匹配电流，需要研究子电池本征吸收层的厚度比；为了增加电池稳定性，降低光致衰减效应，需要研究电池中间反射层作用，可利用中间反射层增加非晶硅顶电池的陷光作用；为了减少电学损失和光学损失，需要研究子电池界面处的隧穿复合结。隧道结相对于叠层电池的内建电场为反偏结，任何寄生势垒都将使电池的电流电压特性变差，若隧道结处的电子与空穴能完全复合，就不会产生能削减子电池电场的寄生势垒。因此，为了降低子电池相邻界面处的寄生势垒，需要分别对 pn 隧道结进行了 n 层、p 层厚度调节，以及深入研究插入 n 型或 p 型非晶硅、非晶硅碳、微晶硅或纳米晶硅。未来将会重点研究叠层电池的陷光性能和隧穿性能并揭示其作用机理，或者提出新型隧穿反射层概念，寻求具备高缺陷态密度、低折射率、高电导率、宽带隙等隧穿反射层材料体系。

叠层染料敏化太阳电池通常通过子电池间的机械堆叠构建。子电池被不同带隙的染料敏化，互补消光，有效利用不同波段的太阳光，可进一步提高染料敏化太阳电池的光电转化率。近年来随着技术发展，研究者尝试将染料敏化太阳电池与铜铟镓硒薄膜太阳电池一起构建叠层电池，最终的电池转换效率达 15%[14]。当然，像染料敏化叠层太阳电池一样，有机叠层太阳电池也受到极大重视。目前，有机叠层电池的最高光电效率为 10.6%。其结构主要有两个异质结，中间为连接层，连接层的性能至关重要，直接影响有机电池器件的效率[15]。对于连接层的选择，主要考虑以下几方面：① 高透光率；② 相匹配的能级结构；③ 平衡两侧异质结产生的载流子等。连接层的选择如嵌入金、银等金属薄层，或者氧化钒、氧化钨、氧化钼等过渡金属氧化物，然而，这些材料需要较高的蒸发温度，不可避免地会影响底层单元的稳定性。为解决这问题，未来的研究趋势就是找寻低蒸发温度的材料，例如，一种高透光率、低蒸发温度的强吸电子材料，2，3，6，7，10，11-六氰基-1，4，5，8，9，12-六氮杂苯菲（HATCN）[16]。

单层钙钛矿太阳电池的光电转换效率突飞猛进，目前单层异质结钙钛矿器件的光电转换效率已经达到了 22.1%。可见，实现钙钛矿电池的商业化将可能作为硅太阳电池的"补充"。然而，钙钛矿电池的不稳定性和铅有毒严重制约了应用价值，钙钛矿叠层太阳电池的发展又相对落后。值得注意的是，先前已有报道钙钛矿电池通过与硅电池制备叠层器件，可以使得能量转换效率明显增长。如果这样，全钙钛矿叠层电池将会具有更低的制造成本及更高的转换效率。由于叠层钙钛矿电池的底层及顶层器件均需要合适的带隙，因此，制备依然存在巨大挑战。

高效叠层钙钛矿电池要求背电池带隙为 0.9~1.2eV，前电池带隙为 1.7~1.9eV。虽然 $FA_{0.83}Cs_{0.17}Pb(I_xBr_{1-x})_3$ 等材料的带隙能够满足前电池的要求，但含铅吸光层材料的带隙无法调节到满足背电池 1.48eV 以下的要求。用锡完全取代铅后的带隙虽然能够达到 1.3eV，但锡基材料对空气极度敏感而且制备困难，所以这类器件的效率被限制在约 6%。如何通过优化带隙匹配，既能分别满足前电池和背电池的带隙要求又可以稳定存在，成为制备叠层钙钛矿太阳电池的关键所在。2016 年，英国牛津大学 Henry J. Snaith 团队和美国斯坦福大学 Michael D. McGehee 团队通过开发一个带隙为 1.2 eV 的钙钛矿材料$FA_{0.75}Cs_{0.25}Sn_{0.5}Pb_{0.5}I_3$，获得了 14.8%的转换效率，并将其与宽带隙的 $FA_{0.83}Cs_{0.17}Pb(I_{0.5}Br_{0.5})_3$材料结合，以理想的匹配带隙，制备出了四端和两端钙钛矿-钙钛矿叠层太阳电池，如图 7.8 所示。单片两端叠层效率达到了 17%，超过 1.65V 的开路电压，机械堆叠的四端叠层电池，小面积器件获得 20.3%的效率，$1cm^2$大面积器件获得 16%效率，并且这些开发的吸收红外钙钛矿电池表现出优异的热稳定性和空气稳定性[17]。

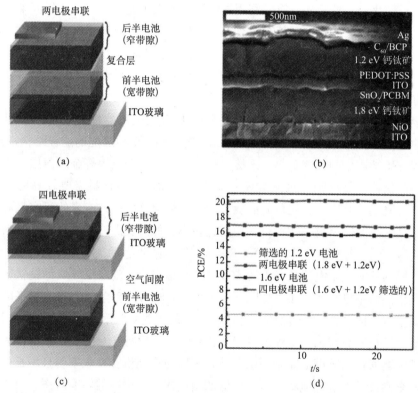

图 7.8　两端和四端钙钛矿-钙钛矿叠层太阳电池的结构及效率[17]（后附彩图）

(a) 两端电池结构示意图；(b) 电池结构侧面实物图；(c) 四端电池结构示意图；(d) 电池效率

Jonathan P. Mailoa 等预测钙钛矿-硅串联太阳电池的转换效率能够超过 35%[18]。2016 年，香港理工大学徐星全教授团队研发出新式钙钛矿/单晶硅叠层太阳电池，其能量转换效率达 25.5%，比 2009 年 3.8%能量转换率大大提升[19]。2017 年，斯坦福大学采用 $Cs_{0.17}FA_{0.83}Pb(Br_{0.17}I_{0.83})_3$钙钛矿电池和特制的异质结电池，研发出 23.6% 的钙钛矿-硅基双极太阳电池，电池结构如图 7.9 所示。该电池通过 IEC61215 要求测试，85℃-85% 湿热测试 1000h 未发现衰减，其原因应归于 SnO_2/ZTO 缓冲层的作用[20]。分析其技术要素存在四个关键：合适的能带匹配是层叠电池理论效率的关键；合适的顶层缓冲层是钙钛矿电池实际效率和稳定性的关键；钙钛矿顶电池-晶体硅底电池界面是实现有效层叠的关键；晶硅电池背面设计是弥补晶硅电池损失的关键。通过以上分析可知，钙钛矿叠层电池的发展前景非常值得期待，无论理论研究还是实验观察，都展现出研究的多变性，为其改进创新提供了众多研究方向，未来将会成为研究探讨的热点，所创造出来的光电器件，也将会为人类生活的方方面面带来重大变革。

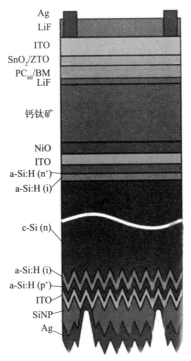

图 7.9 钙钛矿/硅叠层太阳电池结构示意图[20]

7.4 新概念电池

7.4.1 黑硅太阳电池

黑硅是一种能大幅提高光电转换效率的新型电子材料。通俗来讲，黑硅就是把硅片弄成黑色，即在传统硅片表面涂一层涂料，这样可以大量减少反射，硅片视觉上就成了黑色。具有陷光结构的黑硅材料，显示出极低的表面反射率，起到减反射作用，对日光几乎可以全部捕捉，就像一块吸光的海绵，可见光和红外线都能被吸收。这类黑硅材料能够提高光的使用效率，并且所产生的电流是传统硅材料的几百倍，适应于光电探测器、光电二极管、传感器、光伏等领域。近十年来，黑硅太阳电池研究进展可谓惊人[21]。从 2005 年开始开展黑硅电池的制作和研究，效率在 1.4％和 2％的较低水平，到 2009 年，刻蚀的黑硅样品降低电池表面复合速率，使单晶黑硅电池效率提高到 15.1％，随着黑硅材料深入研究，到 2012 年黑硅电池效率记录达到 18.2％，到 2014 年，氧化铝钝化膜应用在单晶黑硅电池实现 18.7％的转换效率，同一年，苏州大学的阿特斯光伏研究院多晶黑硅太阳电池光电转换效率达 18.5％。分析这几年的研发成果，最核心的问题就是如何解决黑硅在减反和表面/俄歇复合之间的矛盾。当前主要思路是让多晶黑硅太阳电池在降低反射率的同时不显著增加表面复合和俄歇复合，进而改善短波响应，提升短路电流。对于前发射结工艺，可以采用叠层钝化、背表面钝化、局部背接触工艺等，这样能够进一步提升黑硅太阳电池的光电转换效率。

硫掺杂黑硅太阳电池，属于杂质光伏效应电池范畴，其原理是通过外部掺杂的形式，在晶体硅禁带中引入较深的硫杂质能级，来吸收亚带隙光子（小于 1.1eV 的光子），从而增强晶硅电池的长波响应，提升电池性能。2011 年，Azzouzi 等利用模拟软件 SCAPS，理论计算出硫掺杂对晶体硅太阳电池，在理想的陷光结构下，电池效率可达 27.45％，并阐述了通过硫掺杂提升晶硅电池性能的可行性[22]。2014 年，Guenther 等在六氟化硫气氛下得到了硫掺杂黑硅，并制成电池器件，首次在实验上观察到优于普通晶硅电池的红外光电流响应[23]。对于硫掺杂黑硅太阳电池分析可知，要保证晶硅电池在 350～1100nm 范围内具有良好的光谱响应，就必须提升长波响应，所以硫掺杂的目的就是改善晶硅电池长波响应。要想实现这个目标，首要解决的问题是在现有晶硅电池气相扩散掺杂工艺下，明确掺杂过程所引入的缺陷是否会对电池造成不利影响，特别是中短波内量子效率的影响。这个问题的结论将成为硫掺杂黑硅能否有效应用于电池研发的关键。总地来说，硫掺杂黑硅具有一定的科学研究价值，但离企业实用型研发还有较大距离。

全背接触异质结太阳电池堪称是异质结和背接触两种技术的完美联姻。通过工艺、结构的相互借鉴融合，全背接触超薄黑硅太阳电池（IBC-UT-BSC）也取得了重要进展。斯坦福大学的崔屹教授课题组在 10μm 厚的绝缘体硅上制成 IBC-UT-BSC，获得 13.7％的转换效率，并从理论和实验两个层面对 IBC-UT-BSC 的重要细节进行讨论和分析[24]。图 7.10 为全背接触超薄黑硅太阳电池的整体侧视图和剖面图。分析该项工作，纳米锥黑硅结构确实表现出极大的优越性，但是基于大面积单层纳米颗粒在硅片表面自组装的模板法刻蚀并不适用于工业化生产，因而其制备工艺还需要有所突破。但 IBC-UT-BSC 中黑硅、背接触、背钝化技术相结合的研发思路还是值得借鉴。有报道说黑硅和金属穿孔卷绕（MWT）相结合的技术路线可能是最可行的。但由于 MWT 前发射结的特点，需要考虑俄歇复合的影响。选择性发射结是很好的解决方案。目前国内已有企业以 MWT/选择性发射结和 MWT/黑硅的技术路线实现多晶电池研发，转换效率已经达 19％以上。

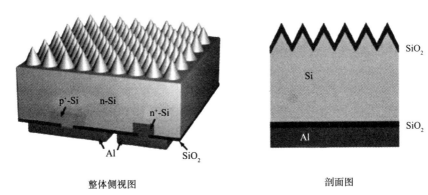

整体侧视图　　　　　　　　　　　　　　　剖面图

图 7.10　全背接触超薄黑硅太阳电池（IBC-UT-BSC）的整体侧视图和剖面图

7.4.2　铁电薄膜电池

铁电薄膜是指具有铁电性且厚度为数十纳米到数微米的薄膜材料。由于其具有优越的热释电效应、压电效应、光电效应、磁电效应等特点，可广泛应用于微电子学、光电子学、集成光学和微电子机械系统等领域，是目前高新技术研究的前沿和热点之一。铁电材料的光伏效应发现于 20 世纪 60 年代，研究内容主要集中在晶体和陶瓷上，具体的特点如下：① 该效应是一种体效应与一般的 pn 结界面光伏效应本质上不同；② 可在自发极化方向产生稳定的光诱导电流或电压；③ 光诱导电压的大小正比于自发极化强度，不受晶体禁带宽度的限制，甚至可比 E_g 高 2～4 个数量级，达 $103～105 V \cdot cm^{-1}$，而且沿自发极化方向。图 7.11 为半导体 pn 结和铁电材料产生光伏效应的结构示意图。铁电光伏效应与传统 pn 结光伏效应原理区别在于传统 pn 结光伏效应仅存在于 pn 结的耗尽层内，光生载流子的传输会受到很大的限制，导致开路电压不会超过肖特基结的势垒高度，而铁电光伏可以存在于整个铁电体或者铁电体与金属电极的接触面，铁电体的剩余极化导致内电场的产生，存在于整个铁电体内，可以得到超过带隙的较高电压。铁电体的光伏效应可能与畴壁结构、肖特基结效应、退极化场、缺陷的形成等诸多因素有关。

铁电薄膜可实现铁电光伏器件的微型化，因此受到研究者们的广泛关注。铁电薄膜光伏效应的机制可解释如下：光照条件下，材料内部便产生电子-空穴对，

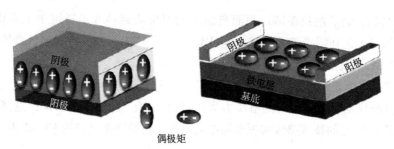

铁电体光伏效应示意图

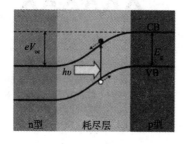

PN结产生光伏效应示意图

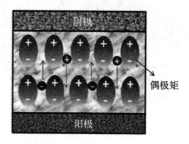

铁电体产生光伏效应示意图

图 7.11　导体 pn 结和铁电材料产生光伏效应的结构示意图

通过自身自发极化提供内部电场，该内部电场与极化方向相反，电子向自发极化的正电荷端迁移，空穴向负电荷端迁移，外部电路短路时便可得到光诱导电流，外部电路开路时便得到光诱导电压。近年来，关于铁电薄膜光伏效应的研究主要涉及的材料有 $BaTiO_3$，$PbZr_{1-x}Ti_xO_3$（PZT），Bi_2WO_6、$BiVO_4$ 等。研究内容也主要是材料的薄膜制备及光电效应或者光伏特性的表征，关于深入理解铁电薄膜的光伏效应的研究还是比较欠缺的。

　　关于多铁材料 $BiFeO_3$ 薄膜的光伏电压实验上能够达到 15V，掀起了研究热潮，大量研究者开始关注多铁材料的光伏效应。2011 年，由 400nm 厚 $BiFeO_3$ 薄膜研制的 Pt／BFO／$SrRuO_3$ 结构器件实现光伏电流翻转调控，如图 7.12 所示，

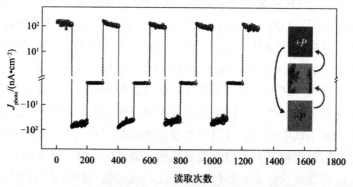

图 7.12　铁电极化方向改变实现光伏电流的翻转[25]

光电流密度在小于 $10mW \cdot cm^{-2}$ 的白光照射下达到 $0.1\mu A \cdot cm^{-2}$[25]。2013 年，研究者通过理论研究发现多铁材料 $KBiFe_2O_5$ 的最高光伏转换效率可能达到 30%，远超 $BiFeO_3$ 材料 7% 的转换效率[26]。图 7.13 为各种材料的最大转换效率以及 $KBiFe_2O_5$ 和 $BiFeO_3$ 两种材料的紫外可见近红外吸收谱。

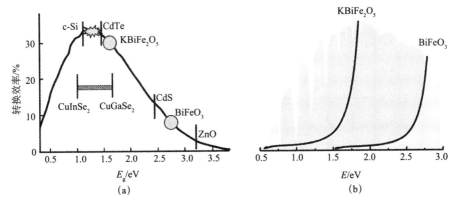

图 7.13　$KBiFe_2O_5$ 和 $BiFeO_3$ 的理论最大光电转换效率和吸收谱[26]

(a) 最大理论转换效率和能带间隙；(b) 紫外-可见-近红外吸收谱

提升铁电薄膜光伏效率的方法有能带调控、畴结构工程、异质结、元素掺杂、量子点或纳米线表面修饰等，其中能带调控是目前最有效的研究方法之一。Nechache 等实现调控 Bi_2FeCrO_6 的能带在 $1.4 \sim 3.2eV$ 的范围，实现了 8.1% 的光电转换效率[27]。除了能带调控之外，利用铁电材料自身的独特性，可以通过压应力实现光伏效应的调控。铁电材料 $Pb(Mg_{1/3}Nb_{2/3})O_3$ - $PbTiO_3$ (PMN-PT) 单晶具有很好的压应力系数，是原位表征压力工程技术的首先材料。Zhang 等通过在 Pt/BFO/LSMO/PMN-PT 异质结上原位动态调控压力，从而实现了压力-光伏效应[28]，如图 7.14 所示。该方法是一种提升铁电薄膜光伏器件转换效率的有效手段。

总地来说，铁电薄膜的光伏效应研究还处于初级阶段，其内在的机制有多种解释，如体光伏效应、畴壁理论、退极化场理论、界面势垒理论等，它们之间又相互联系，如何区分某种机理的贡献是比较困难的。因此，未来弄清在铁电光伏材料中哪一种机制对光伏效应占主导地位，如何将每种机制对光生电压的贡献进行叠加，都是有关铁电光伏效应值得进一步研究的问题。

7.5　太阳电池的新用途

太阳能建筑一体化是当前利用太阳电池的发展趋势，包括太阳能制冷、太阳热水器、太阳房、太阳发电等。光伏建筑一体化是应用太阳能发电的一种新概念，简单地讲就是将太阳能光伏发电方阵安装在建筑的围护结构外表面来提供电力。与建

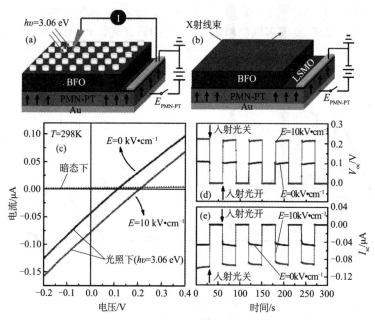

图 7.14　（a），（b）光伏效应和应力调控实验装置示意图；（c）有无外电场下，器件的光电流与电压的关系；（d），（e）在光开关情况下，开路电压和短路电流随时间的变化关系[28]

筑结合的光伏并网发电是当前分布式光伏发电的重要应用形式，当前研究技术主要体现在与建筑结合的安装方式和建筑光伏的电气设计方面。光伏建筑一体化大体为光伏方阵与建筑的结合或集成。其中，光伏方阵与建筑的结合是一种常用的形式，特别是与建筑屋面的结合。由于光伏方阵与建筑的结合不占用额外的地面空间，是光伏发电系统在城市中广泛应用的最佳安装方式，因而备受关注。光伏方阵与建筑的集成是太阳能建筑一体化的一种高级形式，它对光伏组件的要求较高，如光电瓦屋顶、光电幕墙和光电采光顶等，光伏组件不仅要满足光伏发电的功能要求同时还要兼顾建筑的基本功能要求。据《2013—2017 年中国光伏建筑一体化（BIPV）行业市场前瞻与投资战略规划分析报告》数据显示，太阳光发电是 21 世纪科学技术的前沿阵地，世界各地的政府均支持太阳光发电事业，我国预计到 2020 年，将建成 2 万个屋顶光伏发电项目，总容量 1×10^6 kW。光伏建筑一体化吸引越来越多关注的同时，光伏建筑的美学要求也逐渐受到重视，实现节约能源与美化环境的完美结合就变得尤为重要。图 7.15 为彩色光伏组件和光伏瓦实物图。

　　随着人类能源体系的优化升级，智能能源时代即将到来，它也促使了人类生活中各种电子设备、单元化的能量储存系统和柔性设备的发展和广泛使用。现代的能源系统既要有高性能的产能装置如太阳能光伏电池、燃料电池及其他的可再生能源设备，又要有性能优秀的储能装置如锂离子电池、超级电容器等。单独从产能装置和储能装置来看，两者的发展都十分迅速，各自的性能也有十足的进

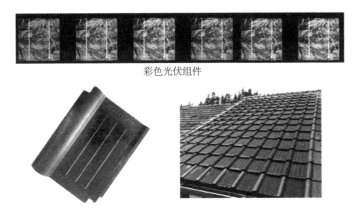

彩色光伏组件

光伏瓦

图 7.15　彩色光伏组件和光伏瓦实物图（后附彩图）

步。但是这两种设备在能源体系中的单独应用远远不能解决能量/功率密度低、可移动设备对能源的依赖性这两个问题，所以将产能设备和储能设备结合起来成为了解决上述问题的一个思路。例如，光伏电池首先将光能转化为电能，然后再储存在电池中。已有相关报道，钙钛矿太阳电池与锂离子电池结合，可以实现能量的收集和储备[29]，如图 7.16 所示，这样光伏电池系统就能在光照下不断地驱

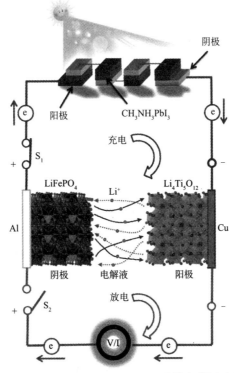

图 7.16　钙钛矿太阳电池与锂离子电池结合利用示意图[29]

动电子设备，从而解决电池体系的能量密度问题和可移动设备问题；再如，在电动汽车领域，钙钛矿太阳电池与燃料电池结合[30]，其结构如图 7.17 所示，能够制备和储备氢能[31]，这样的光伏电池系统能有效地解决汽车电池的充电问题。

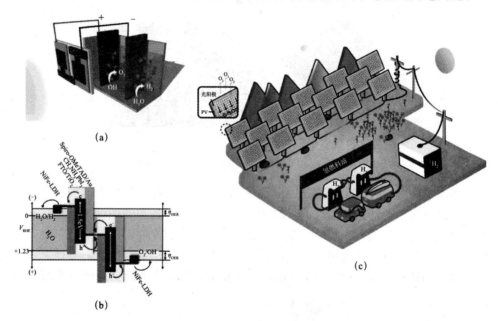

图 7.17　太阳能水分解示意图、能级图以及太阳能-氢能系统概念图[30,31]

(a) 太阳能水分解系统示意图；(b) 水分解钙钛矿串联电池的能级示意图；(c) 太阳能电池实现
太阳能-氢能整体系统概念设计

参 考 文 献

[1] https：//www. nrel. gov/pv/assets/images/efficiency-chart. png.

[2] Yoshikawa K，Kawasaki H，Yoshida W，et al. Silicon heterojunction solar cell with inter-digitated back contacts for a photoconversion efficiency over 26%. Nat. Energy，2017，2 (5)：17032.

[3] 武其亮. 钙钛矿太阳能电池界面层材料及钙钛矿层形貌调控的研究. 中国科学技术大学博士学位论文，2016.

[4] http：//www. ne21. com/news/show-80828. html.

[5] Snaith H J. Perovskites：the emergence of a new era for low-cost，high-efficiency solar cells. J. Phys. Chem. Lett. ，2013，4：3623.

[6] Yang W S，Park B W，Jung E H，et al. Iodide management in formamidinium-lead-halide-based perovskite layers for efficient solar cells. Science，2017，356 (6345)：1376-1379.

[7] Swarnkar A，Marshall A R，Sanehira E M，et al. Quantum dot-induced phase stabilization

of α-CsPbI₃ perovskite for high-efficiency photovoltaics. Science，2016，354（6308）：92-95.

[8] Liu T，Chen K，Hu Q，et al. Inverted perovskite solar cells：progresses and perspectives. Adv. Energy Mater.，2016，6（17）：1600457.

[9] Dahl M，Liu Y D，Yin Y D. Composile titanium dioxide nanomaterials. Chem. Rev.，2014，114（19）：9853.

[10] http：//www. china-nengyuan. com/tech/50510. html.

[11] Deng K，Li L. Advances in the application of atomic layer deposition for organometal halide perovskite solar cells. Adv. Mater. Interfaces，2016，3（21）：1600505.

[12] Yang D，Yang R，Ren X，et al. Hysteresis-suppressed high-efficiency flexible perovskite solar cells using solid-state ionic-liquids for effective electron transport. Adv. Mater.，2016，28（26）：5206-5213.

[13] Liu D，Yang D，Gao Y，et al. Flexible near-infrared photovoltaic devices based on plasmonic hot electron injection into silicon nanowire arrays. Angew. Chem. Int. Ed.，2016，55：4577-4581.

[14] Liska P，Aksay I. A nanocrystalline dye-sensitized solar cell/ copper indium gallium selenide thin-film tandem showing greater than 15% conversion efficiency. Appl. Phys. Lett.，2006，88（20）：203103.

[15] You J，Dou L，Yoshimura K，et al. A polymer tandem solar cell with 10.6% power conversion efficiency. Nat. Commun.，2013，4（1446）：1446.

[16] Meyer J，Hamwi S，Kroger M，et al. Transition metal oxides for organic electronics：energetics，device physics and applications. Adv. Mater.，2012，24（40）：5408.

[17] Eperon G E，Leijtens T，Bush K A，et al. Perovskite-perovskite tandem photovoltaics with optimized bandgaps. Science，2016，354（6314）：861.

[18] Mailon J P，Bailie C D，Johlin E C，et al. A2-terminal perovskite/silicon multijunction solar cell enabled by a silicon tunnel junction. Appl. Phys. Lett.，2015，106（12）：121105.

[19] http：//www. china-nengyuan. com/tech/92116. html.

[20] Bush K A，Palmstrom A F，Yu Z J，et al. 23.6%-efficient monolithic perovskite/silicon tandem solar cells with improved stability. Nat. Energy，2017，2（4）：17009.

[21] 赵增超. 黑硅太阳电池技术研究. 大连理工大学博士学位论文，2015.

[22] Azzouzi G，Mohamed C. Impurity photovoltaic effect in silicon solar cell doped with sulphur：A numerical simulation. Phys. B：Conden. Matter，2011，406（9）：1773.

[23] Guenther K M，Gimpel T，Tomm J W，et al. Excess carrier generation in femtosecond-laser processed sulfur doped silicon by means of sub-bandgap illumination. Appl. Phys. Lett.，2014，104（4）：042107.

[24] Sangmoo J，McGehee M D，Cui Y. All-back-contact ultra-thin silicon nanocone solar cells with 13.7% power conversion efficiency. Nat. commun.，2013，4（4）：2950.

[25] Lee D，Baek S H，Kim T H，et al. Polarity control of carrier injection at ferroelectric/

metal interfaces for electrically switchable diode and photovoltaic effects. Phys. Rev. B,
2011, 84 (12): 125305.

[26] Zhang G, Wu H, Li G, et al. New high Tc multiferroics KBiFe$_2$O$_5$ with narrow band gap
and promising photovoltaic effect. Sci. Rep., 2013, 3 (3): 1265.

[27] Nechache R, Harnagea C, Li S, et al. Bandgap tuning of multiferroic oxide solar cells.
Nat. Photonics, 2015, 9 (1): 61.

[28] Zhang W, Yang M M, Liang X, et al. Piezostrain-enhanced photovoltaic effects in
BiFeO$_3$/La$_{0.7}$Sr$_{0.3}$MnO$_3$/PMN-PT heterostructures. Nano Energy, 2015, 18: 315.

[29] Xu J, Chen Y, Dai L. Efficiently photo-charging lithium-ion battery by perovskite solar
cell. Nature Commun., 2015, 6: 8103.

[30] Luo J, Im J H, Mayer M T, et al. Water photolysis at 12.3% efficiency via perovskite
photovoltaics and earth-abundant catalysts. Science, 2014, 345 (6204): 1593.

[31] Landman A, Dotan H, Shter G E, et al. Photoelectrochemical water splitting in separate
oxygen and hydrogen cells. Nat. Mater., 2017, 16 (6): 646.

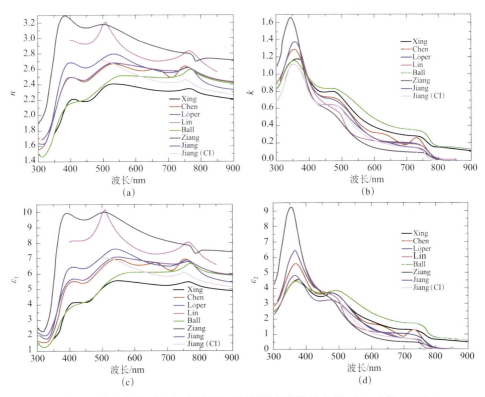

图 4.4　室温条件下 MAPbI₃ 钙钛矿材料折射指数的实部 n(a)、虚部 k(b)和
复介电常数的实部 ε_1(c)、虚部 ε_2(d)随波长的变化曲线

(a)　　　　　　　　　　　　　　　　　(b)

图 4.10　(a)柔性钙钛矿电池的实物照片；
(b)柔性钙钛矿电池的性能随弯曲次数的变化图

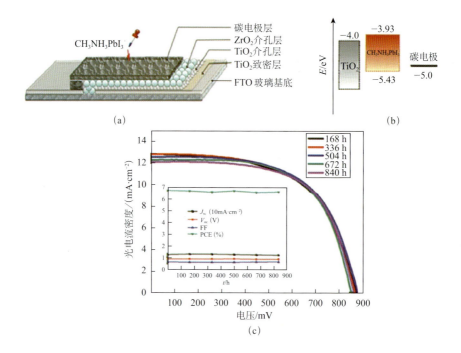

图 4.13 (a)碳对电极的无空穴传输层钙钛矿太阳电池的基本结构示意图;(b)钙钛矿太阳电池的能级结构图;(c)钙钛矿太阳电池的稳定性测试结果

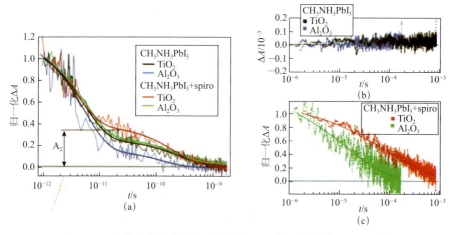

图 4.16 (a)样品的飞秒瞬态吸收光谱,(b)和(c)样品在 μs-ms 时间范围内的瞬态吸收光谱

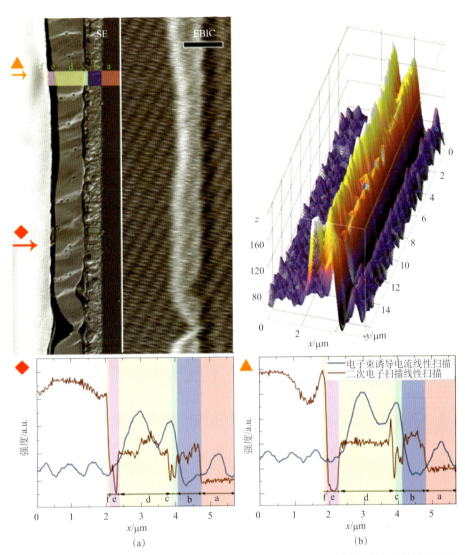

图 4.20　(a)中左图为 MAPbI$_{3-x}$Cl$_x$平面异质结型钙钛矿太阳电池的扫描电子显微镜图片，右图为对应的电子束诱导电流图片，标尺为 2μm。图中的 a、b、c、d、e 和 f 分别对应于玻璃层、FTO 层、TiO$_2$层、MAPbI$_{3-x}$Cl$_x$钙钛矿层、空穴传输层和 Au；(b)电子束诱导电流的三维表面图。下面的两幅图是对应位置(分别用三角形和四边形标记)的电子束诱导电流图和二次电子强度图

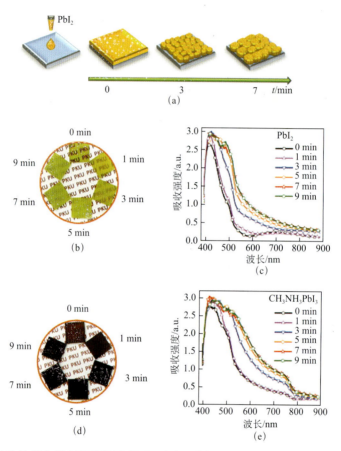

图 4.26 （a）生长多孔 PbI_2 薄膜的示意图。生长不同时间后得到的多孔 PbI_2 薄膜的（b）实物照片图和（c）紫外可见吸收光谱图。多孔 PbI_2 和 MAI 反应后得到的 $MAPbI_3$ 钙钛矿薄膜的（d）实物照片图和（e）紫外可见吸收光谱图

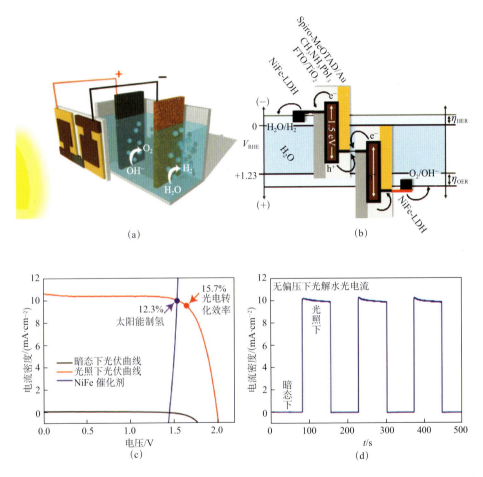

图 4.31 (a)钙钛矿太阳电池光解水装置示意图,(b)整个电解水装置的能级示意图,(c)钙钛矿太阳电池的电流密度-电压曲线和双层 NiFe 氢氧化物电极的电流密度-电压曲线,(d)在模拟光源照射下整个电解水装置的电流密度-时间曲线[109]

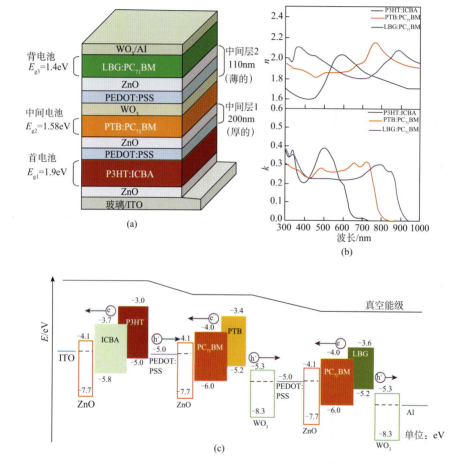

图 6.7 叠层太阳电池器件结构(a)和不同光吸收层材料光学模拟
(b)及能级图(c)[55]

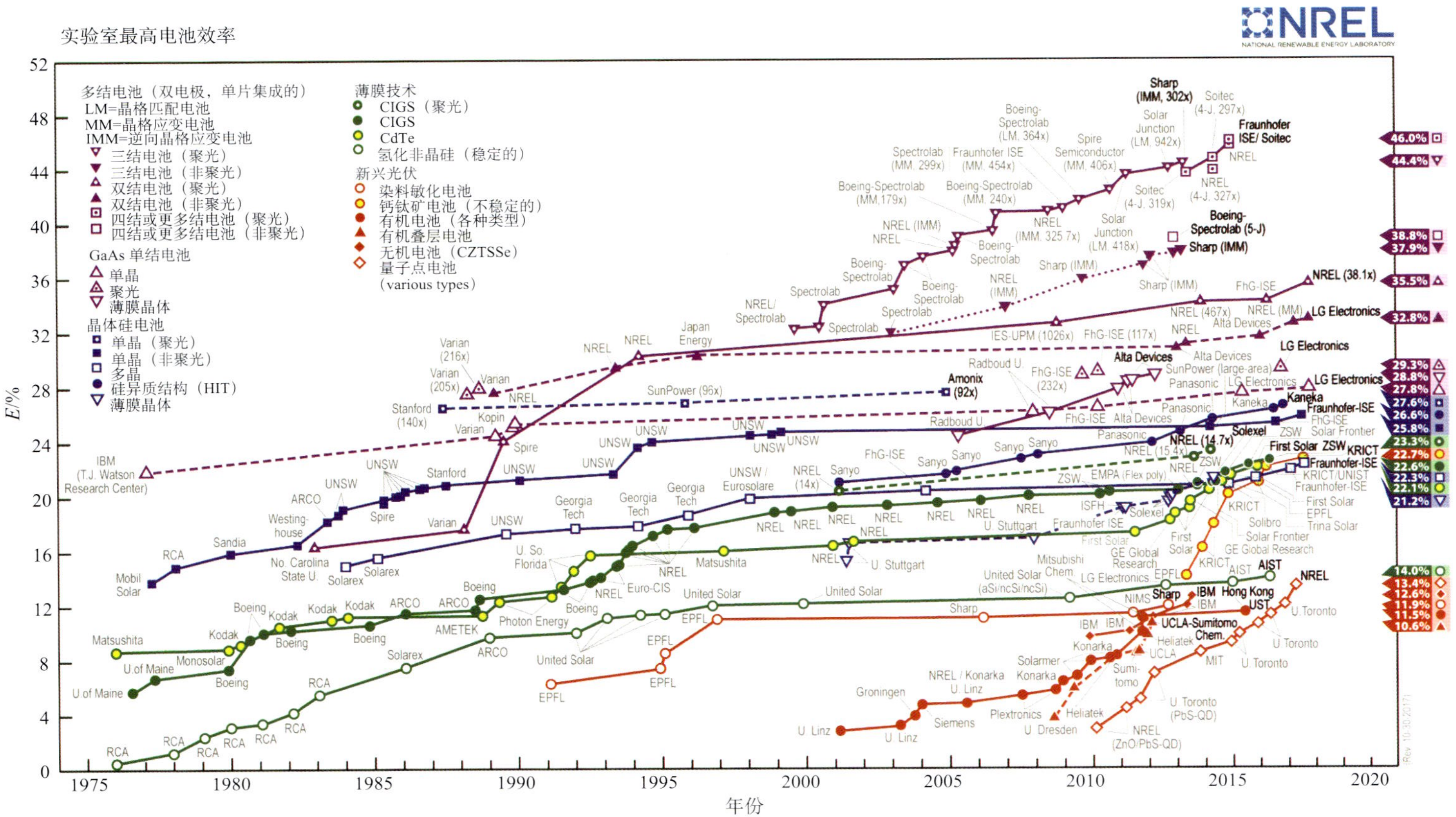

图7.1 太阳电池最高转换效率发展示意图

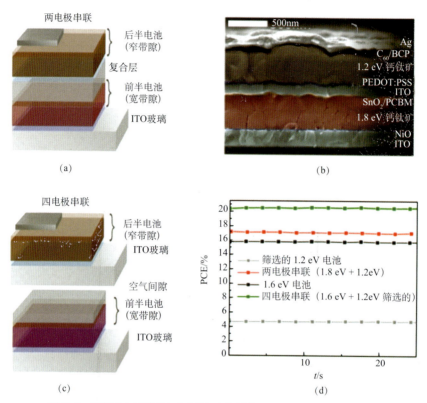

图 7.8　两端和四端钙钛矿-钙钛矿叠层太阳电池的结构及效率[17]

(a)两端电池结构示意图;(b)电池结构侧面实物图;(c)四端电池结构示意图;(d)电池效率

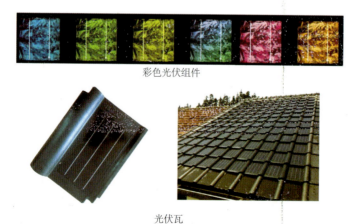

图 7.15　彩色光伏组件和光伏瓦实物图